WIDERSTANDSMOMENTE

TRÄGHEITSMOMENTE
UND GEWICHTE VON BLECHTRÄGERN

NEBST

NUMERISCH GEORDNETER

ZUSAMMENSTELLUNG DER WIDERSTANDSMOMENTE

VON 59 BIS 25 622.

BEARBEITET

VON

B. BÖHM

KÖNIGLICHER REGIERUNGSBAUMEISTER

BROMBERG

UND

E. JOHN

KÖNIGLICHER REGIERUNGSBAUMEISTER

KÖLN A. RHEIN

Springer-Verlag Berlin Heidelberg GmbH

1895.

ISBN 978-3-662-40685-4   ISBN 978-3-662-41167-4 (eBook)
DOI 10.1007/978-3-662-41167-4
Softcover reprint the hardcover 1st edition 1895

Vorwort.

Für den Ingenieur, welcher beim Entwerfen von Eisenconstructionen das ausserordentlich zeitraubende Berechnen von Trägheits- und Widerstandsmomenten genieteter Träger kennen gelernt hat, bedarf es wohl keines Hinweises auf die Vortheile eines Tabellenwerks, welches die obengenannten Werthe nebst den Gewichten der Träger in einer solchen Vollständigkeit bringt, dass damit jedes praktische Bedürfniss, ganz aussergewöhnliche Fälle ausgenommen, gedeckt ist. Aber auch dem Anfänger, dem Studirenden dürfte das vorliegende Werk von Vortheil sein, einmal um die zu Uebungszwecken berechneten Werthe schnell auf ihre Richtigkeit prüfen zu können, andererseits um stets eine grössere Anzahl praktischer Profile zur Hand zu haben.

Allgemeine Inhaltsangabe.

Als vor längerer Zeit mit der Bearbeitung der vorliegenden Tabellen begonnen wurde, lagen bereits einige den gleichen Zweck verfolgende Werke vor. Der Grund für die Neubearbeitung lag in dem Streben, eine grössere Reichhaltigkeit und Uebersichtlichkeit des Stoffes bei möglichster Zusammendrängung desselben auf einen kleinen Raum zu bieten, in der Aufnahme möglichst praktisch verwerthbarer Trägerprofile und Materialstärken, ferner in der Anwendung von Hülfstafeln für Stehbleche und Gurtplatten.

Als wesentlichste Bereicherung dürfte jedoch der dritte Theil des vorliegenden Werkes anzusehen sein, welcher in numerischer Reihenfolge die Widerstandsmomente nebst zugehöriger Höhe und Gurtplattenanzahl enthält und durch Hinweis auf die Seitenziffer der Theile I und II sofort die übrigen Abmessungen der Träger liefert.

Der I. Theil enthält die Trägheitsmomente, Widerstandsmomente und Gewichte von Trägern ohne Gurtplatten. Für die Trägheitsmomente wurden horizontale und verticale Nietlochabzüge berücksichtigt, letztere, um auf leichtere Weise Träger mit ganz beliebigen Gurtplatten, welche im Theil II nicht enthalten sind (also z. B. für aussergewöhnliche Fälle) berechnen zu können. Für die Widerstandsmomente wurden nur horizontale Nietabzüge berücksichtigt. Um Widerstandsmomente von Trägern mit geänderten Stehblechstärken sofort zu haben, ist im Theil I noch das W des 0,1 cm starken Stehblechs mit Nietlochabzug angegeben. Die am Schluss jeder Seite aufgeführten Trägheitsmomente ohne Nietabzug, bezogen auf die zum Stehblech parallele Achse, werden bei der Berechnung der Knickfestigkeit von Säulen, Verticalen von Fachwerksträgern und dergleichen schätzenswerth sein. Da diese Zahlen für verschiedene Stehblechhöhen sehr wenig schwanken, so wurden nur die den kleinsten und grössten Trägerhöhen entsprechenden Trägheitsmomente angegeben.

Der II. Theil enthält die Widerstandsmomente von Trägern mit Gurtplatten in 6 Breiten und Höhenstufen von 2 zu 2 cm. Hier sind verticale Nietlochabzüge berücksichtigt.[+] Die Trägergewichte sind, zur Raumersparniss, getrennt in die Gewichte des Stehblechs (letzte Verticalreihe) und der Gurtungen (letzte Horizontalreihe). Das Gesammtträgergewicht ist durch Addition der zusammengehörigen Werthe sofort zu finden.

Der III. Theil liefert zu einem berechneten W sofort ein Trägerprofil von bestimmter Höhe und ist in diesem Umfange u. W. bisher nirgend geboten. Von den etwa 32 000 W der vorhergehenden Theile wurden in Theil III rund 20 800 aufgenommen, unter Fortlassung der hohen Träger mit ungerader Höhenzahl und der weniger beliebten Profile, bei denen die Gurtplatten mit den Winkelkanten abschneiden.

Bei den Widerstandsmomenten zwischen 2000 und 8000 zeigte sich stellenweise eine solche Häufung von gleichen W, dass eine Kürzung angezeigt erschien. Bei derselben wurde der Grundsatz verfolgt, möglichsten Wechsel der Trägerhöhen in einer Verticalreihe zu erzielen.

Um den III. Theil möglichst zusammenzudrängen wurde von der ja wohl wünschenswerthen Bezeichnung des ganzen Trägerprofils hinter W und h Abstand genommen und nur die Seite angegeben, auf welcher das betreffende Profil zu finden ist.

Die Strichzeichen — = ≡ hinter der Seitenzahl bedeuten einen Träger mit 1, 2 oder 3 Gurtplatten, oder, wo eine Bezeichnung fehlt, einen Träger ohne Gurtplatten. Diese kurzen Angaben dürften für die Auswahl eines Profils aus Theil III ausreichend sein. Am Schluss von Theil III sind 2 Hülfstabellen beigegeben, vermittelst deren man ohne Weiteres Abweichungen in der Stehblechdicke oder der Gurtplattenbreite berücksichtigen kann.

Ueber die Berechnungsart und die Richtigkeit der Zahlenwerthe.

Die Berechnung der meisten Zahlenwerthe geschah mit Hülfe besonderer Formeln, durch eine Art Reihenentwickelung. Wenn bei diesem Verfahren die Endwerthe einer Reihe sowie einige Zwischenwerthe mit direct berechneten Zahlen übereinstimmten (und zwar auf 3 bis 4 Decimalen) so hat man, da die Decimalen später abgeworfen wurden, eine volle Gewähr für die Richtigkeit sämmtlicher Werthe. Decimalbrüche unter 0,5 wurden weggelassen, 0,5 und darüber nach oben abgerundet. In den Fällen, wo diese Methode nicht verwendbar war, wurden die Zahlen doppelt gerechnet.

Durch sorgfältiges Vergleichen vor und nach dem Drucke wurde das Einschleichen von Fehlern nach Möglichkeit verhindert und man darf zu der Richtigkeit der Zahlen volles Vertrauen haben.

Indem wir das Buch hiermit der Oeffentlichkeit übergeben, hoffen wir, dass es dazu dienen möge, den Eisenconstructeur von einer unproductiven Arbeit zu entlasten und ihn in den Stand zu setzen, seine geistige Kraft edleren Aufgaben zuzuwenden; dann wird es, gleichwie die Erfindung einer neuen Maschine den von uns geplanten Zweck, Zeit und Arbeit zu ersparen, erfüllen.

Zum Schluss sei es gestattet, Herrn Ingenieur Leeder für seine Mithülfe bei der Berechnung einzelner Theile der Tabellen den besten Dank auszusprechen.

Die Verfasser.

Inhalts-Verzeichniss.

I. Theil enthaltend Trägheitsmomente, Widerstandsmomente und Gewichte von Trägern ohne Gurtplatten.

| Winkeleisen | Stehblech- | | Niet- | Winkeleisen | Stehblech- | | Niet- | Seite |
| | Stärke | Höhen | durchmesser | | Stärke | Höhen | durchmesser | |
cm	cm	cm	cm	cm	cm	cm	cm	
4,0 · 4,0 · 0,6	0,6	10— 60	1,3	4,0 · 4,0 · 0,8	0,6	10 60	1,3	1
4,5 · 4,5 · 0,7	0,7	10— 60	1,3	4,5 · 4,5 · 0,9	0,7	10— 60	1,3	2
5,0 · 5,0 · 0,7	0,8	10— 60	1,3	5,0 · 5,0 · 0,9	0,8	10— 60	1,3	3
5,5 · 5,5 · 0,8	0,9	11— 60	1,6	5,5 · 5,5 · 1,0	1,0	11— 60	1,6	4
6,0 · 6,0 · 0,8	1,0	12— 60	1,6	6,0 · 6,0 · 1,0	1,0	12— 60	1,6	5
6,5 · 6,5 · 0,9	1,0	13— 60	1,8	6,5 · 6,5 · 0,9	1,0	13-- 60	2,0	6
6,5 · 6,5 · 1,1	1,0	13— 60	1,8	6,5 · 6,5 · 1,1	1,0	13— 60	2,0	7
7,0 · 7,0 · 0,9	1,0	14— 60	1,8	7,0 · 7,0 · 0,9	1,0	14— 60	2,0	8
7,0 · 7,0 · 1,1	1,0	14— 60	2,0	7,5 · 7,5 · 0,8	1,0	15— 60	1,8	9
				7,5 · 7,5 · 1,0	1,0	20—120	2,0	10
				7,5 · 7,5 · 1,2	1,0	20—120	2,0	11
				8,0 · 8,0 · 1,0	1,0	20—120	2,0	12
				8,0 · 8,0 · 1,2	1,0	20—120	2,0	13
				8,0 · 8,0 · 1,2	1,0	30—130	2,3	14
				9,0 · 9,0 · 1,1	1,0	30—130	2,0	15
				9,0 · 9,0 · 1,3	1,0	30—130	2,0	16
				9,0 · 9,0 · 1,3	1,1	30—130	2,3	17
				10,0 · 10,0 · 1,0	1,0	30—130	2,0	18
				10,0 · 10,0 · 1,2	1,0	30—130	2,0	19
				10,0 · 10,0 · 1,2 ·	1,0	30—130	2,3	20
				11,0 · 11,0 · 1,0	1,0	30—130	2,0	21
				11,0 · 11,0 · 1,2	1,0	30—130	2,0	22
				11,0 · 11,0 · 1,2	1,2	30—130	2,3	23
				11,0 · 11,0 · 1,2	1,2	30—130	2,6	24
				12,0 · 12,0 · 1,1	1,0	30—130	2,3	25
				12,0 · 12,0 · 1,3	1,2	40—140	2,6	26
				13,0 · 13,0 · 1,2	1,2	40—140	2,3	27
				13,0 · 13,0 · 1,4	1,2	40—140	2,6	28
5,0 · 7,5 · 0,7	0,8	10— 60	1,3	5,0 · 7,5 · 0,9	1,0	10— 60	1,3	29
6,5 · 10,0 · 0,9	1,0	13— 60	2,0	6,5 · 10,0 · 1,1	1,0	13— 60	2,0	30
				12,0 · 8,0 · 1,0	1,0	30—130	2,0	31
				12,0 · 8,0 · 1,2	1,2	40—140	2,3	32

II. Theil, enthaltend Widerstandsmomente und Gewichte von Trägern mit Gurtplatten.

Erläuterungen.

———

Als Einheitsmaasse wurden durchgehends Centimeter und Kilogramm gewählt. Das specifische Gewicht des Eisens wurde zu 7,8 angenommen. Bei Verwendung von Flusseisen würden die Gewichte mit $\frac{7,85}{7,8} = 1{,}0064$ zu multipliziren sein.

Die angewandten Winkelprofile sind nur deutsche Normalprofile; von den drei Stärken eines Normalwinkels wurde die mittlere bevorzugt.

Die Nietdurchmesser wurden zu 13, 16, 18, 20, 23 und 26 mm angenommen, weil diese Abmessungen sich dem Zollsystem am besten anschliessen und im praktischen Brückenbau vornehmlich verwandt werden.

Die Nietlochachse wurde stets auf die Mitte des freien Winkeleisenschenkels gesetzt und der Nietdurchmesser so gewählt, dass die Nietachse mindestens um 1,5 Durchmesser vom Rande entfernt steht.

Neben den gleichschenkligen Winkeln wurden auch ungleichschenklige aufgenommen, weil sich mit diesen brauchbare Träger construiren lassen, wenn ein entsprechend starker Niet gewählt werden kann. Es lässt sich bei ungleichschenkligen Winkeln meist eine Lamelle ersparen.

Die Stehblechstärken wurden nicht stets den Winkelstärken gleich gewählt; weil bei den stärkeren Trägern erfahrungsgemäss das 10 und 12 mm starke Stehblech am üblichsten ist.

Im Theil I sind Träger in Höhenstufen von 1 cm zu 1 cm berechnet, im Theil II in Höhenstufen von 2 cm zu 2 cm. Die Zwischenprofile sind als arithmetische Mittel zweier aufeinander folgender Werthe leicht und fast mathematisch genau zu finden. Handelt es sich um Zwischenprofile, welche nicht in der Mitte zwischen zwei Tabellenwerthen liegen, so muss natürlich proportional gemittelt werden. Wie gering die Abweichungen der gemittelten Werthe von den durch Rechnung gefundenen Werthen sind, dafür einige Zahlenbeispiele.

Winkel-eisen	Gurt-platten		Stehblechhöhe	Wider-stands-moment nach der Tabelle	Mittel der Wèrthe in Spalte 5	Stehblechhöhe	Wider-stands-moment durch Rechnung gefunden	Abweichung des ge-mittelten Werthes vom wahren Werth	Bemerkungen.
	Dicke	Breite							
1	2	3	4	5	6	7	8	9	
12,0·8,0·1,0	1,0	30	80 82	5507 5680	5593,5	81	5592,98	$+ 0{,}52$ $= 0{,}009\frac{0}{0}$	Ungefährer mittlerer Werth der Abweichung
8,0·8,0·1,0	3,3	22	20 22	1506 1675	1590,5	21	1589,96	$+ 0{,}54$ $= 0{,}034\frac{0}{0}$	Ungefähr grösster Werth der Abweichung
7,5·7,5·1,0	1,0	16	118 120	6253 6404	6328,5	119	6328,49	$+ 0{,}01 =$ verschwin-dend klein	Ungefähr kleinster Werth der Ab-weichung.

Wie man sieht ist der wahre Werth stets etwas kleiner als der gemittelte; die verhältnissmässig grössten Abweichungen treten bei starken Gurtungen und niedrigen Trägerhöhen auf.

Beispiele.

In den nachstehenden Beispielen bezeichnet:

J das Trägheitsmoment in cm^4,

W das Widerstandsmoment in cm^3,

G das Trägergewicht in kg für 1 m (ohne Nietköpfe).

Beispiel zu Theil I.

1. Wie gross sind J, W und G eines Blechträgers von 0,83 m Stehblechhöhe, vier Winkeln 8,0 · 8,0 · 1,0, Stehblechstärke 1,0 cm und Nietdurchmesser 2,0 cm?

Auf Seite 12 findet man unter $h = 83$ cm die Werthe:

$$J = 123458 \ \text{cm}^4,$$
$$W = 2975 \ \text{cm}^3,$$
$$G = 111{,}5 \ \frac{\text{kg}}{\text{m}}.$$

Beispiel zu Theil II.

2. Wie gross sind W und G eines Blechträgers von 1,18 m Stehblechhöhe, 4 Winkeln 10,0 · 10,0 · 1,2, Stehblechstärke 1,0 cm, Nietdurchmesser 2,3 cm, mit drei Gurtplatten von je 1,2 cm Stärke und 26 cm Breite?

Nach Seite 62 ist für $h = 118$ cm, $W = 15231$ cm^3.

Das Gewicht ergiebt sich zu:

a) beide Gurtungen (letzte wagerechte Zeile) . . 216,9 $\frac{\text{kg}}{\text{m}}$

b) Stehblech (letzte senkrechte Zeile) . . . . . . 92,0 „

Gesammtgewicht 308,9 $\frac{\text{kg}}{\text{m}}$.

Erstes Beispiel zu Theil III.

3. Für eine eingleisige Eisenbahnbrücke von 12,0 m Spannweite ist das W in der Mitte zu 8750 cm^3 ermittelt. Welches Profil ist zu wählen?

Für eine Spannweite von 12,0 m wird der Träger etwa 1,0—1,20 m hoch zu wählen sein.

Theil III liefert z. B. unter 8751 einen Träger von 106 cm Stehblechhöhe mit zwei Gurtplatten.

Hinter der Trägerhöhe 106 ist auf Seite 47 verwiesen, wo man folgendes findet. Der Träger hat 4 Winkel $9{,}0 \cdot 9{,}0 \cdot 1{,}1$, Stehblech $106 \cdot 1{,}0$ cm, zwei Gurtplatten von je 1,1 cm Stärke und 21 cm Breite, Nietdurchmesser 2,0 cm und ein Gewicht von $82{,}7 + 130{,}1 = 212{,}8 \frac{kg}{m}$.

Zweites Beispiel zu Theil III.

4. Für den Hauptträger einer bei beschränkter Constructionshöhe auszuführenden Strassenbrücke ist das grösste W zu 5880 cm³ berechnet. Welches Profil ist zu wählen, wenn der Träger in der Mitte 3 Gurtplatten bekommen soll und nicht über 70 cm hoch sein darf?

Suche in Theil III die Zahl 5880 auf und gehe von dort aus voran bis ein Profil passender Höhe und Gurtplattenzahl gefunden ist.

Hinter 5886 ist ein Träger von 62 cm Stehblechhöhe mit drei Gurtplatten ($\equiv$) und Seite 56 angegeben. Auf Seite 56 findet man unter $h = 62$ folgende nähere Angaben:

Trägerhöhe 62 cm, 4 Winkel $10{,}0 \cdot 10{,}0 \cdot 1{,}0$.

Stehblechstärke 1,0 cm, Nietdurchmesser 2 cm.

Gurtplattendicke 3 cm, Gurtplattenbreite 24 cm.

Gewicht $= 48{,}4 + 172{,}1 = 220{,}5 \frac{kg}{m}$.

Zur Bestimmung der Längen der einzelnen Gurtplatten findet man das W des Trägers mit:

2 cm Gurtplattenstärke auf Seite 55 $= 4\,704$ cm³

1 „ „ „ „ 53 $= 3\,531$ „

ohne Gurtplatte „ „ 18 $= 2\,352$ „

Drittes Beispiel zu Theil III.

5. Ein Bogenträger für eine Strassenbrücke von 13,0 m Spannweite und 2,2 m Pfeilhöhe ist nach einer Vorberechnung zu 36 cm Trägerhöhe angenommen, und dann sind an verschiedenen Punkten des Trägers folgende W gefunden: 1104, 1398, 1431, 1326, 1129. Welches Profil ist zu wählen?

In Theil III findet man von dem grössten W, 1431, vorangehend bei 1435 einen Träger von 36 cm Höhe und einer Gurtplatte unter Hinweis auf Seite 34. Hier nun findet man noch die weiteren Angaben

über den Träger: Stehblechstärke 1,0 cm, 4 Winkel 7,5 · 7,5 · 1,0. Nietdurchmesser und eine Gurtplatte 1 × 21 cm.

Da nun im Bogenträger Druck vorherrscht, die Nietlöcher also
nicht abgezogen zu werden brauchen, so kann die Gurtplatte um
2 Nietdurchmesser = 4 cm schmaler gemacht werden, also 17 cm Breite
bekommen. Hinsichtlich der Winkel lässt sich der Nietlochabzug
allerdings nicht berücksichtigen, es stecken also in jedem Gurt 4 qcm
zu viel Material.

Zur Bestimmung des theoretischen Endpunktes der Gurtplatte
findet man das W ohne Gurtplatte folgendermassen

Auf S. 10 ist angegeben für $h = 36$, $J = 15\,635$

$$\text{Zuschlag für Niete } \frac{4}{12}\,(36^3 - 34^3) \quad \frac{2\,451}{18\,086}.$$

Also $W = \dfrac{18\,086}{18} = 1005\ \text{cm}^3$, d. h. die Gurtplatte muss über
den ganzen Träger fortlaufen.

Anderweitige Beispiele.

Aenderung der Trägerhöhe gegen eine in den Tabellen
angegebene.

6. Wie ändert sich das W des im Beispiel 2 gegebenen Trägers,
wenn dessen Stehblechhöhe statt 1,18 m nur 1,175 m sein soll?

Auf Seite 62 findet man W

$$
\begin{aligned}
&\text{für Höhe } 118 \text{ cm} = 15231\\
&\text{ „ } 116 \text{ cm} = 14923\\
&\text{Differenz für 2 cm Höhe} \quad 308\\
&\text{ „ } 1 \text{ mm „} \quad \frac{308}{20} = 15,4\\
&\text{ „ } 5 \text{ mm „} \quad 5 \cdot 15,4 = 77\\
&\text{also } W \text{ für die Höhe } 1,175 = 15231 - 77 = 15154 \text{ cm}^3.
\end{aligned}
$$

Aenderung der Gurtplattenbreite gegen eine in den
Tabellen angegebene.

7. Wie ändert sich das W des im Beispiel 2 gegebenen Trägers,
wenn bei $h = 118$ cm die Gurtplatte nicht 26 cm sondern 27,4 cm Breite
haben soll?

Das W des 1 cm breiten Gurtplattenstreifens ist nach Seite 146
für Trägerhöhe 118 und Gurtplattenstärke 3,6 cm. = 425,3. Also für

einen 1,4 cm breiten Streifen $= 595,42$, das gesuchte W wird also $= 15231 + 595,42 = 15826,42$ cm³.

Aenderung der Stehblechstärke gegen eine in der Tabelle angegebene.

8. Wie ändert sich das W des im Beispiel 1 gegebenen Trägers **ohne** Gurtplatten, wenn das Stehblech statt 1,0 cm 0,9 oder 1,1 cm stark sein soll?

Aus der letzten Verticalreihe auf Seite 12 findet man das Widerstandsmoment eines 0,1 cm starken Stehblechstreifens von 83 an Höhe mit Nietlochabzug $= 101,6$. Soll das Stehblech nur 0,9 cm werden, so wird $W = 2975 — 101,6 = 2873,4$ cm³ und das W für den Träger mit 1,1 cm starkem Stehblech $2975 + 101,6 = 3076,6$ cm³.

9. Wie ändert sich das W des in Beispiel 2 gegebenen Trägers **mit** Gurtplatten, wenn das Stehblech statt 1,0 cm 1,2 cm stark werden soll?

Zur Beantwortung dieser Frage benutze man die am Schluss beigegebene Tabelle Seite 147. Da es sich um einen Träger von 118 cm Höhe und 3,6 cm Gurtplattenstärke handelt, so suche man in der Horizontalreihe 118 bis zur Gurtplattenstärke 3,6 cm. Dort findet man das W des 0,1 cm starken Stehblechstreifens mit 218,7 cm³, das 0,2 cm starke Stehblech würde ein $W = 437,4$ cm³ haben; das gesuchte Widerstandsmoment wird also $= 15\,231 + 437,4 = 15668,4$ cm³.

Einseitiges Profil.

10. Wie gross ist das W und G für ein Profil aus einem Stehblech 1 × 33 cm und 2 Winkeln 6,0 · 6,0 · 1,0 mit Niet 1,6 cm Durchmesser?

Nach Seite 5 hat das Profil mit 4 Winkeln $W = 663$, das halbe Profil also $W = 331,5$. Hierzu kommt das W des Stehblechs von 0,5 cm Stärke (letzte Verticalreihe) mit $5 \cdot 14,9 = 74,5$. Also das gesuchte $W = 331,5 + 74,5 = 406$ cm³. Das G berechnet sich ähnlich. Das Gewicht des Profils mit 4 Winkeln $= 60,3\ \frac{\mathrm{kg}}{\mathrm{m}}$; halbes Gewicht $= 30,15\ \frac{\mathrm{kg}}{\mathrm{m}}$. Um den Gewichtszuschlag für das Stehblech 33 × 0,5 zu finden, benutzt man irgend eine Seite, auf der Stehblechgewichte für 1,0 cm starkes Blech angegeben sind, z. B. S. 41; man findet für 1,0 cm Blech bei 33 cm Höhe $G = \dfrac{25,0 + 26,5}{2} = 25,75$, also für 0,5 cm $= \dfrac{25,75}{2} = 12,88$ kg

Das gesuchte Gewicht $30,15 + 12,88 = 43,03\ \frac{\mathrm{kg}}{\mathrm{m}}$.

Kastenträger.

11. Für eine Eisenbahnbrücke mit auf den Trägern liegender Fahrbahndecke aus Buckelplatten ist ein W berechnet zu 2630. Weil

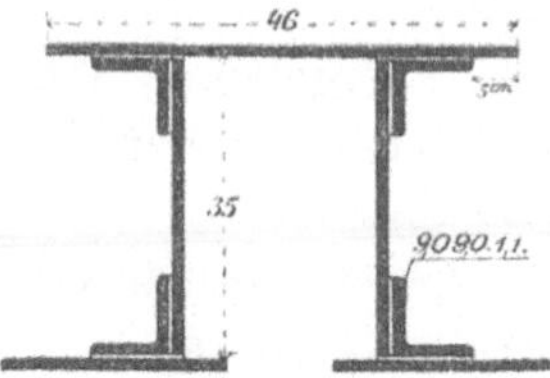

die Constructionshöhe gering ist, so ist ein (unten offenes) Kastenprofil angenommen. Freier Ueberstand der oberen Gurtplatte, wegen der Befestigung der Buckelplatten 5 cm. Wie gross wird das W dieses Profils bei 35 cm Höhe, 4 Winkeln $9{,}0 \cdot 9{,}0 \cdot 1{,}1$ und einer Gurtplatte von $46 \cdot 1$ cm.

a) Nach Seite 45 ist W für einen Träger mit 24 cm breiter Gurtplatte $\dfrac{1612 + 1735}{2}$ . . . . $= 1673{,}5$ cm

b) Zuschlag für $46 - 24 = 22$ cm breite Gurtplatte berechnet nach Seite $146 = 22 \cdot \dfrac{34{,}0 + 36{,}0}{2} = 770{,}0$ „

c) Zuschlag für 1 cm starkes Stehblech nach Seite $147 = 10 \cdot \dfrac{18{,}2 + 20{,}5}{2}$ . . . . $= 193{,}5$ „

$$W = 2637{,}0 \,\text{cm}^3.$$

Der direct berechnete genaue Werth beträgt 2637,27 cm³.

Unsymmetrische Profile.

Die Berechnung von Profilen obiger Formen wird durch die Tabellen erleichtert und geschieht nach folgender Betrachtung.

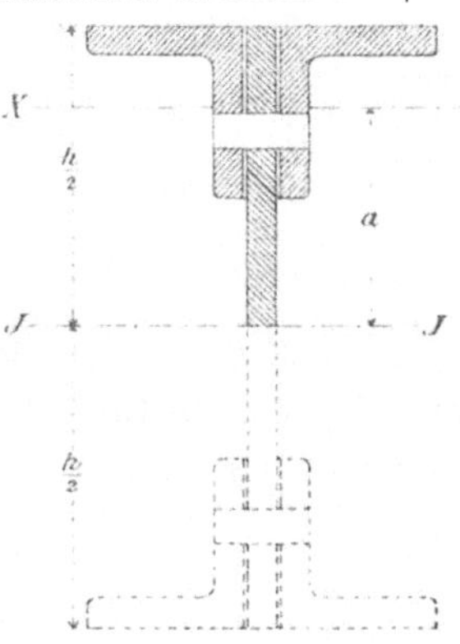

In nebenstehender Skizze sei

J das Trägheitsmoment des ganzen Querschnitts, bezogen auf die Achse $J - J$.

f die Fläche des halben Profils mit Nietabzug.

Gesucht i, das Trägheitsmoment der oberen Trägerhälfte, bezogen auf seine Schwerpunktenachse $X - X$; Achsabstand $= a$.

$$J \text{ ist } = 2\,(i + f a^2)$$

$$\text{also } i = \frac{J}{2} - f a^2.$$

Zahlenbeispiel.

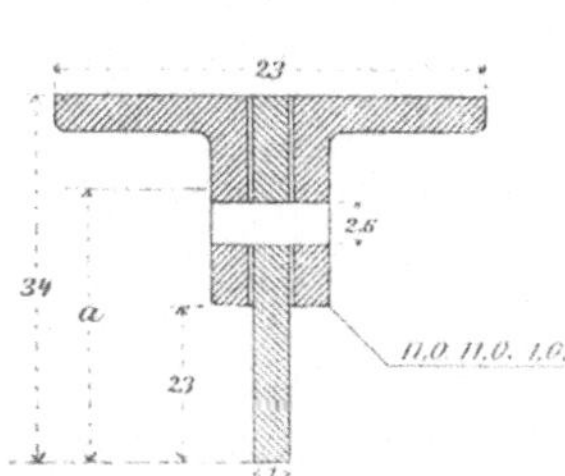

12. Wie gross ist W nebenstehenden Profils?

$$f = 23 + 3 \cdot 10 + 23 - 2{,}6 \cdot 3 = 68{,}2 \text{ qcm.}$$

Schwerpunktenlage $a \cdot 68{,}2 = \dfrac{23 \cdot 23}{2} + (30 - 7{,}8)\,28$
$$+ \; 23 \cdot 33{,}5$$

$$a = \text{rund } 24{,}3 \text{ cm.}$$

Also ist $f a^2 = 68{,}2 \cdot 24{,}3^2 = 40271{,}42 \text{ cm}^4.$

Nach Seite 21 ist J für 68 cm Höhe $= 97867 \text{ cm}^4$,

also $i = \dfrac{97867}{2} - 40271{,}42 \; . \; . \; . \; . \; = 8662{,}08 \text{ cm}^4.$

Das zugehörige kleinste $W = \dfrac{8662{,}08}{24{,}3} = 356{,}5 \text{ cm}^3.$

Zweites Zahlenbeispiel.

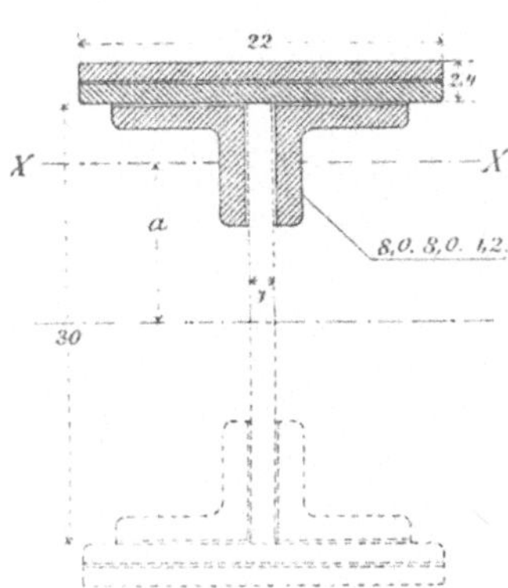

13. Für die obere Gurtung einer kleinen Fachwerksbrücke ist nebenstehendes Profil erforderlich, von welchem zur Berechnung der Knickfestigkeit das Trägheitsmoment bezogen auf die Schwerachse $X - X$ ohne Nietabzug zu ermitteln ist.

Berechne zunächst f und a wie im vorigen Beispiel.

Es ergiebt sich $f = 88{,}32$ qcm,
$$a = 14{,}74 \text{ cm.}$$

Nach Seite 43 ist das W für den punktirt ergänzten Querschnitt $= 1928$, also das Trägheitsmoment für den vollen Querschnitt

$$= 1928 \cdot 17{,}4 + \frac{4{,}6}{12}\,(34{,}8^3 - 27{,}6^3) = 41643{,}05.$$ Hiervon ist abzuziehen

das Trägheitsmoment des Stehblechs mit $\frac{1}{12}\,30^3 = 2250$; folglich $J = 39393{,}05$, und unter Berücksichtigung der anfangs berechneten Werthe

für a und f das gesuchte $i = \dfrac{39393{,}05}{2} - 88{,}32 \cdot 14{,}74^2 = 507{,}5 \text{ cm}^4.$

Wenn auch bei der im letzten Beispiel angegebenen Berechnungsart keine wesentliche Zeit- und Arbeitsersparniss eintritt, so wird diese Methode doch bei hohen Trägern, wo bei der directen Berechnung die Cuben von vierstelligen Zahlen zu bilden sind, mit Vortheil angewandt werden können.

I. Theil.

Trägheitsmomente,

Widerstandsmomente und Gewichte

von

Blechträgern ohne Gurtplatten.

L 4,0 · 4,0 · 0,6 cm

Nietstärke 1,3 cm; Stehblechdicke 0,6 cm

Träger-Höhe h cm	$e = 2,30$ cm Trägheitsmoment cm⁴	Widerstandsm. cm³	Trägheitsmoment cm⁴	Gewicht für den lfd. m ohne Nietköpfe kg	Widerstandsm. cm³
10	295	59,0	261	18,6	1,3
11	369	67,1	333	19,1	1,5
12	453	75,6	417	19,6	1,8
13	548	84,3	511	20,0	2,1
14	653	93,2	616	20,5	2,4
15	768	102	733	21,0	2,8
16	895	112	862	21,4	3,2
17	1 032	121	1 003	21,9	3,6
18	1 182	131	1 156	22,4	4,1
19	1 343	141	1 322	22,9	4,6
20	1 517	152	1 502	23,3	5,1
21	1 703	162	1 694	23,8	5,7
22	1 902	173	1 900	24,3	6,3
23	2 115	184	2 120	24,7	6,9
24	2 340	195	2 354	25,2	7,6
25	2 580	206	2 603	25,7	8,2
26	2 833	218	2 866	26,1	9,0
27	3 101	230	3 145	26,6	9,7
28	3 383	242	3 439	27,1	10,5
29	3 681	254	3 749	27,5	11,3
30	3 993	266	4 074	28,0	12,2
31	4 321	279	4 417	28,5	13,1
32	4 665	292	4 775	28,9	14,0
33	5 025	305	5 151	29,4	15,0
34	5 402	318	5 544	29,9	16,0
35	5 795	331	5 954	30,3	17,0
36	6 206	345	6 382	30,8	18,0
37	6 633	359	6 829	31,3	19,1
38	7 079	373	7 293	31,7	20,2
39	7 542	387	7 777	32,2	21,4
40	8 023	401	8 279	32,7	22,6
41	8 523	416	8 801	33,1	23,8
42	9 042	431	9 343	33,6	25,1
43	9 580	446	9 904	34,1	26,4
44	10 138	461	10 485	34,6	27,7
45	10 715	476	11 088	35,0	29,0
46	11 312	492	11 710	35,5	30,4
47	11 930	508	12 354	36,0	31,8
48	12 568	524	13 020	36,4	33,3
49	13 227	540	13 707	36,9	34,8
50	13 908	556	14 416	37,4	36,3
51	14 609	573	15 148	37,8	37,9
52	15 333	590	15 902	38,3	39,4
53	16 079	607	16 679	38,8	41,1
54	16 848	624	17 479	39,2	42,7
55	17 639	641	18 303	39,7	44,4
56	18 453	659	19 150	40,2	46,1
57	19 290	677	20 022	40,6	47,9
58	20 151	695	20 918	41,1	49,7
59	21 036	713	21 839	41,6	51,5
60	21 946	732	22 785	42,0	53,3

Neutr. Axe — Trägheitsmoment für $\begin{cases} h = 10 = 66,9 \text{ cm}^4 \\ h = 60 = 67,8 \text{ cm}^4 \end{cases}$

L 4,0 · 4,0 · 0,8 cm

Nietstärke 1,3 cm; Stehblechdicke 0,6 cm

Träger-Höhe h cm	$e = 2,40$ cm Trägheitsmoment cm⁴	Widerstandsm. cm³	Trägheitsmoment cm⁴	Gewicht für den lfd. m ohne Nietköpfe kg	Widerstandsm. cm³
10	360	72,0	311	22,8	1,3
11	452	82,1	399	23,2	1,5
12	555	92,5	499	23,7	1,8
13	671	103	613	24,2	2,1
14	799	114	739	24,6	2,5
15	940	125	880	25,1	2,8
16	1 094	137	1 034	25,6	3,2
17	1 262	149	1 203	26,0	3,7
18	1 444	160	1 386	26,5	4,1
19	1 639	173	1 584	27,0	4,6
20	1 849	185	1 797	27,4	5,2
21	2 074	198	2 025	27,9	5,7
22	2 314	210	2 270	28,4	6,3
23	2 568	223	2 530	28,8	6,9
24	2 839	237	2 807	29,3	7,6
25	3 125	250	3 100	29,8	8,3
26	3 427	264	3 410	30,2	9,0
27	3 746	278	3 738	30,7	9,8
28	4 082	292	4 083	31,2	10,6
29	4 435	306	4 446	31,7	11,4
30	4 805	320	4 827	32,1	12,2
31	5 192	335	5 226	32,6	13,1
32	5 598	350	5 644	33,1	14,1
33	6 022	365	6 081	33,5	15,0
34	6 464	380	6 538	34,0	16,0
35	6 926	396	7 014	34,5	17,0
36	7 406	411	7 510	34,9	18,1
37	7 906	427	8 027	35,4	19,2
38	8 426	443	8 564	35,9	20,3
39	8 966	460	9 121	36,3	21,4
40	9 526	476	9 700	36,8	22,6
41	10 107	493	10 301	37,3	23,9
42	10 709	510	10 923	37,7	25,1
43	11 332	527	11 567	38,2	26,4
44	11 976	544	12 233	38,7	27,7
45	12 643	562	12 922	39,1	29,1
46	13 331	580	13 634	39,6	30,5
47	14 042	598	14 370	40,1	31,9
48	14 776	616	15 129	40,5	33,3
49	15 533	634	15 911	41,0	34,8
50	16 313	653	16 718	41,5	36,4
51	17 117	671	17 549	41,9	37,9
52	17 945	690	18 405	42,4	39,5
53	18 797	709	19 286	42,9	41,1
54	19 674	729	20 193	43,4	42,8
55	20 575	748	21 125	43,8	44,5
56	21 502	768	22 082	44,3	46,2
57	22 454	788	23 067	44,8	47,9
58	23 432	808	24 077	45,2	49,7
59	24 436	828	25 115	45,7	51,5
60	25 467	849	26 180	46,2	53,4

Neutr. Axe — Trägheitsmoment für $\begin{cases} h = 10 = 90,5 \text{ cm}^4 \\ h = 60 = 91,4 \text{ cm}^4 \end{cases}$

L 4,5 · 4,5 · 0,7 cm

Nietstärke 1,3 cm; Stehblechdicke 0,7 cm

L 4,5 · 4,5 · 0,9 cm

Nietstärke 1,3 cm; Stehblechdicke 0,7 cm

Träger-Höhe h cm	$e=2,6$ cm Trägheitsmoment cm⁴	Widerstandsm. cm³	Trägheitsmoment cm⁴	Gewicht für den lfd. m ohne Nietköpfe kg	Widerstandsm. cm³	Träger-Höhe h cm	$e=2,7$ cm Trägheitsmoment cm⁴	Widerstandsm. cm³	Trägheitsmoment cm⁴	Gewicht für den lfd. m ohne Nietköpfe kg	Widerstandsm. cm³
10	373	74,6	327	23,6	1,4	10	442	88,4	380	28,2	1,4
11	468	85,1	418	24,1	1,6	11	556	101	488	28,8	1,6
12	575	95,9	523	24,7	1,9	12	684	114	612	29,3	1,9
13	696	107	642	25,2	2,2	13	829	127	752	29,8	2,2
14	830	119	775	25,8	2,5	14	989	141	909	30,4	2,6
15	978	130	924	26,3	2,9	15	1 165	155	1 083	30,9	2,9
16	1 140	142	1 087	26,9	3,3	16	1 358	170	1 274	31,5	3,3
17	1 316	155	1 265	27,4	3,7	17	1 568	184	1 484	32,0	3,8
18	1 508	168	1 460	28,0	4,2	18	1 795	199	1 711	32,6	4,2
19	1 714	180	1 670	28,5	4,7	19	2 040	215	1 958	33,1	4,7
20	1 936	194	1 897	29,0	5,2	20	2 303	230	2 223	33,7	5,3
21	2 174	207	2 141	29,6	5,8	21	2 584	246	2 507	34,2	5,8
22	2 428	221	2 401	30,1	6,4	22	2 883	262	2 811	34,8	6,4
23	2 699	235	2 680	30,7	7,0	23	3 202	278	3 135	35,3	7,1
24	2 987	249	2 976	31,2	7,7	24	3 540	295	3 479	35,8	7,7
25	3 292	263	3 290	31,8	8,4	25	3 898	312	3 844	36,4	8,4
26	3 614	278	3 623	32,3	9,1	26	4 276	329	4 229	36,9	9,1
27	3 955	293	3 975	32,9	9,9	27	4 675	346	4 636	37,5	9,9
28	4 314	308	4 346	33,4	10,7	28	5 094	364	5 065	38,0	10,7
29	4 692	324	4 737	34,0	11,5	29	5 534	382	5 516	38,6	11,5
30	5 088	339	5 147	34,5	12,3	30	5 996	400	5 989	39,1	12,4
31	5 504	355	5 578	35,1	13,2	31	6 480	418	6 485	39,7	13,3
32	5 940	371	6 030	35,6	14,1	32	6 986	437	7 004	40,2	14,2
33	6 396	388	6 502	36,1	15,1	33	7 514	455	7 547	40,8	15,1
34	6 872	404	6 996	36,7	16,1	34	8 065	474	8 113	41,3	16,1
35	7 370	421	7 512	37,2	17,1	35	8 640	494	8 703	41,9	17,2
36	7 888	438	8 049	37,8	18,2	36	9 238	513	9 318	42,4	18,2
37	8 428	456	8 609	38,3	19,3	37	9 860	533	9 958	42,9	19,3
38	8 989	473	9 192	38,9	20,4	38	10 506	553	10 623	43,5	20,4
39	9 573	491	9 798	39,4	21,5	39	11 177	573	11 314	44,0	21,6
40	10 179	509	10 428	40,0	22,7	40	11 873	594	12 030	44,6	22,8
41	10 809	527	11 081	40,5	24,0	41	12 594	614	12 772	45,1	24,0
42	11 461	546	11 758	41,1	25,2	42	13 341	635	13 542	45,7	25,3
43	12 137	565	12 460	41,6	26,5	43	14 114	656	14 338	46,2	26,5
44	12 837	584	13 186	42,2	27,8	44	14 913	678	15 161	46,8	27,9
45	13 561	603	13 938	42,7	29,2	45	15 739	700	16 012	47,3	29,2
46	14 310	622	14 716	43,2	30,6	46	16 592	721	16 891	47,9	30,6
47	15 084	642	15 519	43,8	32,0	47	17 472	744	17 799	48,4	32,0
48	15 883	662	16 349	44,3	33,4	48	18 381	766	18 735	49,0	33,5
49	16 708	682	17 205	44,9	34,9	49	19 317	788	19 700	49,5	35,0
50	17 559	702	18 088	45,4	36,4	50	20 282	811	20 694	50,0	36,5
51	18 437	723	18 998	46,0	38,0	51	21 276	834	21 719	50,6	38,0
52	19 341	744	19 936	46,5	39,6	52	22 299	858	22 773	51,1	39,6
53	20 272	765	20 902	47,1	41,2	53	23 351	881	23 858	51,7	41,3
54	21 231	786	21 897	47,6	42,9	54	24 434	905	24 973	52,2	42,9
55	22 217	808	22 920	48,2	44,6	55	25 546	929	26 120	52,8	44,6
56	23 232	830	23 972	48,7	46,3	56	26 689	953	27 298	53,3	46,3
57	24 275	852	25 054	49,2	48,0	57	27 863	978	28 508	53,9	48,1
58	25 347	874	26 165	49,8	49,8	58	29 069	1 002	29 751	54,4	49,9
59	26 448	897	27 306	50,3	51,6	59	30 306	1 027	31 025	55,0	51,7
60	27 578	919	28 478	50,9	53,5	60	31 575	1 052	32 333	55,5	53,5

Trägheitsmoment für $\begin{cases} h = 10 = 112,4 \text{ cm}^4 \\ h = 60 = 113,8 \text{ cm}^4 \end{cases}$

Trägheitsmoment für $\begin{cases} h = 10 = 146,3 \text{ cm}^4 \\ h = 60 = 147,7 \text{ cm}^4 \end{cases}$

L $5,0 \cdot 5,0 \cdot 0,7$ cm

Nietstärke 1,3 cm; Stehblechdicke 0,8 cm

Träger-Höhe h cm	$e = 2{,}85$ cm Trägheitsmoment cm⁴	Widerstandsm. cm³	Trägheitsmoment cm⁴	Gewicht für den lfd. m ohne Nietköpfe kg	Widerstandsm. cm³
10	417	83,4	365	26,7	1,4
11	523	95,0	467	27,3	1,7
12	643	107	584	28,0	2,0
13	778	120	718	28,6	2,3
14	929	133	867	29,2	2,6
15	1 096	146	1 034	29,8	3,0
16	1 278	160	1 218	30,5	3,4
17	1 478	174	1 419	31,1	3,8
18	1 694	188	1 638	31,7	4,3
19	1 927	203	1 876	32,3	4,8
20	2 178	218	2 133	33,0	5,3
21	2 448	233	2 408	33,6	5,9
22	2 736	249	2 704	34,2	6,5
23	3 043	265	3 019	34,8	7,1
24	3 369	281	3 355	35,5	7,8
25	3 715	297	3 711	36,1	8,5
26	4 081	314	4 089	36,7	9,2
27	4 468	331	4 488	37,3	10,0
28	4 876	348	4 910	38,0	10,8
29	5 305	366	5 353	38,6	11,6
30	5 756	384	5 820	39,2	12,4
31	6 229	402	6 310	39,8	13,3
32	6 725	420	6 823	40,4	14,3
33	7 243	439	7 360	41,1	15,2
34	7 785	458	7 922	41,7	16,2
35	8 351	477	8 508	42,3	17,2
36	8 941	497	9 120	42,9	18,3
37	9 555	516	9 758	43,6	19,4
38	10 194	537	10 421	44,2	20,5
39	10 859	557	11 111	44,8	21,7
40	11 550	577	11 827	45,4	22,8
41	12 266	598	12 571	46,1	24,1
42	13 009	619	13 342	46,7	25,3
43	13 780	641	14 141	47,3	26,6
44	14 577	663	14 969	47,9	27,9
45	15 402	685	15 826	48,6	29,3
46	16 256	707	16 711	49,2	30,7
47	17 138	729	17 627	49,8	32,1
48	18 049	752	18 572	50,4	33,6
49	18 989	775	19 548	51,1	35,0
50	19 959	798	20 554	51,7	36,6
51	20 959	822	21 592	52,3	38,1
52	21 990	846	22 661	52,9	39,7
53	23 052	870	23 763	53,6	41,3
54	24 145	894	24 896	54,2	43,0
55	25 270	919	26 063	54,8	44,7
56	26 427	944	27 263	55,4	46,4
57	27 617	969	28 496	56,0	48,1
58	28 839	994	29 763	56,7	49,9
59	30 095	1 020	31 065	57,3	51,8
60	31 385	1 046	32 402	57,9	53,6

Trägheitsmoment für $\begin{cases} h = 10 = 154{,}6 \text{ cm}^4 \\ h = 60 = 156{,}7 \text{ cm}^4 \end{cases}$

L $5,0 \cdot 5,0 \cdot 0,9$ cm

Nietstärke 1,3 cm; Stehblechdicke 0,8 cm

Träger-Höhe h cm	$e = 2{,}95$ cm Trägheitsmoment cm⁴	Widerstandsm. cm³	Trägheitsmoment cm⁴	Gewicht für den lfd. m ohne Nietköpfe kg	Widerstandsm. cm³
10	494	98,8	426	32,0	1,4
11	621	113	546	32,6	1,7
12	765	128	684	33,2	2,0
13	927	143	842	33,8	2,3
14	1 107	158	1 018	34,5	2,7
15	1 306	174	1 214	35,1	3,0
16	1 524	191	1 430	35,7	3,4
17	1 761	207	1 667	36,3	3,9
18	2 018	224	1 924	37,0	4,3
19	2 296	242	2 203	37,6	4,8
20	2 594	259	2 503	38,2	5,4
21	2 912	277	2 826	38,8	5,9
22	3 253	296	3 170	39,4	6,5
23	3 615	314	3 538	40,1	7,2
24	3 999	333	3 929	40,7	7,8
25	4 406	352	4 343	41,3	8,5
26	4 836	372	4 782	41,9	9,2
27	5 289	392	5 245	42,6	10,0
28	5 766	412	5 733	43,2	10,8
29	6 267	432	6 246	43,8	11,6
30	6 793	453	6 785	44,4	12,5
31	7 344	474	7 349	45,1	13,4
32	7 920	495	7 941	45,7	14,3
33	8 522	517	8 559	46,3	15,3
34	9 151	538	9 204	46,9	16,2
35	9 806	560	9 877	47,6	17,3
36	10 487	583	10 578	48,2	18,3
37	11 197	605	11 307	48,8	19,4
38	11 934	628	12 065	49,4	20,5
39	12 699	651	12 853	50,1	21,7
40	13 493	675	13 670	50,7	22,9
41	14 316	698	14 517	51,3	24,1
42	15 168	722	15 395	51,9	25,4
43	16 050	747	16 303	52,6	26,7
44	16 962	771	17 243	53,2	28,0
45	17 905	796	18 214	53,8	29,3
46	18 879	821	19 217	54,4	30,7
47	19 884	846	20 253	55,0	32,1
48	20 921	872	21 322	55,7	33,6
49	21 991	898	22 424	56,3	35,1
50	23 093	924	23 559	56,9	36,6
51	24 227	950	24 729	57,5	38,2
52	25 396	977	25 933	58,2	39,8
53	26 598	1 004	27 172	58,8	41,4
54	27 834	1 031	28 446	59,4	43,0
55	29 105	1 058	29 755	60,0	44,7
56	30 411	1 086	31 101	60,7	46,4
57	31 752	1 114	32 483	61,3	48,2
58	33 129	1 142	33 902	61,9	50,0
59	34 542	1 171	35 359	62,5	51,8
60	35 992	1 200	36 853	63,2	53,7

Trägheitsmoment für $\begin{cases} h = 10 = 201{,}0 \text{ cm}^4 \\ h = 60 = 203{,}0 \text{ cm}^4 \end{cases}$

L 5,5 · 5,5 · 0,8 cm
Nietstärke 1,6 cm; Stehblechdicke 0,9 cm

Träger-Höhe h cm	$e=3,15$ cm Trägheits-moment cm⁴	Wider-standsm. cm³	Trägheits-moment cm⁴	Gewicht für den lfd. m ohne Nietköpfe kg	Wider-standsm. cm³
11	623	113	536	33,2	1,7
12	766	128	671	33,9	2,0
13	926	142	826	34,6	2,3
14	1 104	158	1 001	35,3	2,6
15	1 300	173	1 195	36,0	2,9
16	1 516	190	1 410	36,7	3,3
17	1 752	206	1 646	37,4	3,7
18	2 007	223	1 903	38,1	4,2
19	2 283	240	2 183	38,8	4,7
20	2 579	258	2 484	39,5	5,2
21	2 897	276	2 809	40,2	5,7
22	3 237	294	3 156	40,9	6,3
23	3 599	313	3 527	41,6	6,9
24	3 983	332	3 922	42,3	7,5
25	4 391	351	4 342	43,0	8,2
26	4 822	371	4 787	43,7	8,9
27	5 278	391	5 257	44,4	9,6
28	5 757	411	5 754	45,1	10,4
29	6 262	432	6 276	45,8	11,2
30	6 792	453	6 826	46,5	12,0
31	7 348	474	7 402	47,2	12,9
32	7 930	496	8 007	47,9	13,8
33	8 539	518	8 639	48,6	14,7
34	9 175	540	9 300	49,3	15,6
35	9 839	562	9 990	50,0	16,6
36	10 530	585	10 710	50,7	17,7
37	11 251	608	11 460	51,4	18,7
38	12 000	632	12 240	52,1	19,8
39	12 778	655	13 051	52,8	21,0
40	13 587	679	13 893	53,5	22,1
41	14 426	704	14 767	54,2	23,3
42	15 295	728	15 673	54,9	24,5
43	16 196	753	16 612	55,6	25,8
44	17 129	779	17 584	56,3	27,1
45	18 093	804	18 589	57,0	28,4
46	19 090	830	19 629	57,8	29,8
47	20 121	856	20 703	58,5	31,2
48	21 184	883	21 812	59,2	32,6
49	22 282	909	22 956	59,9	34,1
50	23 414	937	24 136	60,6	35,5
51	24 581	964	25 353	61,3	37,1
52	25 783	992	26 606	62,0	38,6
53	27 020	1 020	27 896	62,7	40,2
54	28 294	1 048	29 224	63,4	41,9
55	29 605	1 077	30 589	64,1	43,5
56	30 952	1 105	31 994	64,8	45,2
57	32 338	1 135	33 437	65,5	46,9
58	33 761	1 164	34 920	66,2	48,7
59	35 222	1 194	36 443	66,9	50,5
60	36 723	1 224	38 006	67,6	52,3

Neutr. Axe — Trägheitsmoment für { $h=11=236,9$ cm⁴; $h=60=239,9$ cm⁴ }

L 5,5 · 5,5 · 1,0 cm
Nietstärke 1,6 cm; Stehblechdicke 1,0 cm

Träger-Höhe h cm	$e=3,25$ cm Trägheits-moment cm⁴	Wider-standsm. cm³	Trägheits-moment cm⁴	Gewicht für den lfd. m ohne Nietköpfe kg	Wider-standsm. cm³
11	734	133	624	39,8	1,7
12	903	151	784	40,6	2,0
13	1 094	168	966	41,3	2,3
14	1 306	187	1 173	42,1	2,6
15	1 541	205	1 402	42,9	3,0
16	1 799	225	1 657	43,7	3,4
17	2 079	245	1 936	44,5	3,8
18	2 383	265	2 240	45,2	4,2
19	2 712	285	2 570	46,0	4,7
20	3 065	307	2 926	46,8	5,2
21	3 443	328	3 310	47,6	5,7
22	3 848	350	3 720	48,4	6,3
23	4 278	372	4 158	49,1	6,9
24	4 735	395	4 625	49,9	7,5
25	5 219	418	5 120	50,7	8,2
26	5 731	441	5 645	51,5	8,9
27	6 271	465	6 199	52,3	9,6
28	6 840	489	6 784	53,0	10,4
29	7 438	513	7 400	53,8	11,2
30	8 065	538	8 047	54,6	12,0
31	8 723	563	8 725	55,4	12,9
32	9 412	588	9 436	56,2	13,8
33	10 132	614	10 180	56,9	14,7
34	10 883	640	10 957	57,7	15,7
35	11 667	667	11 768	58,5	16,7
36	12 483	694	12 613	59,3	17,7
37	13 333	721	13 493	60,1	18,8
38	14 216	748	14 409	60,8	19,9
39	15 134	776	15 360	61,6	21,0
40	16 086	804	16 347	62,4	22,2
41	17 073	833	17 371	63,2	23,4
42	18 096	862	18 433	64,0	24,6
43	19 155	891	19 532	64,7	25,8
44	20 251	921	20 670	65,5	27,1
45	21 385	950	21 846	66,3	28,5
46	22 556	981	23 062	67,1	29,8
47	23 765	1 011	24 317	67,9	31,2
48	25 012	1 042	25 613	68,6	32,7
49	26 299	1 073	26 949	69,4	34,1
50	27 626	1 105	28 327	70,2	35,6
51	28 993	1 137	29 747	71,0	37,1
52	30 401	1 169	31 209	71,8	38,7
53	31 849	1 202	32 714	72,5	40,3
54	33 340	1 235	34 262	73,3	41,9
55	34 872	1 268	35 854	74,1	43,6
56	36 448	1 302	37 490	74,9	45,3
57	38 066	1 336	39 171	75,7	47,0
58	39 729	1 370	40 897	76,4	48,7
59	41 435	1 405	42 669	77,2	50,5
60	43 186	1 440	44 488	78,0	52,4

Neutr. Axe — Trägheitsmoment für { $h=11=308,3$ cm⁴; $h=60=312,3$ cm⁴ }

L 6,0 · 6,0 · 0,8 cm

Nietstärke 1,6 cm; Stehblechdicke 1 cm

Träger-Höhe h cm	e = 3,40 cm Trägheitsmoment cm⁴	Widerstandsm. cm³	Trägheitsmoment cm⁴	Gewicht für den lfd. m ohne Nietköpfe kg	Widerstandsm. cm³
12	839	140	736	37,5	2,0
13	1 014	156	905	38,3	2,3
14	1 210	173	1 096	39,1	2,7
15	1 426	190	1 309	39,9	3,0
16	1 663	208	1 545	40,6	3,4
17	1 922	226	1 804	41,4	3,8
18	2 204	245	2 087	42,2	4,3
19	2 508	264	2 395	43,0	4,8
20	2 835	284	2 727	43,8	5,3
21	3 186	303	3 085	44,5	5,8
22	3 562	324	3 469	45,3	6,4
23	3 962	345	3 879	46,1	7,0
24	4 388	366	4 316	46,9	7,6
25	4 839	387	4 780	47,7	8,3
26	5 316	409	5 272	48,4	9,0
27	5 821	431	5 792	49,2	9,7
28	6 352	454	6 341	50,0	10,5
29	6 911	477	6 920	50,8	11,3
30	7 499	500	7 529	51,6	12,1
31	8 115	524	8 167	52,3	13,0
32	8 761	548	8 837	53,1	13,9
33	9 436	572	9 538	53,9	14,8
34	10 142	597	10 271	54,7	15,8
35	10 878	622	11 036	55,5	16,8
36	11 646	647	11 835	56,2	17,8
37	12 445	673	12 666	57,0	18,9
38	13 277	699	13 532	57,8	20,0
39	14 141	725	14 431	58,6	21,1
40	15 039	752	15 366	59,4	22,3
41	15 970	779	16 336	60,1	23,4
42	16 936	806	17 342	60,9	24,7
43	17 936	834	18 384	61,7	25,9
44	18 972	862	19 463	62,5	27,2
45	20 043	891	20 579	63,3	28,6
46	21 151	920	21 734	64,0	29,9
47	22 295	949	22 926	64,8	31,3
48	23 477	978	24 158	65,6	32,7
49	24 697	1 008	25 428	66,4	34,2
50	25 954	1 038	26 739	67,2	35,7
51	27 251	1 069	28 090	67,9	37,2
52	28 587	1 099	29 482	68,7	38,8
53	29 962	1 131	30 915	69,5	40,4
54	31 378	1 162	32 391	70,3	42,0
55	32 834	1 194	33 908	71,1	43,7
56	34 332	1 226	35 468	71,8	45,3
57	35 872	1 259	37 072	72,6	47,1
58	37 454	1 292	38 720	73,4	48,8
59	39 078	1 325	40 412	74,2	50,6
60	40 746	1 358	42 148	75,0	52,4

Neutr. Axe Trägheitsmoment für $\begin{cases} h = 12 = 308{,}2 \text{ cm}^4 \\ h = 60 = 312{,}2 \text{ cm}^4 \end{cases}$

L 6,0 · 6,0 · 1,0 cm

Nietstärke 1,6 cm; Stehblechdicke 1,0 cm

Träger-Höhe h cm	e = 3,50 cm Trägheitsmoment cm⁴	Widerstandsm. cm³	Trägheitsmoment cm⁴	Gewicht für den lfd. m ohne Nietköpfe kg	Widerstandsm. cm³
12	977	163	845	43,9	2,1
13	1 182	182	1 040	44,7	2,4
14	1 412	202	1 260	45,4	2,7
15	1 665	222	1 507	46,2	3,0
16	1 944	243	1 779	47,0	3,4
17	2 247	264	2 079	47,8	3,9
18	2 576	286	2 406	48,6	4,3
19	2 932	309	2 760	49,3	4,8
20	3 314	331	3 143	50,1	5,3
21	3 723	355	3 555	50,9	5,8
22	4 160	378	3 996	51,7	6,4
23	4 625	402	4 467	52,5	7,0
24	5 119	427	4 968	53,2	7,7
25	5 642	451	5 500	54,0	8,3
26	6 195	477	6 063	54,8	9,0
27	6 778	502	6 658	55,6	9,8
28	7 392	528	7 285	56,4	10,5
29	8 036	554	7 945	57,1	11,3
30	8 713	581	8 639	57,9	12,2
31	9 422	608	9 366	58,7	13,0
32	10 163	635	10 127	59,5	13,9
33	10 938	663	10 923	60,3	14,9
34	11 746	691	11 755	61,0	15,8
35	12 589	719	12 622	61,8	16,8
36	13 466	748	13 526	62,6	17,9
37	14 379	777	14 467	63,4	18,9
38	15 327	807	15 444	64,2	20,0
39	16 311	836	16 460	64,9	21,1
40	17 332	867	17 514	65,7	22,3
41	18 391	897	18 607	66,5	23,5
42	19 487	928	19 739	67,3	24,7
43	20 621	959	20 910	68,1	26,0
44	21 794	991	22 122	68,8	27,3
45	23 006	1 022	23 375	69,6	28,6
46	24 258	1 055	24 669	70,4	30,0
47	25 550	1 087	26 005	71,2	31,4
48	26 882	1 120	27 384	72,0	32,8
49	28 256	1 153	28 805	72,7	34,3
50	29 672	1 187	30 269	73,5	35,7
51	31 129	1 221	31 777	74,3	37,3
52	32 630	1 255	33 330	75,1	38,8
53	34 174	1 290	34 927	75,9	40,4
54	35 761	1 324	36 570	76,6	42,1
55	37 393	1 360	38 258	77,4	43,7
56	39 069	1 395	39 993	78,2	45,4
57	40 790	1 431	41 774	79,0	47,1
58	42 558	1 468	43 603	79,8	48,9
59	44 371	1 504	45 480	80,5	50,7
60	46 231	1 541	47 405	81,3	52,5

Neutr. Axe Trägheitsmoment für $\begin{cases} h = 12 = 388{,}7 \text{ cm}^4 \\ h = 60 = 392{,}7 \text{ cm}^4 \end{cases}$

∟ 6,5 · 6,5 · 0,9 cm
Nietstärke 1,8 cm; Stehblechdicke 1,0 cm

∟ 6,5 · 6,5 · 0,9 cm
Nietstärke 2,0 cm; Stehblechdicke 1,0 cm

Träger-Höhe h cm	$e = 3{,}7$ cm Trägheitsmoment cm⁴	Widerstandsm. cm³	Trägheitsmoment cm⁴	Gewicht für den lfd. m ohne Nietköpfe kg	Widerstandsm. cm³	Träger-Höhe h cm	$e = 3{,}7$ cm Trägheitsmoment cm⁴	Widerstandsm. cm³	Trägheitsmoment cm⁴	Gewicht für den lfd. m ohne Nietköpfe kg	Widerstandsm. cm³
13	1 170	180	1 014	44,1	2,4	13	1 160	179	988	44,1	2,3
14	1 394	199	1 228	44,9	2,7	14	1 381	197	1 197	44,9	2,6
15	1 641	219	1 467	45,7	3,0	15	1 624	217	1 431	45,7	2,9
16	1 913	239	1 732	46,5	3,4	16	1 891	236	1 691	46,5	3,3
17	2 210	260	2 024	47,2	3,8	17	2 183	257	1 977	47,2	3,7
18	2 531	281	2 343	48,0	4,3	18	2 499	278	2 290	48,0	4,1
19	2 879	303	2 689	48,8	4,7	19	2 840	299	2 630	48,8	4,6
20	3 252	325	3 064	49,6	5,2	20	3 207	321	2 998	49,6	5,1
21	3 653	348	3 467	50,4	5,8	21	3 600	343	3 394	50,4	5,6
22	4 081	371	3 899	51,1	6,3	22	4 020	365	3 819	51,1	6,1
23	4 536	394	4 360	51,9	6,9	23	4 467	388	4 272	51,9	6,7
24	5 020	418	4 852	52,7	7,5	24	4 941	412	4 756	52,7	7,3
25	5 532	443	5 374	53,5	8,2	25	5 444	436	5 269	53,5	7,9
26	6 074	467	5 927	54,3	8,9	26	5 976	460	5 814	54,3	8,6
27	6 645	492	6 512	55,0	9,6	27	6 536	484	6 389	55,0	9,3
28	7 247	518	7 128	55,8	10,3	28	7 127	509	6 996	55,8	10,0
29	7 879	543	7 778	56,6	11,1	29	7 747	534	7 636	56,6	10,8
30	8 542	569	8 460	57,4	11,9	30	8 398	560	8 308	57,4	11,6
31	9 238	596	9 176	58,2	12,8	31	9 081	586	9 013	58,2	12,4
32	9 965	623	9 926	58,9	13,7	32	9 795	612	9 752	58,9	13,3
33	10 726	650	10 710	59,7	14,6	33	10 541	639	10 525	59,7	14,2
34	11 519	678	11 530	60,5	15,5	34	11 320	666	11 332	60,5	15,1
35	12 347	706	12 385	61,3	16,5	35	12 132	693	12 175	61,3	16,1
36	13 208	734	13 276	62,1	17,5	36	12 978	721	13 054	62,1	17,0
37	14 104	762	14 203	62,8	18,5	37	13 858	749	13 969	62,8	18,1
38	15 036	791	15 168	63,6	19,6	38	14 773	778	14 920	63,6	19,1
39	16 003	821	16 170	64,4	20,7	39	15 722	806	15 909	64,4	20,2
40	17 007	850	17 210	65,2	21,9	40	16 708	835	16 935	65,2	21,3
41	18 047	880	18 289	66,0	23,1	41	17 730	865	18 000	66,0	22,5
42	19 124	911	19 407	66,7	24.3	42	18 788	895	19 103	66,7	23,7
43	20 239	941	20 564	67,5	25,5	43	19 884	925	20 245	67,5	24,9
44	21 393	972	21 762	68,3	26,8	44	21 017	955	21 427	68,3	26,2
45	22 585	1 004	22 999	69,1	28,1	45	22 188	986	22 649	69,1	27,5
46	23 817	1 036	24 278	69,9	29,4	46	23 398	1 017	23 912	69,9	28,8
47	25 088	1 068	25 599	70,6	30,8	47	24 648	1 049	25 216	70,6	30,1
48	26 399	1 100	26 961	71,4	32,2	48	25 937	1 081	26 562	71,4	31,5
49	27 751	1 133	28 367	72,2	33,7	49	27 266	1 113	27 950	72,2	32,9
50	29 145	1 166	29 815	73,0	35,1	50	28 635	1 145	29 381	73,0	34,4
51	30 580	1 199	31 306	73,8	36,6	51	30 046	1 178	30 854	73,8	35,9
52	32 057	1 233	32 842	74,5	38,2	52	31 499	1 212	32 372	74,5	37,4
53	33 577	1 267	34 422	75,3	39,7	53	32 994	1 245	33 934	75,3	39,0
54	35 141	1 302	36 047	76,1	41,4	54	34 532	1 279	35 540	76,1	40,5
55	36 748	1 336	37 718	76,9	43,0	55	36 112	1 313	37 191	76,9	42,2
56	38 399	1 371	39 435	77,7	44,7	56	37 737	1 348	38 889	77,7	43,8
57	40 095	1 407	41 198	78,4	46,4	57	39 405	1 383	40 632	78,4	45,5
58	41 836	1 443	43 009	79,2	48,1	58	41 118	1 418	42 422	79,2	47,2
59	43 623	1 479	44 867	80,0	49,9	59	42 877	1 453	44 259	80,0	49,0
60	45 457	1 515	46 773	80,8	51,7	60	44 681	1 489	46 144	80,8	50,8

Trägheitsmoment für $\begin{cases} h = 13 = 432{,}1 \text{ cm}^4 \\ h = 60 = 436{,}0 \text{ cm}^4 \end{cases}$

Trägheitsmoment für $\begin{cases} h = 13 = 432{,}1 \text{ cm}^4 \\ h = 60 = 436{,}0 \text{ cm}^4 \end{cases}$

∟ 6,5 · 6,5 · 1,1 cm

Nietstärke 1,8 cm; Stehblechdicke 1,0 cm

Träger-Höhe h cm	$e = 3,8$ cm Trägheitsmoment cm⁴	Widerstandsm. cm³	Trägheitsmoment cm⁴	Gewicht für den lfd. m ohne Nietköpfe kg	Widerstandsm. cm³
13	1 342	207	1 148	51,0	2,4
14	1 601	229	1 392	51,8	2,7
15	1 888	252	1 665	52,5	3,1
16	2 202	275	1 968	53,3	3,5
17	2 545	299	2 301	54,1	3,9
18	2 917	324	2 665	54,9	4,3
19	3 318	349	3 060	55,7	4,8
20	3 749	375	3 487	56,4	5,3
21	4 210	401	3 946	57,2	5,8
22	4 703	428	4 437	58,0	6,4
23	5 226	454	4 962	58,8	6,9
24	5 782	482	5 521	59,6	7,6
25	6 370	510	6 113	60,3	8,2
26	6 991	538	6 741	61,1	8,9
27	7 646	566	7 404	61,9	9,6
28	8 334	595	8 102	62,7	10,4
29	9 057	625	8 837	63,5	11,2
30	9 815	654	9 608	64,2	12,0
31	10 608	684	10 417	65,0	12,8
32	11 437	715	11 263	65,8	13,7
33	12 302	746	12 148	66,6	14,6
34	13 205	777	13 071	67,4	15,6
35	14 145	808	14 034	68,1	16,5
36	15 122	840	15 036	68,9	17,6
37	16 139	872	16 078	69,7	18,6
38	17 194	905	17 162	70,5	19,7
39	18 288	938	18 286	71,3	20,8
40	19 423	971	19 452	72,0	21,9
41	20 597	1 005	20 660	72,8	23,1
42	21 813	1 039	21 911	73,6	24,3
43	23 070	1 073	23 206	74,4	25,6
44	24 369	1 108	24 544	75,2	26,8
45	25 711	1 143	25 926	75,9	28,1
46	27 095	1 178	27 353	76,7	29,5
47	28 523	1 214	28 825	77,5	30,9
48	29 995	1 250	30 343	78,3	32,3
49	31 511	1 286	31 907	79,1	33,7
50	33 072	1 323	33 518	79,8	35,2
51	34 679	1 360	35 176	80,6	36,7
52	36 331	1 397	36 882	81,4	38,2
53	38 030	1 435	38 635	82,2	39,8
54	39 776	1 473	40 438	83,0	41,4
55	41 569	1 512	42 290	83,7	43,1
56	43 411	1 550	44 192	84,5	44,7
57	45 300	1 589	46 144	85,3	46,4
58	47 239	1 629	48 146	86,1	48,2
59	49 227	1 669	50 200	86,9	50,0
60	51 264	1 709	52 305	87,6	51,8

Trägheitsmoment für $\begin{cases} h = 13 = 532,6 \text{ cm}^4 \\ h = 60 = 536,5 \text{ cm}^4 \end{cases}$

∟ 6,5 · 6,5 · 1,1 cm

Nietstärke 2,0 cm; Stehblechdicke 1,0 cm

Träger-Höhe h cm	$e = 3,8$ cm Trägheitsmoment cm⁴	Widerstandsm. cm³	Trägheitsmoment cm⁴	Gewicht für den lfd. m ohne Nietköpfe kg	Widerstandsm. cm³
13	1 332	205	1 117	51,0	2,3
14	1 587	227	1 355	51,8	2,6
15	1 869	249	1 623	52,5	3,0
16	2 178	272	1 919	53,3	3,4
17	2 515	296	2 245	54,1	3,8
18	2 881	320	2 602	54,9	4,2
19	3 275	345	2 989	55,7	4,6
20	3 698	370	3 408	56,4	5,1
21	4 152	395	3 858	57,2	5,6
22	4 635	421	4 341	58,0	6,1
23	5 149	448	4 856	58,8	6,7
24	5 695	475	5 405	59,6	7,3
25	6 272	502	5 988	60,3	8,0
26	6 882	529	6 604	61,1	8,6
27	7 524	557	7 256	61,9	9,3
28	8 200	586	7 943	62,7	10,1
29	8 909	614	8 666	63,5	10,8
30	9 653	644	9 424	64,2	11,6
31	10 431	673	10 220	65,0	12,5
32	11 245	703	11 053	65,8	13,3
33	12 095	733	11 924	66,6	14,2
34	12 981	764	12 833	67,4	15,2
35	13 903	794	13 781	68,1	16,1
36	14 863	826	14 768	68,9	17,1
37	15 861	857	15 795	69,7	18,1
38	16 897	889	16 862	70,5	19,2
39	17 971	922	17 970	71,3	20,3
40	19 085	954	19 119	72,0	21,4
41	20 239	987	20 310	72,8	22,6
42	21 433	1 021	21 543	73,6	23,8
43	22 668	1 054	22 819	74,4	25,0
44	23 944	1 088	24 139	75,2	26,2
45	25 262	1 123	25 502	75,9	27,5
46	26 622	1 157	26 909	76,7	28,8
47	28 025	1 193	28 361	77,5	30,2
48	29 472	1 228	29 859	78,3	31,6
49	30 962	1 264	31 402	79,1	33,0
50	32 496	1 300	32 992	79,8	34,5
51	34 075	1 336	34 628	80,6	36,0
52	35 700	1 373	36 311	81,4	37,5
53	37 370	1 410	38 043	82,2	39,0
54	39 086	1 448	39 822	83,0	40,6
55	40 849	1 485	41 651	83,7	42,2
56	42 660	1 524	43 529	84,5	43,9
57	44 518	1 562	45 456	85,3	45,6
58	46 425	1 601	47 434	86,1	47,3
59	48 380	1 640	49 462	86,9	49,1
60	50 385	1 679	51 542	87,6	50,8

Trägheitsmoment für $\begin{cases} h = 13 = 532,6 \text{ cm}^4 \\ h = 60 = 536,5 \text{ cm}^4 \end{cases}$

L 7,0 · 7,0 · 0,9 cm
Nietstärke 1,8 cm; Stehblechdicke 1,0 cm

Träger-Höhe h cm	$e = 3{,}95$ cm Trägheitsmoment cm⁴	Widerstandsm. cm³	Trägheitsmoment cm⁴	Gewicht für den lfd. m ohne Nietköpfe kg	Widerstandsm. cm³
14	1 487	212	1 305	47,7	2,8
15	1 751	233	1 558	48,5	3,1
16	2 040	255	1 838	49,3	3,5
17	2 355	277	2 147	50,0	3,9
18	2 698	300	2 484	50,8	4,4
19	3 069	323	2 851	51,6	4,8
20	3 467	347	3 247	52,4	5,3
21	3 894	371	3 674	53,2	5,9
22	4 350	395	4 132	53,9	6,4
23	4 835	420	4 621	54,7	7,0
24	5 351	446	5 142	55,5	7,6
25	5 897	472	5 695	56,3	8,3
26	6 474	498	6 281	57,1	9,0
27	7 082	525	6 900	57,8	9,7
28	7 723	552	7 554	58,6	10,5
29	8 396	579	8 241	59,4	11,2
30	9 103	607	8 964	60,2	12,1
31	9 842	635	9 722	61,0	12,9
32	10 616	664	10 515	61,7	13,8
33	11 425	692	11 345	62,5	14,7
34	12 268	722	12 212	63,3	15,7
35	13 147	751	13 116	64,1	16,6
36	14 062	781	14 058	64,9	17,6
37	15 013	812	15 038	65,6	18,7
38	16 002	842	16 058	66,4	19,8
39	17 028	873	17 116	67,2	20,9
40	18 092	905	18 214	68,0	22,0
41	19 195	936	19 353	68,8	23,2
42	20 337	968	20 533	69,5	24,4
43	21 518	1 001	21 754	70,3	25,7
44	22 739	1 034	23 016	71,1	26,9
45	24 001	1 067	24 321	71,9	28,2
46	25 304	1 100	25 669	72,7	29,6
47	26 648	1 134	27 060	73,4	31,0
48	28 035	1 168	28 495	74,2	32,4
49	29 464	1 203	29 975	75,0	33,8
50	30 936	1 237	31 499	75,8	35,3
51	32 451	1 273	33 069	76,6	36,8
52	34 011	1 308	34 684	77,3	38,3
53	35 615	1 344	36 346	78,1	39,9
54	37 264	1 380	38 055	78,9	41,5
55	38 959	1 417	39 810	79,7	43,1
56	40 700	1 454	41 614	80,5	44,8
57	42 487	1 491	43 466	81,2	46,5
58	44 322	1 528	45 367	82,0	48,3
59	46 204	1 566	47 318	82,8	50,0
60	48 134	1 604	49 318	83,6	51,9

Neutr. — Axe — Trägheitsmoment für $\begin{cases} h = 14 = 528{,}6 \text{ cm}^4 \\ h = 60 = 532{,}4 \text{ cm}^4 \end{cases}$

L 7,0 · 7,0 · 0,9 cm
Nietstärke 2,0 cm; Stehblechdicke 1,0 cm

Träger-Höhe h cm	$e = 3{,}95$ cm Trägheitsmoment cm⁴	Widerstandsm. cm³	Trägheitsmoment cm⁴	Gewicht für den lfd. m ohne Nietköpfe kg	Widerstandsm. cm³
14	1 476	211	1 275	47,7	2,7
15	1 735	231	1 522	48,5	3,1
16	2 020	253	1 797	49,3	3,4
17	2 331	274	2 100	50,0	3,8
18	2 669	297	2 431	50,8	4,2
19	3 033	319	2 792	51,6	4,7
20	3 425	342	3 181	52,4	5,2
21	3 845	366	3 601	53,2	5,7
22	4 293	390	4 052	53,9	6,2
23	4 770	415	4 533	54,7	6,8
24	5 277	440	5 046	55,5	7,4
25	5 814	465	5 590	56,3	8,1
26	6 381	491	6 168	57,1	8,7
27	6 979	517	6 778	57,8	9,4
28	7 609	543	7 422	58,6	10,2
29	8 271	570	8 099	59,4	10,9
30	8 965	598	8 811	60,2	11,7
31	9 692	625	9 558	61,0	12,6
32	10 453	653	10 341	61,7	13,4
33	11 247	682	11 160	62,5	14,3
34	12 076	710	12 015	63,3	15,2
35	12 940	739	12 907	64,1	16,2
36	13 840	769	13 836	64,9	17,2
37	14 775	799	14 804	65,6	18,2
38	15 747	829	15 810	66,4	19,3
39	16 756	859	16 855	67,2	20,4
40	17 803	890	17 939	68,0	21,5
41	18 887	921	19 064	68,8	22,7
42	20 010	953	20 229	69,5	23,9
43	21 172	985	21 434	70,3	25,1
44	22 373	1 017	22 682	71,1	26,3
45	23 615	1 050	23 971	71,9	27,6
46	24 896	1 082	25 303	72,7	28,9
47	26 219	1 116	26 678	73,4	30,3
48	27 584	1 149	28 096	74,2	31,7
49	28 990	1 183	29 558	75,0	33,1
50	30 439	1 218	31 065	75,8	34,6
51	31 930	1 252	32 617	76,6	36,1
52	33 466	1 287	34 214	77,3	37,6
53	35 045	1 322	35 857	78,1	39,1
54	36 668	1 358	37 547	78,9	40,7
55	38 337	1 394	39 284	79,7	42,3
56	40 051	1 430	41 068	80,5	44,0
57	41 811	1 467	42 900	81,2	45,7
58	43 618	1 504	44 780	82,0	47,4
59	45 471	1 541	46 710	82,8	49,2
60	47 373	1 579	48 689	83,6	50,9

Neutr. — Axe — Trägheitsmoment für $\begin{cases} h = 14 = 528{,}6 \text{ cm}^4 \\ h = 60 = 532{,}4 \text{ cm}^4 \end{cases}$

L 7,0·7,0·1,1 cm

Nietstärke 2,0 cm; Stehblechdicke 1,0 cm

L 7,5·7,5·0,8 cm

Nietstärke 1,8 cm; Stehblechdicke 1,0 cm

Träger-Höhe h cm	$e = 4{,}05$ cm Trägheits-moment cm⁴	Widerstandsm. cm³	Trägheits-moment cm⁴	Gewicht für den lfd. m ohne Niet-köpfe kg	$\downarrow\ \times 0,1$ cm Widerstandsm. cm³	Träger-Höhe h cm	$e = 4{,}15$ cm Trägheits-moment cm⁴	Widerstandsm. cm³	Trägheits-moment cm⁴	Gewicht für den lfd. m ohne Niet-köpfe kg	$\downarrow\ \times 0,1$ cm Widerstandsm. cm³
14	1 699	243	1 447	55,2	2,8						
15	2 000	267	1 730	56,0	3,1	15	1 706	227	1 523	47,5	3,2
16	2 330	291	2 045	56,8	3,5	16	1 986	248	1 794	48,3	3,6
17	2 691	317	2 391	57,5	3,9	17	2 292	270	2 093	49,1	4,0
18	3 082	342	2 770	58,3	4,3	18	2 624	292	2 421	49,8	4,4
19	3 504	369	3 182	59,1	4,7	19	2 984	314	2 777	50,6	4,9
20	3 957	396	3 628	59,9	5,2	20	3 371	337	3 163	51,4	5,4
21	4 443	423	4 107	60,7	5,7	21	3 786	361	3 578	52,2	6,0
22	4 961	451	4 621	61,4	6,3	22	4 230	385	4 024	53,0	6,5
23	5 511	479	5 170	62,2	6,9	23	4 703	409	4 501	53,7	7,1
24	6 096	508	5 755	63,0	7,5	24	5 205	434	5 009	54,5	7,7
25	6 714	537	6 375	63,8	8,1	25	5 737	459	5 549	55,3	8,4
26	7 367	567	7 032	64,6	8,8	26	6 300	485	6 121	56,1	9,1
27	8 055	597	7 726	65,3	9,5	27	6 894	511	6 726	56,9	9,8
28	8 778	627	8 457	66,1	10,2	28	7 519	537	7 364	57,6	10,6
29	9 537	658	9 226	66,9	11,0	29	8 177	564	8 037	58,4	11,3
30	10 333	689	10 034	67,7	11,8	30	8 867	591	8 743	59,2	12,2
31	11 166	720	10 881	68,5	12,6	31	9 590	619	9 485	60,0	13,0
32	12 036	752	11 767	69,2	13,5	32	10 347	647	10 261	60,8	13,9
33	12 944	785	12 693	70,0	14,4	33	11 137	675	11 074	61,5	14,8
34	13 891	817	13 660	70,8	15,3	34	11 962	704	11 923	62,3	15,8
35	14 877	850	14 667	71,6	16,3	35	12 823	733	12 809	63,1	16,7
36	15 902	883	15 716	72,4	17,3	36	13 718	762	13 732	63,9	17,8
37	16 967	917	16 808	73,1	18,3	37	14 650	797	14 693	64,7	18,8
38	18 073	951	17 941	73,9	19,4	38	15 619	822	15 692	65,4	19,9
39	19 219	986	19 118	74,7	20,4	39	16 624	853	16 730	66,2	21,0
40	20 407	1 020	20 338	75,5	21,6	40	17 667	883	17 808	67,0	22,1
41	21 637	1 055	21 602	76,3	22,7	41	18 748	915	18 925	67,8	23,3
42	22 910	1 091	22 910	77,0	23,9	42	19 867	946	20 083	68,6	24,5
43	24 225	1 127	24 264	77,8	25,1	43	21 026	978	21 281	69,3	25,8
44	25 584	1 163	25 663	78,6	26,4	44	22 224	1 010	22 521	70,1	27,0
45	26 987	1 199	27 108	79,4	27,7	45	23 462	1 043	23 803	70,9	28,4
46	28 435	1 236	28 599	80,2	29,0	46	24 741	1 076	25 127	71,7	29,7
47	29 927	1 273	30 138	80,9	30,4	47	26 061	1 109	26 494	72,5	31,1
48	31 465	1 311	31 724	81,7	31,8	48	27 422	1 143	27 904	73,2	32,5
49	33 049	1 349	33 357	82,5	33,2	49	28 825	1 177	29 358	74,0	33,9
50	34 679	1 387	35 040	83,3	34,6	50	30 271	1 211	30 856	74,8	35,4
51	36 356	1 426	36 771	84,1	36,1	51	31 760	1 245	32 400	75,6	36,9
52	38 081	1 465	38 552	84,8	37,6	52	33 292	1 280	33 988	76,4	38,5
53	39 854	1 504	40 383	85,6	39,2	53	34 869	1 316	35 623	77,1	40,0
54	41 675	1 544	42 264	86,4	40,8	54	36 490	1 351	37 303	77,9	41,6
55	43 546	1 583	44 196	87,2	42,4	55	38 156	1 387	39 031	78,7	43,3
56	45 465	1 624	46 180	88,0	44,1	56	39 867	1 424	40 806	79,5	44,9
57	47 435	1 664	48 216	88,7	45,8	57	41 625	1 461	42 629	80,3	46,7
58	49 455	1 705	50 304	89,5	47,5	58	43 429	1 498	44 500	81,0	48,4
59	51 526	1 747	52 445	90,3	49,2	59	45 280	1 535	46 420	81,8	50,2
60	53 649	1 788	54 640	91,1	51,0	60	47 179	1 573	48 389	82,6	52,0

Trägheitsmoment für $\begin{cases} h = 14 = 651{,}0 \text{ cm}^4 \\ h = 60 = 654{,}8 \text{ cm}^4 \end{cases}$

Trägheitsmoment für $\begin{cases} h = 15 = 565{,}8 \text{ cm}^4 \\ h = 60 = 569{,}5 \text{ cm}^4 \end{cases}$

∟ 7,5 · 7,5 · 1,0 cm

Nietstärke 2,0 cm; Stehblechdicke 1,0 cm

Träger-Höhe h cm	$e=4,25$ cm Trägheitsmoment cm⁴	Widerstandsm. cm³	Trägheitsmoment cm⁴	Gewicht für den lfd. m ohne Nietköpfe kg	Widerstandsm. cm³
20	3 927	393	3 605	59,6	5,3
21	4 409	420	4 081	60,4	5,8
22	4 923	448	4 591	61,2	6,4
23	5 470	476	5 136	62,0	7,0
24	6 050	504	5 717	62,8	7,6
25	6 665	533	6 333	63,5	8,2
26	7 314	563	6 986	64,3	8,9
27	7 998	592	7 676	65,1	9,6
28	8 718	623	8 404	65,9	10,3
29	9 473	653	9 169	66,7	11,1
30	10 265	684	9 974	67,4	11,9
31	11 095	716	10 817	68,2	12,7
32	11 961	748	11 699	69,0	13,6
33	12 866	780	12 622	69,8	14,5
34	13 809	812	13 585	70,6	15,4
35	14 791	845	14 589	71,3	16,4
36	15 812	878	15 635	72,1	17,4
37	16 874	912	16 722	72,9	18,4
38	17 976	946	17 852	73,7	19,5
39	19 119	980	19 025	74,5	20,6
40	20 304	1 015	20 242	75,2	21,7
41	21 530	1 050	21 502	76,0	22,9
42	22 799	1 086	22 808	76,8	24,0
43	24 112	1 121	24 158	77,6	25,3
44	25 467	1 158	25 553	78,4	26,5
45	26 867	1 194	26 995	79,1	27,8
46	28 311	1 231	28 483	79,9	29,1
47	29 800	1 268	30 018	80,7	30,5
48	31 334	1 306	31 601	81,5	31,9
49	32 915	1 343	33 231	82,3	33,3
50	34 542	1 382	34 910	83,0	34,8
51	36 216	1 420	36 638	83,8	36,3
52	37 938	1 459	38 416	84,6	37,8
53	39 707	1 498	40 243	85,4	39,3
54	41 525	1 538	42 122	86,2	40,9
55	43 393	1 578	44 051	86,9	42,5
56	45 309	1 618	46 031	87,7	44,2
57	47 276	1 659	48 064	88,5	45,9
58	49 293	1 700	50 149	89,3	47,6
59	51 361	1 741	52 287	90,1	49,4
60	53 480	1 783	54 479	90,8	51,2
61	55 652	1 825	56 724	91,6	53,0
62	57 876	1 867	59 024	92,4	54,8
63	60 153	1 910	61 379	93,2	56,7
64	62 484	1 953	63 790	94,0	58,6
65	64 868	1 996	66 256	94,7	60,6
66	67 307	2 040	68 780	95,5	62,6
67	69 802	2 084	71 360	96,3	64,6
68	72 351	2 128	73 997	97,1	66,6
69	74 957	2 173	76 693	97,9	68,7
70	77 619	2 218	79 447	98,6	70,9

Träger-Höhe h cm	$e=4,25$ cm Trägheitsmoment cm⁴	Widerstandsm. cm³	Trägheitsmoment cm⁴	Gewicht für den lfd. m ohne Nietköpfe kg	Widerstandsm. cm³
70	77 619	2 218	79 447	98,6	70,9
71	80 338	2 263	82 260	99,4	73,0
72	83 114	2 309	85 133	100,2	75,2
73	85 949	2 355	88 065	101,0	77,4
74	88 842	2 401	91 058	101,8	79,7
75	91 794	2 448	94 112	102,5	82,0
76	94 806	2 495	97 228	103,3	84,3
77	97 877	2 542	100 405	104,1	86,6
78	101 009	2 590	103 646	104,9	89,0
79	104 203	2 638	106 949	105,7	91,4
80	107 457	2 686	110 315	106,4	93,9
81	110 774	2 735	113 746	107,2	96,4
82	114 153	2 784	117 241	108,0	98,9
83	117 595	2 834	120 801	108,8	101,4
84	121 100	2 883	124 427	109,6	104,0
85	124 670	2 933	128 118	110,3	106,6
86	128 304	2 984	131 876	111,1	109,3
87	132 003	3 035	135 701	111,9	112,0
88	135 768	3 086	139 594	112,7	114,7
89	139 598	3 135	143 554	113,5	117,5
90	143 495	3 189	147 584	114,2	120,2
91	147 460	3 241	151 682	115,0	123,1
92	151 491	3 293	155 849	115,8	125,9
93	155 591	3 346	160 087	116,6	128,8
94	159 759	3 399	164 395	117,4	131,7
95	163 996	3 453	168 774	118,1	134,7
96	168 302	3 506	173 225	118,9	137,6
97	172 679	3 560	177 747	119,7	140,7
98	177 126	3 615	182 342	120,5	143,7
99	181 644	3 670	187 010	121,3	146,8
100	186 234	3 725	191 752	122,0	149,9
101	190 895	3 780	196 567	122,8	153,1
102	195 629	3 836	201 458	123,6	156,3
103	200 437	3 892	206 423	124,4	159,5
104	205 317	3 948	211 463	125,2	162,7
105	210 272	4 005	216 580	125,9	166,0
106	215 301	4 062	221 773	126,7	169,3
107	220 405	4 120	227 043	127,5	172,7
108	225 584	4 177	232 391	128,3	176,1
109	230 840	4 236	237 816	129,1	179,5
110	236 172	4 294	243 320	129,8	182,9
111	241 581	4 353	248 903	130,6	186,4
112	247 068	4 412	254 566	131,4	189,9
113	252 632	4 471	260 308	132,2	193,5
114	258 275	4 531	266 132	133,0	197,1
115	263 998	4 591	272 036	133,7	200,7
116	269 799	4 652	278 021	134,5	204,3
117	275 681	4 712	284 089	135,3	208,0
118	281 643	4 774	290 239	136,1	211,7
119	287 686	4 835	296 472	136,9	215,5
120	293 810	4 897	302 789	137,6	219,3

Neutr. Axe Trägheitsmoment für $\begin{cases} h = 20 = 712,3 \text{ cm}^4 \\ h = 70 = 716,5 \text{ cm}^4 \end{cases}$

Neutr. Axe Trägheitsmoment für $\begin{cases} h = 70 = 716,5 \text{ cm}^4 \\ h = 120 = 720,7 \text{ cm}^4 \end{cases}$

∟ 7,5 · 7,5 · 1,2 cm

Nietstärke 2,0 cm; Stehblechdicke 1,0 cm

Träger-Höhe h cm	e = 4,35 cm Trägheits-moment cm⁴	Widerstandsm. cm³	Trägheits-moment cm⁴	Gewicht für den lfd. m ohne Nietköpfe kg	Widerstandsm. cm³	Träger-Höhe h cm	e = 4,35 cm Trägheits-moment cm⁴	Widerstandsm. cm³	Trägheits-moment cm⁴	Gewicht für den lfd. m ohne Nietköpfe kg	Widerstandsm. cm³
20	4 479	448	4 068	67,6	5,4	70	86 916	2 483	88 335	106,6	70,9
21	5 029	479	4 606	68,4	5,9	71	89 920	2 533	91 427	107,4	73,1
22	5 617	511	5 183	69,2	6,4	72	92 986	2 583	94 583	108,2	75,3
23	6 242	543	5 800	69,9	7,0	73	96 115	2 633	97 803	108,9	77,5
24	6 904	575	6 456	70,7	7,6	74	99 306	2 684	101 087	109,7	79,7
25	7 605	608	7 152	71,5	8,3	75	102 560	2 735	104 437	110,5	82,0
26	8 345	642	7 890	72,3	9,0	76	105 878	2 786	107 853	111,3	84,3
27	9 124	676	8 668	73,1	9,7	77	109 261	2 838	111 335	112,1	86,7
28	9 943	710	9 489	73,8	10,4	78	112 708	2 890	114 884	112,8	89,1
29	10 802	745	10 352	74,6	11,2	79	116 221	2 942	118 501	113,6	91,5
30	11 702	780	11 257	75,4	12,0	80	119 800	2 995	122 185	114,4	94,0
31	12 643	816	12 206	76,2	12,8	81	123 444	3 048	125 937	115,2	96,4
32	13 627	852	13 199	77,0	13,7	82	127 156	3 101	129 759	116,0	99,0
33	14 652	888	14 236	77,7	14,6	83	130 935	3 155	133 649	116,7	101,5
34	15 720	925	15 318	78,5	15,5	84	134 782	3 209	137 610	117,5	104,1
35	16 832	962	16 445	79,3	16,5	85	138 697	3 263	141 640	118,3	106,7
36	17 988	999	17 618	80,1	17,5	86	142 681	3 318	145 742	119,1	109,4
37	19 187	1 037	18 838	80,9	18,5	87	146 734	3 373	149 915	119,9	112,1
38	20 432	1 075	20 104	81,6	19,5	88	150 857	3 429	154 159	120,6	114,8
39	21 722	1 114	21 418	82,4	20,6	89	155 051	3 484	158 477	121,4	117,5
40	23 058	1 153	22 779	83,2	21,8	90	159 315	3 540	162 866	122,2	120,3
41	24 440	1 192	24 189	84,0	22,9	91	163 651	3 597	167 330	123,0	123,1
42	25 869	1 232	25 647	84,8	24,1	92	168 058	3 653	171 866	123,8	126,0
43	27 345	1 272	27 155	85,5	25,3	93	172 538	3 710	176 478	124,5	128,9
44	28 869	1 312	28 712	86,3	26,6	94	177 090	3 768	181 164	125,3	131,8
45	30 441	1 353	30 320	87,1	27,9	95	181 716	3 826	186 925	126,1	134,7
46	32 062	1 394	31 979	87,9	29,2	96	186 416	3 884	190 763	126,9	137,7
47	33 733	1 435	33 689	88,7	30,6	97	191 190	3 942	195 676	127,7	140,7
48	35 453	1 477	35 451	89,4	32,0	98	196 039	4 001	200 667	128,4	143,8
49	37 224	1 519	37 265	90,2	33,4	99	200 963	4 060	205 734	129,2	146,9
50	39 045	1 562	39 132	91,0	34,8	100	205 963	4 119	210 880	130,0	150,0
51	40 918	1 605	41 053	91,8	36,3	101	211 039	4 179	216 104	130,8	153,1
52	42 842	1 648	43 027	92,6	37,9	102	216 192	4 239	221 406	131,6	156,3
53	44 819	1 691	45 055	93,3	39,4	103	221 422	4 299	226 788	132,3	159,5
54	46 849	1 735	47 139	94,1	41,0	104	226 731	4 360	232 250	133,1	162,8
55	48 932	1 779	49 277	94,9	42,6	105	232 117	4 421	237 792	133,9	166,1
56	51 069	1 824	51 472	95,7	44,3	106	237 582	4 483	243 415	134,7	169,4
57	53 260	1 869	53 723	96,5	46,0	107	243 127	4 544	249 120	135,5	172,8
58	55 506	1 914	56 030	97,2	47,7	108	248 752	4 607	254 906	136,2	176,1
59	57 807	1 960	58 395	98,0	49,4	109	254 456	4 669	260 774	137,0	179,6
60	60 165	2 005	60 818	98,8	51,2	110	260 242	4 732	266 725	137,8	183,0
61	62 578	2 052	63 299	99,6	53,0	111	266 109	4 795	272 760	138,6	186,5
62	65 048	2 098	65 839	100,4	54,9	112	272 058	4 858	278 878	139,4	190,0
63	67 576	2 145	68 438	101,1	56,8	113	278 089	4 922	285 081	140,1	193,6
64	70 161	2 193	71 097	101,9	58,7	114	284 203	4 986	291 368	140,9	197,1
65	72 805	2 240	73 816	102,7	60,7	115	290 400	5 050	297 741	141,7	200,8
66	75 508	2 288	76 597	103,5	62,6	116	296 681	5 115	304 200	142,5	204,4
67	78 270	2 336	79 438	104,3	64,7	117	303 046	5 180	310 745	143,3	208,1
68	81 091	2 385	82 341	105,0	66,7	118	309 497	5 246	317 377	144,0	211,8
69	83 973	2 434	85 307	105,8	68,8	119	316 032	5 311	324 096	144,8	215,6
70	86 916	2 483	88 335	106,6	70,9	120	322 654	5 378	330 903	145,6	219,4

Trägheitsmoment für $\begin{cases} h = 20 = 860,9 \text{ cm}^4 \\ h = 70 = 865,1 \text{ cm}^4 \end{cases}$ — Trägheitsmoment für $\begin{cases} h = 70 = 865,1 \text{ cm}^4 \\ h = 120 = 869,2 \text{ cm}^4 \end{cases}$

└ 8,0 · 8,0 · 1,0 cm

Nietstärke 2,0 cm; Stehblechdicke 1,0 cm

Träger-Höhe h cm	$e = 4{,}5$ cm Trägheits-moment cm⁴	Wider-standsm. cm³	Trägheits-moment cm⁴	Gewicht für den lfd. m ohne Niet-köpfe kg	Wider-standsm. cm³	Träger-Höhe h cm	$e = 4{,}5$ cm Trägheits-moment cm⁴	Wider-standsm. cm³	Trägheits-moment cm⁴	Gewicht für den lfd. m ohne Niet-köpfe kg	Wider-standsm. cm³
20	4 152	415	3 796	62,4	5,4	70	81 668	2 333	83 313	101,4	71,0
21	4 661	444	4 296	63,2	6,0	71	84 515	2 381	86 250	102,2	73,2
22	5 204	473	4 833	64,0	6,5	72	87 421	2 428	89 249	103,0	75,4
23	5 783	503	5 406	64,7	7,1	73	90 387	2 476	92 310	103,7	77,6
24	6 397	533	6 017	65,5	7,7	74	93 414	2 525	95 434	104,5	79,8
25	7 047	564	6 666	66,3	8,4	75	96 501	2 573	98 621	105,3	82,1
26	7 734	595	7 354	67,1	9,0	76	99 650	2 622	101 871	106,1	84,4
27	8 457	626	8 081	67,9	9,7	77	102 861	2 672	105 185	106,9	86,8
28	9 218	658	8 847	68,6	10,5	78	106 135	2 721	108 563	107,6	89,2
29	10 017	691	9 653	69,4	11,3	79	109 472	2 771	112 007	108,4	91,6
30	10 855	724	10 499	70,2	12,1	80	112 872	2 822	115 516	109,2	94,1
31	11 732	757	11 387	71,0	12,9	81	116 336	2 872	119 091	110,0	96,5
32	12 648	790	12 316	71,8	13,7	82	119 864	2 924	122 733	110,8	99,1
33	13 604	824	13 287	72,5	14,6	83	123 458	2 975	126 441	111,5	101,6
34	14 600	859	14 301	73,3	15,6	84	127 117	3 027	130 217	112,3	104,2
35	15 638	894	15 357	74,1	16,5	85	130 842	3 079	134 061	113,1	106,8
36	16 717	929	16 457	74,9	17,5	86	134 634	3 131	137 974	113,9	109,5
37	17 838	964	17 601	75,7	18,6	87	138 492	3 184	141 956	114,7	112,2
38	19 002	1 000	18 790	76,4	19,6	88	142 418	3 237	146 007	115,4	114,9
39	20 208	1 036	20 024	77,2	20,7	89	146 412	3 290	150 128	116,2	117,6
40	21 458	1 073	21 303	78,0	21,9	90	150 475	3 344	154 319	117,0	120,4
41	22 752	1 110	22 628	78,8	23,0	91	154 607	3 398	158 582	117,8	123,2
42	24 091	1 147	23 999	79,6	24,2	92	158 808	3 452	162 916	118,6	126,1
43	25 475	1 185	25 418	80,3	25,4	93	163 079	3 507	167 322	119,3	129,0
44	26 904	1 223	26 884	81,1	26,7	94	167 420	3 562	171 801	120,1	131,9
45	28 379	1 261	28 398	81,9	28,0	95	171 833	3 618	176 352	120,9	134,8
46	29 900	1 300	29 961	82,7	29,3	96	176 317	3 673	180 977	121,7	137,8
47	31 469	1 339	31 572	83,5	30,7	97	180 873	3 729	185 676	122,5	140,8
48	33 085	1 379	33 233	84,2	32,1	98	185 502	3 786	190 450	123,2	143,9
49	34 749	1 418	34 944	85,0	33,5	99	190 203	3 842	195 299	124,0	147,0
50	36 462	1 458	36 706	85,8	34,9	100	194 978	3 900	200 223	124,8	150,1
51	38 223	1 499	38 519	86,6	36,4	101	199 827	3 957	205 223	125,6	153,3
52	40 034	1 540	40 383	87,4	37,9	102	204 751	4 015	210 299	126,4	156,4
53	41 895	1 581	42 299	88,1	39,5	103	209 750	4 073	215 453	127,1	159,7
54	43 807	1 622	44 267	88,9	41,1	104	214 824	4 131	220 684	127,9	162,9
55	45 770	1 664	46 289	89,7	42,7	105	219 974	4 190	225 993	128,7	166,2
56	47 784	1 707	48 364	90,5	44,4	106	225 200	4 249	231 381	129,5	169,5
57	49 850	1 749	50 493	91,3	46,1	107	230 504	4 308	236 847	130,3	172,9
58	51 968	1 792	52 677	92,0	47,8	108	235 885	4 368	242 393	131,0	176,2
59	54 140	1 835	54 915	92,8	49,5	109	241 344	4 428	248 019	131,8	179,7
60	56 365	1 879	57 209	93,6	51,3	110	246 882	4 489	253 726	132,6	183,1
61	58 644	1 923	59 559	94,4	53,1	111	252 498	4 550	259 514	133,4	186,6
62	60 978	1 967	61 966	95,2	55,0	112	258 194	4 611	265 383	134,2	190,1
63	63 366	2 012	64 430	95,9	56,9	113	263 970	4 672	271 334	134,9	193,7
64	65 810	2 057	66 951	96,7	58,8	114	269 827	4 734	277 367	135,7	197,3
65	68 310	2 102	69 530	97,5	60,8	115	275 765	4 796	283 484	136,5	200,9
66	70 867	2 147	72 167	98,3	62,7	116	281 784	4 858	289 684	137,3	204,5
67	73 481	2 193	74 864	99,1	64,8	117	287 885	4 921	295 968	138,1	208,2
68	76 152	2 240	77 620	99,8	66,8	118	294 068	4 984	302 337	138,8	211,9
69	78 881	2 286	80 436	100,6	68,9	119	300 335	5 048	308 790	139,6	215,7
70	81 668	2 333	83 313	101,4	71,0	120	306 685	5 111·	315 329	140,4	219,5

Trägheitsmoment für $\begin{cases} h = 20 = 850{,}7 \text{ cm}^4 \\ h = 70 = 854{,}8 \text{ cm}^4 \end{cases}$ Trägheitsmoment für $\begin{cases} h = 70 = 854{,}8 \text{ cm}^4 \\ h = 120 = 859{,}0 \text{ cm}^4 \end{cases}$

L 8,0 · 8,0 · 1,2 cm

Nietstärke 2,0 cm; Stehblechdicke 1,0 cm

Träger-Höhe h cm	$e=4,6$ cm Trägheitsmoment cm⁴	Widerstandsm. cm³	Trägheitsmoment cm⁴	Gewicht für den lfd. m ohne Nietköpfe kg	Widerstandsm. cm³	Träger-Höhe h cm	$e=4,6$ cm Trägheitsmoment cm⁴	Widerstandsm. cm³	Trägheitsmoment cm⁴	Gewicht für den lfd. m ohne Nietköpfe kg	Widerstandsm. cm³
20	4 741	474	4 292	71,0	5,5	70	91 746	2 621	92 958	110,0	71,1
21	5 324	507	4 860	71,8	6,0	71	94 903	2 673	96 199	110,8	73,2
22	5 946	541	5 469	72,6	6,5	72	98 124	2 726	99 506	111,6	75,4
23	6 609	575	6 119	73,4	7,1	73	101 410	2 778	102 880	112,4	77,7
24	7 311	609	6 811	74,1	7,7	74	104 760	2 831	106 321	113,1	79,9
25	8 054	644	7 547	74,9	8,4	75	108 177	2 885	109 830	113,9	82,2
26	8 838	680	8 325	75,7	9,1	76	111 660	2 938	113 407	114,7	84,5
27	9 664	716	9 148	76,5	9,8	77	115 209	2 992	117 052	115,5	86,9
28	10 533	752	10 014	77,3	10,5	78	118 826	3 047	120 767	116,3	89,3
29	11 444	789	10 925	78,0	11,3	79	122 511	3 102	124 552	117,0	91,7
30	12 398	827	11 882	78,8	12,1	80	126 263	3 157	128 407	117,8	94,1
31	13 396	864	12 884	79,6	12,9	81	130 085	3 212	132 333	118,6	96,6
32	14 438	902	13 932	80,4	13,8	82	133 975	3 268	136 329	119,4	99,1
33	15 525	941	15 027	81,2	14,7	83	137 936	3 324	140 398	120,2	101,7
34	16 657	980	16 169	81,9	15,6	84	141 966	3 380	144 539	120,9	104,3
35	17 835	1 019	17 359	82,7	16,6	85	146 068	3 437	148 752	121,7	106,9
36	19 059	1 059	18 598	83,5	17,6	86	150 240	3 494	153 039	122,5	109,5
37	20 329	1 099	19 884	84,3	18,6	87	154 484	3 551	157 399	123,3	112,2
38	21 647	1 139	21 221	85,1	19,7	88	158 801	3 609	161 834	124,1	114,9
39	23 013	1 180	22 607	85,8	20,8	89	163 190	3 667	166 344	124,8	117,7
40	24 427	1 221	24 043	86,6	21,9	90	167 652	3 726	170 928	125,6	120,5
41	25 890	1 263	25 529	87,4	23,1	91	172 189	3 784	175 588	126,4	123,3
42	27 401	1 305	27 067	88,2	24,3	92	176 799	3 843	180 325	127,2	126,2
43	28 963	1 347	28 657	89,0	25,5	93	181 484	3 903	185 138	128,0	129,0
44	30 575	1 390	30 299	89,7	26,7	94	186 244	3 963	190 029	128,7	132,0
45	32 237	1 433	31 994	90,5	28,0	95	191 080	4 023	194 997	129,5	134,9
46	33 951	1 476	33 742	91,3	29,4	96	195 992	4 083	200 043	130,3	137,9
47	35 716	1 520	35 543	92,1	30,7	97	200 981	4 144	205 168	131,1	140,9
48	37 534	1 564	37 399	92,9	32,1	98	206 048	4 205	210 373	131,9	144,0
49	39 404	1 608	39 310	93,6	33,5	99	211 191	4 266	215 657	132,6	147,1
50	41 328	1 653	41 276	94,4	35,0	100	216 413	4 328	221 021	133,4	150,2
51	43 305	1 698	43 297	95,2	36,5	101	221 714	4 390	226 466	134,2	153,3
52	45 337	1 744	45 375	96,0	38,0	102	227 094	4 453	231 992	135,0	156,5
53	47 423	1 790	47 509	96,8	39,6	103	232 554	4 516	237 600	135,8	159,7
54	49 565	1 836	49 701	97,5	41,2	104	238 094	4 579	243 291	136,5	163,0
55	51 762	1 882	51 951	98,3	42,8	105	243 715	4 642	249 063	137,3	166,3
56	54 015	1 929	54 258	99,1	44,4	106	249 417	4 706	254 920	138,1	169,6
57	56 325	1 976	56 624	99,9	46,1	107	255 200	4 770	260 859	138,9	172,9
58	58 693	2 024	59 050	100,7	47,8	108	261 066	4 835	266 884	139,7	176,3
59	61 118	2 072	61 535	101,4	49,6	109	267 015	4 899	272 992	140,4	179,7
60	63 601	2 120	64 081	102,2	51,4	110	273 047	4 964	279 186	141,2	183,2
61	66 143	2 169	66 687	103,0	53,2	111	279 162	5 030	285 466	142,0	186,7
62	68 744	2 218	69 354	103,8	55,1	112	285 362	5 096	291 832	142,8	190,2
63	71 405	2 267	72 084	104,6	57,0	113	291 646	5 162	298 285	143,6	193,7
64	74 127	2 316	74 875	105,3	58,9	114	298 016	5 228	304 824	144,3	197,3
65	76 908	2 366	77 729	106,1	60,8	115	304 471	5 295	311 452	145,1	200,9
66	79 752	2 417	80 646	106,9	62,8	116	311 013	5 362	318 168	145,9	204,6
67	82 656	2 467	83 627	107,7	64,8	117	317 641	5 430	324 972	146,7	208,3
68	85 623	2 518	86 673	108,5	66,9	118	324 357	5 498	331 866	147,5	212,0
69	88 653	2 570	89 783	109,2	69,0	119	331 160	5 566	338 850	148,2	215,8
70	91 746	2 621	92 958	110,0	71,1	120	338 052	5 634	345 923	149,0	219,5

Neutr. Axe Trägheitsmoment für $\begin{cases} h = 20 = 1027,5 \text{ cm}^4 \\ h = 70 = 1031,6 \text{ cm}^4 \end{cases}$ Neutr. Axe Trägheitsmoment für $\begin{cases} h = 70 = 1031,6 \text{ cm}^4 \\ h = 120 = 1035,8 \text{ cm}^4 \end{cases}$

14

L 8,0 · 8,0 · 1,2 cm

Nietstärke 2,3 cm; Stehblechdicke 1,0 cm

Träger-Höhe h cm	$e = 4,6$ cm Trägheitsmoment cm⁴	Widerstandsm. cm³	Trägheitsmoment cm⁴	Gewicht für den lfd. m ohne Nietköpfe kg	Widerstandsm. cm³	Träger-Höhe h cm	$e = 4,6$ cm Trägheitsmoment cm⁴	Widerstandsm. cm³	Trägheitsmoment cm⁴	Gewicht für den lfd. m ohne Nietköpfe kg	Widerstandsm. cm³
30	12 175	812	11 583	78,8	11,7	80	123 704	3 093	126 171	117,8	92,3
31	13 151	848	12 564	79,6	12,5	81	127 453	3 147	130 040	118,6	94,7
32	14 170	886	13 590	80,4	13,3	82	131 270	3 202	133 979	119,4	97,2
33	15 234	923	14 663	81,2	14,2	83	135 156	3 257	137 989	120,2	99,7
34	16 341	961	15 782	81,9	15,1	84	139 110	3 312	142 071	120,9	102,3
35	17 493	1 000	16 948	82,7	16,0	85	143 135	3 368	146 224	121,7	104,9
36	18 690	1 038	18 161	83,5	17,0	86	147 230	3 424	150 450	122,5	107,5
37	19 933	1 077	19 423	84,3	18,0	87	151 395	3 480	154 749	123,3	110,1
38	21 222	1 117	20 733	85,1	19,0	88	155 632	3 537	159 122	124,1	112,8
39	22 558	1 157	22 092	85,8	20,1	89	159 940	3 594	163 568	124,8	115,6
40	23 941	1 197	23 501	86,6	21,2	90	164 320	3 652	168 089	125,6	118,3
41	25 371	1 238	24 959	87,4	22,3	91	168 774	3 709	172 685	126,4	121,1
42	26 850	1 279	26 468	88,2	23,5	92	173 300	3 767	177 357	127,2	123,9
43	28 378	1 320	28 028	89,0	24,7	93	177 900	3 826	182 104	128,0	126,8
44	29 955	1 362	29 640	89,7	25,9	94	182 574	3 885	186 928	128,7	129,7
45	31 581	1 404	31 303	90,5	27,2	95	187 323	3 944	191 829	129,5	132,6
46	33 258	1 446	33 019	91,3	28,5	96	192 148	4 003	196 808	130,3	135,5
47	34 985	1 489	34 788	92,1	29,8	97	197 047	4 063	201 864	131,1	138,5
48	36 764	1 532	36 611	92,9	31,2	98	202 024	4 123	206 999	131,9	141,6
49	38 594	1 575	38 487	93,6	32,6	99	207 076	4 183	212 213	132,6	144,6
50	40 477	1 619	40 418	94,4	34,0	100	212 206	4 244	217 507	133,4	147,7
51	42 412	1 663	42 404	95,2	35,5	101	217 414	4 305	222 880	134,2	150,8
52	44 400	1 708	44 446	96,0	37,0	102	222 700	4 367	228 334	135,0	154,0
53	46 442	1 753	46 543	96,8	38,5	103	228 065	4 428	233 869	135,8	157,2
54	48 539	1 798	48 697	97,5	40,0	104	233 508	4 491	239 486	136,5	160,4
55	50 690	1 843	50 908	98,3	41,6	105	239 032	4 553	245 185	137,3	163,6
56	52 896	1 889	53 177	99,1	43,3	106	244 636	4 616	250 966	138,1	166,9
57	55 158	1 935	55 503	99,9	44,9	107	250 320	4 679	256 830	138,9	170,3
58	57 476	1 982	57 888	100,7	46,6	108	256 086	4 742	262 777	139,7	173,6
59	59 851	2 029	60 332	101,4	48,3	109	261 933	4 806	268 809	140,4	177,0
60	62 283	2 076	62 836	102,2	50,1	110	267 862	4 870	274 925	141,2	180,4
61	64 772	2 124	65 399	103,0	51,9	111	273 874	4 935	281 126	142,0	183,9
62	67 320	2 172	68 024	103,8	53,7	112	279 970	4 999	287 412	142,8	187,4
63	69 927	2 220	70 709	104,6	55,6	113	286 149	5 065	293 785	143,6	190,9
64	72 593	2 269	73 455	105,3	57,5	114	292 412	5 130	300 244	144,3	194,4
65	75 318	2 317	76 264	106,1	59,4	115	298 760	5 196	306 790	145,1	198,0
66	78 104	2 367	79 135	106,9	61,3	116	305 193	5 262	313 423	145,9	201,6
67	80 950	2 416	82 069	107,7	63,3	117	311 712	5 328	320 145	146,7	205,3
68	83 858	2 466	85 066	108,5	65,4	118	318 317	5 395	326 955	147,5	209,0
69	86 827	2 517	88 128	109,2	67,4	119	325 009	5 462	333 854	148,2	212,7
70	89 859	2 567	91 254	110,0	69,5	120	331 788	5 530	340 842	149,0	216,5
71	92 953	2 618	94 445	110,8	71,6	121	338 655	5 598	347 921	149,8	220,3
72	96 110	2 670	97 701	111,6	73,8	122	345 610	5 666	355 090	150,6	224,1
73	99 331	2 721	101 024	112,4	76,0	123	352 653	5 734	362 350	151,4	227,9
74	102 617	2 773	104 413	113,1	78,2	124	359 786	5 803	369 701	152,1	231,8
75	105 967	2 826	107 869	113,9	80,5	125	367 009	5 872	377 145	152,9	235,7
76	109 382	2 878	111 392	114,7	82,8	126	374 321	5 942	384 681	153,7	239,7
77	112 863	2 931	114 984	115,5	85,1	127	381 725	6 011	392 310	154,5	243,7
78	116 410	2 985	118 644	116,3	87,4	128	389 219	6 082	400 033	155,3	247,7
79	120 024	3 039	122 373	117,0	89,8	129	396 806	6 152	407 849	156,0	251,8
80	123 704	3 093	126 171	117,8	92,3	130	404 484	6 223	415 760	156,8	255,8

Neutr. — Axe Trägheitsmoment für $\begin{cases} h = 30 = 1028,3 \text{ cm}^4 \\ h = 80 = 1032,5 \text{ cm}^4 \end{cases}$ Neutr. — Axe Trägheitsmoment für $\begin{cases} h = 80 = 1032,5 \text{ cm}^4 \\ h = 130 = 1036,6 \text{ cm}^4 \end{cases}$

L 9,0 · 9,0 · 1,1 cm

Nietstärke 2,0 cm; Stehblechdicke 1,0 cm

Träger-Höhe h (cm)	$e = 5,05$ cm Trägheits-moment cm⁴	Wider-standsm. cm³	Trägheits-moment cm⁴	Gewicht für den lfd. m ohne Niet-köpfe kg	Wider-standsm. cm³	Träger-Höhe h (cm)	$e = 5,05$ cm Trägheits-moment cm⁴	Wider-standsm. cm³	Trägheits-moment cm⁴	Gewicht für den lfd. m ohne Niet-köpfe kg	Wider-standsm. cm³
30	12 873	858	12 306	81,4	12,4	80	131 301	3 283	133 244	120,4	94,4
31	13 912	898	13 346	82,2	13,2	81	135 266	3 340	137 310	121,2	96,9
32	14 997	937	14 434	83,0	14,1	82	139 303	3 398	141 450	122,0	99,5
33	16 129	977	15 571	83,7	14,9	83	143 411	3 456	145 664	122,7	102,0
34	17 308	1 018	16 758	84,5	15,9	84	147 591	3 514	149 951	123,5	104,6
35	18 534	1 059	17 994	85,3	16,9	85	151 845	3 573	154 314	124,3	107,2
36	19 810	1 101	19 280	86,1	17,9	86	156 171	3 632	158 752	125,1	109,9
37	21 133	1 142	20 617	86,9	18,9	87	160 572	3 691	163 265	125,9	112,6
38	22 507	1 185	22 005	87,6	20,0	88	165 046	3 751	167 855	126,6	115,3
39	23 930	1 227	23 445	88,4	21,1	89	169 596	3 811	172 522	127,4	118,0
40	25 403	1 270	24 938	89,2	22,2	90	174 220	3 872	177 266	128,2	120,8
41	26 927	1 313	26 483	90,0	23,3	91	178 921	3 932	182 087	129,0	123,6
42	28 502	1 357	28 082	90,8	24,5	92	183 698	3 993	186 987	129,8	126,5
43	30 129	1 401	29 734	91,5	25,8	93	188 551	4 055	191 966	130,5	129,4
44	31 808	1 446	31 440	92,3	27,0	94	193 482	4 117	197 024	131,3	132,3
45	33 541	1 491	33 202	93,1	28,3	95	198 491	4 179	202 162	132,1	135,2
46	35 326	1 536	35 018	93,9	29,7	96	203 578	4 241	207 380	132,9	138,2
47	37 165	1 581	36 891	94,7	31,0	97	208 743	4 304	212 679	133,7	141,2
48	39 059	1 627	38 819	95,4	32,4	98	213 988	4 367	218 059	134,4	144,3
49	41 007	1 674	40 805	96,2	33,8	99	219 313	4 431	223 521	135,2	147,4
50	43 010	1 720	42 847	97,0	35,3	100	224 718	4 494	229 065	136,0	150,5
51	45 070	1 767	44 948	97,8	36,8	101	230 204	4 558	234 692	136,8	153,6
52	47 185	1 815	47 107	98,6	38,3	102	235 771	4 623	240 402	137,6	156,8
53	49 358	1 863	49 324	99,3	39,9	103	241 420	4 688	246 197	138,3	160,1
54	51 587	1 911	51 601	100,1	41,5	104	247 151	4 753	252 075	139,1	163,3
55	53 875	1 959	53 938	100,9	43,1	105	252 965	4 818	258 038	139,9	166,6
56	56 220	2 008	56 335	101,7	44,7	106	258 862	4 884	264 086	140,7	169,9
57	58 625	2 057	58 792	102,5	46,4	107	264 843	4 950	270 221	141,5	173,3
58	61 088	2 106	61 311	103,2	48,1	108	270 908	5 017	276 441	142,2	176,6
59	63 612	2 156	63 892	104,0	49,9	109	277 058	5 084	282 748	143,0	180,1
60	66 196	2 207	66 535	104,8	51,7	110	283 294	5 151	289 143	143,8	183,5
61	68 840	2 257	69 241	105,6	53,5	111	289 615	5 218	295 625	144,6	187,0
62	71 546	2 308	72 010	106,4	55,4	112	296 022	5 286	302 196	145,4	190,5
63	74 314	2 359	74 843	107,1	57,3	113	302 516	5 354	308 855	146,1	194,1
64	77 144	2 411	77 740	107,9	59,2	114	309 098	5 423	315 604	146,9	197,7
65	80 037	2 463	80 702	108,7	61,1	115	315 767	5 492	322 442	147,7	201,3
66	82 993	2 515	83 729	109,5	63,1	116	322 524	5 561	329 371	148,5	204,9
67	86 012	2 568	86 822	110,3	65,1	117	329 371	5 630	336 390	149,3	208,6
68	89 096	2 620	89 981	111,0	67,2	118	336 306	5 700	343 501	150,0	212,3
69	92 245	2 674	93 207	111,8	69,3	119	343 332	5 770	350 703	150,8	216,1
70	95 459	2 727	96 501	112,6	71,4	120	350 447	5 841	357 998	151,6	219,9
71	98 739	2 781	99 862	113,4	73,6	121	357 654	5 912	365 386	152,4	223,7
72	102 085	2 836	103 291	114,2	75,7	122	364 951	5 983	372 867	153,2	227,5
73	105 498	2 890	106 789	114,9	78,0	123	372 341	6 054	380 441	153,9	231,4
74	108 979	2 945	110 357	115,7	80,2	124	379 822	6 126	388 110	154,7	235,3
75	112 527	3 001	113 994	116,5	82,5	125	387 397	6 198	395 874	155,5	239,3
76	116 143	3 056	117 701	117,3	84,8	126	395 065	6 271	403 733	156,3	243,3
77	119 828	3 112	121 480	118,1	87,2	127	402 826	6 344	411 688	157,1	247,3
78	123 582	3 169	125 329	118,8	89,6	128	410 682	6 417	419 739	157,8	251,3
79	127 407	3 225	129 250	119,6	92,0	129	418 633	6 490	427 887	158,6	255,4
80	131 301	3 283	133 244	120,4	94,4	130	426 679	6 564	436 132	159,4	259,5

Neutr. A.xe Trägheitsmoment für $\begin{cases} h = 30 = 1301,6 \text{ cm}^4 \\ h = 80 = 1305,8 \text{ cm}^4 \end{cases}$ Neutr. A.xe Trägheitsmoment für $\begin{cases} h = 80 = 1305,8 \text{ cm}^4 \\ h = 130 = 1310,0 \text{ cm}^4 \end{cases}$

16

$$\llcorner\ 9{,}0 \cdot 9{,}0 \cdot 1{,}3\ \text{cm}$$

Nietstärke 2,0 cm; Stehblechdicke 1,0 cm

Träger-Höhe h cm	$e=5{,}15$cm Trägheits-moment cm⁴	Widerstandsm. cm³	Trägheits-moment cm⁴	Gewicht für den lfd. m ohne Nietköpfe kg	Widerstandsm. cm³	Träger-Höhe h cm	$e=5{,}15$ cm Trägheits-moment cm⁴	Widerstandsm. cm³	Trägheits-moment cm⁴	Gewicht für den lfd. m ohne Nietköpfe kg	Widerstandsm. cm³
30	14 574	972	13 833	91,1	12,4	80	146 473	3 662	147 862	130,1	94,5
31	15 749	1 016	15 002	91,9	13,2	81	150 846	3 725	152 329	130,9	97,0
32	16 976	1 061	16 224	92,7	14,1	82	155 296	3 788	156 874	131,7	99,5
33	18 255	1 106	17 500	93,5	15,0	83	159 823	3 851	161 499	132,5	102,1
34	19 586	1 152	18 831	94,3	16,0	84	164 428	3 915	166 204	133,3	104,7
35	20 971	1 198	20 218	95,0	16,9	85	169 112	3 979	170 989	134,0	107,3
36	22 409	1 245	21.660	95,8	17,9	86	173 874	4 044	175 854	134,8	109,9
37	23 902	1 292	23 158	96,6	19,0	87	178 715	4 108	180 801	135,6	112,6
38	25 449	1 339	24 713	97,4	20,0	88	183 636	4 174	185 829	136,4	115,3
39	27 052	1 387	26 325	98,2	21,1	89	188 637	4 239	190 940	137,2	118,1
40	28 710	1 436	27 995	98,9	22,2	90	193 718	4 305	196 133	137,9	120,9
41	30 425	1 484	29 723	99,7	23,4	91	198 882	4 371	201 410	138,7	123,7
42	32 196	1 533	31 510	100,5	24,6	92	204 126	4 438	206 770	139,5	126,6
43	34 024	1 583	33 356	101,3	25,8	93	209 453	4 504	212 215	140,3	129,4
44	35 911	1 632	35 262	102,1	27,1	94	214 863	4 572	217 744	141,1	132,4
45	37 855	1 682	37 228	102,8	28,4	95	220 356	4 639	223 359	141,8	135,3
46	39 858	1 733	39 255	103,6	29,7	96	225 932	4 707	229 059	142,6	138,3
47	41 920	1 784	41 343	104,4	31,1	97	231 593	4 775	234 845	143,4	141,3
48	44 043	1 835	43 492	105,2	32,5	98	237 339	4 844	240 719	144,2	144,4
49	46 225	1 887	45 704	106,0	33,9	99	243 170	4 913	246 679	145,0	147,5
50	48 468	1 939	47 979	106,7	35,4	100	249 086	4 982	252 727	145,7	150,6
51	50 772	1 991	50 316	107,5	36,8	101	255 089	5 051	258 863	146,5	153,7
52	53 138	2 044	52 718	108,3	38,4	102	261 178	5 121	265 088	147,3	156,9
53	55 566	2 097	55 184	109,1	39,9	103	267 355	5 191	271 403	148,1	160,1
54	58 057	2 150	57 714	109,9	41,5	104	273 619	5 262	277 807	148,9	163,4
55	60 611	2 204	60 310	110,6	43,1	105	279 972	5 333	284 301	149,6	166,7
56	63 229	2 258	62 971	111,4	44,8	106	286 413	5 404	290 886	150,4	170,0
57	65 911	2 313	65 699	112,2	46,5	107	292 944	5 476	297 562	151,2	173,3
58	68 658	2 368	68 493	113,0	48,2	108	299 564	5 547	304 330	152,0	176,7
59	71 470	2 423	71 355	113,8	50,0	109	306 275	5 620	311 190	152,8	180,1
60	74 347	2 478	74 284	114,5	51,8	110	313 076	5 692	318 143	153,5	183,6
61	77 291	2 534	77 282	115,3	53,6	111	319 968	5 765	325 189	154,3	187,1
62	80 302	2 590	80 348	116,1	55,4	112	326 952	5 838	332 328	155,1	190,6
63	83 380	2 647	83 484	116,9	57,3	113	334 029	5 912	339 562	155,9	194,1
64	86 526	2 704	86 689	117,7	59,2	114	341 198	5 986	346 891	156,7	197,7
65	89 739	2 761	89 964	118,4	61,2	115	348 460	6 060	354 315	157,4	201,3
66	93 022	2 819	93 310	119,2	63,2	116	355 816	6 135	361 835	158,2	205,0
67	96 374	2 877	96 728	120,0	65,2.	117	363 266	6 210	369 451	159,0	208,7
68	99 795	2 935	100 217	120,8	67,3	118	370 811	6 285	377 163	159,8	212,4
69	103 287	2 994	103 778	121,6	69,4	119	378 452	6 361	384 973	160,6	216,2
70	106 849	3 053	107 412	122,3	71,5	120	386 188	6 436	392 880	161,3	219,9
71	110 483	3 112	111 119	123,1	73,6	121	394 020	6 513	400 886	162,1	223,8
72	114 188	3 172	114 900	123,9	75,8	122	401 948	6 589	408 991	162,9	227,6
73	117 966	3 232	118 755	124,7	78,0	123	409 975	6 666	417 194	163,7	231,5
74	121 816	3 292	122 685	125,5	80,3	124	418 098	6 744	425 498	164,5	235,4
75	125 739	3 353	126 690	126,2	82,6	125	426 320	6 821	433 901	165,2	239,4
76	129 737	3 414	130 771	127,0	84,9	126	434 641	6 899	442 406	166,0	243,3
77	133 808	3 476	134 928	127,8	87,3	127	443 061	6 977	451 011	166,8	247,4
78	137 954	3 537	139 162	128,6	89,6	128	451 581	7 056	459 718	167,6	251,4
79	142 176	3 599	143 473	129,4	92,1	129	460 201	7 135	468 528	168,4	255,5
80	146 473	3 662	147 862	130,1	94,5	130	468 921	7 214	477 440	169,1	259,6

Neutr. Axe Trägheitsmoment für $\begin{cases} h = 30 = 1547{,}0 \text{ cm}^4 \\ h = 80 = 1551{,}2 \text{ cm}^4 \end{cases}$

Neutr. Axe Trägheitsmoment für $\begin{cases} h = 80 = 1551{,}2 \text{ cm}^4 \\ h = 130 = 1555{,}3 \text{ cm}^4 \end{cases}$

⌐ 9,0 · 9,0 · 1,3 cm

Nietstärke 2,3 cm; Stehblechdicke 1,1 cm

TrägerHöhe h cm	e = 5,15 cm Trägheitsmoment cm⁴	Widerstandsm. cm³	Trägheitsmoment cm⁴	Gewicht für den lfd. m ohne Nietköpfe kg	Widerstandsm. cm³	TrägerHöhe h cm	e = 5,15 cm Trägheitsmoment cm⁴	Widerstandsm. cm³	Trägheitsmoment cm⁴	Gewicht für den lfd. m ohne Nietköpfe kg	Widerstandsm. cm³
30	14 543	970	13 737	93,5	12,0	80	147 555	3 689	149 713	136,4	92,7
31	15 714	1 014	14 906	94,3	12,8	81	151 998	3 753	154 280	137,2	95,1
32	16 938	1 059	16 129	95,2	13,7	82	156 521	3 818	158 929	138,1	97,6
33	18 214	1 104	17 408	96,0	14,5	83	161 124	3 883	163 661	138,9	100,2
34	19 543	1 150	18 742	96,9	15,5	84	165 807	3 948	168 475	139,8	102,7
35	20 926	1 196	20 132	97,8	16,4	85	170 572	4 013	173 374	140,7	105,3
36	22 363	1 242	21 579	98,6	17,4	86	175 418	4 079	178 356	141,5	107,9
37	23 854	1 289	23 083	99,5	18,4	87	180 346	4 146	183 424	142,4	110,6
38	25 401	1 337	24 645	100,3	19,4	88	185 357	4 213	188 576	143,2	113,3
39	27 004	1 385	26 265	101,2	20,5	89	190 452	4 280	193 815	144,1	116,0
40	28 663	1 433	27 944	102,1	21,6	90	195 630	4 347	199 140	145,0	118,8
41	30 379	1 482	29 683	102,9	22,7	91	200 893	4 415	204 552	145,8	121,6
42	32 152	1 531	31 481	103,8	23,9	92	206 241	4 483	210 051	146,7	124,4
43	33 984	1 581	33 340	104,6	25,1	93	211 674	4 552	215 638	147,5	127,2
44	35 874	1 631	35 260	105,5	26,3	94	217 193	4 621	221 314	148,4	130,1
45	37 823	1 681	37 242	106,3	27,6	95	222 799	4 691	227 079	149,2	133,0
46	39 832	1 732	39 286	107,2	28,9	96	228 492	4 760	232 934	150,1	136,0
47	41 901	1 783	41 393	108,1	30,2	97	234 273	4 830	238 879	151,0	139,0
48	44 030	1 835	43 563	108,9	31,6	98	240 142	4 901	244 915	151,8	142,0
49	46 222	1 887	45 797	109,8	33,0	99	246 099	4 972	251 042	152,7	145,1
50	48 474	1 939	48 095	110,6	34,4	100	252 147	5 043	257 261	153,5	148,2
51	50 790	1 992	50 458	111,5	35,9	101	258 284	5 115	263 572	154,4	151,3
52	53 168	2 045	52 887	112,4	37,4	102	264 511	5 186	269 977	155,3	154,4
53	55 610	2 098	55 382	113,2	38,9	103	270 830	5 259	276 475	156,1	157,6
54	58 116	2 152	57 943	114,1	40,5	104	277 240	5 332	283 067	157,0	160,8
55	60 686	2 207	60 572	114,9	42,0	105	283 742	5 405	289 754	157,8	164,1
56	63 322	2 261	63 268	115,8	43,7	106	290 337	5 478	296 535	158,7	167,4
57	66 023	2 317	66 032	116,6	45,3	107	297 025	5 552	303 413	159,5	170,7
58	68 791	2 372	68 865	117,5	47,0	108	303 807	5 626	310 387	160,4	174,1
59	71 625	2 428	71 768	118,4	48,8	109	310 683	5 701	317 458	161,3	177,5
60	74 527	2 484	74 740	119,2	50,5	110	317 654	5 776	324 626	162,1	180,9
61	77 497	2 541	77 783	120,1	52,3	111	324 720	5 851	331 892	163,0	184,3
62	80 535	2 598	80 897	120,9	54,1	112	331 883	5 926	339 257	163,8	187,8
63	83 642	2 655	84 082	121,8	56,0	113	339 142	6 003	346 720	164,7	191,3
64	86 819	2 713	87 340	122,6	57,9	114	346 498	6 079	354 284	165,5	194,9
65	90 065	2 771	90 670	123,5	59,8	115	353 951	6 156	361 947	166,4	198,5
66	93 383	2 830	94 073	124,4	61,8	116	361 503	6 233	369 711	167,3	202,1
67	96 771	2 889	97 550	125,2	63,8	117	369 153	6 310	377 576	168,1	205,8
68	100 232	2 948	101 102	126,1	65,8	118	376 903	6 388	385 543	169,0	209,5
69	103 765	3 008	104 728	126,9	67,9	119	384 753	6 466	393 613	169,8	213,2
70	107 370	3 068	108 429	127,8	69,9	120	392 702	6 545	401 785	170,7	216,9
71	111 049	3 128	112 207	128,7	72,1	121	400 753	6 624	410 061	171,6	220,7
72	114 802	3 189	116 061	129,5	74,2	122	408 905	6 703	418 441	172,4	224,5
73	118 630	3 250	119 992	130,4	76,4	123	417 160	6 783	426 925	173,3	228,4
74	122 532	3 312	124 001	131,2	78,6	124	425 517	6 863	435 514	174,1	232,3
75	126 511	3 374	128 087	132,1	80,9	125	433 976	6 944	444 209	175,0	236,2
76	130 565	3 436	132 253	132,9	83,2	126	442 540	7 024	453 011	175,8	240,2
77	134 696	3 499	136 498	133,8	85,5	127	451 208	7 106	461 919	176,7	244,2
78	138 904	3 562	140 822	134,7	87,9	128	459 980	7 187	470 934	177,6	248,2
79	143 190	3 625	145 227	135,5	90,3	129	468 858	7 269	480 057	178,4	252,2
80	147 555	3 689	149 713	136,4	92,7	130	477 842	7 351	489 288	179,3	256,3

Neutr. Axe Trägheitsmoment für $\begin{cases} h = 30 = 1576,0 \text{ cm}^4 \\ h = 80 = 1581,6 \text{ cm}^4 \end{cases}$ Neutr. Axe Trägheitsmoment für $\begin{cases} h = 80 = 1581,6 \text{ cm}^4 \\ h = 130 = 1587,1 \text{ cm}^4 \end{cases}$

L 10,0 · 10,0 · 1,0 cm

Nietstärke 2,0 cm; Stehblechdicke 1,0 cm

Träger-Höhe h cm	$e=5{,}50$ cm Trägheitsmoment cm⁴	Widerstandsm. cm³	Trägheitsmoment cm⁴	Gewicht für den lfd. m ohne Nietköpfe kg	Widerstandsm. cm³
30	13 068	871	12 473	83,2	12,6
31	14 125	911	13 528	83,9	13,4
32	15 229	952	14 633	84,7	14,3
33	16 381	993	15 788	85,5	15,2
34	17 582	1 034	16 994	86,3	16,1
35	18 831	1 076	18 251	87,1	17,1
36	20 130	1 118	19 559	87,8	18,1
37	21 479	1 161	20 919	88,6	19,2
38	22 879	1 204	22 331	89,4	20,2
39	24 330	1 248	23 797	90,2	21,3
40	25 832	1 292	25 316	91,0	22,5
41	27 386	1 336	26 889	91,7	23,6
42	28 992	1 381	28 517	92,5	24,8
43	30 652	1 426	30 199	93,3	26,0
44	32 365	1 471	31 937	94,1	27,3
45	34 132	1 517	33 731	94,9	28,6
46	35 954	1 563	35 582	95,6	29,9
47	37 830	1 610	37 490	96,4	31,3
48	39 762	1 657	39 455	97,2	32,7
49	41 750	1 704	41 478	98,0	34,1
50	43 795	1 752	43 559	98,8	35,6
51	45 897	1 800	45 700	99,5	37,1
52	48 056	1 848	47 900	100,3	38,6
53	50 273	1 897	50 160	101,1	40,2
54	52 548	1 946	52 481	101,9	41,7
55	54 883	1 996	54 862	102,7	43,4
56	57 277	2 046	57 305	103,4	45,0
57	59 731	2 096	59 810	104,2	46,7
58	62 246	2 146	62 378	105,0	48,4
59	64 821	2 197	65 009	105,8	50,2
60	67 458	2 249	67 703	106,6	52,0
61	70 157	2 300	70 461	107,3	53,8
62	72 919	2 352	73 283	108,1	55,7
63	75 744	2 405	76 171	108,9	57,6
64	78 632	2 457	79 124	109,7	59,5
65	81 584	2 510	82 143	110,5	61,4
66	84 600	2 564	85 229	111,2	63,4
67	87 682	2 617	88 381	112,0	65,4
68	90 829	2 671	91 601	112,8	67,5
69	94 042	2 726	94 889	113,6	69,6
70	97 322	2 781	98 246	114,4	71,7
71	100 668	2 836	101 672	115,1	73,9
72	104 082	2 891	105 167	115,9	76,1
73	107 564	2 947	108 732	116,7	78,3
74	111 115	3 003	112 367	117,5	80,5
75	114 735	3 060	116 074	118,3	82,8
76	118 424	3 116	119 852	119,0	85,1
77	122 183	3 174	123 702	119,8	87,5
78	126 012	3 231	127 625	120,6	89,9
79	129 913	3 289	131 620	121,4	92,3
80	133 885	3 347	135 689	122,2	94,8

Träger-Höhe h cm	$e=5{,}50$ cm Trägheitsmoment cm⁴	Widerstandsm. cm³	Trägheitsmoment cm⁴	Gewicht für den lfd. m ohne Nietköpfe kg	Widerstandsm. cm³
80	133 885	3 347	135 689	122,2	94,8
81	137 929	3 406	139 832	122,9	97,2
82	142 046	3 465	144 050	123,7	99,8
83	146 235	3 524	148 343	124,5	102,3
84	150 498	3 583	152 711	125,3	104,9
85	154 835	3 643	157 155	126,1	107,5
86	159 247	3 703	161 675	126,8	110,2
87	163 734	3 764	166 273	127,6	112,9
88	168 296	3 825	170 948	128,4	115,6
89	172 934	3 886	175 701	129,2	118,3
90	177 648	3 948	180 533	130,0	121,1
91	182 440	4 010	185 443	130,7	123,9
92	187 309	4 072	190 433	131,5	126,8
93	192 256	4 135	195 503	132,3	129,7
94	197 282	4 197	200 654	133,1	132,6
95	202 386	4 261	205 886	133,9	135,6
96	207 570	4 324	211 199	134,6	138,5
97	212 834	4 388	216 594	135,4	141,6
98	218 179	4 453	222 071	136,2	144,6
99	223 605	4 517	227 632	137,0	147,7
100	229 112	4 582	233 276	137,8	150,8
101	234 701	4 648	239 004	138,5	154,0
102	240 372	4 713	244 817	139,3	157,2
103	246 127	4 779	250 714	140,1	160,4
104	251 965	4 845	256 697	140,9	163,6
105	257 887	4 912	262 766	141,7	166,9
106	263 894	4 979	268 922	142,4	170,2
107	269 985	5 046	275 165	143,2	173,6
108	276 162	5 114	281 495	144,0	177,0
109	282 425	5 182	287 913	144,8	180,4
110	288 775	5 250	294 419	145,6	183,8
111	295 212	5 319	301 015	146,3	187,3
112	301 736	5 388	307 700	147,1	190,8
113	308 348	5 457	314 475	147,9	194,4
114	315 048	5 527	321 341	148,7	198,0
115	321 838	5 597	328 297	149,5	201,6
116	328 717	5 668	335 345	150,2	205,3
117	335 686	5 738	342 485	151,0	208,9
118	342 746	5 809	349 718	151,8	212,7
119	349 896	5 881	357 044	152,6	216,4
120	357 138	5 952	364 463	153,4	220,2
121	364 472	6 024	371 976	154,1	224,0
122	371 899	6 097	379 583	154,9	227,9
123	379 419	6 169	387 286	155,7	231,7
124	387 032	6 242	395 084	156,5	235,7
125	394 739	6 316	402 978	157,3	239,6
126	402 540	6 390	410 969	158,0	243,6
127	410 437	6 464	419 056	158,8	247,6
128	418 429	6 538	427 241	159,6	251,7
129	426 517	6 613	435 524	160,4	255,8
130	434 702	6 688	443 906	161,2	259,9

Neutr. Axe Trägheitsmoment für $\begin{cases} h = 30 = 1584{,}8 \text{ cm}^4 \\ h = 80 = 1589{,}0 \text{ cm}^4 \end{cases}$

Neutr. Axe Trägheitsmoment für $\begin{cases} h = 80 = 1589{,}0 \text{ cm}^4 \\ h = 130 = 1593{,}2 \text{ cm}^4 \end{cases}$

∟ 10,0 · 10,0 · 1,2 cm
Nietstärke 2,0 cm; Stehblechdicke 1,0 cm

Träger-Höhe h cm	$e = 5{,}60$ cm Trägheitsmoment cm⁴	Widerstandsm. cm³	Trägheitsmoment cm⁴	Gewicht für den lfd. m ohne Nietköpfe kg	Widerstandsm. cm³	Träger-Höhe h cm	$e = 5{,}60$ cm Trägheitsmoment cm⁴	Widerstandsm. cm³	Trägheitsmoment cm⁴	Gewicht für den lfd. m ohne Nietköpfe kg	Widerstandsm. cm³
30	15 008	1 001	14 222	94,2	12,6	80	151 345	3 784	152 540	133,2	94,8
31	16 220	1 046	15 425	95,0	13,5	81	155 861	3 848	157 146	134,0	97,3
32	17 486	1 093	16 683	95,8	14,4	82	160 455	3 914	161 833	134,8	99,8
33	18 806	1 140	17 998	96,6	15,3	83	165 129	3 979	166 601	135,6	102,4
34	20 181	1 187	19 370	97,4	16,2	84	169 883	4 045	171 452	136,4	105,0
35	21 612	1 235	20 799	98,1	17,2	85	174 717	4 111	176 384	137,1	107,6
36	23 098	1 283	22 286	98,9	18,2	86	179 631	4 177	181 399	137,9	110,3
37	24 641	1 332	23 831	99,7	19,2	87	184 628	4 244	186 498	138,7	112,9
38	26 240	1 381	25 435	100,5	20,3	88	189 705	4 311	191 681	139,5	115,7
39	27 897	1 431	27 099	101,3	21,4	89	194 866	4 379	196 947	140,3	118,4
40	29 611	1 481	28 822	102,0	22,5	90	200 109	4 447	202 299	141,0	121,2
41	31 384	1 531	30 605	102,8	23,7	91	205 435	4 515	207 736	141,8	124,0
42	33 216	1 582	32 449	103,6	24,9	92	210 845	4 584	213 259	142,6	126,9
43	35 107	1 633	34 355	104,4	26,1	93	216 340	4 652	218 868	143,4	129,8
44	37 058	1 684	36 322	105,2	27,4	94	221 919	4 722	224 564	144,2	132,7
45	39 069	1 736	38 352	105,9	28,7	95	227 584	4 791	230 347	144,9	135,6
46	41 141	1 789	40 445	106,7	30,0	96	233 334	4 861	236 218	145,7	138,6
47	43 274	1 841	42 601	107,5	31,4	97	239 171	4 931	242 178	146,5	141,6
48	45 469	1 895	44 820	108,3	32,8	98	245 095	5 002	248 226	147,3	144,7
49	47 726	1 948	47 104	109,1	34,2	99	251 105	5 073	254 363	148,1	147,8
50	50 047	2 002	49 453	109,8	35,6	100	257 204	5 144	260 591	148,8	150,9
51	52 430	2 056	51 867	110,6	37,1	101	263 391	5 216	266 908	149,6	154,0
52	54 878	2 111	54 347	111,4	38,7	102	269 667	5 288	273 317	150,4	157,2
53	57 389	2 166	56 894	112,2	40,2	103	276 032	5 360	279 817	151,2	160,5
54	59 966	2 221	59 507	113,0	41,8	104	282 487	5 432	286 408	152,0	163,7
55	62 608	2 277	62 187	113,7	43,4	105	289 033	5 505	293 092	152,7	167,0
56	65 315	2 333	64 935	114,5	45,1	106	295 669	5 579	299 869	153,5	170,3
57	68 089	2 389	67 752	115,3	46,8	107	302 396	5 652	306 739	154,3	173,7
58	70 930	2 446	70 637	116,1	48,5	108	309 216	5 726	313 703	155,1	177,0
59	73 838	2 503	73 592	116,9	50,3	109	316 127	5 800	320 761	155,9	180,5
60	76 814	2 560	76 617	117,6	52,1	110	323 132	5 875	327 914	156,6	183,9
61	79 858	2 618	79 711	118,4	53,9	111	330 229	5 950	335 162	157,4	187,4
62	82 972	2 677	82 877	119,2	55,7	112	337 421	6 025	342 507	158,2	190,9
63	86 154	2 735	86 114	120,0	57,6	113	344 707	6 101	349 947	159,0	194,5
64	89 406	2 794	89 423	120,8	59,6	114	352 088	6 177	357 484	159,8	198,1
65	92 729	2 853	92 804	121,5	61,5	115	359 564	6 253	365 119	160,5	201,7
66	96 122	2 913	96 258	122,3	63,5	116	367 136	6 330	372 852	161,3	205,3
67	99 587	2 973	99 785	123,1	65,5	117	374 804	6 407	380 682	162,1	209,0
68	103 123	3 033	103 386	123,9	67,6	118	382 569	6 484	388 612	162,9	212,7
69	106 732	3 094	107 062	124,7	69,7	119	390 431	6 562	396 641	163,7	216,5
70	110 414	3 155	110 812	125,4	71,8	120	398 391	6 640	404 770	164,4	220,3
71	114 169	3 216	114 638	126,2	73,9	121	406 450	6 718	412 999	165,2	224,1
72	117 997	3 278	118 539	127,0	76,1	122	414 607	6 797	421 329	166,0	227,9
73	121 901	3 340	122 517	127,8	78,4	123	422 864	6 876	429 760	166,8	231,8
74	125 878	3 402	126 571	128,6	80,6	124	431 220	6 955	438 293	167,6	235,7
75	129 932	3 465	130 703	129,3	82,9	125	439 677	7 035	446 928	168,3	239,7
76	134 061	3 528	134 913	130,1	85,2	126	448 234	7 115	455 666	169,1	243,7
77	138 266	3 591	139 201	130,9	87,6	127	456 893	7 195	464 508	169,9	247,7
78	142 548	3 655	143 568	131,7	90,0	128	465 654	7 276	473 453	170,7	251,7
79	146 908	3 719	148 014	132,5	92,4	129	474 517	7 357	482 503	171,5	255,8
80	151 345	3 784	152 540	133,2	94,8	130	483 483	7 438	491 657	172,2	260,0

Trägheitsmoment für $\begin{cases} h = 30 = 1910{,}7 \text{ cm}^4 \\ h = 80 = 1914{,}8 \text{ cm}^4 \end{cases}$ Trägheitsmoment für $\begin{cases} h = 80 = 1914{,}8 \text{ cm}^4 \\ h = 130 = 1919{,}0 \text{ cm}^4 \end{cases}$

$$\llcorner\ 10{,}0 \cdot 10{,}0 \cdot 1{,}2\ \text{cm}$$

Nietstärke 2,3 cm; Stehblechdicke 1,0 cm

Träger-Höhe h (cm)	$e = 5{,}60$ cm — Trägheitsmoment cm⁴	Widerstandsm. cm³	Trägheitsmoment cm⁴	Gewicht für den lfd. m ohne Nietköpfe kg	Widerstandsm. cm³
30	14 825	988	13 923	94,2	12,3
31	16 018	1 033	15 105	95,0	13,1
32	17 263	1 079	16 342	95,8	13,9
33	18 561	1 125	17 634	96,6	14,8
34	19 914	1 171	18 983	97,4	15,7
35	21 320	1 218	20 388	98,1	16,7
36	22 782	1 266	21 850	98,9	17,7
37	24 299	1 313	23 370	99,7	18,7
38	25 871	1 362	24 947	100,5	19,7
39	27 500	1 410	26 584	101,3	20,8
40	29 186	1 459	28 280	102,0	21,9
41	30 929	1 509	30 035	102,8	23,0
42	32 730	1 559	31 850	103,6	24,2
43	34 589	1 609	33 726	104,4	25,4
44	36 507	1 659	35 663	105,2	26,6
45	38 484	1 710	37 661	105,9	27,9
46	40 521	1 762	39 722	106,7	29,2
47	42 618	1 814	41 845	107,5	30,5
48	44 776	1 866	44 032	108,3	31,9
49	46 995	1 918	46 282	109,1	33,3
50	49 277	1 971	48 596	109,8	34,7
51	51 620	2 024	50 974	110,6	36,2
52	54 026	2 078	53 418	111,4	37,7
53	56 496	2 132	55 927	112,2	39,2
54	59 029	2 186	58 503	113,0	40,8
55	61 627	2 241	61 145	113,7	42,4
56	64 289	2 296	63 854	114,5	44,0
57	67 017	2 351	66 631	115,3	45,7
58	69 811	2 407	69 476	116,1	47,4
59	72 671	2 463	72 389	116,9	49,1
60	75 597	2 520	75 372	117,6	50,9
61	78 591	2 577	78 424	118,4	52,7
62	81 653	2 634	81 546	119,2	54,5
63	84 783	2 692	84 739	120,0	56,3
64	87 982	2 749	88 003	120,8	58,2
65	91 250	2 808	91 339	121,5	60,2
66	94 588	2 866	94 746	122,3	62,1
67	97 996	2 925	98 227	123,1	64,1
68	101 475	2 985	101 780	123,9	66,1
69	105 026	3 044	105 407	124,7	68,2
70	108 648	3 104	109 108	125,4	70,3
71	112 343	3 165	112 884	126,2	72,4
72	116 110	3 225	116 734	127,0	74,6
73	119 950	3 286	120 661	127,8	76,8
74	123 865	3 348	124 663	128,6	79,0
75	127 853	3 409	128 742	129,3	81,3
76	131 917	3 471	132 898	130,1	83,6
77	136 056	3 534	137 132	130,9	85,9
78	140 270	3 597	141 444	131,7	88,2
79	144 561	3 660	145 834	132,5	90,6
80	148 929	3 723	150 304	133,2	93,1

Träger-Höhe h (cm)	$e = 5{,}60$ cm — Trägheitsmoment cm⁴	Widerstandsm. cm³	Trägheitsmoment cm⁴	Gewicht für den lfd. m ohne Nietköpfe kg	Widerstandsm. cm³
80	148 929	3 723	150 304	133,2	93,1
81	153 374	3 787	154 853	134,0	95,5
82	157 897	3 851	159 482	134,8	98,0
83	162 498	3 916	164 192	135,6	100,5
84	167 177	3 980	168 983	136,4	103,1
85	171 937	4 046	173 856	137,1	105,7
86	176 776	4 111	178 811	137,9	108,3
87	181 695	4 177	183 848	138,7	111,0
88	186 695	4 243	188 968	139,5	113,6
89	191 776	4 310	194 172	140,3	116,4
90	196 940	4 376	199 460	141,0	119,1
91	202 185	4 444	204 833	141,8	121,9
92	207 513	4 511	210 291	142,6	124,7
93	212 925	4 579	215 834	143,4	127,6
94	218 420	4 647	221 463	144,2	130,5
95	224 000	4 716	227 179	144,9	133,4
96	229 664	4 785	232 983	145,7	136,4
97	235 414	4 854	238 873	146,5	139,4
98	241 250	4 923	244 852	147,3	142,4
99	247 172	4 993	250 920	148,1	145,4
100	253 180	5 064	257 076	148,8	148,5
101	259 276	5 134	263 322	149,6	151,6
102	265 460	5 205	269 659	150,4	154,8
103	271 732	5 276	276 086	151,2	158,0
104	278 093	5 348	282 604	152,0	161,2
105	284 543	5 420	289 213	152,7	164,5
106	291 083	5 492	295 915	153,5	167,8
107	297 713	5 565	302 709	154,3	171,1
108	304 434	5 638	309 596	155,1	174,4
109	311 247	5 711	316 577	155,9	177,8
110	318 151	5 785	323 652	156,6	181,3
111	325 147	5 859	330 822	157,4	184,7
112	332 237	5 933	338 087	158,2	188,2
113	339 419	6 007	345 447	159,0	191,7
114	346 696	6 082	352 904	159,8	195,3
115	354 066	6 158	360 457	160,5	198,9
116	361 532	6 233	368 107	161,3	202,5
117	369 093	6 309	375 855	162,1	206,1
118	376 749	6 386	383 701	162,9	209,8
119	384 502	6 462	391 645	163,7	213,6
120	392 352	6 539	399 689	164,4	217,3
121	400 299	6 617	407 832	165,2	221,1
122	408 343	6 694	416 075	166,0	224,9
123	416 487	6 772	424 419	166,8	228,8
124	424 728	6 850	432 864	167,6	232,7
125	433 070	6 929	441 410	168,3	236,6
126	441 511	7 008	450 059	169,1	240,5
127	450 052	7 087	458 810	169,9	244,5
128	458 694	7 167	467 665	170,7	248,5
129	467 437	7 247	476 623	171,5	252,6
130	476 282	7 327	485 685	172,2	256,7

Neutr. A.xx — Trägheitsmoment für $\begin{cases} h = 30 = 1910{,}7\ \text{cm}^4 \\ h = 80 = 1914{,}8\ \text{cm}^4 \end{cases}$

Neutr. A.xx — Trägheitsmoment für $\begin{cases} h = 80 = 1914{,}8\ \text{cm}^4 \\ h = 130 = 1919{,}0\ \text{cm}^4 \end{cases}$

L 11,0 · 11,0 · 1,0 cm

Nietstärke 2,0 cm; Stehblechdicke 1,0 cm

Träger-Höhe h cm	$e=6{,}00$ cm Trägheitsmoment cm⁴	Widerstandsm. cm³	Trägheitsmoment cm⁴	Gewicht für den lfd. m ohne Nietköpfe kg	Widerstandsm. cm³
30	14 102	940	13 395	89,4	12,8
31	15 243	983	14 529	90,2	13,7
32	16 435	1 027	15 716	91,0	14,6
33	17 679	1 071	16 957	91,7	15,5
34	18 975	1 116	18 253	92,5	16,4
35	20 325	1 161	19 603	93,3	17,4
36	21 728	1 207	21 009	94,1	18,4
37	23 185	1 253	22 471	94,9	19,4
38	24 697	1 300	23 990	95,6	20,5
39	26 263	1 347	25 566	96,4	21,6
40	27 885	1 394	27 199	97,2	22,7
41	29 563	1 442	28 890	98,0	23,9
42	31 298	1 490	30 639	98,8	25,1
43	33 090	1 539	32 448	99,5	26,3
44	34 939	1 588	34 316	100,3	27,6
45	36 846	1 638	36 244	101,1	28,9
46	38 811	1 687	38 233	101,9	30,2
47	40 836	1 738	40 282	102,7	31,6
48	42 920	1 788	42 393	103,4	33,0
49	45 064	1 839	44 566	104,2	34,4
50	47 269	1 891	46 802	105,0	35,9
51	49 534	1 943	49 101	105,8	37,4
52	51 861	1 995	51 463	106,6	38,9
53	54 250	2 047	53 889	107,3	40,5
54	56 702	2 100	56 379	108,1	42,1
55	59 217	2 153	58 935	108,9	43,7
56	61 795	2 207	61 556	109,7	45,3
57	64 437	2 261	64 243	110,5	47,0
58	67 143	2 315	66 997	111,2	48,8
59	69 915	2 370	69 817	112,0	50,5
60	72 752	2 425	72 705	112,8	52,3
61	75 655	2 480	75 661	113,6	54,1
62	78 625	2 536	78 686	114,4	56,0
63	81 661	2 592	81 780	115,1	57,9
64	84 765	2 649	84 943	115,9	59,8
65	87 937	2 706	88 176	116,7	61,8
66	91 178	2 763	91 479	117,5	63,8
67	94 488	2 821	94 855	118,3	65,8
68	97 867	2 878	98 301	119,0	67,8
69	101 316	2 937	101 819	119,8	69,9
70	104 835	2 995	105 410	120,6	72,1
71	108 426	3 054	109 073	121,4	74,2
72	112 088	3 114	112 810	122,2	76,4
73	115 822	3 173	116 621	122,9	78,6
74	119 629	3 233	120 507	123,7	80,9
75	123 508	3 294	124 468	124,5	83,2
76	127 461	3 354	128 504	125,3	85,5
77	131 488	3 415	132 616	126,1	87,8
78	135 590	3 477	136 804	126,8	90,2
79	139 767	3 538	141 070	127,6	92,6
80	144 019	3 600	145 412	128,4	95,1

Träger-Höhe h cm	$e=6{,}00$ cm Trägheitsmoment cm⁴	Widerstandsm. cm³	Trägheitsmoment cm⁴	Gewicht für den lfd. m ohne Nietköpfe kg	Widerstandsm. cm³
80	144 019	3 600	145 412	128,4	95,1
81	148 347	3 663	149 833	129,2	97,6
82	152 751	3 726	154 333	130,0	100,1
83	157 233	3 789	158 911	130,7	102,7
84	161 792	3 852	163 569	131,5	105,3
85	166 429	3 916	168 307	132,3	107,9
86	171 145	3 980	173 126	133,1	110,5
87	175 939	4 045	178 026	133,9	113,2
88	180 813	4 109	183 007	134,6	115,9
89	185 767	4 175	188 070	135,4	118,7
90	190 802	4 240	193 215	136,2	121,5
91	195 918	4 306	198 444	137,0	124,3
92	201 115	4 372	203 756	137,8	127,2
93	206 394	4 439	209 152	138,5	130,0
94	211 755	4 505	214 633	139,3	133,0
95	217 200	4 573	220 198	140,1	135,9
96	222 728	4 640	225 849	140,9	138,9
97	228 340	4 708	231 586	141,7	141,9
98	234 037	4 776	237 410	142,4	145,0
99	239 818	4 845	243 321	143,2	148,1
100	245 685	4 914	249 319	144,0	151,2
101	251 638	4 983	255 405	144,8	154,3
102	257 678	5 053	261 579	145,6	157,5
103	263 805	5 122	267 843	146,3	160,7
104	270 019	5 193	274 196	147,1	164,0
105	276 321	5 263	280 639	147,9	167,3
106	282 711	5 334	287 173	148,7	170,6
107	289 191	5 405	293 797	149,5	173,9
108	295 760	5 477	300 513	150,2	177,3
109	302 419	5 549	307 321	151,0	180,8
110	309 169	5 621	314 222	151,8	184,2
111	316 009	5 694	321 216	152,6	187,7
112	322 941	5 767	328 303	153,4	191,2
113	329 965	5 840	335 484	154,1	194,8
114	337 082	5 914	342 759	154,9	198,3
115	344 292	5 988	350 130	155,7	202,0
116	351 595	6 062	357 596	156,5	205,6
117	358 992	6 137	365 158	157,3	209,3
118	366 483	6 212	372 817	158,0	213,0
119	374 070	6 287	380 572	158,8	216,8
120	381 752	6 363	388 425	159,6	220,6
121	389 530	6 439	396 376	160,4	224,4
122	397 405	6 515	404 426	161,2	228,2
123	405 376	6 591	412 575	161,9	232,1
124	413 445	6 668	420 823	162,7	236,0
125	421 612	6 746	429 171	163,5	240,0
126	429 878	6 823	437 619	164,3	244,0
127	438 243	6 901	446 169	165,1	248,0
128	446 707	6 980	454 820	165,8	252,0
129	455 271	7 058	463 573	166,6	256,1
130	463 935	7 137	472 429	167,4	260,2

Trägheitsmoment für $\begin{cases} h = 30 = 2073{,}5 \text{ cm}^4 \\ h = 80 = 2077{,}8 \text{ cm}^4 \end{cases}$

Trägheitsmoment für $\begin{cases} h = 80 = 2077{,}8 \text{ cm}^4 \\ h = 130 = 2081{,}8 \text{ cm}^4 \end{cases}$

L 11·11·1,2 cm

Nietstärke 2,0 cm; Stehblechdicke 1,0 cm

Träger-Höhe h cm	$e=6{,}10$ cm Trägheitsmoment cm⁴	Widerstandsm. cm³	Trägheitsmoment cm⁴	Gewicht für den lfd. m ohne Nietköpfe kg	Widerstandsm. cm³
30	16 226	1 082	15 316	101,8	12,9
31	17 538	1 131	16 612	102,5	13,7
32	18 908	1 182	17 968	103,3	14,6
33	20 338	1 233	19 386	104,1	15,5
34	21 828	1 284	20 865	104,9	16,5
35	23 377	1 336	22 406	105,7	17,4
36	24 987	1 388	24 010	106,4	18,4
37	26 659	1 441	25 677	107,2	19,5
38	28 392	1 494	27 408	108,0	20,6
39	30 187	1 548	29 203	108,8	21,7
40	32 044	1 602	31 062	109,6	22,8
41	33 965	1 657	32 987	110,3	24,0
42	35 950	1 712	34 977	111,1	25,2
43	37 998	1 767	37 033	111,9	26,4
44	40 111	1 823	39 156	112,7	27,7
45	42 289	1 880	41 346	113,5	29,0
46	44 533	1 936	43 604	114,2	30,3
47	46 843	1 993	45 930	115,0	31,7
48	49 220	2 051	48 324	115,8	33,1
49	51 664	2 109	50 788	116,6	34,5
50	54 175	2 167	53 321	117,4	35,9
51	56 755	2 226	55 924	118,1	37,3
52	59 403	2 285	58 598	118,9	39,0
53	62 120	2 344	61 343	119,7	40,5
54	64 907	2 404	64 160	120,5	42,1
55	67 764	2 464	67 049	121,3	43,7
56	70 691	2 525	70 010	122,0	45,4
57	73 690	2 586	73 045	122,8	47,1
58	76 760	2 647	76 153	123,6	48,8
59	79 903	2 709	79 335	124,4	50,6
60	83 118	2 771	82 592	125,2	52,4
61	86 406	2 833	85 924	125,9	54,2
62	89 768	2 896	89 331	126,7	56,1
63	93 204	2 959	92 815	127,5	58,0
64	96 714	3 022	96 375	128,3	59,9
65	100 300	3 086	100 013	129,1	61,8
66	103 961	3 150	103 728	129,8	63,8
67	107 699	3 215	107 521	130,6	65,8
68	111 513	3 280	111 393	131,4	67,9
69	115 404	3 345	115 344	132,2	70,0
70	119 372	3 411	119 374	133,0	72,1
71	123 419	3 477	123 485	133,7	74,3
72	127 545	3 543	127 676	134,5	76,5
73	131 749	3 610	131 949	135,3	78,7
74	136 034	3 677	136 303	136,1	80,9
75	140 398	3 744	140 739	136,9	83,2
76	144 843	3 812	145 258	137,6	85,6
77	149 369	3 880	149 860	138,4	87,9
78	153 977	3 948	154 545	139,2	90,3
79	158 667	4 017	159 315	140,0	92,7
80	163 439	4 086	164 169	140,8	95,2

Träger-Höhe h cm	$e=6{,}10$ cm Trägheitsmoment cm⁴	Widerstandsm. cm³	Trägheitsmoment cm⁴	Gewicht für den lfd. m ohne Nietköpfe kg	Widerstandsm. cm³
80	163 439	4 086	164 169	140,8	95,2
81	168 295	4 155	169 108	141,5	97,7
82	173 234	4 225	174 133	142,3	100,2
83	178 257	4 295	179 245	143,1	102,7
84	183 365	4 366	184 442	143,9	105,3
85	188 558	4 437	189 727	144,7	107,9
86	193 837	4 508	195 100	145,4	110,6
87	199 202	4 579	200 560	146,2	113,3
88	204 653	4 651	206 110	147,0	116,0
89	210 192	4 723	211 748	147,8	118,8
90	215 818	4 796	217 476	148,6	121,5
91	221 532	4 869	223 294	149,3	124,4
92	227 335	4 942	229 203	150,1	127,2
93	233 227	5 016	235 202	150,9	130,1
94	239 209	5 090	241 294	151,7	133,0
95	245 280	5 164	247 477	152,5	136,0
96	251 443	5 238	253 754	153,2	139,0
97	257 696	5 313	260 123	154,0	142,0
98	264 041	5 389	266 586	154,8	145,0
99	270 479	5 464	273 143	155,6	148,1
100	277 009	5 540	279 795	156,4	151,2
101	283 631	5 616	286 541	157,1	154,4
102	290 348	5 693	293 384	157,9	157,6
103	297 159	5 770	300 322	158,7	160,8
104	304 064	5 847	307 357	159,5	164,1
105	311 065	5 925	314 490	160,3	167,3
106	318 161	6 003	321 719	161,0	170,7
107	325 353	6 081	329 047	161,8	174,0
108	332 642	6 160	336 474	162,6	177,4
109	340 028	6 239	344 000	163,4	180,8
110	347 511	6 318	351 625	164,2	184,3
111	355 093	6 398	359 351	164,9	187,8
112	362 773	6 478	367 177	165,7	191,3
113	370 553	6 558	375 104	166,5	194,8
114	378 432	6 639	383 133	167,3	198,4
115	386 411	6 720	391 264	168,1	202,0
116	394 491	6 802	399 497	168,8	205,7
117	402 671	6 883	407 834	169,6	209,4
118	410 954	6 965	416 274	170,4	213,1
119	419 339	7 048	424 819	171,2	216,8
120	427 826	7 130	433 468	172,0	220,6
121	436 416	7 213	442 222	172,7	224,4
122	445 110	7 297	451 082	173,5	228,3
123	453 908	7 381	460 048	174,3	232,2
124	462 811	7 465	469 120	175,1	236,1
125	471 819	7 549	478 300	175,9	240,1
126	480 932	7 634	487 587	176,6	244,0
127	490 152	7 719	496 983	177,4	248,1
128	499 478	7 804	506 487	178,2	252,1
129	508 912	7 890	516 100	179,0	256,2
130	518 453	7 978	525 823	179,8	260,3

Neutr. Axe — Trägheitsmoment für $\begin{cases} h=30=2498{,}3 \text{ cm}^4 \\ h=80=2502{,}4 \text{ cm}^4 \end{cases}$

Neutr. Axe — Trägheitsmoment für $\begin{cases} h=80=2502{,}4 \text{ cm}^4 \\ h=130=2506{,}6 \text{ cm}^4 \end{cases}$

└ 11,0 · 11,0 · 1,2 cm

Nietstärke 2,3 cm; Stehblechdicke 1,2 cm

TrägerHöhe h cm	e=6,10 cm Trägheitsmoment cm⁴	Widerstandsm. cm³	Trägheitsmoment cm⁴	Gewicht für den lfd. m ohne Nietköpfe kg	Widerstandsm. cm³	TrägerHöhe h cm	e=6,10 cm Trägheitsmoment cm⁴	Widerstandsm. cm³	Trägheitsmoment cm⁴	Gewicht für den lfd. m ohne Nietköpfe kg	Widerstandsm. cm³
30	16 438	1 096	15 467	106,4	12,6	80	168 568	4 214	170 467	153,2	93,4
31	17 770	1 146	16 788	107,4	13,4	81	173 647	4 288	175 673	154,2	95,9
32	19 162	1 198	18 172	108,3	14,2	82	178 815	4 361	180 972	155,1	98,4
33	20 614	1 249	19 620	109,2	15,1	83	184 075	4 436	186 365	156,0	100,9
34	22 128	1 302	21 132	110,2	16,0	84	189 426	4 510	191 852	157,0	103,5
35	23 704	1 355	22 709	111,1	17,0	85	194 869	4 585	197 434	157,9	106,1
36	25 343	1 408	24 352	112,1	18,0	86	200 405	4 661	203 112	158,9	108,7
37	27 045	1 462	26 060	113,0	19,0	87	206 034	4 736	208 885	159,8	111,4
38	28 811	1 516	27 835	113,9	20,0	88	211 756	4 813	214 755	160,7	114,0
39	30 641	1 571	29 677	114,9	21,1	89	217 574	4 889	220 722	161,7	116,8
40	32 536	1 627	31 587	115,8	22,2	90	223 486	4 966	226 787	162,6	119,5
41	34 497	1 683	33 565	116,7	23,4	91	229 494	5 044	232 950	163,5	122,3
42	36 524	1 739	35 612	117,7	24,5	92	235 598	5 122	239 212	164,5	125,1
43	38 618	1 796	37 729	118,6	25,7	93	241 799	5 200	245 574	165,4	128,0
44	40 780	1 854	39 916	119,5	27,0	94	248 097	5 279	252 036	166,3	130,9
45	43 009	1 912	42 174	120,5	28,2	95	254 494	5 358	258 599	167,3	133,8
46	45 307	1 970	44 504	121,4	29,5	96	260 989	5 437	265 264	168,2	136,8
47	47 675	2 029	46 905	122,4	30,9	97	267 583	5 517	272 030	169,2	139,8
48	50 112	2 088	49 379	123,3	32,3	98	274 278	5 598	278 899	170,1	142,8
49	52 620	2 148	51 926	124,2	33,7	99	281 072	5 678	285 871	171,0	145,8
50	55 198	2 208	54 547	125,2	35,1	100	287 968	5 759	292 947	172,0	148,9
51	57 849	2 269	57 242	126,1	36,6	101	294 965	5 841	300 127	172,9	152,1
52	60 571	2 330	60 012	127,0	38,1	102	302 065	5 923	307 412	173,8	155,2
53	63 367	2 391	62 858	128,0	39,6	103	309 267	6 005	314 803	174,8	158,4
54	66 235	2 453	65 780	128,9	41,1	104	316 573	6 088	322 300	175,7	161,6
55	69 178	2 516	68 779	129,8	42,7	105	323 983	6 171	329 904	176,6	164,9
56	72 196	2 578	71 856	130,8	44,4	106	331 497	6 255	337 616	177,6	168,2
57	75 289	2 642	75 010	131,7	46,0	107	339 117	6 339	345 435	178,5	171,5
58	78 457	2 705	78 243	132,6	47,7	108	346 843	6 423	353 363	179,4	174,9
59	81 702	2 770	81 555	133,6	49,5	109	354 675	6 508	361 400	180,4	178,2
60	85 024	2 834	84 947	134,5	51,2	110	362 614	6 593	369 547	181,3	181,7
61	88 424	2 899	88 419	135,5	53,0	111	370 661	6 679	377 804	182,3	185,1
62	91 902	2 965	91 972	136,4	54,9	112	378 815	6 765	386 172	183,2	188,6
63	95 459	3 030	95 607	137,3	56,7	113	387 079	6 851	394 652	184,1	192,1
64	99 095	3 097	99 324	138,3	58,6	114	395 452	6 938	403 244	185,1	195,7
65	102 811	3 163	103 124	139,2	60,5	115	403 936	7 025	411 949	186,0	199,3
66	106 608	3 231	107 008	140,1	62,5	116	412 530	7 113	420 768	186,9	202,9
67	110 486	3 298	110 975	141,1	64,5	117	421 235	7 201	429 700	187,9	206,6
68	114 446	3 366	115 027	142,0	66,5	118	430 052	7 289	438 747	188,8	210,2
69	118 489	3 434	119 164	142,9	68,6	119	438 981	7 378	447 909	189,7	214,0
70	122 614	3 503	123 387	143,9	70,7	120	448 024	7 467	457 187	190,7	217,7
71	126 823	3 572	127 696	144,8	72,8	121	457 180	7 557	466 581	191,6	221,5
72	131 117	3 642	132 092	145,8	75,0	122	466 450	7 647	476 092	192,6	225,3
73	135 495	3 712	136 576	146,7	77,2	123	475 835	7 737	485 721	193,5	229,2
74	139 958	3 783	141 148	147,6	79,4	124	485 336	7 828	495 468	194,4	233,1
75	144 508	3 854	145 809	148,6	81,7	125	494 953	7 919	505 334	195,4	237,0
76	149 144	3 925	150 560	149,5	83,9	126	504 686	8 011	515 320	196,3	241,0
77	153 868	3 997	155 400	150,4	86,3	127	514 537	8 103	525 425	197,2	245,0
78	158 679	4 069	160 331	151,4	88,6	128	524 505	8 195	535 651	198,2	249,0
79	163 579	4 141	165 353	152,3	91,0	129	534 592	8 288	545 998	199,1	253,0
80	168 568	4 214	170 467	153,2	93,4	130	544 798	8 382	556 467	200,0	257,1

Neutr. Aₓₓ Trägheitsmoment für { h = 30 = 2574,8 cm⁴ ; h = 80 = 2582,0 cm⁴

Neutr. Aₓₓ Trägheitsmoment für { h = 80 = 2582,0 cm⁴ ; h = 130 = 2589,2 cm⁴

∟ 11,0 · 11,0 · 1,2 cm

Nietstärke 2,6 cm; Stehblechdicke 1,2 cm

Träger-Höhe h cm	e=6,10 cm Trägheitsmoment cm⁴	Widerstandsm. cm³	Trägheitsmoment cm⁴	Gewicht für den lfd. m ohne Nietköpfe kg	Widerstandsm. cm³
30	16 264	1 084	15 168	106,4	12,2
31	17 576	1 134	16 468	107,4	13,0
32	18 947	1 184	17 831	108,3	13,9
33	20 377	1 235	19 256	109,2	14,7
34	21 868	1 286	20 745	110,2	15,6
35	23 420	1 338	22 298	111,1	16,5
36	25 034	1 391	23 916	112,1	17,5
37	26 710	1 444	25 598	113,0	18,5
38	28 448	1 497	27 347	113,9	19,5
39	30 250	1 551	29 162	114,9	20,5
40	32 116	1 606	31 045	115,8	21,6
41	34 046	1 661	32 995	116,7	22,7
42	36 042	1 716	35 013	117,7	23,9
43	38 103	1 772	37 100	118,6	25,1
44	40 231	1 829	39 257	119,5	26,3
45	42 425	1 886	41 484	120,5	27,5
46	44 687	1 943	43 781	121,4	28,8
47	47 018	2 001	46 150	122,4	30,1
48	49 417	2 059	48 590	123,3	31,4
49	51 885	2 118	51 103	124,2	32,8
50	54 423	2 177	53 689	125,2	34,2
51	57 032	2 237	56 349	126,1	35,7
52	59 713	2 297	59 083	127,0	37,1
53	62 464	2 357	61 892	128,0	38,6
54	65 289	2 418	64 777	128,9	40,2
55	68 186	2 479	67 737	129,8	41,7
56	71 157	2 541	70 774	130,8	43,3
57	74 201	2 604	73 889	131,7	45,0
58	77 321	2 666	77 081	132,6	46,6
59	80 516	2 729	80 352	133,6	48,4
60	83 787	2 793	83 702	134,5	50,1
61	87 135	2 857	87 132	135,5	51,9
62	90 559	2 921	90 642	136,4	53,7
63	94 062	2 986	94 232	137,3	55,5
64	97 643	3 051	97 905	138,3	57,4
65	101 302	3 117	101 659	139,2	59,3
66	105 042	3 183	105 496	140,1	61,2
67	108 861	3 250	109 416	141,1	63,2
68	112 762	3 317	113 420	142,0	65,2
69	116 743	3 384	117 509	142,9	67,2
70	120 807	3 452	121 683	143,9	69,2
71	124 953	3 520	125 942	144,8	71,3
72	129 182	3 588	130 288	145,8	73,5
73	133 495	3 657	134 720	146,7	75,6
74	137 893	3 727	139 240	147,6	77,8
75	142 375	3 797	143 848	148,6	80,1
76	146 943	3 867	148 545	149,5	82,3
77	151 597	3 938	153 331	150,4	84,6
78	156 338	4 009	158 207	151,4	87,0
79	161 166	4 080	163 174	152,3	89,3
80	166 083	4 152	168 231	153,2	91,7

Träger-Höhe h cm	e=6,10 cm Trägheitsmoment cm⁴	Widerstandsm. cm³	Trägheitsmoment cm⁴	Gewicht für den lfd. m ohne Nietköpfe kg	Widerstandsm. cm³
80	166 083	4 152	168 231	153,2	91,7
81	171 087	4 224	173 381	154,2	94,1
82	176 181	4 297	178 622	155,1	96,6
83	181 365	4 370	183 956	156,0	99,1
84	186 639	4 444	189 384	157,0	101,6
85	192 004	4 518	194 906	157,9	104,2
86	197 460	4 592	200 523	158,9	106,8
87	203 009	4 667	206 235	159,8	109,4
88	208 651	4 742	212 042	160,7	112,1
89	214 385	4 818	217 947	161,7	114,8
90	220 214	4 894	223 948	162,6	117,5
91	226 138	4 970	230 047	163,5	120,3
92	232 156	5 047	236 244	164,5	123,1
93	238 270	5 124	242 540	165,4	125,9
94	244 481	5 202	248 936	166,3	128,8
95	250 789	5 280	255 432	167,3	131,6
96	257 194	5 358	262 028	168,2	134,6
97	263 697	5 437	268 726	169,2	137,5
98	270 299	5 516	275 525	170,1	140,5
99	277 000	5 596	282 427	171,0	143,6
100	283 802	5 676	289 433	172,0	146,6
101	290 704	5 757	296 541	172,9	149,7
102	297 707	5 837	303 754	173,8	152,8
103	304 812	5 919	311 072	174,8	156,0
104	312 019	6 000	318 496	175,7	159,2
105	319 329	6 082	326 025	176,6	162,4
106	326 743	6 165	333 662	177,6	165,7
107	334 261	6 248	341 405	178,5	169,0
108	341 884	6 331	349 256	179,4	172,3
109	349 612	6 415	357 216	180,4	175,7
110	357 446	6 499	365 285	181,3	179,1
111	365 386	6 584	373 464	182,3	182,5
112	373 434	6 668	381 753	183,2	185,9
113	381 589	6 754	390 152	184,1	189,4
114	389 853	6 840	398 664	185,1	193,0
115	398 226	6 926	407 287	186,0	196,5
116	406 708	7 012	416 023	186,9	200,1
117	415 301	7 099	424 872	187,9	203,7
118	424 004	7 187	433 836	188,8	207,4
119	432 819	7 274	442 913	189,7	211,1
120	441 745	7 362	452 106	190,7	214,8
121	450 784	7 451	461 414	191,6	218,6
122	459 937	7 540	470 839	192,6	222,4
123	469 203	7 629	480 381	193,5	226,2
124	478 583	7 719	490 040	194,4	230,1
125	488 079	7 809	499 817	195,4	233,9
126	497 690	7 900	509 712	196,3	237,9
127	507 417	7 991	519 728	197,2	241,8
128	517 260	8 082	529 863	198,2	245,8
129	527 222	8 174	540 118	199,1	249,8
130	537 301	8 266	550 495	200,0	253,9

Neutr. — Axe Trägheitsmoment für { h = 30 = 2574,8 cm⁴ ; h = 80 = 2582,0 cm⁴ }

Neutr. — Axe Trägheitsmoment für { h = 80 = 2582,0 cm⁴ ; h = 130 = 2589,2 cm⁴ }

∟ 12,0 · 12,0 · 1,1 cm

Nietstärke 2,3 cm; Stehblechdicke 1,0 cm

Träger-Höhe h cm	e=6,55 cm Trägheitsmoment cm⁴	Widerstandsm. cm³	Trägheitsmoment cm⁴	Gewicht für den lfd. m ohne Nietköpfe kg	Widerstandsm. cm³	Träger-Höhe h cm	e=6,55 cm Trägheitsmoment cm⁴	Widerstandsm. cm³	Trägheitsmoment cm⁴	Gewicht für den lfd. m ohne Nietköpfe kg	Widerstandsm. cm³
30	15 572	1 038	15 065	104,3	12,8	80	162 505	4 063	163 231	147,2	93,8
31	16 925	1 092	16 343	105,2	13,6	81	167 342	4 132	168 162	148,1	96,2
32	18 336	1 146	17 681	106,0	14,5	82	172 262	4 202	173 179	148,9	98,7
33	19 807	1 200	19 080	106,9	15,4	83	177 266	4 271	178 282	149,8	101,3
34	21 337	1 255	20 541	107,8	16,3	84	182 354	4 342	183 471	150,7	103,8
35	22 927	1 310	22 065	108,6	17,3	85	187 528	4 412	188 748	151,5	106,4
36	24 577	1 365	23 651	109,5	18,2	86	192 787	4 483	194 113	152,4	109,0
37	26 289	1 421	25 301	110,3	19,3	87	198 132	4 555	199 566	153,2	111,7
38	28 062	1 477	27 014	111,2	20,3	88	203 563	4 626	205 108	154,1	114,4
39	29 897	1 533	28 792	112,1	21,4	89	209 082	4 698	210 739	155,0	117,1
40	31 795	1 590	30 635	112,9	22,5	90	214 688	4 771	216 461	155,8	119,9
41	33 700	1 644	32 542	113,8	23,6	91	220 382	4 844	222 272	156,7	122,7
42	35 669	1 699	34 516	114,6	24,8	92	226 165	4 917	228 174	157,5	125,5
43	37 703	1 754	36 556	115,5	26,0	93	232 037	4 990	234 168	158,4	128,4
44	39 800	1 809	38 663	116,3	27,3	94	237 998	5 064	240 253	159,2	131,2
45	41 963	1 865	40 837	117,2	28,5	95	244 049	5 138	246 431	160,1	134,2
46	44 191	1 921	43 079	118,1	29,8	96	250 191	5 212	252 701	161,0	137,1
47	46 485	1 978	45 390	118,9	31,2	97	256 423	5 287	259 065	161,8	140,1
48	48 846	2 035	47 769	119,8	32,5	98	262 748	5 362	265 523	162,7	143,1
49	51 274	2 093	50 217	120,6	34,0	99	269 164	5 438	272 075	163,5	146,2
50	53 769	2 151	52 736	121,5	35,4	100	275 673	5 513	278 722	164,4	149,3
51	56 333	2 209	55 324	122,4	36,9	101	282 275	5 590	285 464	165,3	152,4
52	58 964	2 268	57 984	123,2	38,4	102	288 970	5 666	292 302	166,1	155,6
53	61 665	2 327	60 715	124,1	39,9	103	295 759	5 743	299 236	167,0	158,8
54	64 436	2 387	63 517	124,9	41,5	104	302 643	5 820	306 267	167,8	162,0
55	67 276	2 446	66 392	125,8	43,1	105	309 622	5 898	313 396	168,7	165,2
56	70 187	2 507	69 340	126,6	44,7	106	316 697	5 975	320 622	169,5	168,5
57	73 169	2 567	72 361	127,5	46,4	107	323 867	6 054	327 946	170,4	171,9
58	76 223	2 628	75 456	128,4	48,1	108	331 134	6 132	335 370	171,3	175,2
59	79 348	2 690	78 625	129,2	49,8	109	338 498	6 211	342 892	172,1	178,6
60	82 546	2 752	81 869	130,1	51,6	110	345 960	6 290	350 515	173,0	182,0
61	85 817	2 814	85 188	130,9	53,4	111	353 519	6 370	358 238	173,8	185,5
62	89 162	2 876	88 583	131,8	55,2	112	361 177	6 450	366 061	174,7	189,0
63	92 580	2 939	92 055	132,6	57,1	113	368 934	6 530	373 986	175,5	192,5
64	96 073	3 002	95 603	133,5	58,9	114	376 791	6 610	382 013	176,4	196,1
65	99 641	3 066	99 229	134,4	60,9	115	384 747	6 691	390 142	177,3	199,6
66	103 285	3 130	102 932	135,2	62,8	116	392 805	6 772	398 374	178,1	203,3
67	107 005	3 194	106 714	136,1	64,8	117	400 963	6 854	406 710	179,0	206,9
68	110 801	3 259	110 575	136,9	66,9	118	409 222	6 936	415 149	179,8	210,6
69	114 674	3 324	114 514	137,8	68,9	119	417 584	7 018	423 692	180,7	214,3
70	118 625	3 389	118 534	138,7	71,0	120	426 048	7 101	432 340	181,6	218,1
71	122 653	3 455	122 634	139,5	73,1	121	434 616	7 184	441 094	182,4	221,9
72	126 761	3 521	126 815	140,4	75,3	122	443 286	7 267	449 953	183,3	225,7
73	130 947	3 588	131 077	141,2	77,5	123	452 061	7 351	458 919	184,1	229,6
74	135 213	3 654	135 421	142,1	79,7	124	460 940	7 435	467 991	185,0	233,5
75	139 559	3 722	139 848	142,9	82,0	125	469 925	7 519	477 171	185,8	237,4
76	143 985	3 789	144 357	143,8	84,3	126	479 014	7 603	486 459	186,7	241,3
77	148 492	3 857	148 949	144,7	86,6	127	488 210	7 688	495 855	187,6	245,3
78	153 081	3 925	153 625	145,5	89,0	128	497 513	7 774	505 359	188,4	249,3
79	157 752	3 994	158 386	146,4	91,4	129	506 922	7 859	514 974	189,3	253,4
80	162 505	4 063	163 231	147,2	93,8	130	516 439	7 945	524 697	190,1	257,5

Neutr. Axe Trägheitsmoment für $\begin{cases} h = 30 = 2924,6 \text{ cm}^4 \\ h = 80 = 2928,8 \text{ cm}^4 \end{cases}$

Neutr. Axe Trägheitsmoment für $\begin{cases} h = 80 = 2928,8 \text{ cm}^4 \\ h = 130 = 2932,9 \text{ cm}^4 \end{cases}$

L 12,0 · 12,0 · 1,8 cm

Nietstärke 2,6 cm; Stehblechdicke 1,2 cm

Träger-Höhe h cm	e = 6,65 cm Trägheitsmoment cm⁴	Widerstandsm. cm³	Trägheitsmoment cm⁴	Gewicht für den lfd. m ohne Nietköpfe kg	Widerstandsm. cm³
40	36 687	1 834	35 156	129,5	22,0
41	38 890	1 897	37 363	130,4	23,1
42	41 167	1 960	39 646	131,4	24,3
43	43 518	2 024	42 008	132,3	25,5
44	45 944	2 088	44 447	133,3	26,7
45	48 446	2 153	46 965	134,2	27,9
46	51 024	2 218	49 562	135,1	29,2
47	53 678	2 284	52 239	136,1	30,5
48	56 410	2 350	54 996	137,0	31,9
49	59 220	2 417	57 835	137,9	33,2
50	62 108	2 484	60 755	138,9	34,7
51	65 076	2 552	63 757	139,8	36,1
52	68 123	2 620	66 843	140,7	37,6
53	71 251	2 689	70 012	141,7	39,1
54	74 459	2 758	73 264	142,6	40,6
55	77 749	2 827	76 602	143,6	42,2
56	81 122	2 897	80 025	144,5	43,8
57	84 577	2 968	83 533	145,4	45,5
58	88 115	3 038	87 128	146,4	47,1
59	91 737	3 110	90 810	147,3	48,8
60	95 444	3 181	94 580	148,2	50,5
61	99 236	3 254	98 438	149,2	52,3
62	103 113	3 326	102 385	150,1	54,1
63	107 077	3 399	106 422	151,0	55,9
64	111 128	3 473	110 548	152,0	57,8
65	115 267	3 547	114 765	152,9	59,7
66	119 493	3 621	119 073	153,8	61,6
67	123 809	3 696	123 474	154,8	63,6
68	128 213	3 771	127 966	155,7	65,6
69	132 708	3 847	132 552	156,7	67,6
70	137 293	3 923	137 231	157,6	69,7
71	141 970	3 999	142 005	158,5	71,8
72	146 738	4 076	146 874	159,5	73,9
73	151 598	4 153	151 838	160,4	76,1
74	156 551	4 231	156 898	161,3	78,3
75	161 598	4 309	162 054	162,3	80,5
76	166 739	4 388	167 308	163,2	82,8
77	171 975	4 467	172 660	164,1	85,1
78	177 306	4 546	178 110	165,1	87,4
79	182 733	4 626	183 660	166,0	89,8
80	188 257	4 706	189 309	167,0	92,2
81	193 877	4 787	195 058	167,9	94,6
82	199 596	4 868	200 908	168,8	97,1
83	205 413	4 950	206 860	169,8	99,6
84	211 328	5 032	212 913	170,7	102,1
85	217 344	5 114	219 070	171,6	104,7
86	223 459	5 197	225 329	172,6	107,3
87	229 675	5 280	231 693	173,5	109,9
88	235 993	5 363	238 160	174,4	112,6
89	242 412	5 447	244 733	175,4	115,3
90	248 934	5 532	251 412	176,3	118,0

Träger-Höhe h cm	e = 6,65 cm Trägheitsmoment cm⁴	Widerstandsm. cm³	Trägheitsmoment cm⁴	Gewicht für den lfd. m ohne Nietköpfe kg	Widerstandsm. cm³
90	248 934	5 532	251 412	176,3	118,0
91	255 559	5 617	258 197	177,2	120,8
92	262 288	5 702	265 088	178,2	123,6
93	269 121	5 788	272 088	179,1	126,4
94	276 059	5 874	279 195	180,1	129,2
95	283 103	5 960	286 411	181,0	132,1
96	290 253	6 047	293 736	181,9	135,1
97	297 509	6 134	301 171	182,9	138,0
98	304 873	6 222	308 716	183,8	141,0
99	312 345	6 310	316 373	184,7	144,0
100	319 925	6 399	324 141	185,7	147,1
101	327 615	6 487	332 022	186,6	150,2
102	335 414	6 577	340 015	187,5	153,3
103	343 324	6 666	348 122	188,5	156,5
104	351 344	6 757	356 342	189,4	159,7
105	359 476	6 847	364 678	190,4	162,9
106	367 721	6 938	373 129	191,3	166,2
107	376 077	7 029	381 695	192,2	169,5
108	384 548	7 121	390 378	193,2	172,8
109	393 132	7 213	399 179	194,1	176,2
110	401 831	7 306	408 096	195,0	179,6
111	410 645	7 399	417 132	196,0	183,0
112	419 574	7 492	426 287	196,9	186,4
113	428 620	7 586	435 562	197,8	189,9
114	437 783	7 680	444 956	198,8	193,5
115	447 064	7 775	454 471	199,7	197,0
116	456 462	7 870	464 108	200,6	200,6
117	465 980	7 965	473 866	201,6	204,2
118	475 616	8 061	483 746	202,5	207,9
119	485 373	8 158	493 750	203,5	211,6
120	495 250	8 254	503 878	204,4	215,3
121	505 248	8 351	514 129	205,3	219,1
122	515 368	8 449	524 506	206,3	222,9
123	525 611	8 547	535 008	207,2	226,7
124	535 976	8 645	545 636	208,1	230,6
125	546 465	8 743	556 390	209,1	234,5
126	557 078	8 843	567 272	210,0	238,4
127	567 816	8 942	578 282	210,9	242,3
128	578 679	9 042	589 420	211,9	246,3
129	589 668	9 142	600 688	212,8	250,4
130	600 784	9 243	612 085	213,8	254,4
131	612 026	9 344	623 612	214,7	258,5
132	623 397	9 445	635 270	215,6	262,6
133	634 895	9 547	647 060	216,6	266,8
134	646 523	9 650	658 981	217,5	271,0
135	658 280	9 752	671 036	218,4	275,2
136	670 168	9 855	683 223	219,4	279,5
137	682 186	9 959	695 545	220,3	283,8
138	694 335	10 063	708 000	221,2	288,1
139	706 617	10 167	720 591	222,2	292,5
140	719 031	10 272	733 318	223,1	296,9

Neutr. Axe Trägheitsmoment für $\begin{cases} h = 40 = 3567,5 \text{ cm}^4 \\ h = 90 = 3574,7 \text{ cm}^4 \end{cases}$

Neutr. Axe Trägheitsmoment für $\begin{cases} h = 90 = 3574,7 \text{ cm}^4 \\ h = 140 = 3581,9 \text{ cm}^4 \end{cases}$

∟ 13,0 · 13,0 · 1,2 cm

Nietstärke 2,3 cm; Stehblechdicke 1,2 cm

Träger-Höhe h cm	$e=7{,}10$ cm Trägheitsmoment cm⁴	Widerstandsm. cm³	Trägheitsmoment cm⁴	Gewicht für den lfd. m ohne Nietköpfe kg	Widerstandsm. cm³	Träger-Höhe h cm	$e=7{,}10$ cm Trägheitsmoment cm⁴	Widerstandsm. cm³	Trägheitsmoment cm⁴	Gewicht für den lfd. m ohne Nietköpfe kg	Widerstandsm. cm³
40	37 212	1 861	35 819	131,0	22,8	90	254 142	5 648	256 171	177,8	120,3
41	39 457	1 925	38 065	131,9	24,0	91	260 914	5 734	263 082	178,7	123,1
42	41 778	1 989	40 390	132,8	25,2	92	267 792	5 822	270 102	179,6	125,9
43	44 176	2 055	42 794	133,8	26,4	93	274 777	5 909	277 231	180,6	128,8
44	46 651	2 120	45 277	134,7	27,6	94	281 868	5 997	284 469	181,5	131,7
45	49 203	2 187	47 841	135,6	28,9	95	289 068	6 086	291 818	182,4	134,6
46	51 833	2 254	50 487	136,6	30,2	96	296 375	6 174	299 279	183,4	137,6
47	54 543	2 321	53 213	137,5	31,5	97	303 791	6 264	306 850	184,3	140,6
48	57 332	2 389	56 022	138,4	32,9	98	311 317	6 353	314 534	185,2	143,6
49	60 200	2 457	58 914	139,4	34,3	99	318 953	6 443	322 331	186,2	146,6
50	63 150	2 526	61 889	140,3	35,8	100	326 699	6 534	330 241	187,1	149,7
51	66 181	2 595	64 948	141,3	37,2	101	334 557	6 625	338 265	188,1	152,9
52	69 293	2 665	68 092	142,2	38,7	102	342 527	6 716	346 404	189,0	156,0
53	72 488	2 735	71 321	143,1	40,3	103	350 609	6 808	354 658	189,9	159,2
54	75 766	2 806	74 636	144,1	41,8	104	358 804	6 900	363 028	190,9	162,4
55	79 128	2 877	78 037	145,0	43,4	105	367 112	6 993	371 514	191,8	165,7
56	82 574	2 949	81 525	145,9	45,1	106	375 535	7 086	380 117	192,7	169,0
57	86 105	3 021	85 101	146,9	46,8	107	384 073	7 179	388 838	193,7	172,3
58	89 721	3 094	88 765	147,8	48,5	108	392 726	7 273	397 677	194,6	175,7
59	93 423	3 167	92 517	148,7	50,2	109	401 496	7 367	406 634	195,5	179,0
60	97 212	3 240	96 359	149,7	52,0	110	410 381	7 461	415 711	196,5	182,5
61	101 088	3 314	100 292	150,6	53,8	111	419 385	7 556	424 909	197,4	185,9
62	105 052	3 389	104 314	151,6	55,6	112	428 505	7 652	434 226	198,4	189,4
63	109 104	3 464	108 428	152,5	57,4	113	437 745	7 748	443 665	199,3	192,9
64	113 246	3 539	112 634	153,4	59,3	114	447 103	7 844	453 226	200,2	196,5
65	117 477	3 615	116 932	154,4	61,3	115	456 581	7 941	462 909	201,2	200,1
66	121 798	3 691	121 323	155,3	63,2	116	466 180	8 038	472 715	202,1	203,7
67	126 210	3 767	125 808	156,2	65,2	117	475 899	8 135	482 645	203,0	207,4
68	130 714	3 845	130 387	157,2	67,3	118	485 739	8 233	492 699	204,0	211,1
69	135 309	3 922	135 061	158,1	69,3	119	495 702	8 331	502 878	204,9	214,8
70	139 998	4 000	139 830	159,0	71,4	120	505 787	8 430	513 182	205,8	218,5
71	144 779	4 078	144 695	160,0	73,6	121	515 996	8 529	523 612	206,8	222,3
72	149 655	4 157	149 657	160,9	75,7	122	526 328	8 628	534 169	207,7	226,2
73	154 624	4 236	154 716	161,8	77,9	123	536 785	8 728	544 853	208,6	230,0
74	159 689	4 316	159 872	162,8	80,1	124	547 367	8 828	555 664	209,6	233,9
75	164 850	4 396	165 128	163,7	82,4	125	558 074	8 929	566 605	210,5	237,8
76	170 106	4 476	170 482	164,7	84,7	126	568 908	9 030	577 674	211,5	241,8
77	175 460	4 557	175 935	165,6	87,0	127	579 869	9 132	588 872	212,4	245,8
78	180 911	4 639	181 489	166,5	89,4	128	590 957	9 234	600 201	213,3	249,8
79	186 460	4 721	187 144	167,5	91,8	129	602 173	9 336	611 661	214,3	253,8
80	192 108	4 803	192 900	168,4	94,2	130	613 517	9 439	623 252	215,2	257,9
81	197 855	4 885	198 758	169,3	96,7	131	624 991	9 542	634 975	216,1	262,1
82	203 701	4 968	204 719	170,3	99,2	132	636 595	9 645	646 831	217,1	266,2
83	209 649	5 052	210 783	171,2	101,7	133	648 329	9 749	658 820	218,0	270,4
84	215 697	5 136	216 951	172,1	104,3	134	660 194	9 854	670 943	218,9	274,6
85	221 847	5 220	223 223	173,1	106,8	135	672 191	9 958	683 200	219,9	278,9
86	228 099	5 305	229 600	174,0	109,5	136	684 320	10 064	695 592	220,8	283,2
87	234 454	5 390	236 083	175,0	112,1	137	696 582	10 169	708 120	221,8	287,5
88	240 912	5 475	242 672	175,9	114,8	138	708 978	10 275	720 784	222,7	291,9
89	247 475	5 561	249 368	176,8	117,6	139	721 507	10 381	733 585	223,6	296,2
90	254 142	5 648	256 171	177,8	120,3	140	734 171	10 488	746 523	224,6	300,7

Neutr. Axe Trägheitsmoment für $\begin{cases} h = 40 = 4118{,}5 \text{ cm}^4 \\ h = 90 = 4125{,}7 \text{ cm}^4 \end{cases}$ Neutr. Axe Trägheitsmoment für $\begin{cases} h = 90 = 4125{,}7 \text{ cm}^4 \\ h = 140 = 4132{,}9 \text{ cm}^4 \end{cases}$

∟ 13,0 · 13,0 · 1,4 cm

Nietstärke 2,6 cm; Stehblechdicke 1,2 cm

Träger-Höhe h cm	e=7,2 cm Trägheitsmoment cm⁴	Widerstandsm. cm³	Trägheitsmoment cm⁴	Gewicht für den lfd. m ohne Nietköpfe kg	Widerstandsm. cm³
40	41 481	2 074	39 475	144,9	22,4
41	43 973	2 145	41 953	145,8	23,5
42	46 547	2 217	44 518	146,8	24,7
43	49 206	2 289	47 169	147,7	25,8
44	51 948	2 361	49 908	148,6	27,1
45	54 776	2 434	52 735	149,6	28,3
46	57 689	2 508	55 650	150,5	29,6
47	60 688	2 582	58 655	151,4	30,9
48	63 774	2 657	61 749	152,4	32,3
49	66 947	2 733	64 934	153,3	33,6
50	70 208	2 808	68 210	154,3	35,1
51	73 557	2 885	71 577	155,2	36,5
52	76 996	2 961	75 037	156,1	38,0
53	80 524	3 039	78 589	157,1	39,5
54	84 143	3 116	82 235	158,0	41,0
55	87 852	3 195	85 975	158,9	42,6
56	91 653	3 273	89 810	159,9	44,2
57	95 546	3 352	93 739	160,8	45,9
58	99 531	3 432	97 765	161,7	47,5
59	103 610	3 512	101 886	162,7	49,2
60	107 783	3 593	106 105	163,6	51,0
61	112 050	3 674	110 422	164,5	52,8
62	116 412	3 755	114 836	165,5	54,6
63	120 870	3 837	119 350	166,4	56,4
64	125 425	3 920	123 962	167,4	58,3
65	130 076	4 002	128 675	168,3	60,2
66	134 824	4 086	133 489	169,2	62,1
67	139 671	4 169	138 403	170,2	64,1
68	144 616	4 253	143 420	171,1	66,1
69	149 661	4 338	148 539	172,0	68,1
70	154 806	4 423	153 760	173,0	70,2
71	160 051	4 508	159 086	173,9	72,3
72	165 397	4 594	164 515	174,8	74,4
73	170 845	4 681	170 050	175,8	76,6
74	176 395	4 767	175 690	176,7	78,8
75	182 048	4 855	181 435	177,7	81,0
76	187 804	4 942	187 288	178,6	83,3
77	193 665	5 030	193 248	179,5	85,6
78	199 630	5 119	199 315	180,5	87,9
79	205 700	5 208	205 491	181,4	90,3
80	211 877	5 297	211 776	182,3	92,7
81	218 159	5 387	218 170	183,3	95,1
82	224 549	5 477	224 675	184,2	97,6
83	231 047	5 567	231 290	185,1	100,1
84	237 653	5 658	238 017	186,1	102,6
85	244 367	5 750	244 856	187,0	105,2
86	251 192	5 842	251 807	187,9	107,8
87	258 126	5 934	258 872	188,9	110,4
88	265 171	6 027	266 050	189,8	113,1
89	272 327	6 120	273 343	190,8	115,8
90	279 595	6 213	280 751	191,7	118,5

Träger-Höhe h cm	e=7,2 cm Trägheitsmoment cm⁴	Widerstandsm. cm³	Trägheitsmoment cm⁴	Gewicht für den lfd. m ohne Nietköpfe kg	Widerstandsm. cm³
90	279 595	6 213	280 751	191,7	118,5
91	286 976	6 307	288 274	192,6	121,2
92	294 470	6 402	295 914	193,6	124,0
93	302 077	6 496	303 670	194,5	126,9
94	309 799	6 591	311 544	195,4	129,7
95	317 635	6 687	319 536	196,4	132,6
96	325 587	6 783	327 646	197,3	135,6
97	333 656	6 879	335 876	198,2	138,5
98	341 840	6 976	344 225	199,2	141,5
99	350 142	7 074	352 695	200,1	144,5
100	358 562	7 171	361 286	201,1	147,6
101	367 101	7 269	369 998	202,0	150,7
102	375 758	7 368	378 833	202,9	153,8
103	384 535	7 467	387 790	203,9	157,0
104	393 433	7 566	396 871	204,8	160,2
105	402 451	7 666	406 076	205,7	163,4
106	411 591	7 766	415 406	206,7	166,7
107	420 853	7 866	424 860	207,6	170,0
108	430 238	7 967	434 441	208,5	173,3
109	439 745	8 069	444 147	209,5	176,7
110	449 377	8 170	453 981	210,4	180,1
111	459 133	8 273	463 943	211,3	183,5
112	469 015	8 375	474 032	212,3	187,0
113	479 022	8 478	484 251	213,2	190,4
114	489 155	8 582	494 598	214,2	194,0
115	499 415	8 685	505 076	215,1	197,5
116	509 803	8 790	515 685	216,0	201,1
117	520 318	8 894	526 424	217,0	204,8
118	530 963	8 999	537 296	217,9	208,4
119	541 737	9 105	548 300	218,8	212,1
120	552 640	9 211	559 436	219,8	215,8
121	563 674	9 317	570 707	220,7	219,6
122	574 839	9 424	582 111	221,6	223,4
123	586 136	9 531	593 651	222,6	227,2
124	597 565	9 638	605 326	223,5	231,1
125	609 127	9 746	617 136	224,5	235,0
126	620 822	9 854	629 084	225,4	238,9
127	632 652	9 963	641 169	226,3	242,9
128	644 616	10 072	653 391	227,3	246,9
129	656 716	10 182	665 752	228,2	250,9
130	668 951	10 292	678 252	229,1	254,9
131	681 323	10 402	690 891	230,1	259,0
132	693 832	10 513	703 671	231,0	263,2
133	706 478	10 624	716 591	231,9	267,3
134	719 263	10 735	729 653	232,9	271,5
135	732 187	10 847	742 857	233,8	275,7
136	745 250	10 960	756 203	234,7	280,0
137	758 453	11 072	769 693	235,7	284,3
138	771 797	11 185	783 326	236,6	288,6
139	785 283	11 299	797 104	237,6	293,0
140	798 910	11 413	811 027	238,5	297,4

Neutr. Axe Trägheitsmoment für $\begin{cases} h=40=4821,3 \text{ cm}^4 \\ h=90=4828,5 \text{ cm}^4 \end{cases}$

Neutr. Axe Trägheitsmoment für $\begin{cases} h=90=4828,5 \text{ cm}^4 \\ h=140=4835,7 \text{ cm}^4 \end{cases}$

└ 5,0 · 7,5 · 0,7 cm

Nietstärke 1,3 cm; Stehblechdicke 0,8 cm

Träger-Höhe h cm	e = 2,85 cm Trägheitsmoment cm⁴	Widerstandsm. cm³	Trägheitsmoment cm⁴	Gewicht für den lfd. m ohne Nietköpfe kg	Widerstandsm. cm³
10	569	114	517	32,2	1,4
11	709	129	653	32,9	1,7
12	867	144	808	33,5	2,0
13	1 044	161	983	34,1	2,3
14	1 239	177	1 177	34,7	2,6
15	1 454	194	1 392	35,4	3,0
16	1 688	211	1 628	36,0	3,4
17	1 943	229	1 884	36,6	3,8
18	2 218	246	2 162	37,2	4,3
19	2 514	265	2 462	37,9	4,8
20	2 831	283	2 785	38,5	5,3
21	3 169	302	3 130	39,1	5,9
22	3 530	321	3 498	39,7	6,5
23	3 913	340	3 889	40,4	7,1
24	4 320	360	4 305	41,0	7,8
25	4 749	380	4 745	41,6	8,5
26	5 202	400	5 209	42,2	9,2
27	5 679	421	5 699	42,8	10,0
28	6 181	441	6 214	43,5	10,8
29	6 707	463	6 755	44,1	11,6
30	7 259	484	7 322	44,7	12,4
31	7 836	506	7 917	45,3	13,3
32	8 439	527	8 538	46,0	14,3
33	9 069	550	9 186	46,6	15,2
34	9 726	572	9 863	47,2	16,2
35	10 410	595	10 568	47,8	17,2
36	11 122	618	11 301	48,5	18,3
37	11 861	641	12 064	49,1	19,4
38	12 629	665	12 856	49,7	20,5
39	13 426	689	13 678	50,3	21,7
40	14 253	713	14 530	51,0	22,8
41	15 109	737	15 413	51,6	24,1
42	15 995	762	16 327	52,2	25,3
43	16 911	787	17 273	52,8	26,6
44	17 858	812	18 251	53,5	27,9
45	18 837	837	19 260	54,1	29,3
46	19 847	863	20 303	54,7	30,7
47	20 889	889	21 379	55,3	32,1
48	21 964	915	22 488	56,0	33,6
49	23 072	942	23 631	56,6	35,0
50	24 213	969	24 808	57,2	36,6
51	25 387	996	26 020	57,8	38,1
52	26 596	1 023	27 267	58,4	39,7
53	27 839	1 051	28 550	59,1	41,3
54	29 117	1 078	29 868	59,7	43,0
55	30 430	1 107	31 223	60,3	44,7
56	31 779	1 135	32 615	60,9	46,4
57	33 164	1 164	34 043	61,6	48,1
58	34 585	1 193	35 509	62,2	49,9
59	36 043	1 222	37 013	62,8	51,8
60	37 539	1 251	38 556	63,4	53,6

Trägheitsmoment für $\begin{cases} h = 10 = 467,8 \text{ cm}^4 \\ h = 60 = 469,9 \text{ cm}^4 \end{cases}$

└ 5,0 · 7,5 · 0,9 cm

Nietstärke 1,3 cm; Stehblechdicke 1,0 cm

Träger-Höhe h cm	e = 2,95 cm Trägheitsmoment cm⁴	Widerstandsm. cm³	Trägheitsmoment cm⁴	Gewicht für den lfd. m ohne Nietköpfe kg	Widerstandsm. cm³
10	695	139	630	40,6	1,4
11	870	158	798	41,4	1,7
12	1 067	178	991	42,2	2,0
13	1 287	198	1 208	42,9	2,3
14	1 531	219	1 451	43,7	2,7
15	1 800	240	1 718	44,5	3,0
16	2 093	262	2 012	45,3	3,4
17	2 411	284	2 333	46,1	3,9
18	2 755	306	2 680	46,8	4,3
19	3 125	329	3 055	47,6	4,8
20	3 522	352	3 458	48,4	5,4
21	3 947	376	3 890	49,2	5,9
22	4 399	400	4 350	50,0	6,5
23	4 879	424	4 840	50,7	7,2
24	5 388	449	5 361	51,5	7,8
25	5 926	474	5 911	52,3	8,5
26	6 494	500	6 493	53,1	9,2
27	7 092	525	7 106	53,9	10,0
28	7 721	552	7 752	54,6	10,8
29	8 382	578	8 430	55,4	11,6
30	9 074	605	9 141	56,2	12,5
31	9 798	632	9 885	57,0	13,4
32	10 555	660	10 664	57,8	14,3
33	11 345	688	11 477	58,5	15,3
34	12 169	716	12 325	59,3	16,2
35	13 027	744	13 208	60,1	17,3
36	13 920	773	14 128	60,9	18,3
37	14 848	803	15 084	61,7	19,4
38	15 812	832	16 077	62,4	20,5
39	16 812	862	17 108	63,2	21,7
40	17 849	892	18 177	64,0	22,9
41	18 923	923	19 284	64,8	24,1
42	20 035	954	20 431	65,6	25,4
43	21 185	985	21 617	66,3	26,7
44	22 374	1 017	22 843	67,1	28,0
45	23 602	1 049	24 109	67,9	29,3
46	24 869	1 081	25 417	68,7	30,7
47	26 177	1 114	26 766	69,5	32,1
48	27 526	1 147	28 157	70,2	33,6
49	28 916	1 180	29 591	71,0	35,1
50	30 348	1 214	31 068	71,8	36,6
51	31 822	1 248	32 588	72,6	38,2
52	33 339	1 282	34 152	73,4	39,8
53	34 899	1 317	35 761	74,1	41,4
54	36 502	1 352	37 415	74,9	43,0
55	38 150	1 387	39 114	75,7	44,7
56	39 843	1 423	40 860	76,5	46,4
57	41 581	1 459	42 652	77,3	48,2
58	43 365	1 495	44 491	78,0	50,0
59	45 194	1 532	46 377	78,8	51,8
60	47 071	1 569	48 312	79,6	53,7

Trägheitsmoment für $\begin{cases} h = 10 = 629,4 \text{ cm}^4 \\ h = 60 = 633,6 \text{ cm}^4 \end{cases}$

L 6,5 · 10,0 · 0,9 cm

Nietstärke 2,0 cm; Stehblechdicke 1,0 cm

Träger-Höhe h cm	$e=3{,}70$ cm Trägheitsmoment cm⁴	Widerstandsm. cm³	Trägheitsmoment cm⁴	Gewicht für den lfd. m ohne Nietköpfe kg	Widerstandsm. cm³
13	1 622	250	1 450	54,3	2,3
14	1 922	275	1 738	55,1	2,6
15	2 251	300	2 058	55,9	2,9
16	2 610	326	2 410	56,6	3,3
17	3 000	353	2 795	57,4	3,7
18	3 421	380	3 212	58,2	4,1
19	3 873	408	3 663	59,0	4,6
20	4 357	436	4 148	59,8	5,1
21	4 874	464	4 667	60,5	5,6
22	5 423	493	5 222	61,3	6,1
23	6 006	522	5 812	62,1	6,7
24	6 623	552	6 437	62,9	7,3
25	7 275	582	7 100	63,7	7,9
26	7 961	612	7 800	64,4	8,6
27	8 683	643	8 536	65,2	9,3
28	9 441	674	9 310	66,0	10,0
29	10 235	706	10 124	66,8	10,8
30	11 067	738	10 976	67,6	11,6
31	11 936	770	11 868	68,3	12,4
32	12 842	803	12 799	69,1	13,3
33	13 788	836	13 771	69,9	14,2
34	14 772	869	14 784	70,7	15,1
35	15 796	903	15 839	71,5	16,1
36	16 860	937	16 936	72,2	17,0
37	17 964	971	18 075	73,0	18,1
38	19 109	1 006	19 257	73,8	19,1
39	20 296	1 041	20 482	74,6	20,2
40	21 525	1 076	21 752	75,4	21,3
41	22 796	1 112	23 066	76,1	22,5
42	24 110	1 148	24 425	76,9	23,7
43	25 468	1 185	25 829	77,7	24,9
44	26 869	1 221	27 279	78,5	26,2
45	28 315	1 258	28 776	79,3	27,5
46	29 806	1 296	30 320	80,0	28,8
47	31 343	1 334	31 912	80,8	30,1
48	32 925	1 372	33 551	81,6	31,5
49	34 554	1 410	35 239	82,4	32,9
50	36 230	1 449	36 976	83,2	34,4
51	37 954	1 488	38 762	83,9	35,9
52	39 725	1 528	40 598	84,7	37,4
53	41 545	1 568	42 485	85,5	39,0
54	43 414	1 608	44 422	86,3	40,5
55	45 333	1 648	46 412	87,1	42,2
56	47 301	1 689	48 453	87,8	43,8
57	49 320	1 731	50 546	88,6	45,5
58	51 390	1 772	52 693	89,4	47,2
59	53 511	1 814	54 893	90,2	49,0
60	55 684	1 856	57 147	91,0	50,8

Trägheitsmoment für $\begin{cases} h=13=1409{,}6 \text{ cm}^4 \\ h=60=1413{,}6 \text{ cm}^4 \end{cases}$

L 6,5 · 10,0 · 1,1 cm

Nietstärke 2,0 cm; Stehblechdicke 1,0 cm

Träger-Höhe h cm	$e=3{,}80$ cm Trägheitsmoment cm⁴	Widerstandsm. cm³	Trägheitsmoment cm⁴	Gewicht für den lfd. m ohne Nietköpfe kg	Widerstandsm. cm³
13	1 879	289	1 664	63,4	2,3
14	2 229	318	1 998	64,1	2,6
15	2 615	349	2 368	64,9	3,0
16	3 035	379	2 775	65,7	3,4
17	3 490	411	3 220	66,5	3,8
18	3 982	442	3 703	67,2	4,2
19	4 510	475	4 224	68,0	4,6
20	5 075	508	4 785	68,8	5,1
21	5 678	541	5 385	69,6	5,6
22	6 318	574	6 024	70,4	6,1
23	6 997	608	6 705	71,1	6,7
24	7 715	643	7 426	71,9	7,3
25	8 473	678	8 188	72,7	8,0
26	9 270	713	8 993	73,5	8,6
27	10 108	749	9 840	74,3	9,3
28	10 987	785	10 730	75,0	10,1
29	11 908	821	11 664	75,8	10,8
30	12 870	858	12 642	76,6	11,6
31	13 875	895	13 664	77,4	12,5
32	14 923	933	14 731	78,2	13,3
33	16 014	971	15 843	78,9	14,2
34	17 149	1 009	17 002	79,7	15,2
35	18 329	1 047	18 207	80,5	16,1
36	19 554	1 086	19 459	81,3	17,1
37	20 824	1 126	20 758	82,1	18,1
38	22 140	1 165	22 106	82,8	19,2
39	23 503	1 205	23 502	83,6	20,3
40	24 913	1 246	24 946	84,4	21,4
41	26 370	1 286	26 441	85,2	22,6
42	27 875	1 327	27 985	86,0	23,8
43	29 429	1 369	29 580	86,7	25,0
44	31 031	1 411	31 226	87,5	26,2
45	32 684	1 453	32 923	88,3	27,5
46	34 386	1 495	34 672	89,1	28,8
47	36 138	1 538	36 474	89,9	30,2
48	37 942	1 581	38 329	90,6	31,6
49	39 797	1 624	40 237	91,4	33,0
50	41 704	1 668	42 199	92,2	34,5
51	43 663	1 712	44 216	93,0	36,0
52	45 676	1 757	46 288	93,8	37,5
53	47 742	1 802	48 415	94,5	39,0
54	49 862	1 847	50 598	95,3	40,6
55	52 036	1 892	52 837	96,1	42,2
56	54 265	1 938	55 134	96,9	43,9
57	56 550	1 984	57 488	97,7	45,6
58	58 891	2 031	59 900	98,4	47,3
59	61 288	2 078	62 371	99,2	49,1
60	63 743	2 125	64 900	100,0	50,8

Trägheitsmoment für $\begin{cases} h=13=1727{,}3 \text{ cm}^4 \\ h=60=1731{,}3 \text{ cm}^4 \end{cases}$

∟ 12,0 · 8,0 · 1,0 cm

Nietstärke 2,0 cm; Stehblechdicke 1,0 cm

Träger-Höhe h cm	$e=4{,}5$ cm Trägheitsmoment cm⁴	Widerstandsm. cm³	Trägheitsmoment cm⁴	Gewicht für den lfd. m ohne Nietköpfe kg	Widerstandsm. cm³
30	14 220	948	13 865	82,7	12,1
31	15 333	989	14 988	83,5	12,9
32	16 493	1 031	16 161	84,2	13,7
33	17 701	1 073	17 384	85,0	14,6
34	18 958	1 115	18 658	85,8	15,6
35	20 263	1 158	19 983	86,6	16,5
36	21 618	1 201	21 359	87,4	17,5
37	23 023	1 245	22 787	88,1	18,6
38	24 479	1 288	24 267	88,9	19,6
39	25 986	1 333	25 801	89,7	20,7
40	27 544	1 377	27 388	90,5	21,9
41	29 154	1 422	29 029	91,3	23,0
42	30 816	1 467	30 725	92,0	24,2
43	32 532	1 513	32 475	92,8	25,4
44	34 301	1 559	34 281	93,6	26,7
45	36 124	1 606	36 143	94,4	28,0
46	38 002	1 652	38 062	95,2	29,3
47	39 934	1 699	40 038	95,9	30,7
48	41 922	1 747	42 071	96,7	32,1
49	43 966	1 795	44 162	97,5	33,5
50	46 067	1 843	46 311	98,3	34,9
51	48 225	1 891	48 520	99,1	36,4
52	50 440	1 940	50 788	99,8	37,9
53	52 713	1 989	53 116	100,6	39,5
54	55 044	2 039	55 505	101,4	41,1
55	57 435	2 089	57 954	102,2	42,7
56	59 885	2 139	60 465	103,0	44,4
57	62 395	2 189	63 038	103,7	46,1
58	64 966	2 240	65 674	104,5	47,8
59	67 597	2 291	68 373	105,3	49,5
60	70 290	2 343	71 135	106,1	51,3
61	73 045	2 395	73 961	106,9	53,1
62	75 863	2 447	76 851	107,6	55,0
63	78 744	2 500	79 807	108,4	56,9
64	81 688	2 553	82 828	109,2	58,8
65	84 696	2 606	85 915	110,0	60,8
66	87 768	2 660	89 069	110,8	62,7
67	90 906	2 714	92 289	111,5	64,8
68	94 109	2 768	95 577	112,3	66,8
69	97 378	2 823	98 933	113,1	68,9
70	100 714	2 878	102 358	113,9	71,0
71	104 116	2 933	105 852	114,7	73,2
72	107 586	2 989	109 415	115,4	75,4
73	111 124	3 045	113 048	116,2	77,6
74	114 731	3 101	116 751	117,0	79,8
75	118 407	3 158	120 526	117,8	82,1
76	122 152	3 215	124 372	118,6	84,4
77	125 967	3 272	128 290	119,3	86,8
78	129 852	3 330	132 281	120,1	89,2
79	133 809	3 388	136 344	120,9	91,6
80	137 837	3 446	140 481	121,7	94,1

Träger-Höhe h cm	$e=4{,}5$ cm Trägheitsmoment cm⁴	Widerstandsm. cm³	Trägheitsmoment cm⁴	Gewicht für den lfd. m ohne Nietköpfe kg	Widerstandsm. cm³
80	137 837	3 446	140 481	121,7	94,1
81	141 937	3 505	144 692	122,5	96,5
82	146 110	3 564	148 978	123,2	99,1
83	150 355	3 623	153 339	124,0	101,6
84	154 674	3 683	157 775	124,8	104,2
85	159 067	3 743	162 287	125,6	106,8
86	163 535	3 803	166 875	126,4	109,5
87	168 078	3 864	171 541	127,1	112,2
88	172 696	3 925	176 284	127,9	114,9
89	177 390	3 986	181 105	128,7	117,6
90	182 160	4 048	186 005	129,5	120,4
91	187 008	4 110	190 983	130,3	123,2
92	191 933	4 172	196 041	131,0	126,1
93	196 936	4 235	201 179	131,8	129,0
94	202 018	4 298	206 398	132,6	131,9
95	207 178	4 362	211 698	133,4	134,8
96	212 418	4 425	217 079	134,2	137,8
97	217 738	4 489	222 542	134,9	140,8
98	223 139	4 554	228 087	135,7	143,9
99	228 621	4 619	233 716	136,5	147,0
100	234 184	4 684	239 428	137,3	150,1
101	239 829	4 749	245 224	138,1	153,3
102	245 556	4 815	251 105	138,8	156,4
103	251 367	4 881	257 070	139,6	159,7
104	257 261	4 947	263 121	140,4	162,9
105	263 239	5 014	269 258	141,2	166,2
106	269 302	5 081	275 482	142,0	169,5
107	275 449	5 154	281 793	142,7	172,9
108	281 682	5 216	288 191	143,5	176,2
109	288 001	5 284	294 677	144,3	179,7
110	294 407	5 353	301 251	145,1	183,1
111	300 900	5 422	307 915	145,9	186,6
112	307 480	5 491	314 668	146,6	190,1
113	314 148	5 560	321 511	147,4	193,7
114	320 904	5 630	328 445	148,2	197,3
115	327 750	5 700	335 469	149,0	200,9
116	334 685	5 770	342 585	149,8	204,5
117	341 710	5 841	349 793	150,5	208,2
118	348 826	5 912	357 094	151,3	211,9
119	356 032	5 984	364 488	152,1	215,7
120	363 330	6 056	371 975	152,9	219,5
121	370 720	6 128	379 556	153,7	223,3
122	378 203	6 200	387 231	154,4	227,1
123	385 779	6 273	395 002	155,2	231,0
124	393 448	6 346	402 868	156,0	235,0
125	402 211	6 435	410 830	156,8	238,9
126	411 068	6 525	418 889	157,6	242,9
127	420 021	6 615	427 044	158,3	246,9
128	429 069	6 704	435 297	159,1	251,0
129	438 213	6 794	443 648	159,9	255,0
130	447 454	6 884	452 098	160,7	259,2

Neutr. Axe Trägheitsmoment für $\begin{cases} h=30=2636{,}8 \text{ cm}^4 \\ h=80=2641{,}0 \text{ cm}^4 \end{cases}$

Neutr. Axe Trägheitsmoment für $\begin{cases} h=80=2641{,}0 \text{ cm}^4 \\ h=130=2645{,}2 \text{ cm}^4 \end{cases}$

∟ 12,0 · 8,0 · 1,2 cm
Nietstärke 2,3 cm; Stehblechdicke 1,2 cm

Träger-Höhe h cm	$e = 4{,}6$ cm Trägheitsmoment cm⁴	Widerstandsm. cm³	Trägheitsmoment cm⁴	Gewicht für den lfd. m ohne Nietköpfe kg	Widerstandsm. cm³
40	32 017	1 601	31 796	107,8	21,2
41	33 893	1 653	33 713	108,8	22,3
42	35 830	1 706	35 695	109,7	23,5
43	37 829	1 759	37 742	110,6	24,7
44	39 891	1 813	39 854	111,6	25,9
45	42 016	1 867	42 033	112,5	27,2
46	44 204	1 922	44 278	113,4	28,5
47	46 458	1 977	46 590	114,4	29,8
48	48 776	2 032	48 969	115,3	31,2
49	51 160	2 088	51 418	116,3	32,6
50	53 610	2 144	53 935	117,2	34,0
51	56 127	2 201	56 522	118,1	35,5
52	58 711	2 258	59 179	119,1	37,0
53	61 364	2 316	61 906	120,0	38,5
54	64 085	2 374	64 706	120,9	40,0
55	66 875	2 432	67 577	121,9	41,6
56	69 736	2 491	70 521	122,8	43,3
57	72 666	2 550	73 538	123,7	44,9
58	75 668	2 609	76 629	124,7	46,6
59	78 741	2 669	79 794	125,6	48,3
60	81 887	2 730	83 034	126,5	50,1
61	85 105	2 790	86 350	127,5	51,9
62	88 397	2 852	89 742	128,4	53,7
63	91 763	2 913	93 211	129,4	55,6
64	95 203	2 975	96 757	130,3	57,5
65	98 719	3 038	100 381	131,2	59,4
66	102 311	3 100	104 084	132,2	61,3
67	105 979	3 164	107 866	133,1	63,3
68	109 724	3 227	111 728	134,0	65,4
69	113 546	3 291	115 670	135,0	67,4
70	117 447	3 356	119 693	135,9	69,5
71	121 427	3 420	123 798	136,8	71,6
72	125 486	3 486	127 985	137,8	73,8
73	129 626	3 551	132 255	138,7	76,0
74	133 846	3 617	136 608	139,7	78,2
75	138 147	3 684	141 045	140,6	80,5
76	142 530	3 751	145 567	141,5	82,8
77	146 995	3 818	150 174	142,5	85,1
78	151 544	3 886	154 867	143,4	87,4
79	156 176	3.954	159 646	144,3	89,8
80	160 892	4 022	164 512	145,3	92,3
81	165 693	4 091	169 466	146,2	94,7
82	170 580	4 160	174 508	147,1	97,2
83	175 553	4 230	179 639	148,1	99,7
84	180 612	4 300	184 859	149,0	102,3
85	185 758	4 371	190 169	149,9	104,9
86	190 993	4 442	195 570	150,9	107,5
87	196 316	4 513	201 062	151,8	110,1
88	201 728	4 585	206 646	152,8	112,8
89	207 229	4 657	212 322	153,7	115,6
90	212 821	4 729	218 092	154,6	118,3

Träger-Höhe h cm	$e = 4{,}6$ cm Trägheitsmoment cm⁴	Widerstandsm. cm³	Trägheitsmoment cm⁴	Gewicht für den lfd. m ohne Nietköpfe kg	Widerstandsm. cm³
90	212 821	4 729	218 092	154,6	118,3
91	218 503	4 802	223 954	155,6	121,1
92	224 277	4 876	229 911	156,5	123,9
93	230 144	4 949	235 963	157,4	126,8
94	236 102	5 023	242 110	158,4	129,7
95	242 154	5 098	248 354	159,3	132,6
96	248 300	5 173	254 694	160,2	135,5
97	254 540	5 248	261 131	161,2	138,5
98	260 876	5 324	267 665	162,1	141,6
99	267 306	5 400	274 299	163,1	144,6
100	273 834	5 477	281 031	164,0	147,7
101	280 458	5 554	287 863	164,9	150,8
102	287 179	5 631	294 795	165,9	154,0
103	293 998	5 709	301 827	166,8	157,2
104	300 917	5 787	308 962	167,7	160,4
105	307 934	5 865	316 198	168,7	163,6
106	315 051	5 944	323 537	169,6	166,9
107	322 269	6 024	330 979	170,5	170,3
108	329 587	6 103	338 525	171,5	173,6
109	337 008	6 184	346 175	172,4	177,0
110	344 530	6 264	353 930	173,3	180,4
111	352 156	6 345	361 791	174,3	183,9
112	359 885	6 427	369 758	175,2	187,4
113	367 717	6 508	377 832	176,2	190,9
114	375 655	6 590	386 013	177,1	194,4
115	383 698	6 673	394 302	178,0	198,0
116	391 846	6 756	402 700	179,0	201,6
117	400 101	6 839	411 207	179,9	205,3
118	408 463	6 923	419 824	180,8	209,0
119	416 933	7 007	428 551	181,8	212,7
120	425 511	7 092	437 389	182,7	216,5
121	434 198	7 177	446 339	183,6	220,3
122	442 994	7 262	455 401	184,6	224,1
123	451 900	7 348	464 576	185,5	227,9
124	460 917	7 434	473 864	186,5	231,8
125	470 045	7 521	483 266	187,4	235,7
126	479 285	7 608	492 783	188,3	239,7
127	488 638	7 695	502 415	189,3	243,7
128	498 103	7 783	512 163	190,2	247,7
129	507 682	7 871	522 027	191,1	251,8
130	517 376	7 960	532 008	192,1	255,8
131	527 184	8 049	542 107	193,0	260,0
132	537 108	8·138	552 324	193,9	264,1
133	547 147	8 228	562 660	194,9	268,3
134	557 304	8 318	573 115	195,8	272,5
135	567 577	8 409	583 690	196,7	276,8
136	577 968	8 500	594 386	197,7	281,1
137	588 478	8 591	605 203	198,6	285,4
138	599 107	8 683	616 142	199,6	289,7
139	609 856	8 775	627 203	200,5	294,1
140	620 724	8 867	638 388	201,4	298,6

Trägheitsmoment für $\begin{cases} h = 40 = 3256{,}9 \text{ cm}^4 \\ h = 90 = 3264{,}1 \text{ cm}^4 \end{cases}$

Trägheitsmoment für $\begin{cases} h = 90 = 3264{,}1 \text{ cm}^4 \\ h = 140 = 3271{,}3 \text{ cm}^4 \end{cases}$

II. Theil.

Widerstandsmomente und Gewichte

von

Blechträgern mit Gurtplatten

in

6 Breiten.

Widerstandsmomente cm³.

L 7,5 · 7,5 · 1,0 cm

Nietstärke 2,0 cm; Stehblechdicke 1,0 cm

Gurtplattendicke 1,0 cm   Gurtplattendicke 1,2 cm

Stehbl.-Höhe cm	Gurtplattenbreite cm						Gurtplattenbreite cm						Gew. des Stehbl.
	16	17	18	19	20	21	16	17	18	19	20	21	
20	568	589	609	629	649	669	611	635	659	683	708	732	15,6
22	647	669	691	713	735	758	694	721	747	774	800	827	17,2
24	728	752	776	801	825	849	780	809	837	866	895	924	18,7
26	812	838	864	890	916	942	867	899	930	961	992	1024	20,3
28	897	925	953	981	1009	1037	957	991	1024	1058	1092	1125	21,8
30	984	1014	1044	1074	1104	1134	1049	1085	1121	1157	1193	1229	23,4
32	1073	1105	1137	1169	1201	1233	1142	1180	1219	1257	1296	1334	25,0
34	1163	1197	1231	1265	1299	1333	1237	1278	1319	1359	1400	1441	26,5
36	1255	1291	1327	1363	1399	1435	1333	1377	1420	1463	1506	1550	28,1
38	1349	1387	1425	1463	1501	1539	1432	1477	1523	1569	1614	1660	29,6
40	1444	1484	1524	1564	1604	1644	1531	1580	1628	1676	1724	1772	31,2
42	1541	1583	1625	1667	1709	1751	1633	1683	1734	1784	1835	1885	32,8
44	1639	1683	1727	1771	1815	1860	1736	1788	1841	1894	1947	2000	34,3
46	1739	1785	1831	1877	1923	1969	1840	1895	1950	2006	2061	2116	35,9
48	1840	1888	1936	1984	2032	2080	1946	2003	2061	2119	2176	2234	37,4
50	1943	1993	2043	2093	2143	2193	2053	2113	2173	2233	2293	2353	39,0
52	2047	2099	2151	2203	2255	2307	2162	2224	2287	2349	2411	2474	40,6
54	2153	2207	2261	2315	2369	2423	2272	2337	2401	2466	2531	2596	42,1
56	2260	2316	2372	2428	2484	2540	2383	2451	2518	2585	2652	2719	43,7
58	2368	2426	2484	2542	2600	2658	2496	2566	2635	2705	2775	2844	45,2
60	2478	2538	2598	2658	2718	2778	2611	2683	2755	2827	2899	2971	46,8
62	2589	2651	2713	2775	2837	2899	2726	2801	2875	2950	3024	3098	48,4
64	2701	2765	2829	2893	2957	3021	2843	2920	2997	3074	3151	3228	49,9
66	2815	2881	2947	3013	3079	3145	2962	3041	3120	3200	3279	3358	51,5
68	2930	2998	3066	3134	3203	3271	3082	3163	3245	3327	3408	3490	53,0
70	3047	3117	3187	3257	3327	3397	3203	3287	3371	3455	3539	3623	54,6
72	3165	3237	3309	3381	3453	3525	3326	3412	3499	3585	3671	3758	56,2
74	3284	3358	3433	3507	3581	3655	3450	3539	3627	3716	3805	3894	57,7
76	3405	3481	3557	3633	3709	3785	3575	3666	3758	3849	3940	4031	59,3
78	3527	3605	3683	3761	3839	3917	3702	3795	3889	3983	4076	4170	60,8
80	3651	3731	3811	3891	3971	4051	3830	3926	4022	4118	4214	4310	62,4
82	3776	3858	3940	4022	4104	4186	3959	4058	4156	4255	4353	4451	64,0
84	3902	3986	4070	4154	4238	4322	4090	4191	4292	4393	4493	4594	65,5
86	4029	4115	4201	4287	4373	4459	4222	4326	4429	4532	4635	4738	67,1
88	4158	4246	4334	4422	4510	4598	4356	4461	4567	4673	4778	4884	68,6
90	4289	4379	4469	4559	4649	4739	4491	4599	4707	4815	4923	5031	70,2
92	4420	4512	4604	4696	4788	4880	4627	4737	4848	4958	5069	5179	71,8
94	4553	4647	4741	4835	4929	5023	4765	4877	4990	5103	5216	5329	73,3
96	4687	4783	4879	4975	5071	5167	4904	5019	5134	5249	5364	5480	74,9
98	4823	4921	5019	5117	5215	5313	5044	5161	5279	5397	5514	5632	76,4
100	4960	5060	5160	5260	5360	5460	5185	5305	5425	5545	5666	5786	78,0
102	5098	5200	5302	5404	5506	5608	5328	5451	5573	5696	5818	5941	79,6
104	5238	5342	5446	5550	5654	5758	5473	5598	5722	5847	5972	6097	81,1
106	5379	5485	5591	5697	5803	5909	5618	5746	5873	6000	6127	6255	82,7
108	5521	5629	5737	5845	5953	6061	5765	5895	6025	6154	6284	6414	84,2
110	5665	5775	5885	5995	6105	6215	5914	6046	6178	6310	6442	6574	85,8
112	5810	5922	6034	6146	6258	6370	6063	6198	6332	6467	6601	6736	87,4
114	5957	6071	6185	6299	6413	6527	6215	6351	6488	6625	6762	6899	88,9
116	6104	6220	6336	6452	6568	6684	6367	6506	6645	6785	6924	7063	90,5
118	6253	6371	6489	6607	6725	6844	6521	6662	6804	6946	7087	7229	92,0
120	6404	6524	6644	6764	6884	7004	6676	6820	6964	7108	7252	7396	93,6
Gew. d. Gurtungen	69,0	70,6	72,1	73,7	75,2	76,8	74,0	75,9	77,7	79,6	81,5	83,4	kg für 1 m

L 7,5 · 7,5 · 1,0 cm

Nietstärke 2,0 cm; Stehblechdicke 1,0 cm

Gurtplattendicke 2,0 cm   Gurtplattendicke 3,0 cm

Stehbl.-Höhe cm	Gurtplattenbreite cm						Gurtplattenbreite cm						Gew. des Stehbl.
	16	17	18	19	20	21	16	17	18	19	20	21	
20	786	826	867	907	948	988	1014	1075	1137	1198	1259	1321	15,6
22	886	930	975	1019	1064	1108	1135	1203	1270	1337	1404	1472	17,2
24	989	1037	1086	1134	1182	1231	1260	1333	1406	1479	1552	1626	18,7
26	1094	1146	1199	1251	1303	1356	1386	1465	1544	1624	1703	1782	20,3
28	1201	1258	1314	1370	1427	1483	1515	1600	1685	1770	1855	1940	21,8
30	1310	1371	1431	1491	1552	1612	1646	1737	1828	1919	2010	2101	23,4
32	1422	1486	1550	1614	1679	1743	1779	1876	1973	2070	2167	2264	25,0
34	1534	1603	1671	1739	1807	1876	1914	2017	2120	2223	2326	2429	26,5
36	1649	1721	1793	1866	1938	2010	2051	2160	2269	2377	2486	2595	28,1
38	1765	1841	1918	1994	2070	2146	2189	2304	2419	2534	2649	2763	29,6
40	1883	1963	2043	2124	2204	2284	2329	2450	2571	2692	2813	2933	31,2
42	2002	2087	2171	2255	2339	2424	2471	2598	2725	2852	2978	3105	32,8
44	2123	2212	2300	2388	2476	2564	2615	2747	2880	3013	3146	3278	34,3
46	2246	2338	2430	2523	2615	2707	2760	2898	3037	3176	3315	3453	35,9
48	2370	2466	2562	2658	2755	2851	2906	3051	3196	3340	3485	3630	37,4
50	2495	2596	2696	2796	2896	2996	3055	3205	3356	3506	3657	3808	39,0
52	2622	2726	2831	2935	3039	3143	3204	3361	3517	3674	3831	3987	40,6
54	2751	2859	2967	3075	3183	3292	3355	3518	3680	3843	4006	4168	42,1
56	2881	2993	3105	3217	3329	3441	3508	3676	3845	4014	4182	4351	43,7
58	3012	3128	3244	3360	3476	3593	3662	3836	4011	4186	4360	4535	45,2
60	3144	3265	3385	3505	3625	3745	3817	3998	4179	4359	4540	4720	46,8
62	3279	3403	3527	3651	3775	3899	3974	4161	4347	4534	4720	4907	48,4
64	3414	3542	3670	3799	3927	4055	4133	4325	4518	4710	4903	5095	49,9
66	3551	3683	3815	3947	4080	4212	4293	4491	4690	4888	5087	5285	51,5
68	3689	3825	3962	4098	4234	4370	4454	4658	4863	5067	5272	5476	53,0
70	3829	3969	4109	4249	4390	4530	4616	4827	5037	5248	5458	5669	54,6
72	3970	4114	4258	4402	4547	4691	4780	4997	5213	5430	5646	5863	56,2
74	4112	4261	4409	4557	4705	4853	4946	5168	5391	5613	5836	6058	57,7
76	4256	4408	4561	4713	4865	5017	5113	5341	5570	5798	6026	6255	59,3
78	4402	4558	4714	4870	5026	5182	5281	5515	5750	5984	6219	6453	60,8
80	4548	4708	4868	5028	5189	5349	5450	5691	5931	6172	6412	6653	62,4
82	4696	4860	5024	5188	5353	5517	5621	5868	6114	6361	6607	6854	64,0
84	4845	5013	5182	5350	5518	5686	5794	6046	6299	6551	6803	7056	65,5
86	4996	5168	5340	5512	5684	5857	5968	6226	6484	6743	7001	7260	67,1
88	5148	5324	5500	5676	5853	6029	6143	6407	6671	6936	7200	7465	68,6
90	5301	5482	5662	5842	6022	6202	6319	6590	6860	7130	7401	7671	70,2
92	5456	5640	5824	6009	6193	6377	6497	6773	7050	7326	7602	7879	71,8
94	5612	5800	5989	6177	6365	6553	6676	6959	7241	7523	7806	8088	73,3
96	5770	5962	6154	6346	6538	6730	6857	7145	7434	7722	8010	8299	74,9
98	5929	6125	6321	6517	6713	6909	7039	7333	7627	7922	8216	8510	76,4
100	6089	6289	6489	6689	6889	7089	7222	7522	7823	8123	8423	8724	78,0
102	6250	6454	6658	6863	7067	7271	7407	7713	8019	8326	8632	8938	79,6
104	6413	6621	6829	7037	7246	7454	7593	7905	8217	8530	8842	9154	81,1
106	6577	6789	7002	7214	7426	7638	7780	8098	8417	8735	9053	9372	82,7
108	6743	6959	7175	7391	7607	7823	7969	8293	8617	8942	9266	9590	84,2
110	6910	7130	7350	7570	7790	8010	8159	8489	8820	9150	9480	9810	85,8
112	7078	7302	7526	7750	7975	8199	8350	8687	9023	9359	9696	10032	87,4
114	7248	7476	7704	7932	8160	8388	8543	8885	9228	9570	9912	10255	88,9
116	7419	7651	7883	8115	8347	8579	8737	9086	9434	9782	10130	10479	90,5
118	7591	7827	8063	8299	8535	8772	8933	9287	9641	9996	10350	10704	92,0
120	7765	8005	8245	8485	8725	8965	9130	9490	9850	10210	10571	10931	93,6
Gew. d. Gurtungen	94,0	97,1	100,2	103,3	106,4	109,6	118,9	123,6	128,3	133,0	137,6	142,3	kg für 1 m

L 8,0 · 8,0 · 1,0 cm
Nietstärke 2,0 cm; Stehblechdicke 1,0 cm

Gurtplattendicke 1,0 cm   Gurtplattendicke 1,1 cm

Stehbl.-Höhe cm	Gurtplattenbreite cm						Gurtplattenbreite cm						Gew. des Stehbl.
	17	18	19	20	21	22	17	18	19	20	21	22	
20	606	626	646	666	686	706	629	651	673	695	717	739	15,6
22	689	712	734	756	778	800	715	739	763	788	812	836	17,2
24	776	800	824	848	872	896	803	830	856	883	909	936	18,7
26	864	890	916	942	968	994	894	923	952	980	1009	1037	20,3
28	954	982	1010	1038	1067	1095	987	1018	1049	1080	1110	1141	21,8
30	1047	1077	1107	1137	1167	1197	1082	1115	1148	1181	1214	1247	23,4
32	1141	1173	1205	1237	1269	1301	1179	1214	1249	1284	1320	1355	25,0
34	1237	1271	1305	1339	1373	1407	1277	1314	1352	1389	1427	1464	26,5
36	1335	1371	1407	1443	1479	1515	1377	1417	1456	1496	1536	1575	28,1
38	1434	1472	1510	1548	1586	1624	1479	1521	1562	1604	1646	1688	29,6
40	1535	1575	1615	1655	1695	1735	1582	1626	1670	1714	1758	1802	31,2
42	1637	1679	1721	1763	1805	1847	1687	1733	1780	1826	1872	1918	32,8
44	1741	1785	1829	1873	1917	1961	1794	1842	1890	1939	1987	2036	34,3
46	1847	1893	1939	1985	2031	2077	1901	1952	2003	2053	2104	2155	35,9
48	1954	2002	2050	2098	2146	2194	2011	2064	2117	2169	2222	2275	37,4
50	2062	2112	2162	2212	2262	2312	2122	2177	2232	2287	2342	2397	39,0
52	2172	2224	2276	2328	2380	2432	2234	2291	2349	2406	2463	2520	40,6
54	2283	2337	2391	2445	2499	2553	2348	2407	2467	2526	2586	2645	42,1
56	2396	2452	2508	2564	2620	2676	2463	2525	2586	2648	2710	2771	43,7
58	2510	2568	2626	2684	2742	2800	2580	2644	2707	2771	2835	2899	45,2
60	2626	2686	2746	2806	2866	2926	2698	2764	2830	2896	2962	3028	46,8
62	2743	2805	2867	2929	2991	3053	2817	2886	2954	3022	3090	3159	48,4
64	2861	2925	2989	3053	3117	3181	2938	3009	3079	3150	3220	3290	49,9
66	2981	3047	3113	3179	3245	3311	3060	3133	3206	3278	3351	3424	51,5
68	3102	3170	3238	3306	3374	3442	3184	3259	3334	3409	3483	3558	53,0
70	3224	3295	3365	3435	3505	3575	3309	3386	3463	3540	3617	3694	54,6
72	3348	3420	3492	3564	3636	3708	3436	3515	3594	3673	3752	3832	56,2
74	3474	3548	3622	3696	3770	3844	3563	3645	3726	3808	3889	3970	57,7
76	3600	3676	3752	3828	3904	3980	3692	3776	3860	3943	4027	4111	59,3
78	3728	3806	3884	3962	4040	4118	3823	3909	3995	4080	4166	4252	60,8
80	3858	3938	4018	4098	4178	4258	3955	4043	4131	4219	4307	4395	62,4
82	3988	4070	4152	4234	4316	4398	4088	4178	4269	4359	4449	4539	64,0
84	4121	4205	4289	4373	4457	4541	4223	4315	4408	4500	4592	4685	65,5
86	4254	4340	4426	4512	4598	4684	4359	4453	4548	4643	4737	4832	67,1
88	4389	4477	4565	4653	4741	4829	4496	4593	4690	4787	4883	4980	68,6
90	4525	4615	4705	4795	4885	4975	4635	4734	4833	4932	5031	5130	70,2
92	4662	4754	4847	4939	5031	5123	4775	4876	4977	5078	5180	5281	71,8
94	4801	4895	4989	5083	5177	5271	4916	5020	5123	5226	5330	5433	73,3
96	4942	5038	5134	5230	5326	5422	5059	5165	5270	5376	5481	5587	74,9
98	5083	5181	5279	5377	5475	5573	5203	5311	5419	5526	5634	5742	76,4
100	5226	5326	5426	5526	5626	5726	5348	5458	5569	5679	5789	5899	78,0
102	5370	5472	5574	5676	5778	5880	5495	5607	5720	5832	5944	6056	79,6
104	5516	5620	5724	5828	5932	6036	5643	5758	5872	5987	6101	6216	81,1
106	5663	5769	5875	5981	6087	6193	5793	5910	6026	6143	6259	6376	82,7
108	5811	5919	6027	6135	6243	6351	5944	6063	6181	6300	6419	6538	84,2
110	5961	6071	6181	6291	6401	6511	6096	6217	6338	6459	6580	6701	85,8
112	6112	6224	6336	6448	6560	6672	6249	6373	6496	6619	6742	6866	87,4
114	6264	6378	6492	6606	6720	6834	6404	6530	6655	6781	6906	7031	88,9
116	6418	6534	6650	6766	6882	6998	6561	6688	6816	6943	7071	7199	90,5
118	6573	6691	6809	6927	7045	7163	6718	6848	6978	7108	7237	7367	92,0
120	6729	6849	6969	7090	7210	7330	6877	7009	7141	7273	7405	7537	93,6
Gew. d. Gurtungen	73,3	74,9	76,4	78,0	79,6	81,1	76,0	77,7	79,4	81,1	82,8	84,6	kg für 1 m

∟ 8,0 · 8,0 · 1,0 cm
Nietstärke 2,0 cm; Stehblechdicke 1,0 cm

Stehbl.-Höhe cm	Gurtplattendicke 1,2 cm — Gurtplattenbreite cm						Gurtplattendicke 2,0 cm — Gurtplattenbreite cm						Gew. des Stehbl.
	17	18	19	20	21	22	17	18	19	20	21	22	
20	652	676	700	725	749	773	842	883	923	963	1004	1044	15,6
22	741	767	794	820	847	873	949	993	1038	1082	1127	1171	17,2
24	831	860	889	918	947	976	1059	1107	1156	1204	1252	1301	18,7
26	925	956	987	1018	1050	1081	1171	1223	1276	1328	1380	1433	20,3
28	1020	1053	1087	1121	1155	1188	1285	1342	1398	1454	1511	1567	21,8
30	1117	1153	1189	1225	1261	1297	1402	1462	1522	1583	1643	1703	23,4
32	1216	1255	1293	1332	1370	1408	1520	1584	1649	1713	1777	1842	25,0
34	1317	1358	1399	1440	1480	1521	1640	1709	1777	1845	1913	1982	26,5
36	1420	1463	1506	1549	1593	1636	1762	1835	1907	1979	2051	2124	28,1
38	1524	1569	1615	1661	1706	1752	1886	1962	2039	2115	2191	2267	29,6
40	1630	1678	1726	1774	1822	1870	2011	2092	2172	2252	2332	2413	31,2
42	1737	1787	1838	1888	1939	1989	2138	2223	2307	2391	2475	2560	32,8
44	1846	1899	1952	2004	2057	2110	2267	2355	2444	2532	2620	2708	34,3
46	1956	2012	2067	2122	2177	2232	2397	2489	2582	2674	2766	2858	35,9
48	2068	2126	2183	2241	2299	2356	2529	2625	2721	2818	2914	3010	37,4
50	2182	2242	2302	2362	2422	2482	2662	2762	2862	2963	3063	3163	39,0
52	2296	2359	2421	2484	2546	2609	2797	2901	3005	3109	3213	3318	40,6
54	2413	2478	2542	2607	2672	2737	2933	3041	3149	3257	3366	3474	42,1
56	2530	2598	2665	2732	2799	2867	3070	3183	3295	3407	3519	3631	43,7
58	2650	2719	2789	2858	2928	2998	3209	3326	3442	3558	3674	3790	45,2
60	2770	2842	2914	2986	3058	3130	3350	3470	3590	3710	3831	3951	46,8
62	2892	2967	3041	3115	3190	3264	3492	3616	3740	3864	3989	4113	48,4
64	3015	3092	3169	3246	3323	3400	3635	3763	3891	4020	4148	4276	49,9
66	3140	3219	3299	3378	3457	3536	3780	3912	4044	4176	4309	4441	51,5
68	3266	3348	3430	3511	3593	3675	3926	4062	4198	4334	4471	4607	53,0
70	3394	3478	3562	3646	3730	3814	4074	4214	4354	4494	4634	4774	54,6
72	3523	3609	3696	3782	3868	3955	4222	4367	4511	4655	4799	4943	56,2
74	3653	3742	3831	3920	4008	4097	4373	4521	4669	4817	4965	5113	57,7
76	3785	3876	3967	4058	4150	4241	4524	4677	4829	4981	5133	5285	59,3
78	3918	4011	4105	4199	4292	4386	4678	4834	4990	5146	5302	5458	60,8
80	4052	4148	4244	4340	4436	4532	4832	4992	5152	5312	5473	5633	62,4
82	4188	4286	4385	4483	4582	4680	4988	5152	5316	5480	5644	5808	64,0
84	4325	4426	4527	4628	4728	4829	5145	5313	5481	5649	5818	5986	65,5
86	4464	4567	4670	4773	4876	4980	5304	5476	5648	5820	5992	6164	67,1
88	4603	4709	4815	4920	5026	5131	5464	5640	5816	5992	6168	6344	68,6
90	4745	4853	4961	5069	5177	5285	5625	5805	5985	6165	6345	6525	70,2
92	4887	4998	5108	5218	5329	5439	5788	5972	6156	6340	6524	6708	71,8
94	5031	5144	5257	5370	5482	5595	5952	6140	6328	6516	6704	6892	73,3
96	5176	5292	5407	5522	5637	5752	6117	6309	6501	6693	6885	7077	74,9
98	5323	5441	5558	5676	5793	5911	6284	6480	6676	6872	7068	7264	76,4
100	5471	5591	5711	5831	5951	6071	6452	6652	6852	7052	7252	7452	78,0
102	5620	5743	5865	5987	6110	6232	6621	6825	7029	7234	7438	7642	79,6
104	5771	5896	6021	6145	6270	6395	6792	7000	7208	7416	7624	7833	81,1
106	5923	6050	6177	6305	6432	6559	6964	7176	7388	7600	7813	8025	82,7
108	6076	6206	6335	6465	6595	6724	7138	7354	7570	7786	8002	8218	84,2
110	6231	6363	6495	6627	6759	6891	7313	7533	7753	7973	8193	8413	85,8
112	6387	6521	6656	6790	6925	7059	7489	7713	7937	8161	8385	8609	87,4
114	6544	6681	6818	6955	7092	7229	7666	7894	8122	8351	8579	8807	88,9
116	6703	6842	6982	7121	7260	7399	7845	8077	8309	8541	8774	9006	90,5
118	6863	7005	7146	7288	7430	7571	8025	8262	8498	8734	8970	9206	92,0
120	7025	7169	7313	7457	7601	7745	8207	8447	8687	8927	9167	9408	93,6
Gew. d. Gurtungen	78,6	80,5	82,4	84,2	86,1	88,0	99,8	103,0	106,1	109,2	112,3	115,4	kg für 1 m

Widerstandsmomente cm³.

∟ 8,0 · 8,0 · 1,0 cm

Nietstärke 2,0 cm; Stehblechdicke 1,0 cm

Gurtplattendicke 2,2 cm — Gurtplattendicke 2,4 cm

Stehbl.-Höhe cm	Gurtplattenbreite cm						Gurtplattenbreite cm						Gew. des Stehbl.
	17	18	19	20	21	22	17	18	19	20	21	22	
20	891	935	980	1024	1069	1114	940	989	1037	1086	1135	1184	15,6
22	1002	1051	1100	1149	1198	1247	1056	1109	1163	1216	1270	1323	17,2
24	1117	1170	1223	1277	1330	1383	1175	1233	1291	1350	1408	1466	18,7
26	1233	1291	1349	1406	1464	1522	1297	1360	1423	1486	1549	1612	20,3
28	1353	1415	1477	1539	1601	1663	1420	1488	1556	1624	1691	1759	21,8
30	1474	1540	1607	1673	1739	1806	1546	1619	1691	1764	1836	1909	23,4
32	1597	1668	1739	1809	1880	1951	1674	1752	1829	1906	1983	2061	25,0
34	1722	1797	1872	1948	2023	2098	1804	1886	1968	2050	2132	2214	26,5
36	1849	1928	2008	2088	2167	2247	1936	2023	2110	2196	2283	2370	28,1
38	1977	2061	2145	2229	2313	2397	2069	2161	2252	2344	2436	2527	29,6
40	2108	2196	2284	2373	2461	2549	2204	2301	2397	2494	2590	2686	31,2
42	2240	2332	2425	2518	2610	2703	2341	2442	2544	2645	2746	2847	32,8
44	2373	2470	2567	2664	2761	2859	2480	2585	2691	2797	2903	3009	34,3
46	2508	2610	2711	2813	2914	3016	2619	2730	2841	2952	3063	3173	35,9
48	2645	2751	2857	2962	3068	3174	2761	2877	2992	3108	3223	3339	37,4
50	2783	2893	3003	3114	3224	3334	2904	3024	3145	3265	3385	3506	39,0
52	2922	3037	3152	3266	3381	3496	3049	3174	3299	3424	3549	3674	40,6
54	3064	3183	3302	3421	3540	3659	3195	3324	3454	3584	3714	3844	42,1
56	3206	3330	3453	3576	3700	3823	3342	3477	3611	3746	3881	4016	43,7
58	3350	3478	3606	3734	3861	3989	3491	3631	3770	3909	4049	4188	45,2
60	3496	3628	3760	3892	4024	4157	3641	3786	3930	4074	4219	4363	46,8
62	3642	3779	3916	4052	4189	4325	3793	3942	4091	4240	4390	4539	48,4
64	3791	3932	4073	4214	4355	4496	3947	4100	4254	4408	4562	4716	49,9
66	3940	4086	4231	4377	4522	4667	4101	4260	4419	4577	4736	4895	51,5
68	4092	4241	4391	4541	4691	4841	4257	4421	4584	4748	4911	5075	53,0
70	4244	4398	4552	4707	4861	5015	4415	4583	4751	4920	5088	5256	54,6
72	4398	4557	4715	4874	5032	5191	4574	4747	4920	5093	5266	5439	56,2
74	4553	4716	4879	5042	5205	5368	4734	4912	5090	5268	5445	5623	57,7
76	4710	4877	5045	5212	5380	5547	4896	5078	5261	5444	5626	5809	59,3
78	4868	5040	5212	5383	5555	5727	5059	5246	5434	5621	5808	5996	60,8
80	5028	5204	5380	5556	5732	5908	5223	5415	5608	5800	5992	6184	62,4
82	5188	5369	5549	5730	5911	6091	5389	5586	5783	5980	6177	6374	64,0
84	5351	5536	5721	5905	6090	6275	5556	5758	5960	6162	6364	6565	65,5
86	5514	5704	5893	6082	6272	6461	5725	5932	6138	6345	6551	6758	67,1
88	5679	5873	6067	6260	6454	6648	5895	6106	6318	6529	6740	6952	68,6
90	5845	6044	6242	6440	6638	6836	6066	6282	6499	6715	6931	7147	70,2
92	6013	6216	6418	6621	6823	7026	6239	6460	6681	6902	7123	7344	71,8
94	6182	6389	6596	6803	7010	7217	6413	6639	6865	7090	7316	7542	73,3
96	6353	6564	6775	6987	7198	7409	6588	6819	7050	7280	7511	7741	74,9
98	6524	6740	6956	7172	7387	7603	6765	7001	7236	7471	7707	7942	76,4
100	6697	6918	7138	7358	7578	7798	6943	7184	7424	7664	7904	8144	78,0
102	6872	7096	7321	7546	7770	7995	7123	7368	7613	7858	8103	8348	79,6
104	7048	7277	7506	7735	7963	8192	7304	7553	7803	8053	8303	8553	81,1
106	7225	7458	7692	7925	8158	8392	7486	7740	7995	8250	8504	8759	82,7
108	7403	7641	7879	8117	8354	8592	7669	7929	8188	8448	8707	8966	84,2
110	7583	7826	8068	8310	8552	8794	7854	8119	8383	8647	8911	9175	85,8
112	7765	8011	8258	8504	8751	8997	8041	8310	8579	8848	9117	9385	87,4
114	7947	8198	8449	8700	8951	9202	8228	8502	8776	9050	9323	9597	88,9
116	8131	8386	8642	8897	9152	9408	8417	8696	8974	9253	9531	9810	90,5
118	8316	8576	8836	9096	9355	9615	8608	8891	9174	9458	9741	10024	92,0
120	8503	8767	9031	9295	9560	9824	8799	9087	9376	9664	9952	10240	93,6
Gew. d. Gurtungen	105,1	108,6	112,0	115,4	118,9	122,3	110,4	114,2	117,9	121,7	125,4	129,2	kg für 1 m

L 8,0 · 8,0 · 1,0 cm

Nietstärke 2,0 cm; Stehblechdicke 1,0 cm

Gurtplattendicke 3,0 cm   Gurtplattendicke 3,3 cm

Stehbl.-Höhe cm	Gurtplattenbreite cm						Gurtplattenbreite cm						Gew. des Stehbl.
	17	18	19	20	21	22	17	18	19	20	21	22	
20	1090	1151	1213	1274	1336	1397	1167	1235	1302	1370	1438	1506	15,6
22	1220	1287	1354	1422	1489	1556	1304	1378	1452	1526	1601	1675	17,2
24	1353	1426	1499	1572	1646	1719	1443	1524	1605	1686	1766	1847	18,7
26	1488	1567	1647	1726	1805	1884	1586	1673	1760	1847	1935	2022	20,3
28	1626	1711	1796	1881	1966	2051	1731	1824	1918	2012	2106	2199	21,8
30	1766	1857	1948	2039	2130	2221	1878	1978	2078	2179	2279	2379	23,4
32	1909	2005	2102	2199	2296	2393	2027	2134	2241	2348	2454	2561	25,0
34	2053	2156	2259	2361	2464	2567	2178	2292	2405	2519	2632	2745	26,5
36	2199	2308	2417	2525	2634	2743	2332	2452	2572	2691	2811	2931	28,1
38	2347	2462	2576	2691	2806	2921	2487	2613	2740	2866	2993	3119	29,6
40	2496	2617	2738	2859	2980	3100	2644	2777	2910	3043	3176	3309	31,2
42	2648	2774	2901	3028	3155	3281	2802	2942	3081	3221	3361	3500	32,8
44	2801	2933	3066	3199	3332	3464	2963	3109	3255	3401	3547	3693	34,3
46	2955	3094	3233	3371	3510	3649	3124	3277	3430	3583	3735	3888	35,9
48	3112	3256	3401	3546	3690	3835	3288	3447	3607	3766	3925	4084	37,4
50	3269	3420	3571	3721	3872	4023	3453	3619	3785	3951	4116	4282	39,0
52	3429	3585	3742	3898	4055	4212	3620	3792	3965	4137	4309	4482	40,6
54	3589	3752	3915	4077	4240	4402	3788	3967	4146	4325	4504	4683	42,1
56	3752	3920	4089	4257	4426	4595	3958	4143	4329	4514	4700	4885	43,7
58	3915	4090	4265	4439	4614	4788	4129	4321	4513	4705	4897	5089	45,2
60	4081	4261	4442	4622	4803	4983	4301	4500	4699	4898	5096	5295	46,8
62	4247	4434	4620	4807	4994	5180	4475	4681	4886	5091	5297	5502	48,4
64	4416	4608	4801	4993	5186	5378	4651	4863	5075	5287	5499	5710	49,9
66	4585	4784	4982	5181	5379	5578	4828	5047	5265	5483	5702	5920	51,5
68	4756	4961	5165	5370	5574	5779	5007	5232	5457	5682	5907	6132	53,0
70	4929	5139	5350	5560	5770	5981	5186	5418	5650	5881	6113	6345	54,6
72	5102	5319	5535	5752	5968	6185	5368	5606	5844	6082	6321	6559	56,2
74	5278	5500	5723	5945	6168	6390	5550	5795	6040	6285	6530	6774	57,7
76	5454	5683	5911	6140	6368	6597	5735	5986	6237	6489	6740	6991	59,3
78	5632	5867	6101	6336	6570	6805	5920	6178	6436	6694	6952	7210	60,8
80	5812	6052	6293	6533	6774	7014	6107	6372	6636	6901	7165	7430	62,4
82	5993	6239	6486	6732	6978	7225	6295	6566	6838	7109	7380	7651	64,0
84	6175	6427	6680	6932	7185	7437	6485	6763	7040	7318	7596	7874	65,5
86	6359	6617	6875	7134	7392	7650	6676	6960	7245	7529	7813	8098	67,1
88	6544	6808	7072	7337	7601	7865	6869	7160	7450	7741	8032	8323	68,6
90	6730	7000	7271	7541	7811	8082	7062	7360	7657	7955	8252	8550	70,2
92	6918	7194	7470	7747	8023	8299	7258	7562	7866	8170	8474	8778	71,8
94	7107	7389	7671	7954	8236	8518	7454	7765	8076	8386	8697	9008	73,3
96	7297	7586	7874	8162	8451	8739	7652	7970	8287	8604	8921	9239	74,9
98	7489	7783	8078	8372	8666	8961	7852	8176	8499	8823	9147	9471	76,4
100	7682	7983	8283	8583	8884	9184	8052	8383	8713	9044	9374	9705	78,0
102	7877	8183	8489	8796	9102	9408	8254	8591	8929	9266	9603	9940	79,6
104	8073	8385	8697	9010	9322	9634	8458	8802	9145	9489	9832	10176	81,1
106	8270	8588	8907	9225	9543	9862	8663	9013	9363	9713	10064	10414	82,7
108	8469	8793	9117	9442	9766	10090	8869	9226	9583	9939	10296	10653	84,2
110	8669	8999	9329	9660	9990	10320	9076	9440	9803	10167	10530	10893	85,8
112	8870	9206	9543	9879	10215	10552	9285	9655	10025	10395	10765	11135	87,4
114	9073	9415	9757	10100	10442	10784	9496	9872	10249	10625	11002	11379	88,9
116	9277	9625	9973	10322	10670	11018	9707	10090	10474	10857	11240	11623	90,5
118	9482	9836	10191	10545	10899	11254	9920	10310	10700	11089	11479	11869	92,0
120	9689	10049	10410	10770	11130	11490	10134	10531	10927	11324	11720	12116	93,6
Gew. d. Gurtungen	126,4	131,0	135,7	140,4	145,1	149,8	134,3	139,5	144,6	149,8	154,9	160,1	kg für 1 m

Widerstandsmomente cm³.

∟ 8,0 · 8,0 · 1,2 cm

Nietstärke 2,3 cm; Stehblechdicke 1,0 cm

Gurtplattendicke 1,0 cm   Gurtplattendicke 1,1 cm

Stehbl.-Höhe cm	Gurtplattenbreite cm						Gurtplattenbreite cm						Gew. des Stehbl.
	17	18	19	20	21	22	17	18	19	20	21	22	
30	1096	1126	1157	1187	1217	1247	1129	1162	1195	1228	1262	1295	23,4
32	1197	1229	1261	1293	1325	1357	1232	1267	1302	1338	1373	1408	25,0
34	1299	1333	1367	1401	1435	1469	1336	1374	1411	1449	1486	1524	26,5
36	1403	1439	1475	1511	1547	1583	1442	1482	1522	1561	1601	1641	28,1
38	1508	1546	1584	1622	1660	1698	1550	1592	1634	1676	1718	1760	29,6
40	1615	1655	1696	1736	1776	1816	1660	1704	1748	1792	1836	1880	31,2
42	1724	1766	1808	1850	1892	1934	1771	1817	1864	1910	1956	2002	32,8
44	1835	1879	1923	1967	2011	2055	1884	1932	1981	2029	2077	2126	34,3
46	1947	1993	2039	2085	2131	2177	1998	2049	2099	2150	2201	2251	35,9
48	2060	2108	2156	2204	2252	2300	2114	2167	2219	2272	2325	2378	37,4
50	2175	2225	2275	2325	2375	2425	2231	2286	2341	2396	2451	2506	39,0
52	2291	2343	2395	2447	2499	2551	2350	2407	2464	2521	2579	2636	40,6
54	2409	2463	2517	2571	2625	2679	2470	2529	2589	2648	2708	2767	42,1
56	2528	2584	2640	2696	2752	2808	2592	2653	2715	2776	2838	2900	43,7
58	2649	2707	2765	2823	2881	2939	2715	2779	2842	2906	2970	3034	45,2
60	2771	2831	2891	2951	3011	3071	2839	2905	2971	3037	3103	3169	46,8
62	2895	2957	3019	3081	3143	3205	2965	3033	3102	3170	3238	3306	48,4
64	3020	3084	3148	3212	3276	3340	3092	3163	3233	3304	3374	3445	49,9
66	3146	3212	3278	3344	3410	3476	3221	3294	3366	3439	3512	3584	51,5
68	3274	3342	3410	3478	3546	3614	3351	3426	3501	3576	3651	3725	53,0
70	3403	3473	3543	3613	3683	3753	3483	3560	3637	3714	3791	3868	54,6
72	3534	3606	3678	3750	3822	3894	3616	3695	3774	3854	3933	4012	56,2
74	3666	3740	3814	3888	3962	4036	3750	3832	3913	3994	4076	4157	57,7
76	3799	3875	3951	4027	4103	4179	3886	3969	4053	4137	4220	4304	59,3
78	3934	4012	4090	4168	4246	4324	4023	4109	4195	4280	4366	4452	60,8
80	4070	4150	4230	4310	4390	4470	4161	4249	4337	4425	4513	4601	62,4
82	4207	4289	4371	4453	4535	4617	4301	4391	4482	4572	4662	4752	64,0
84	4346	4430	4514	4598	4682	4766	4442	4535	4627	4720	4812	4904	65,5
86	4486	4572	4658	4744	4830	4916	4585	4679	4774	4869	4963	5058	67,1
88	4627	4715	4803	4891	4979	5067	4729	4826	4922	5019	5116	5213	68,6
90	4770	4860	4950	5040	5130	5220	4874	4973	5072	5171	5270	5369	70,2
92	4915	5007	5099	5191	5283	5375	5021	5122	5223	5324	5426	5527	71,8
94	5060	5154	5248	5342	5436	5530	5169	5272	5375	5479	5582	5686	73,3
96	5207	5303	5399	5495	5591	5687	5318	5424	5529	5635	5740	5846	74,9
98	5355	5453	5551	5649	5747	5845	5469	5576	5684	5792	5900	6008	76,4
100	5505	5605	5705	5805	5905	6005	5621	5731	5841	5951	6061	6171	78,0
102	5656	5758	5860	5962	6064	6166	5774	5886	5999	6111	6223	6335	79,6
104	5808	5912	6016	6120	6224	6328	5929	6043	6158	6272	6387	6501	81,1
106	5962	6068	6174	6280	6386	6492	6085	6202	6318	6435	6551	6668	82,7
108	6117	6225	6333	6441	6549	6657	6242	6361	6480	6599	6718	6836	84,2
110	6274	6384	6494	6604	6714	6824	6401	6522	6643	6764	6885	7006	85,8
112	6431	6543	6655	6767	6879	6991	6561	6685	6808	6931	7054	7177	87,4
114	6590	6704	6818	6932	7046	7160	6723	6848	6974	7099	7225	7350	88,9
116	6751	6867	6983	7099	7215	7331	6886	7013	7141	7269	7396	7524	90,5
118	6913	7031	7149	7267	7385	7503	7050	7180	7310	7439	7569	7699	92,0
120	7076	7196	7316	7436	7556	7676	7215	7347	7479	7611	7743	7875	93,6
122	7240	7362	7484	7606	7728	7850	7382	7517	7651	7785	7919	8053	95,2
124	7406	7530	7654	7778	7902	8026	7551	7687	7823	7960	8096	8233	96,7
126	7573	7699	7825	7951	8077	8203	7720	7859	7997	8136	8275	8413	98,3
128	7742	7870	7998	8126	8254	8382	7891	8032	8173	8313	8454	8595	99,8
130	7912	8042	8172	8302	8432	8562	8063	8206	8349	8492	8635	8778	101,4
Gew. d. Gurtungen	81,9	83,5	85,1	86,6	88,2	89,7	84,6	86,3	88,0	89,7	91,4	93,2	kg für 1 m

L 8,0·8,0·1,2 cm
Nietstärke 2,3 cm; Stehblechdicke 1,0 cm

Stehbl.-Höhe cm	Gurtplattendicke 1,2 cm — Gurtplattenbreite cm						Gurtplattendicke 1,3 cm — Gurtplattenbreite cm						Gew. des Stehbl.
	17	18	19	20	21	22	17	18	19	20	21	22	
30	1162	1198	1234	1270	1307	1343	1195	1234	1273	1313	1352	1391	23,4
32	1267	1306	1344	1383	1421	1459	1302	1344	1386	1428	1469	1511	25,0
34	1374	1415	1456	1496	1537	1578	1411	1456	1500	1544	1589	1633	26,5
36	1482	1526	1569	1612	1655	1699	1522	1569	1616	1663	1710	1757	28,1
38	1593	1638	1684	1730	1775	1821	1635	1684	1734	1783	1833	1882	29,6
40	1704	1752	1800	1849	1897	1945	1749	1801	1853	1905	1957	2009	31,2
42	1818	1868	1919	1969	2020	2070	1865	1919	1974	2029	2083	2138	32,8
44	1933	1986	2039	2091	2144	2197	1982	2039	2097	2154	2211	2268	34,3
46	2049	2105	2160	2215	2270	2326	2101	2161	2221	2281	2341	2400	35,9
48	2168	2225	2283	2341	2398	2456	2222	2284	2346	2409	2471	2534	37,4
50	2287	2347	2407	2467	2527	2587	2344	2409	2474	2539	2604	2669	39,0
52	2408	2471	2533	2596	2658	2721	2467	2535	2602	2670	2738	2805	40,6
54	2531	2596	2661	2725	2790	2855	2592	2662	2732	2803	2873	2943	42,1
56	2655	2722	2789	2857	2924	2991	2718	2791	2864	2937	3010	3083	43,7
58	2780	2850	2920	2989	3059	3129	2846	2922	2997	3072	3148	3223	45,2
60	2907	2979	3051	3123	3195	3267	2975	3053	3131	3209	3288	3366	46,8
62	3036	3110	3184	3259	3333	3408	3106	3187	3267	3348	3429	3509	48,4
64	3165	3242	3319	3396	3473	3549	3238	3321	3405	3488	3571	3654	49,9
66	3296	3376	3455	3534	3613	3693	3372	3457	3543	3629	3715	3801	51,5
68	3429	3511	3592	3674	3755	3837	3506	3595	3683	3772	3860	3949	53,0
70	3563	3647	3731	3815	3899	3983	3643	3734	3825	3916	4007	4098	54,6
72	3698	3785	3871	3957	4044	4130	3780	3874	3968	4061	4155	4249	56,2
74	3835	3924	4012	4101	4190	4279	3920	4016	4112	4208	4304	4401	57,7
76	3973	4064	4155	4247	4338	4429	4060	4159	4258	4357	4455	4554	59,3
78	4112	4206	4300	4393	4487	4580	4202	4303	4405	4506	4608	4709	60,8
80	4253	4349	4445	4541	4637	4733	4345	4449	4553	4657	4761	4865	62,4
82	4395	4494	4592	4691	4789	4887	4490	4596	4703	4810	4916	5023	64,0
84	4539	4640	4741	4841	4942	5043	4636	4745	4854	4963	5073	5182	65,5
86	4684	4787	4890	4994	5097	5200	4783	4895	5007	5118	5230	5342	67,1
88	4830	4936	5041	5147	5253	5358	4932	5046	5160	5275	5389	5504	68,6
90	4978	5086	5194	5302	5410	5518	5082	5199	5316	5433	5550	5667	70,2
92	5127	5237	5348	5458	5569	5679	5233	5353	5472	5592	5712	5831	71,8
94	5277	5390	5503	5616	5728	5841	5386	5508	5630	5753	5875	5997	73,3
96	5429	5544	5659	5775	5890	6005	5540	5665	5790	5914	6039	6164	74,9
98	5582	5700	5817	5935	6053	6170	5695	5823	5950	6078	6205	6333	76,4
100	5736	5856	5977	6097	6217	6337	5852	5982	6112	6242	6372	6502	78,0
102	5892	6015	6137	6260	6382	6504	6010	6143	6276	6408	6541	6674	79,6
104	6049	6174	6299	6424	6549	6674	6170	6305	6440	6576	6711	6846	81,1
106	6208	6335	6462	6590	6717	6844	6331	6469	6607	6744	6882	7020	82,7
108	6368	6497	6627	6757	6886	7016	6493	6634	6774	6914	7055	7195	84,2
110	6529	6661	6793	6925	7057	7189	6657	6800	6943	7086	7229	7372	85,8
112	6691	6826	6960	7095	7229	7364	6822	6967	7113	7259	7404	7550	87,4
114	6855	6992	7129	7266	7403	7539	6988	7136	7284	7433	7581	7729	88,9
116	7021	7160	7299	7438	7578	7717	7156	7306	7457	7608	7759	7910	90,5
118	7187	7329	7470	7612	7754	7895	7325	7478	7631	7785	7938	8092	92,0
120	7355	7499	7643	7787	7931	8075	7495	7651	7807	7963	8119	8275	93,6
122	7524	7671	7817	7964	8110	8257	7667	7825	7984	8142	8301	8460	95,2
124	7695	7844	7993	8142	8290	8439	7840	8001	8162	8323	8485	8646	96,7
126	7867	8018	8169	8321	8472	8623	8014	8178	8342	8505	8669	8833	98,3
128	8040	8194	8348	8501	8655	8808	8190	8356	8523	8689	8855	9022	99,8
130	8215	8371	8527	8683	8839	8995	8367	8536	8705	8874	9043	9212	101,4
Gew. d. Gurtungen	87,2	89,1	91,0	92,9	94,7	96,6	89,9	91,9	93,9	96,0	98,0	100,0	kg für 1 m

Widerstandsmomente cm³.

∟ 8,0 · 8,0 · 1,2 cm
Nietstärke 2,3 cm; Stehblechdicke 1,0 cm

Gurtplattendicke 2,0 cm Gurtplattendicke 2,2 cm

Stehbl.-Höhe cm	Gurtplattenbreite cm						Gurtplattenbreite cm						Gew. des Stehbl.
	17	18	19	20	21	22	17	18	19	20	21	22	
30	1429	1490	1550	1610	1670	1731	1497	1563	1630	1696	1763	1829	23,4
32	1552	1617	1681	1745	1809	1874	1625	1695	1766	1837	1908	1978	25,0
34	1677	1746	1814	1882	1950	2019	1754	1829	1904	1980	2055	2130	26,5
36	1804	1876	1949	2021	2093	2166	1886	1965	2045	2124	2204	2283	28,1
38	1933	2009	2085	2162	2238	2314	2019	2103	2187	2271	2355	2438	29,6
40	2063	2143	2224	2304	2384	2464	2154	2242	2330	2419	2507	2595	31,2
42	2195	2279	2364	2448	2532	2616	2290	2383	2476	2569	2661	2754	32,8
44	2329	2417	2505	2594	2682	2770	2429	2526	2623	2720	2817	2914	34,3
46	2464	2556	2649	2741	2833	2925	2569	2670	2772	2873	2975	3076	35,9
48	2601	2697	2793	2890	2986	3082	2710	2816	2922	3028	3134	3240	37,4
50	2739	2840	2940	3040	3140	3240	2853	2963	3074	3184	3294	3405	39,0
52	2879	2984	3088	3192	3296	3400	2998	3112	3227	3342	3456	3571	40,6
54	3021	3129	3237	3345	3453	3562	3144	3263	3382	3501	3620	3739	42,1
56	3164	3276	3388	3500	3612	3724	3291	3415	3538	3662	3785	3909	43,7
58	3308	3424	3540	3656	3773	3889	3440	3568	3696	3824	3952	4080	45,2
60	3454	3574	3694	3814	3934	4055	3591	3723	3855	3988	4120	4252	46,8
62	3601	3725	3849	3973	4098	4222	3743	3880	4016	4153	4289	4426	48,4
64	3750	3878	4006	4134	4262	4390	3896	4037	4178	4319	4460	4601	49,9
66	3900	4032	4164	4296	4428	4560	4051	4197	4342	4487	4633	4778	51,5
68	4051	4187	4323	4460	4596	4732	4207	4357	4507	4657	4807	4956	53,0
70	4204	4344	4484	4625	4765	4905	4365	4519	4673	4828	4982	5136	54,6
72	4358	4503	4647	4791	4935	5079	4524	4683	4841	5000	5158	5317	56,2
74	4514	4662	4810	4959	5107	5255	4685	4848	5011	5174	5336	5499	57,7
76	4671	4823	4976	5128	5280	5432	4846	5014	5181	5349	5516	5683	59,3
78	4830	4986	5142	5298	5454	5610	5010	5181	5353	5525	5697	5869	60,8
80	4990	5150	5310	5470	5630	5790	5174	5350	5527	5703	5879	6055	62,4
82	5151	5315	5479	5643	5807	5972	5340	5521	5701	5882	6063	6243	64,0
84	5314	5482	5650	5818	5986	6154	5508	5693	5878	6063	6248	6433	65,5
86	5478	5650	5822	5994	6166	6338	5677	5866	6055	6245	6434	6623	67,1
88	5643	5819	5995	6171	6347	6524	5847	6040	6234	6428	6622	6816	68,6
90	5810	5990	6170	6350	6530	6710	6018	6216	6415	6613	6811	7009	70,2
92	5978	6162	6346	6530	6714	6898	6191	6394	6596	6799	7001	7204	71,8
94	6147	6336	6524	6712	6900	7088	6365	6572	6779	6986	7193	7400	73,3
96	6318	6510	6702	6895	7087	7279	6541	6752	6964	7175	7386	7598	74,9
98	6491	6687	6883	7079	7275	7471	6718	6934	7150	7365	7581	7797	76,4
100	6664	6864	7064	7264	7465	7665	6896	7117	7337	7557	7777	7997	78,0
102	6839	7043	7247	7451	7655	7860	7076	7301	7525	7750	7974	8199	79,6
104	7015	7223	7432	7640	7848	8056	7257	7486	7715	7944	8173	8402	81,1
106	7193	7405	7617	7829	8041	8253	7440	7673	7906	8140	8373	8606	82,7
108	7372	7588	7804	8020	8236	8453	7624	7861	8099	8337	8574	8812	84,2
110	7552	7772	7993	8213	8433	8653	7809	8051	8293	8535	8777	9019	85,8
112	7734	7958	8182	8406	8630	8855	7995	8242	8488	8735	8981	9228	87,4
114	7917	8145	8373	8601	8830	9058	8183	8434	8685	8936	9187	9438	88,9
116	8102	8334	8566	8798	9030	9262	8372	8628	8883	9138	9394	9649	90,5
118	8287	8523	8760	8996	9232	9468	8563	8823	9082	9342	9602	9861	92,0
120	8475	8715	8955	9195	9435	9675	8755	9019	9283	9547	9811	10075	93,6
122	8663	8907	9151	9395	9639	9883	8948	9217	9485	9754	10022	10291	95,2
124	8853	9101	9349	9597	9845	10093	9143	9416	9689	9961	10234	10507	96,7
126	9044	9296	9548	9800	10052	10304	9339	9616	9893	10171	10448	10725	98,3
128	9237	9493	9749	10005	10261	10517	9536	9818	10099	10381	10663	10944	99,8
130	9430	9690	9951	10211	10471	10731	9735	10021	10307	10593	10879	11165	101,4
Gew. d. Gurtungen	108,5	111,6	114,7	117,8	120,9	124,1	113,8	117,2	120,6	124,1	127,5	130,9	kg für 1 m

⌐ 8,0 · 8,0 · 1,2 cm
Nietstärke 2,3 cm; Stehblechdicke 1,0 cm

Gurtplattendicke 2,4 cm   Gurtplattendicke 2,6 cm

Stehbl.-Höhe cm	Gurtplattenbreite cm						Gurtplattenbreite cm						Gew. des Stehbl.
	17	18	19	20	21	22	17	18	19	20	21	22	
30	1565	1638	1710	1783	1855	1928	1634	1712	1791	1870	1948	2027	23,4
32	1697	1774	1852	1929	2006	2084	1770	1854	1938	2022	2105	2189	25,0
34	1831	1913	1995	2077	2160	2242	1909	1998	2087	2176	2265	2354	26,5
36	1967	2054	2141	2228	2315	2401	2049	2143	2238	2332	2426	2520	28,1
38	2105	2197	2288	2380	2472	2563	2192	2291	2390	2490	2589	2688	29,6
40	2245	2341	2437	2534	2630	2727	2336	2440	2545	2649	2754	2858	31,2
42	2386	2487	2588	2690	2791	2892	2482	2591	2701	2811	2921	3030	32,8
44	2529	2635	2741	2847	2953	3059	2629	2744	2859	2974	3089	3204	34,3
46	2673	2784	2895	3006	3116	3227	2779	2899	3019	3139	3259	3379	35,9
48	2820	2935	3051	3166	3282	3397	2929	3055	3180	3305	3430	3556	37,4
50	2967	3088	3208	3328	3449	3569	3082	3212	3343	3473	3603	3734	39,0
52	3117	3242	3367	3492	3617	3742	3236	3371	3507	3642	3778	3914	40,6
54	3267	3397	3527	3657	3787	3917	3391	3532	3673	3813	3954	4095	42,1
56	3420	3554	3689	3824	3958	4093	3548	3694	3840	3986	4132	4278	43,7
58	3573	3713	3852	3992	4131	4271	3706	3858	4009	4160	4311	4462	45,2
60	3729	3873	4017	4161	4306	4450	3866	4023	4179	4335	4492	4648	46,8
62	3885	4034	4183	4332	4481	4631	4028	4189	4351	4512	4674	4835	48,4
64	4043	4197	4351	4505	4659	4813	4191	4357	4524	4691	4857	5024	49,9
66	4203	4361	4520	4679	4837	4996	4355	4527	4699	4871	5043	5214	51,5
68	4364	4527	4691	4854	5018	5181	4521	4698	4875	5052	5229	5406	53,0
70	4526	4694	4863	5031	5199	5367	4688	4870	5052	5235	5417	5599	54,6
72	4690	4863	5036	5209	5382	5555	4856	5044	5231	5419	5606	5794	56,2
74	4855	5033	5211	5389	5567	5744	5026	5219	5412	5604	5797	5990	57,7
76	5022	5204	5387	5570	5752	5935	5197	5395	5593	5791	5989	6187	59,3
78	5190	5377	5565	5752	5940	6127	5370	5573	5776	5979	6183	6386	60,8
80	5359	5551	5744	5936	6128	6320	5544	5753	5961	6169	6377	6586	62,4
82	5530	5727	5924	6121	6318	6515	5720	5933	6147	6360	6574	6787	64,0
84	5702	5904	6106	6308	6509	6711	5897	6116	6334	6553	6772	6990	65,5
86	5876	6082	6289	6496	6702	6909	6075	6299	6523	6747	6971	7194	67,1
88	6051	6262	6473	6685	6896	7108	6255	6484	6713	6942	7171	7400	68,6
90	6227	6443	6659	6876	7092	7308	6436	6670	6904	7139	7373	7607	70,2
92	6405	6626	6847	7068	7289	7510	6618	6858	7097	7337	7576	7816	71,8
94	6584	6810	7035	7261	7487	7713	6802	7047	7291	7536	7781	8025	73,3
96	6764	6995	7225	7456	7686	7917	6987	7237	7487	7737	7987	8237	74,9
98	6946	7181	7417	7652	7887	8123	7174	7429	7684	7939	8194	8449	76,4
100	7129	7369	7609	7850	8090	8330	7362	7622	7882	8143	8403	8663	78,0
102	7314	7559	7804	8049	8293	8538	7551	7817	8082	8347	8613	8878	79,6
104	7499	7749	7999	8249	8499	8748	7742	8012	8283	8554	8824	9095	81,1
106	7687	7941	8196	8450	8705	8960	7934	8210	8485	8761	9037	9313	82,7
108	7875	8135	8394	8653	8913	9172	8127	8408	8689	8970	9251	9532	84,2
110	8065	8329	8594	8858	9122	9386	8322	8608	8894	9181	9467	9753	85,8
112	8257	8525	8794	9063	9332	9601	8518	8809	9101	9392	9684	9975	87,4
114	8449	8723	8997	9270	9544	9818	8715	9012	9309	9605	9902	10198	88,9
116	8643	8922	9200	9479	9757	10036	8914	9216	9518	9820	10121	10423	90,5
118	8839	9122	9405	9689	9972	10255	9114	9421	9728	10035	10342	10649	92,0
120	9035	9323	9612	9900	10188	10476	9316	9628	9940	10252	10565	10877	93,6
122	9233	9526	9819	10112	10405	10698	9519	9836	10154	10471	10788	11106	95,2
124	9433	9730	10028	10326	10624	10921	9723	10046	10368	10691	11013	11336	96,7
126	9633	9936	10239	10541	10844	11146	9928	10256	10584	10912	11240	11567	98,3
128	9836	10143	10450	10758	11065	11372	10135	10468	10801	11134	11467	11800	99,8
130	10039	10351	10663	10975	11288	11600	10344	10682	11020	11358	11696	12035	101,4
Gew. d. Gurtungen	119,1	122,8	126,5	130,3	134,0	137,8	124,4	128,4	132,5	136,5	140,6	144,6	kg für 1 m

⌐ 8,0 · 8,0 · 1,2 cm
Nietstärke 2,3 cm; Stehblechdicke 1,0 cm

| | Gurtplattendicke 3,0 cm | | | | | | Gurtplattendicke 3,6 cm | | | | | | |

Stehbl.-Höhe cm	Gurtplattenbreite cm						Gurtplattenbreite cm						Gew. des Stehbl.
	17	18	19	20	21	22	17	18	19	20	21	22	
30	1772	1863	1954	2045	2136	2227	1983	2092	2202	2312	2421	2531	23,4
32	1917	2014	2111	2208	2305	2402	2142	2258	2375	2492	2609	2725	25,0
34	2065	2168	2271	2374	2477	2580	2303	2427	2550	2674	2798	2922	26,5
36	2215	2324	2432	2541	2650	2759	2466	2597	2728	2859	2990	3121	28,1
38	2366	2481	2596	2711	2825	2940	2631	2769	2907	3045	3183	3322	29,6
40	2519	2640	2761	2882	3003	3123	2798	2943	3088	3234	3379	3524	31,2
42	2675	2801	2928	3055	3182	3308	2966	3119	3271	3424	3576	3729	32,8
44	2831	2964	3097	3229	3362	3495	3137	3297	3456	3616	3775	3935	34,3
46	2990	3128	3267	3406	3545	3683	3309	3476	3643	3810	3976	4143	35,9
48	3150	3294	3439	3584	3728	3873	3483	3657	3831	4005	4179	4353	37,4
50	3311	3462	3613	3763	3914	4065	3659	3840	4021	4202	4383	4564	39,0
52	3475	3631	3788	3945	4101	4258	3836	4024	4212	4401	4589	4777	40,6
54	3639	3802	3965	4127	4290	4452	4015	4210	4405	4601	4796	4992	42,1
56	3806	3974	4143	4312	4480	4649	4195	4397	4600	4803	5005	5208	43,7
58	3974	4148	4323	4497	4672	4846	4377	4586	4796	5006	5216	5425	45,2
60	4143	4323	4504	4685	4865	5046	4560	4777	4994	5211	5428	5645	46,8
62	4314	4500	4687	4873	5060	5246	4745	4969	5193	5417	5641	5865	48,4
64	4486	4678	4871	5063	5256	5448	4931	5162	5394	5625	5856	6088	49,9
66	4660	4858	5057	5255	5454	5652	5119	5357	5596	5834	6073	6311	51,5
68	4835	5039	5244	5448	5653	5857	5308	5554	5799	6045	6291	6536	53,0
70	5011	5222	5432	5643	5853	6064	5499	5752	6004	6257	6510	6763	54,6
72	5189	5406	5622	5839	6055	6272	5691	5951	6211	6471	6731	6991	56,2
74	5369	5591	5814	6036	6259	6481	5885	6152	6419	6686	6953	7220	57,7
76	5550	5778	6006	6235	6463	6692	6080	6354	6628	6903	7177	7451	59,3
78	5732	5966	6201	6435	6669	6904	6276	6558	6839	7121	7402	7684	60,8
80	5915	6156	6396	6637	6877	7118	6474	6763	7051	7340	7629	7917	62,4
82	6100	6347	6593	6840	7086	7332	6673	6969	7265	7561	7857	8153	64,0
84	6287	6539	6792	7044	7296	7549	6874	7177	7480	7783	8086	8389	65,5
86	6475	6733	6991	7250	7508	7767	7076	7386	7696	8007	8317	8627	67,1
88	6664	6928	7193	7457	7721	7986	7279	7597	7914	8232	8549	8867	68,6
90	6855	7125	7395	7666	7936	8206	7484	7809	8133	8458	8783	9107	70,2
92	7046	7323	7599	7876	8152	8428	7690	8022	8354	8686	9018	9350	71,8
94	7240	7522	7805	8087	8369	8652	7898	8237	8576	8915	9254	9593	73,3
96	7435	7723	8011	8300	8588	8876	8107	8453	8799	9146	9492	9838	74,9
98	7631	7925	8219	8514	8808	9102	8317	8671	9024	9378	9731	10084	76,4
100	7828	8128	8429	8729	9029	9330	8529	8890	9250	9611	9971	10332	78,0
102	8027	8333	8640	8946	9252	9559	8742	9110	9478	9846	10213	10581	79,6
104	8227	8539	8852	9164	9476	9789	8957	9332	9707	10082	10457	10832	81,1
106	8429	8747	9065	9384	9702	10020	9173	9555	9937	10319	10701	11083	82,7
108	8632	8956	9280	9605	9929	10253	9390	9779	10169	10558	10947	11337	84,2
110	8836	9166	9497	9827	10157	10487	9609	10005	10402	10798	11195	11591	85,8
112	9042	9378	9714	10050	10387	10723	9829	10232	10636	11040	11443	11847	87,4
114	9249	9591	9933	10275	10618	10960	10050	10461	10872	11283	11693	12104	88,9
116	9457	9805	10154	10502	10850	11198	10273	10691	11109	11527	11945	12363	90,5
118	9667	10021	10375	10730	11084	11438	10497	10922	11347	11772	12198	12623	92,0
120	9878	10238	10598	10959	11319	11679	10722	11155	11587	12019	12452	12884	93,6
122	10090	10456	10823	11189	11555	11922	10949	11388	11828	12268	12708	13147	95,2
124	10304	10676	11049	11421	11793	12165	11177	11624	12071	12518	12964	13411	96,7
126	10519	10897	11276	11654	12032	12410	11406	11860	12315	12769	13223	13677	98,3
128	10736	11120	11504	11888	12273	12657	11637	12099	12560	13021	13482	13944	99,8
130	10953	11344	11734	12124	12514	12905	11869	12338	12806	13275	13743	14212	101,4
Gew. d. Gurtungen	135,0	139,7	144,3	149,0	153,7	158,4	150,9	156,5	162,1	167,7	173,3	179,0	kg für 1 m

∟ 9,0 · 9,0 · 1,1 cm
Nietstärke 2,0 cm; Stehblechdicke 1,0 cm

	Gurtplattendicke 1,0 cm						Gurtplattendicke 1,1 cm						
Stehbl.-Höhe cm	Gurtplattenbreite cm						Gurtplattenbreite cm						Gew. des Stehbl.
	19	20	21	22	23	24	19	20	21	22	23	24	
30	1220	1250	1280	1310	1340	1370	1260	1293	1326	1359	1392	1425	23,4
32	1330	1362	1394	1426	1458	1490	1373	1408	1443	1479	1514	1549	25,0
34	1442	1476	1510	1544	1578	1612	1488	1525	1562	1600	1637	1675	26,5
36	1555	1591	1627	1663	1699	1735	1604	1644	1683	1723	1763	1802	28,1
38	1671	1709	1747	1785	1823	1861	1722	1764	1806	1848	1890	1932	29,6
40	1788	1828	1868	1908	1948	1988	1843	1887	1931	1975	2019	2063	31,2
42	1907	1949	1991	2033	2075	2117	1964	2011	2057	2103	2149	2195	32,8
44	2027	2071	2115	2159	2204	2248	2088	2136	2185	2233	2281	2330	34,3
46	2150	2196	2242	2288	2334	2380	2213	2263	2314	2365	2415	2466	35,9
48	2273	2321	2369	2417	2465	2513	2339	2392	2445	2498	2550	2603	37,4
50	2398	2448	2498	2548	2598	2648	2467	2522	2577	2632	2687	2742	39,0
52	2525	2577	2629	2681	2733	2785	2597	2654	2711	2768	2826	2883	40,6
54	2653	2707	2761	2815	2869	2923	2728	2787	2847	2906	2966	3025	42,1
56	2783	2839	2895	2951	3007	3063	2860	2922	2984	3045	3107	3169	43,7
58	2914	2972	3030	3088	3146	3204	2994	3058	3122	3186	3250	3314	45,2
60	3047	3107	3167	3227	3287	3347	3130	3196	3262	3328	3394	3460	46,8
62	3181	3243	3305	3367	3429	3491	3267	3335	3403	3471	3540	3608	48,4
64	3316	3380	3444	3508	3572	3636	3405	3475	3546	3616	3687	3757	49,9
66	3453	3519	3585	3651	3717	3783	3545	3617	3690	3763	3835	3908	51,5
68	3591	3659	3727	3795	3863	3931	3686	3761	3836	3910	3985	4060	53,0
70	3731	3801	3871	3941	4011	4081	3829	3906	3983	4060	4137	4214	54,6
72	3872	3944	4016	4088	4160	4232	3972	4052	4131	4210	4289	4369	56,2
74	4014	4088	4162	4236	4310	4384	4118	4199	4281	4362	4444	4525	57,7
76	4158	4234	4310	4386	4462	4538	4265	4348	4432	4515	4599	4683	59,3
78	4303	4381	4460	4538	4616	4694	4413	4499	4584	4670	4756	4842	60,8
80	4450	4530	4610	4690	4770	4850	4562	4650	4738	4826	4914	5002	62,4
82	4598	4680	4762	4844	4926	5008	4713	4803	4894	4984	5074	5164	64,0
84	4747	4831	4916	5000	5084	5168	4865	4958	5050	5143	5235	5328	65,5
86	4898	4984	5070	5156	5242	5328	5019	5114	5208	5303	5398	5492	67,1
88	5050	5138	5226	5314	5402	5490	5174	5271	5368	5465	5561	5658	68,6
90	5204	5294	5384	5474	5564	5654	5331	5430	5529	5628	5727	5826	70,2
92	5359	5451	5543	5635	5727	5819	5488	5590	5691	5792	5893	5994	71,8
94	5515	5609	5703	5797	5891	5985	5647	5751	5854	5958	6061	6165	73,3
96	5672	5768	5864	5960	6057	6153	5808	5914	6019	6125	6230	6336	74,9
98	5831	5929	6027	6125	6223	6321	5970	6078	6185	6293	6401	6509	76,4
100	5992	6092	6192	6292	6392	6492	6133	6243	6353	6463	6573	6683	78,0
102	6153	6255	6357	6459	6561	6663	6298	6410	6522	6634	6746	6859	79,6
104	6316	6420	6524	6628	6732	6836	6463	6578	6692	6807	6921	7036	81,1
106	6481	6587	6693	6799	6905	7011	6631	6747	6864	6981	7097	7214	82,7
108	6646	6754	6862	6970	7078	7186	6799	6918	7037	7156	7275	7393	84,2
110	6813	6923	7033	7143	7253	7364	6969	7090	7211	7332	7453	7574	85,8
112	6982	7094	7206	7318	7430	7542	7141	7264	7387	7510	7633	7757	87,4
114	7152	7266	7380	7494	7608	7722	7313	7439	7564	7690	7815	7940	88,9
116	7323	7439	7555	7671	7787	7903	7487	7615	7743	7870	7998	8125	90,5
118	7495	7613	7731	7849	7967	8085	7663	7793	7922	8052	8182	8312	92,0
120	7669	7789	7909	8029	8149	8269	7839	7971	8103	8235	8367	8500	93,6
122	7844	7966	8088	8210	8332	8454	8018	8152	8286	8420	8554	8689	95,2
124	8021	8145	8269	8393	8517	8641	8197	8333	8470	8606	8743	8879	96,7
126	8198	8325	8451	8577	8703	8829	8378	8516	8655	8794	8932	9071	98,3
128	8378	8506	8634	8762	8890	9018	8560	8701	8841	8982	9123	9264	99,8
130	8558	8688	8818	8948	9078	9208	8743	8886	9029	9172	9315	9458	101,4
Gew. d. Gurtungen	87,6	89,2	90,8	92,3	93,9	95,4	90,6	92,3	94,0	95,8	97,5	99,2	kg für 1 m

Widerstandsmomente cm³.

L 9,0 · 9,0 · 1,1 cm
Nietstärke 2,0 cm; Stehblechdicke 1,0 cm

Gurtplattendicke 1,2 cm Gurtplattendicke 1,3 cm

Stehbl-Höhe cm	Gurtplattenbreite cm						Gurtplattenbreite cm						Gew. des Stehbl.
	19	20	21	22	23	24	19	20	21	22	23	24	
30	1301	1337	1373	1409	1445	1481	1341	1380	1420	1459	1498	1537	23,4
32	1416	1455	1493	1532	1570	1609	1460	1501	1543	1585	1626	1668	25,0
34	1534	1575	1615	1656	1697	1738	1580	1624	1668	1713	1757	1801	26,5
36	1653	1696	1740	1783	1826	1869	1702	1749	1796	1843	1890	1936	28,1
38	1774	1820	1866	1911	1957	2003	1826	1876	1925	1975	2024	2073	29,6
40	1897	1945	1993	2041	2089	2137	1952	2004	2056	2108	2160	2212	31,2
42	2022	2072	2123	2173	2224	2274	2079	2134	2189	2243	2298	2353	32,8
44	2148	2201	2254	2306	2359	2412	2208	2266	2323	2380	2437	2495	34,3
46	2276	2331	2386	2441	2497	2552	2339	2399	2459	2519	2578	2638	35,9
48	2405	2463	2520	2578	2636	2693	2471	2534	2596	2659	2721	2784	37,4
50	2536	2596	2656	2716	2776	2836	2605	2670	2735	2800	2865	2930	39,0
52	2669	2731	2793	2856	2918	2981	2740	2808	2876	2943	3011	3079	40,6
54	2802	2867	2932	2997	3062	3127	2877	2947	3018	3088	3158	3228	42,1
56	2938	3005	3072	3140	3207	3274	3015	3088	3161	3234	3307	3380	43,7
58	3075	3144	3214	3284	3353	3423	3155	3231	3306	3382	3457	3532	45,2
60	3213	3285	3357	3429	3501	3573	3296	3374	3453	3531	3609	3687	46,8
62	3353	3427	3502	3576	3651	3725	3439	3520	3600	3681	3762	3842	48,4
64	3494	3571	3648	3725	3801	3878	3583	3666	3750	3833	3916	3999	49,9
66	3637	3716	3795	3874	3954	4033	3729	3815	3900	3986	4072	4158	51,5
68	3781	3862	3944	4026	4107	4189	3876	3964	4053	4141	4229	4318	53,0
70	3926	4010	4094	4178	4262	4346	4024	4115	4206	4297	4388	4479	54,6
72	4073	4160	4246	4332	4419	4505	4174	4267	4361	4455	4548	4642	56,2
74	4221	4310	4399	4488	4577	4666	4325	4421	4517	4614	4710	4806	57,7
76	4371	4462	4553	4645	4736	4827	4478	4576	4675	4774	4873	4972	59,3
78	4522	4616	4709	4803	4897	4990	4631	4733	4834	4936	5037	5139	60,8
80	4674	4771	4867	4963	5059	5155	4787	4891	4995	5099	5203	5307	62,4
82	4828	4927	5025	5124	5222	5320	4943	5050	5157	5263	5370	5477	64,0
84	4983	5084	5185	5286	5387	5488	5102	5211	5320	5429	5539	5648	65,5
86	5140	5243	5347	5450	5553	5656	5261	5373	5485	5597	5708	5820	67,1
88	5298	5404	5509	5615	5721	5826	5422	5536	5651	5765	5880	5994	68,6
90	5457	5565	5673	5781	5889	5997	5584	5701	5818	5935	6052	6169	70,2
92	5618	5728	5839	5949	6060	6170	5748	5867	5987	6107	6226	6346	71,8
94	5780	5893	6006	6118	6231	6344	5913	6035	6157	6279	6402	6524	73,3
96	5943	6059	6174	6289	6404	6520	6079	6204	6329	6453	6578	6703	74,9
98	6108	6226	6343	6461	6579	6696	6247	6374	6501	6629	6756	6884	76,4
100	6274	6394	6514	6634	6754	6874	6416	6546	6676	6806	6936	7066	78,0
102	6442	6564	6687	6809	6931	7054	6586	6719	6851	6984	7117	7249	79,6
104	6611	6735	6860	6985	7110	7235	6758	6893	7028	7163	7299	7434	81,1
106	6781	6908	7035	7162	7290	7417	6931	7069	7207	7344	7482	7620	82,7
108	6952	7082	7212	7341	7471	7600	7105	7246	7386	7527	7667	7807	84,2
110	7125	7257	7389	7521	7653	7785	7281	7424	7567	7710	7853	7996	85,8
112	7299	7434	7568	7703	7837	7972	7458	7604	7750	7895	8041	8186	87,4
114	7475	7612	7749	7885	8022	8159	7637	7785	7933	8081	8230	8378	88,9
116	7652	7791	7930	8070	8209	8348	7817	7968	8118	8269	8420	8571	90,5
118	7830	7972	8114	8255	8397	8538	7998	8151	8305	8458	8612	8765	92,0
120	8010	8154	8298	8442	8586	8730	8180	8336	8493	8649	8805	8961	93,6
122	8191	8337	8484	8630	8777	8923	8364	8523	8682	8840	8999	9157	95,2
124	8373	8522	8671	8820	8969	9117	8550	8711	8872	9033	9195	9356	96,7
126	8557	8708	8859	9011	9162	9313	8736	8900	9064	9228	9392	9555	98,3
128	8742	8896	9049	9203	9356	9510	8924	9091	9257	9423	9590	9756	99,8
130	8928	9084	9240	9396	9552	9708	9113	9283	9452	9621	9790	9959	101,4
Gew. d. Gurtungen	93,6	95,4	97,3	99,2	101,1	102,9	96,5	98,6	100,6	102,6	104,6	106,7	kg für 1 m

L 9,0 · 9,0 · 1,1 cm
Nietstärke 2,0 cm; Stehblechdicke 1,0 cm

Gurtplattendicke 2,0 cm   Gurtplattendicke 2,2 cm

Stehbl.-Höhe cm	Gurtplattenbreite cm						Gurtplattenbreite cm						Gew. des Stehbl.
	19	20	21	22	23	24	19	20	21	22	23	24	
30	1629	1689	1749	1810	1870	1930	1712	1778	1845	1911	1977	2044	23,4
32	1766	1831	1895	1959	2024	2088	1855	1926	1997	2067	2138	2209	25,0
34	1906	1974	2043	2111	2179	2248	2000	2076	2151	2226	2301	2376	26,5
36	2048	2120	2193	2265	2337	2409	2148	2227	2307	2386	2466	2545	28,1
38	2192	2268	2344	2420	2497	2573	2297	2381	2465	2549	2633	2717	29,6
40	2337	2417	2498	2578	2658	2738	2448	2536	2625	2713	2801	2890	31,2
42	2484	2569	2653	2737	2821	2906	2601	2694	2786	2879	2972	3065	32,8
44	2633	2722	2810	2898	2986	3074	2756	2853	2950	3047	3144	3241	34,3
46	2784	2876	2968	3061	3153	3245	2912	3013	3115	3216	3318	3419	35,9
48	2936	3032	3129	3225	3321	3417	3070	3176	3281	3387	3493	3599	37,4
50	3090	3190	3290	3390	3491	3591	3229	3339	3450	3560	3670	3780	39,0
52	3245	3349	3454	3558	3662	3766	3390	3505	3620	3734	3849	3963	40,6
54	3402	3510	3618	3727	3835	3943	3553	3672	3791	3910	4029	4148	42,1
56	3560	3673	3785	3897	4009	4121	3717	3840	3964	4087	4211	4334	43,7
58	3720	3837	3953	4069	4185	4301	3883	4010	4138	4266	4394	4522	45,2
60	3882	4002	4122	4242	4362	4483	4050	4182	4314	4446	4578	4711	46,8
62	4045	4169	4293	4417	4541	4665	4218	4355	4491	4628	4765	4901	48,4
64	4209	4337	4465	4593	4721	4850	4388	4529	4670	4811	4952	5093	49,9
66	4375	4507	4639	4771	4903	5035	4560	4705	4850	4996	5141	5287	51,5
68	4542	4678	4814	4950	5086	5222	4733	4882	5032	5182	5332	5482	53,0
70	4710	4850	4991	5131	5271	5411	4907	5061	5215	5370	5524	5678	54,6
72	4880	5024	5169	5313	5457	5601	5083	5241	5400	5558	5717	5876	56,2
74	5052	5200	5348	5496	5644	5792	5260	5423	5586	5749	5912	6075	57,7
76	5225	5377	5529	5681	5833	5985	5439	5606	5773	5941	6108	6275	59,3
78	5399	5555	5711	5867	6023	6179	5619	5790	5962	6134	6306	6477	60,8
80	5574	5735	5895	6055	6215	6375	5800	5976	6152	6328	6505	6681	62,4
82	5751	5916	6080	6244	6408	6572	5983	6163	6344	6524	6705	6886	64,0
84	5930	6098	6266	6434	6602	6770	6167	6352	6537	6722	6907	7092	65,5
86	6110	6282	6454	6626	6798	6970	6353	6542	6731	6921	7110	7299	67,1
88	6291	6467	6643	6819	6995	7171	6540	6733	6927	7121	7315	7508	68,6
90	6473	6653	6834	7014	7194	7374	6728	6926	7124	7322	7520	7719	70,2
92	6657	6841	7025	7210	7394	7578	6918	7120	7323	7525	7728	7930	71,8
94	6843	7031	7219	7407	7595	7783	7109	7316	7523	7730	7936	8143	73,3
96	7029	7221	7413	7606	7798	7990	7301	7513	7724	7935	8147	8358	74,9
98	7217	7413	7609	7806	8002	8198	7495	7711	7927	8142	8358	8574	76,4
100	7407	7607	7807	8007	8207	8407	7690	7910	8131	8351	8571	8791	78,0
102	7597	7802	8006	8210	8414	8618	7887	8111	8336	8560	8785	9010	79,6
104	7790	7998	8206	8414	8622	8830	8085	8314	8543	8772	9001	9229	81,1
106	7983	8195	8407	8619	8831	9044	8284	8517	8751	8984	9217	9451	82,7
108	8178	8394	8610	8826	9042	9258	8485	8722	8960	9198	9436	9673	84,2
110	8374	8594	8814	9034	9254	9475	8687	8929	9171	9413	9655	9897	85,8
112	8572	8796	9020	9244	9468	9692	8890	9137	9383	9630	9876	10123	87,4
114	8771	8999	9227	9455	9683	9911	9095	9346	9597	9848	10099	10350	88,9
116	8971	9203	9435	9667	9899	10131	9301	9556	9812	10067	10322	10578	90,5
118	9172	9409	9645	9881	10117	10353	9509	9768	10028	10288	10547	10807	92,0
120	9375	9616	9856	10096	10336	10576	9717	9981	10246	10510	10774	11038	93,6
122	9580	9824	10068	10312	10556	10800	9927	10196	10464	10733	11002	11270	95,2
124	9785	10034	10282	10530	10778	11026	10139	10412	10685	10958	11231	11504	96,7
126	9993	10245	10497	10749	11001	11253	10352	10629	10906	11184	11461	11738	98,3
128	10201	10457	10713	10969	11225	11481	10566	10848	11129	11411	11693	11975	99,8
130	10411	10671	10931	11191	11451	11711	10782	11068	11354	11640	11926	12212	101,4
Gew. d. Gurtungen	117,3	120,4	123,5	126,6	129,8	132,9	123,2	126,6	130,1	133,5	136,9	140,4	kg für 1 m

Widerstandsmomente cm³.

∟ 9,0 · 9,0 · 1,1 cm

Nietstärke 2,0 cm; Stehblechdicke 1,0 cm

Gurtplattendicke 2,4 cm · · · Gurtplattendicke 2,6 cm

Stehbl.-Höhe cm	Gurtplattenbreite cm						Gurtplattenbreite cm						Gew. des Stehbl.
	19	20	21	22	23	24	19	20	21	22	23	24	
30	1795	1868	1940	2013	2085	2158	1879	1958	2037	2115	2194	2273	23,4
32	1944	2021	2099	2176	2253	2330	2033	2117	2201	2285	2369	2453	25,0
34	2095	2177	2259	2341	2423	2505	2190	2279	2368	2457	2546	2635	26,5
36	2248	2335	2422	2508	2595	2682	2348	2443	2537	2631	2725	2819	28,1
38	2403	2494	2586	2678	2769	2861	2509	2608	2708	2807	2906	3006	29,6
40	2559	2656	2752	2849	2945	3042	2671	2776	2880	2985	3089	3194	31,2
42	2718	2819	2920	3022	3123	3224	2835	2945	3055	3164	3274	3384	32,8
44	2878	2984	3090	3196	3302	3408	3001	3116	3231	3346	3461	3576	34,3
46	3040	3151	3262	3372	3483	3594	3169	3289	3409	3529	3649	3769	35,9
48	3204	3319	3435	3550	3666	3781	3338	3463	3588	3714	3839	3964	37,4
50	3369	3489	3609	3730	3850	3971	3509	3639	3770	3900	4031	4161	39,0
52	3536	3661	3786	3911	4036	4161	3681	3817	3952	4088	4224	4359	40,6
54	3704	3834	3964	4094	4223	4353	3855	3996	4137	4278	4418	4559	42,1
56	3874	4008	4143	4278	4412	4547	4031	4177	4323	4469	4615	4761	43,7
58	4045	4184	4324	4463	4603	4742	4208	4359	4510	4661	4812	4964	45,2
60	4218	4362	4506	4651	4795	4939	4386	4543	4699	4855	5012	5168	46,8
62	4392	4541	4690	4839	4988	5138	4566	4728	4889	5051	5213	5374	48,4
64	4568	4722	4876	5030	5183	5337	4748	4915	5081	5248	5415	5582	49,9
66	4745	4904	5062	5221	5380	5538	4931	5103	5275	5447	5619	5791	51,5
68	4924	5087	5251	5414	5578	5741	5115	5292	5470	5647	5824	6001	53,0
70	5104	5272	5440	5609	5777	5945	5301	5483	5666	5848	6030	6213	54,6
72	5285	5459	5632	5805	5978	6151	5488	5676	5863	6051	6238	6426	56,2
74	5468	5646	5824	6002	6180	6358	5677	5870	6063	6255	6448	6641	57,7
76	5653	5835	6018	6201	6383	6566	5867	6065	6263	6461	6659	6857	59,3
78	5839	6026	6213	6401	6588	6776	6059	6262	6465	6668	6871	7074	60,8
80	6026	6218	6410	6602	6795	6987	6252	6460	6668	6877	7085	7293	62,4
82	6214	6411	6608	6805	7002	7199	6446	6660	6873	7087	7300	7514	64,0
84	6404	6606	6808	7010	7212	7413	6642	6861	7079	7298	7517	7735	65,5
86	6596	6802	7009	7216	7422	7629	6839	7063	7287	7511	7735	7959	67,1
88	6789	7000	7211	7423	7634	7846	7038	7267	7496	7725	7954	8183	68,6
90	6983	7199	7415	7631	7847	8064	7238	7472	7706	7940	8175	8409	70,2
92	7178	7399	7620	7841	8062	8283	7439	7679	7918	8157	8397	8636	71,8
94	7375	7601	7827	8052	8278	8504	7642	7886	8131	8376	8620	8865	73,3
96	7573	7804	8035	8265	8496	8726	7846	8096	8346	8595	8845	9095	74,9
98	7773	8008	8244	8479	8715	8950	8051	8306	8561	8816	9071	9326	76,4
100	7974	8214	8454	8695	8935	9175	8258	8518	8779	9039	9299	9559	78,0
102	8177	8421	8666	8911	9156	9401	8466	8732	8997	9263	9528	9793	79,6
104	8380	8630	8880	9130	9379	9629	8676	8947	9217	9488	9758	10029	81,1
106	8585	8840	9095	9349	9604	9858	8887	9163	9439	9714	9990	10266	82,7
108	8792	9051	9311	9570	9829	10089	9099	9380	9661	9942	10223	10504	84,2
110	9000	9264	9528	9792	10056	10321	9313	9599	9885	10171	10458	10744	85,8
112	9209	9478	9747	10016	10285	10554	9528	9819	10111	10402	10694	10985	87,4
114	9420	9693	9967	10241	10515	10788	9744	10041	10338	10634	10931	11227	88,9
116	9631	9910	10189	10467	10746	11024	9962	10264	10566	10867	11169	11471	90,5
118	9845	10128	10411	10695	10978	11261	10181	10488	10795	11102	11409	11716	92,0
120	10059	10348	10636	10924	11212	11500	10402	10714	11026	11338	11650	11963	93,6
122	10275	10568	10861	11154	11447	11740	10623	10941	11258	11576	11893	12210	95,2
124	10493	10790	11088	11386	11684	11981	10847	11169	11492	11814	12137	12460	96,7
126	10711	11014	11316	11619	11922	12224	11071	11399	11727	12054	12382	12710	98,3
128	10931	11239	11546	11853	12161	12468	11297	11630	11963	12296	12629	12962	99,8
130	11153	11465	11777	12089	12401	12714	11524	11862	12201	12539	12877	13215	101,4
Gew. d. Gurtungen	129,1	132,9	136,6	140,4	144,1	147,9	135,1	139,1	143,2	147,2	151,3	155,3	kg für 1 m

∟ 9,0 · 9,0 · 1,1 cm
Nietstärke 2,0 cm; Stehblechdicke 1,0 cm

Stehbl.-Höhe cm	Gurtplattendicke 3,0 cm						Gurtplattendicke 3,3 cm						Gew. des Stehbl.
	Gurtplattenbreite cm						Gurtplattenbreite cm						
	19	20	21	22	23	24	19	20	21	22	23	24	
30	2049	2140	2231	2322	2413	2504	2177	2277	2378	2478	2578	2679	23,4
32	2214	2311	2408	2505	2602	2699	2351	2457	2564	2671	2778	2885	25,0
34	2381	2484	2587	2690	2793	2896	2526	2640	2753	2866	2980	3093	26,5
36	2551	2660	2769	2878	2986	3095	2704	2824	2944	3064	3184	3304	28,1
38	2723	2837	2952	3067	3182	3297	2884	3010	3137	3263	3390	3516	29,6
40	2896	3017	3138	3258	3379	3500	3066	3199	3332	3465	3598	3731	31,2
42	3071	3198	3325	3452	3578	3705	3249	3389	3529	3668	3808	3947	32,8
44	3248	3381	3514	3647	3779	3912	3435	3581	3727	3873	4019	4166	34,3
46	3427	3566	3705	3843	3982	4121	3622	3775	3928	4080	4233	4386	35,9
48	3608	3752	3897	4042	4186	4331	3811	3970	4130	4289	4448	4608	37,4
50	3790	3941	4091	4242	4392	4543	4002	4168	4333	4499	4665	4831	39,0
52	3974	4130	4287	4444	4600	4757	4194	4366	4539	4711	4884	5056	40,6
54	4159	4322	4484	4647	4809	4972	4388	4567	4746	4925	5104	5283	42,1
56	4346	4515	4683	4852	5020	5189	4583	4769	4954	5140	5326	5511	43,7
58	4534	4709	4884	5058	5233	5407	4780	4972	5165	5357	5549	5741	45,2
60	4724	4905	5085	5266	5447	5627	4979	5178	5376	5575	5774	5972	46,8
62	4916	5102	5289	5475	5662	5849	5179	5384	5589	5795	6000	6205	48,4
64	5109	5301	5494	5686	5879	6071	5380	5592	5804	6016	6228	6440	49,9
66	5303	5502	5700	5899	6097	6296	5583	5802	6020	6239	6457	6676	51,5
68	5499	5704	5908	6113	6317	6522	5788	6013	6238	6463	6688	6913	53,0
70	5697	5907	6118	6328	6538	6749	5994	6226	6457	6689	6920	7152	54,6
72	5895	6112	6328	6545	6761	6978	6201	6440	6678	6916	7154	7392	56,2
74	6096	6318	6541	6763	6985	7208	6410	6655	6900	7145	7389	7634	57,7
76	6297	6526	6754	6983	7211	7440	6621	6872	7123	7375	7626	7878	59,3
78	6500	6735	6969	7204	7438	7673	6832	7090	7348	7606	7864	8122	60,8
80	6705	6945	7186	7426	7667	7907	7046	7310	7575	7839	8104	8368	62,4
82	6911	7157	7404	7650	7897	8143	7260	7531	7802	8074	8345	8616	64,0
84	7118	7371	7623	7875	8128	8380	7476	7754	8032	8309	8587	8865	65,5
86	7327	7585	7844	8102	8361	8619	7694	7978	8262	8546	8831	9115	67,1
88	7537	7802	8066	8330	8595	8859	7912	8203	8494	8785	9076	9367	68,6
90	7749	8019	8289	8560	8830	9101	8133	8430	8728	9025	9323	9620	70,2
92	7962	8238	8514	8791	9067	9343	8354	8658	8962	9266	9570	9875	71,8
94	8176	8458	8741	9023	9305	9588	8577	8888	9198	9509	9820	10131	73,3
96	8392	8680	8968	9257	9545	9833	8802	9119	9436	9753	10071	10388	74,9
98	8609	8903	9197	9492	9786	10080	9027	9351	9675	9999	10323	10647	76,4
100	8827	9127	9428	9728	10028	10329	9254	9585	9915	10246	10576	10907	78,0
102	9047	9353	9660	9966	10272	10579	9483	9820	10157	10494	10831	11168	79,6
104	9268	9580	9893	10205	10517	10830	9713	10056	10400	10744	11087	11431	81,1
106	9491	9809	10127	10446	10764	11082	9944	10294	10645	10995	11345	11695	82,7
108	9715	10039	10363	10688	11012	11336	10177	10534	10890	11247	11604	11961	84,2
110	9940	10270	10600	10931	11261	11591	10411	10774	11138	11501	11864	12228	85,8
112	10167	10503	10839	11175	11512	11848	10646	11016	11386	11756	12126	12496	87,4
114	10395	10737	11079	11421	11764	12106	10883	11259	11636	12013	12389	12766	88,9
116	10624	10972	11321	11669	12017	12365	11121	11504	11887	12271	12654	13037	90,5
118	10855	11209	11563	11918	12272	12626	11360	11750	12140	12530	12920	13309	92,0
120	11087	11447	11807	12168	12528	12888	11601	11998	12394	12790	13187	13583	93,6
122	11320	11687	12053	12419	12785	13152	11843	12246	12649	13052	13455	13858	95,2
124	11555	11927	12300	12672	13044	13416	12087	12497	12906	13316	13725	14135	96,7
126	11791	12170	12548	12926	13304	13683	12332	12748	13164	13580	13997	14413	98,3
128	12029	12413	12797	13182	13566	13950	12578	13001	13424	13846	14269	14692	99,8
130	12268	12658	13048	13438	13829	14219	12826	13255	13684	14114	14543	14973	101,4
Gew. d. Gurtungen	146,9	151,6	156,3	161,0	165,6	170,3	155,8	161,0	166,1	171,3	176,4	181,6	kg für 1 m

Widerstandsmomente cm³.

⌊ 9,0 · 9,0 · 1,3 cm

Nietstärke 2,3 cm; Stehblechdicke 1,1 cm

Gurtplattendicke 1,2 cm   **Gurtplattendicke 1,3 cm**

Stehbl.-Höhe cm	Gurtplattenbreite cm						Gurtplattenbreite cm						Gew. des Stehbl.
	20	21	22	23	24	25	20	21	22	23	24	25	
30	1403	1440	1476	1512	1548	1584	1445	1484	1523	1562	1601	1640	25,7
32	1530	1569	1607	1646	1684	1722	1574	1616	1658	1699	1741	1783	27,5
34	1659	1700	1741	1782	1823	1863	1706	1750	1795	1839	1883	1927	29,2
36	1790	1833	1877	1920	1963	2006	1840	1887	1934	1981	2027	2074	30,9
38	1923	1969	2014	2060	2106	2151	1976	2025	2075	2124	2174	2223	32,6
40	2058	2106	2154	2202	2250	2298	2114	2166	2218	2270	2322	2374	34,3
42	2195	2245	2296	2346	2397	2447	2254	2308	2363	2418	2472	2527	36,0
44	2334	2387	2439	2492	2545	2598	2395	2452	2510	2567	2624	2681	37,8
46	2474	2529	2585	2640	2695	2750	2539	2598	2658	2718	2778	2838	39,5
48	2616	2674	2732	2789	2847	2905	2684	2746	2809	2871	2934	2996	41,2
50	2760	2820	2880	2940	3001	3061	2831	2896	2961	3026	3091	3156	42,9
52	2906	2968	3031	3093	3156	3218	2979	3047	3114	3182	3250	3317	44,6
54	3053	3118	3183	3248	3313	3377	3129	3200	3270	3340	3410	3481	46,3
56	3202	3269	3337	3404	3471	3538	3281	3354	3427	3500	3573	3645	48,0
58	3353	3422	3492	3562	3631	3701	3435	3510	3586	3661	3736	3812	49,8
60	3505	3577	3649	3721	3793	3865	3590	3668	3746	3824	3902	3980	51,5
62	3659	3733	3808	3882	3956	4031	3746	3827	3908	3988	4069	4150	53,2
64	3814	3891	3968	4044	4121	4198	3905	3988	4071	4155	4238	4321	54,9
66	3971	4050	4129	4209	4288	4367	4065	4150	4236	4322	4408	4494	56,6
68	4129	4211	4293	4374	4456	4538	4226	4315	4403	4491	4580	4668	58,3
70	4289	4373	4457	4541	4626	4710	4389	4480	4571	4662	4753	4844	60,1
72	4451	4537	4624	4710	4797	4883	4554	4647	4741	4835	4928	5022	61,8
74	4614	4703	4792	4881	4969	5058	4720	4816	4912	5008	5105	5201	63,5
76	4779	4870	4961	5052	5144	5235	4887	4986	5085	5184	5283	5381	65,2
78	4945	5039	5132	5226	5319	5413	5056	5158	5259	5361	5462	5564	66,9
80	5113	5209	5305	5401	5497	5593	5227	5331	5435	5539	5643	5747	68,6
82	5282	5380	5479	5577	5676	5774	5399	5506	5613	5719	5826	5933	70,4
84	5453	5553	5654	5755	5856	5957	5573	5682	5792	5901	6010	6119	72,1
86	5625	5728	5831	5935	6038	6141	5748	5860	5972	6084	6196	6307	73,8
88	5799	5904	6010	6116	6221	6327	5925	6040	6154	6268	6383	6497	75,5
90	5974	6082	6190	6298	6406	6514	6103	6220	6337	6454	6571	6689	77,2
92	6151	6261	6372	6482	6592	6703	6283	6403	6522	6642	6762	6881	78,9
94	6329	6442	6555	6668	6780	6893	6464	6587	6709	6831	6953	7076	80,7
96	6509	6624	6739	6855	6970	7085	6647	6772	6897	7022	7147	7271	82,4
98	6690	6808	6925	7043	7161	7278	6831	6959	7086	7214	7341	7469	84,1
100	6873	6993	7113	7233	7353	7473	7017	7147	7277	7407	7537	7667	85,8
102	7057	7180	7302	7425	7547	7669	7205	7337	7470	7602	7735	7868	87,5
104	7243	7368	7493	7618	7742	7867	7393	7529	7664	7799	7934	8069	89,2
106	7430	7558	7685	7812	7939	8066	7584	7721	7859	7997	8135	8273	90,9
108	7619	7749	7878	8008	8138	8267	7775	7916	8056	8197	8337	8478	92,7
110	7809	7941	8073	8205	8337	8469	7969	8112	8255	8398	8541	8684	94,4
112	8001	8136	8270	8404	8539	8673	8163	8309	8455	8600	8746	8891	96,1
114	8194	8331	8468	8605	8742	8878	8360	8508	8656	8804	8952	9101	97,8
116	8389	8528	8668	8807	8946	9085	8557	8708	8859	9010	9161	9311	99,5
118	8585	8727	8869	9010	9152	9293	8756	8910	9063	9217	9370	9524	101,2
120	8783	8927	9071	9215	9359	9503	8957	9113	9269	9425	9581	9737	103,0
122	8982	9129	9275	9421	9568	9714	9159	9318	9477	9635	9794	9952	104,7
124	9183	9332	9480	9629	9778	9927	9363	9524	9685	9847	10008	10169	106,4
126	9385	9536	9687	9839	9990	10141	9568	9732	9896	10060	10223	10387	108,1
128	9589	9742	9896	10049	10203	10357	9775	9941	10108	10274	10440	10607	109,8
130	9794	9950	10106	10262	10418	10574	9983	10152	10321	10490	10659	10828	111,5
Gew. d. Gurtungen	105,2	107,0	108,9	110,8	112,7	114,5	108,3	110,3	112,4	114,4	116,4	118,4	kg für 1 m

L 9,0 · 9,0 · 1,3 cm
Nietstärke 2,3 cm; Stehblechdicke 1,1 cm

Gurtplattendicke 2,4 cm   Gurtplattendicke 2,6 cm

Stehbl.-Höhe cm	Gurtplattenbreite cm						Gurtplattenbreite cm						Gew. des Stehbl.
	20	21	22	23	24	25	20	21	22	23	24	25	
30	1906	1979	2051	2124	2197	2269	1992	2071	2149	2228	2307	2385	25,7
32	2067	2144	2222	2299	2376	2454	2158	2242	2326	2410	2493	2577	27,5
34	2230	2312	2394	2476	2558	2640	2327	2416	2505	2594	2683	2772	29,2
36	2395	2482	2569	2656	2743	2830	2498	2592	2686	2780	2874	2969	30,9
38	2563	2654	2746	2838	2929	3021	2671	2770	2870	2969	3068	3168	32,6
40	2732	2829	2925	3021	3118	3214	2846	2951	3055	3160	3264	3369	34,3
42	2904	3005	3106	3207	3309	3410	3023	3133	3243	3352	3462	3572	36,0
44	3077	3183	3289	3395	3501	3607	3202	3317	3432	3547	3662	3777	37,8
46	3252	3363	3474	3585	3696	3806	3384	3504	3624	3744	3864	3984	39,5
48	3430	3545	3661	3776	3892	4007	3566	3692	3817	3942	4067	4193	41,2
50	3608	3729	3849	3969	4090	4210	3751	3882	4012	4142	4273	4403	42,9
52	3789	3914	4039	4165	4290	4415	3938	4073	4209	4344	4480	4616	44,6
54	3972	4101	4231	4361	4491	4621	4126	4267	4407	4548	4689	4830	46,3
56	4156	4290	4425	4560	4694	4829	4316	4462	4608	4754	4900	5046	48,0
58	4341	4481	4620	4760	4899	5039	4507	4658	4810	4961	5112	5263	49,8
60	4529	4673	4817	4962	5106	5250	4701	4857	5013	5170	5326	5482	51,5
62	4718	4867	5016	5165	5314	5463	4896	5057	5219	5380	5542	5703	53,2
64	4909	5062	5216	5370	5524	5678	5092	5259	5426	5592	5759	5926	54,9
66	5101	5259	5418	5577	5735	5894	5290	5462	5634	5806	5978	6150	56,6
68	5295	5458	5622	5785	5949	6112	5490	5667	5844	6021	6198	6376	58,3
70	5490	5658	5827	5995	6163	6331	5691	5874	6056	6238	6421	6603	60,1
72	5687	5860	6033	6206	6379	6552	5894	6082	6269	6457	6644	6832	61,8
74	5886	6064	6242	6419	6597	6775	6099	6292	6484	6677	6870	7062	63,5
76	6086	6269	6451	6634	6817	6999	6305	6503	6701	6899	7096	7294	65,2
78	6288	6475	6663	6850	7038	7225	6513	6716	6919	7122	7325	7528	66,9
80	6491	6683	6876	7068	7260	7452	6722	6930	7138	7347	7555	7763	68,6
82	6696	6893	7090	7287	7484	7681	6933	7146	7360	7573	7786	8000	70,4
84	6902	7104	7306	7508	7710	7911	7145	7364	7582	7801	8020	8238	72,1
86	7110	7317	7523	7730	7937	8143	7359	7583	7806	8030	8254	8478	73,8
88	7320	7531	7742	7954	8165	8377	7574	7803	8032	8261	8490	8719	75,5
90	7531	7747	7963	8179	8395	8612	7791	8025	8259	8494	8728	8962	77,2
92	7743	7964	8185	8406	8627	8848	8009	8249	8488	8728	8967	9207	78,9
94	7957	8183	8409	8635	8860	9086	8229	8474	8719	8963	9208	9453	80,7
96	8173	8403	8634	8864	9095	9326	8451	8701	8951	9200	9450	9700	82,4
98	8390	8625	8860	9096	9331	9567	8674	8929	9184	9439	9694	9949	84,1
100	8608	8848	9089	9329	9569	9809	8898	9159	9419	9679	9939	10199	85,8
102	8828	9073	9318	9563	9808	10053	9124	9390	9655	9921	10186	10451	87,5
104	9050	9300	9549	9799	10049	10299	9352	9622	9893	10164	10434	10705	89,2
106	9273	9528	9782	10037	10291	10546	9581	9857	10132	10408	10684	10960	90,9
108	9498	9757	10016	10276	10535	10794	9811	10092	10373	10654	10935	11216	92,7
110	9724	9988	10252	10516	10780	11044	10043	10330	10616	10902	11188	11474	94,4
112	9951	10220	10489	10758	11027	11296	10277	10568	10860	11151	11443	11734	96,1
114	10180	10454	10728	11001	11275	11549	10512	10809	11105	11402	11698	11995	97,8
116	10411	10689	10968	11246	11525	11804	10748	11050	11352	11654	11956	12257	99,5
118	10643	10926	11210	11493	11776	12060	10986	11293	11600	11907	12214	12521	101,2
120	10876	11164	11453	11741	12029	12317	11226	11538	11850	12163	12475	12787	103,0
122	11111	11404	11697	11990	12283	12576	11467	11784	12102	12419	12737	13054	104,7
124	11348	11646	11943	12241	12539	12837	11709	12032	12355	12677	13000	13322	106,4
126	11586	11888	12191	12494	12796	13099	11953	12281	12609	12937	13265	13592	108,1
128	11825	12133	12440	12747	13055	13362	12199	12532	12865	13198	13531	13864	109,8
130	12066	12379	12691	13003	13315	13627	12446	12784	13122	13460	13799	14137	111,5
Gew. d. Gurtungen	142,6	146,4	150,1	153,8	157,6	161,3	148,9	152,9	157,0	161,0	165,1	169,1	kg für 1 m

Widerstandsmomente cm³.

∟ 9,0 · 9,0 · 1,3 cm

Nietstärke 2,3 cm; Stehblechdicke 1,1 cm

Gurtplattendicke 3,6 cm   Gurtplattendicke 3,9 cm

Stehbl.-Höhe cm	Gurtplattenbreite cm						Gurtplattenbreite cm						Gew. des Stehbl.
	20	21	22	23	24	25	20	21	22	23	24	25	
30	2427	2537	2647	2757	2866	2976	2561	2680	2799	2918	3037	3156	25,7
32	2621	2738	2855	2972	3089	3205	2763	2890	3017	3143	3270	3397	27,5
34	2818	2942	3066	3190	3314	3438	2968	3102	3237	3371	3506	3640	29,2
36	3017	3148	3279	3410	3541	3672	3175	3318	3460	3602	3744	3886	30,9
38	3218	3357	3495	3633	3771	3909	3385	3535	3685	3835	3985	4135	32,6
40	3422	3567	3713	3858	4003	4149	3597	3755	3912	4070	4228	4385	34,3
42	3628	3780	3933	4085	4238	4390	3811	3977	4142	4307	4473	4638	36,0
44	3835	3995	4155	4314	4474	4634	4028	4201	4374	4547	4720	4893	37,8
46	4045	4212	4379	4545	4712	4879	4246	4427	4608	4788	4969	5150	39,5
48	4257	4431	4605	4779	4953	5126	4466	4655	4843	5032	5221	5409	41,2
50	4470	4651	4833	5014	5195	5376	4688	4885	5081.	5277	5474	5670	42,9
52	4686	4874	5062	5251	5439	5627	4912	5116	5321	5525	5729	5933	44,6
54	4903	5098	5294	5489	5685	5880	5138	5350	5562	5774	5986	6198	46,3
56	5122	5325	5527	5730	5932	6135	5366	5585	5805	6025	6244	6464	48,0
58	5343	5552	5762	5972	6182	6391	5595	5823	6050	6277	6505	6732	49,8
60	5565	5782	5999	6216	6433	6650	5826	6061	6297	6532	6767	7002	51,5
62	5789	6013	6237	6461	6686	6910	6059	6302	6545	6788	7031	7274	53,2
64	6015	6246	6478	6709	6940	7171	6294	6544	6795	7046	7296	7547	54,9
66	6242	6481	6719	6958	7196	7435	6530	6788	7047	7305	7564	7822	56,6
68	6472	6717	6963	7208	7454	7700	6768	7034	7300	7566	7833	8099	58,3
70	6702	6955	7208	7461	7713	7966	7007	7281	7555	7829	8103	8377	60,1
72	6935	7195	7455	7715	7975	8235	7248	7530	7812	8094	8376	8657	61,8
74	7169	7436	7703	7970	8237	8504	7491	7781	8070	8360	8649	8939	63,5
76	7404	7678	7953	8227	8502	8776	7735	8033	8330	8628	8925	9222	65,2
78	7641	7923	8204	8486	8767	9049	7981	8287	8592	8897	9202	9507	66,9
80	7880	8169	8457	8746	9035	9324	8229	8542	8855	9168	9481	9793	68,6
82	8120	8416	8712	9008	9304	9600	8478	8799	9119	9440	9761	10082	70,4
84	8362	8665	8968	9271	9574	9878	8729	9057	9386	9714	10043	10371	72,1
86	8606	8916	9226	9536	9847	10157	8981	9317	9654	9990	10326	10662	73,8
88	8850	9168	9485	9803	10120	10438	9235	9579	9923	10267	10611	10955	75,5
90	9097	9422	9746	10071	10396	10720	9490	9842	10194	10546	10897	11249	77,2
92	9345	9677	10009	10341	10672	11004	9747	10107	10466	10826	11186	11545	78,9
94	9595	9934	10273	10612	10951	11290	10006	10373	10740	11108	11475	11843	80,7
96	9846	10192	10538	10884	11231	11577	10266	10641	11016	11391	11766	12141	82,4
98	10098	10452	10805	11159	11512	11865	10527	10910	11293	11676	12059	12442	84,1
100	10353	10713	11074	11434	11795	12155	10790	11181	11572	11962	12353	12744	85,8
102	10608	10976	11344	11712	12079	12447	11055	11453	11852	12250	12649	13047	87,5
104	10866	11240	11615	11990	12365	12740	11321	11727	12134	12540	12946	13352	89,2
106	11124	11506	11889	12271	12653	13035	11589	12003	12417	12831	13245	13659	90,9
108	11385	11774	12163	12553	12942	13331	11858	12280	12702	13123	13545	13967	92,7
110	11646	12043	12439	12836	13232	13629	12128	12558	12988	13417	13847	14277	94,4
112	11910	12313	12717	13121	13524	13928	12401	12838	13276	13713	14150	14588	96,1
114	12174	12585	12996	13407	13818	14229	12674	13120	13565	14010	14455	14901	97,8
116	12441	12859	13277	13695	14113	14531	12950	13403	13856	14309	14762	15215	99,5
118	12708	13134	13559	13984	14410	14835	13226	13687	14148	14609	15070	15530	101,2
120	12978	13410	13843	14275	14708	15140	13504	13973	14442	14910	15379	15848	103,0
122	13249	13688	14128	14568	15007	15447	13784	14261	14737	15213	15690	16166	104,7
124	13521	13968	14415	14861	15308	15755	14065	14550	15034	15518	16002	16486	106,4
126	13795	14249	14703	15157	15611	16065	14348	14840	15332	15824	16316	16808	108,1
128	14070	14531	14992	15454	15915	16376	14632	15132	15632	16132	16631	17131	109,8
130	14347	14815	15284	15752	16220	16689	14918	15426	15933	16441	16948	17456	111,5
Gew. d. Gurtungen	180,1	185,7	191,3	196,9	202,5	208,1	189,4	195,5	201,6	207,7	213,8	219,8	kg für 1 m

L 10,0 · 10,0 · 1,0 cm

Nietstärke 2,0 cm; Stehblechdicke 1,0 cm

Gurtplattendicke 1,0 cm   Gurtplattendicke 1,1 cm

Stehbl.-Höhe cm	Gurtplattenbreite cm						Gurtplattenbreite cm						Gew. des Stehbl.
	21	22	23	24	25	26	21	22	23	24	25	26	
30	1290	1320	1350	1380	1410	1440	1337	1370	1403	1436	1469	1502	23,4
32	1405	1437	1470	1502	1534	1566	1455	1490	1526	1561	1596	1631	25,0
34	1523	1557	1591	1625	1659	1693	1576	1613	1650	1688	1725	1763	26,5
36	1642	1678	1714	1750	1786	1822	1698	1738	1777	1817	1857	1896	28,1
38	1763	1801	1839	1877	1915	1953	1822	1864	1906	1948	1990	2032	29,6
40	1886	1926	1966	2006	2046	2086	1949	1993	2037	2081	2125	2169	31,2
42	2011	2053	2095	2137	2179	2221	2076	2123	2169	2215	2261	2308	32,8
44	2137	2181	2225	2269	2313	2357	2206	2254	2303	2351	2400	2448	34,3
46	2265	2311	2357	2403	2449	2495	2337	2388	2439	2489	2540	2590	35,9
48	2395	2443	2491	2539	2587	2635	2470	2523	2576	2629	2681	2734	37,4
50	2526	2576	2626	2676	2726	2776	2605	2660	2715	2770	2825	2880	39,0
52	2658	2711	2763	2815	2867	2919	2740	2798	2855	2912	2969	3027	40,6
54	2793	2847	2901	2955	3009	3063	2878	2937	2997	3056	3116	3175	42,1
56	2928	2984	3040	3097	3153	3209	3017	3079	3140	3202	3263	3325	43,7
58	3066	3124	3182	3240	3298	3356	3157	3221	3285	3349	3413	3477	45,2
60	3204	3264	3324	3384	3444	3504	3299	3365	3431	3498	3564	3630	46,8
62	3344	3406	3469	3531	3593	3655	3443	3511	3579	3648	3716	3784	48,4
64	3486	3550	3614	3678	3742	3806	3588	3658	3729	3799	3869	3940	49,9
66	3629	3695	3761	3827	3893	3959	3734	3807	3879	3952	4025	4097	51,5
68	3774	3842	3910	3978	4046	4114	3882	3957	4031	4106	4181	4256	53,0
70	3919	3989	4059	4129	4199	4269	4031	4108	4185	4262	4339	4416	54,6
72	4067	4139	4211	4283	4355	4427	4181	4261	4340	4419	4498	4578	56,2
74	4215	4289	4363	4437	4511	4585	4333	4415	4496	4578	4659	4741	57,7
76	4365	4441	4517	4593	4669	4746	4487	4570	4654	4738	4821	4905	59,3
78	4517	4595	4673	4751	4829	4907	4642	4727	4813	4899	4985	5071	60,8
80	4670	4750	4830	4910	4990	5070	4798	4886	4974	5062	5150	5238	62,4
82	4824	4906	4988	5070	5152	5234	4955	5046	5136	5226	5316	5406	64,0
84	4980	5064	5148	5232	5316	5400	5114	5207	5299	5392	5484	5576	65,5
86	5137	5223	5309	5395	5481	5567	5275	5369	5464	5559	5653	5748	67,1
88	5295	5383	5471	5559	5647	5735	5436	5533	5630	5727	5824	5920	68,6
90	5455	5545	5635	5725	5815	5905	5599	5698	5797	5896	5996	6095	70,2
92	5616	5708	5800	5892	5984	6076	5764	5865	5966	6068	6169	6270	71,8
94	5779	5873	5967	6061	6155	6249	5930	6033	6137	6240	6343	6447	73,3
96	5942	6038	6134	6230	6326	6422	6097	6203	6308	6414	6519	6625	74,9
98	6108	6206	6304	6402	6500	6598	6265	6373	6481	6589	6697	6805	76,4
100	6274	6374	6474	6574	6674	6774	6435	6545	6655	6765	6875	6985	78,0
102	6442	6544	6646	6748	6850	6952	6607	6719	6831	6943	7056	7168	79,6
104	6612	6716	6820	6924	7028	7132	6779	6894	7008	7123	7237	7351	81,1
106	6782	6888	6994	7100	7206	7312	6953	7070	7187	7303	7420	7536	82,7
108	6954	7062	7170	7278	7386	7494	7129	7247	7366	7485	7604	7723	84,2
110	7128	7238	7348	7458	7568	7678	7305	7426	7547	7668	7789	7910	85,8
112	7302	7414	7526	7638	7750	7863	7483	7607	7730	7853	7976	8100	87,4
114	7479	7593	7707	7821	7935	8049	7663	7788	7914	8039	8165	8290	88,9
116	7656	7772	7888	8004	8120	8236	7844	7971	8099	8227	8354	8482	90,5
118	7835	7953	8071	8189	8307	8425	8026	8156	8285	8415	8545	8675	92,0
120	8015	8135	8255	8375	8495	8615	8209	8341	8473	8605	8737	8869	93,6
122	8196	8319	8441	8563	8685	8807	8394	8528	8663	8797	8931	9065	95,2
124	8379	8503	8627	8751	8875	8999	8580	8717	8853	8990	9126	9262	96,7
126	8564	8690	8816	8942	9068	9194	8768	8906	9045	9184	9322	9461	98,3
128	8749	8877	9005	9133	9261	9389	8957	9097	9238	9379	9520	9661	99,8
130	8936	9066	9196	9326	9456	9586	9147	9290	9433	9576	9719	9862	101,4
Gew. d. Gurtungen	92,5	94,1	95,6	97,2	98,8	100,3	95,8	97,5	99,2	100,9	102,7	104,4	kg für 1 m

Widerstandsmomente cm³.

∟ 10,0 · 10,0 · 1,0 cm

Nietstärke 2,0 cm; Stehblechdicke 1,0 cm

Gurtplattendicke 1,2 cm   Gurtplattendicke 1,3 cm

Stehbl.-Höhe cm	Gurtplattenbreite cm						Gurtplattenbreite cm						Gew. des Stehbl.
	21	22	23	24	25	26	21	22	23	24	25	26	
30	1383	1419	1455	1491	1527	1563	1430	1469	1508	1547	1586	1625	23,4
32	1505	1543	1582	1620	1659	1697	1554	1596	1638	1680	1721	1763	25,0
34	1628	1669	1710	1751	1792	1833	1681	1726	1770	1814	1859	1903	26,5
36	1754	1797	1841	1884	1927	1970	1810	1857	1904	1951	1998	2045	28,1
38	1882	1927	1973	2019	2064	2110	1941	1991	2040	2090	2139	2188	29,6
40	2011	2059	2107	2155	2203	2251	2074	2126	2178	2230	2282	2334	31,2
42	2142	2193	2243	2294	2344	2394	2208	2263	2317	2372	2427	2481	32,8
44	2275	2328	2381	2434	2486	2539	2344	2401	2459	2516	2573	2630	34,3
46	2410	2465	2520	2575	2631	2686	2482	2542	2602	2661	2721	2781	35,9
48	2546	2603	2661	2719	2776	2834	2621	2684	2746	2809	2871	2934	37,4
50	2683	2743	2803	2863	2923	2984	2762	2827	2892	2957	3022	3087	39,0
52	2823	2885	2947	3010	3072	3135	2905	2972	3040	3108	3175	3243	40,6
54	2963	3028	3093	3158	3223	3288	3049	3119	3189	3259	3330	3400	42,1
56	3106	3173	3240	3307	3375	3442	3194	3267	3340	3413	3486	3559	43,7
58	3249	3319	3389	3458	3528	3598	3341	3417	3492	3568	3643	3719	45,2
60	3395	3467	3539	3611	3683	3755	3490	3568	3646	3724	3802	3880	46,8
62	3541	3616	3690	3765	3839	3913	3640	3720	3801	3882	3962	4043	48,4
64	3689	3766	3843	3920	3997	4074	3791	3874	3958	4041	4124	4207	49,9
66	3839	3918	3998	4077	4156	4235	3944	4030	4116	4202	4287	4373	51,5
68	3990	4072	4153	4235	4317	4398	4098	4187	4275	4364	4452	4541	53,0
70	4143	4227	4311	4395	4479	4563	4254	4345	4436	4527	4618	4709	54,6
72	4296	4383	4469	4556	4642	4729	4411	4505	4599	4692	4786	4880	56,2
74	4452	4540	4629	4718	4807	4896	4570	4666	4762	4859	4955	5051	57,7
76	4608	4700	4791	4882	4973	5064	4730	4829	4928	5026	5125	5224	59,3
78	4766	4860	4954	5047	5141	5235	4891	4993	5094	5196	5297	5398	60,8
80	4926	5022	5118	5214	5310	5406	5054	5158	5262	5366	5470	5574	62,4
82	5087	5185	5284	5382	5480	5579	5218	5325	5431	5538	5645	5751	64,0
84	5249	5350	5451	5552	5652	5753	5384	5493	5602	5711	5821	5930	65,5
86	5413	5516	5619	5722	5826	5929	5551	5663	5774	5886	5998	6110	67,1
88	5578	5683	5789	5895	6000	6106	5719	5833	5948	6062	6177	6291	68,6
90	5744	5852	5960	6068	6176	6284	5889	6006	6123	6240	6357	6474	70,2
92	5912	6022	6133	6243	6354	6464	6060	6179	6299	6419	6538	6658	71,8
94	6081	6194	6307	6419	6532	6645	6232	6354	6477	6599	6721	6843	73,3
96	6251	6367	6482	6597	6712	6828	6406	6531	6656	6781	6905	7030	74,9
98	6423	6541	6659	6776	6894	7011	6581	6709	6836	6964	7091	7218	76,4
100	6597	6717	6837	6957	7077	7197	6758	6888	7018	7148	7278	7408	78,0
102	6771	6894	7016	7138	7261	7383	6936	7068	7201	7334	7466	7599	79,6
104	6947	7072	7197	7322	7446	7571	7115	7250	7385	7521	7656	7791	81,1
106	7124	7252	7379	7506	7633	7761	7296	7433	7571	7709	7847	7985	82,7
108	7303	7433	7562	7692	7822	7951	7478	7618	7758	7899	8039	8180	84,2
110	7483	7615	7747	7879	8011	8143	7661	7804	7947	8090	8233	8376	85,8
112	7665	7799	7933	8068	8202	8337	7846	7991	8137	8282	8428	8574	87,4
114	7847	7984	8121	8258	8395	8531	8032	8180	8328	8476	8625	8773	88,9
116	8031	8171	8310	8449	8588	8727	8219	8370	8521	8672	8822	8973	90,5
118	8217	8358	8500	8642	8783	8925	8408	8561	8715	8868	9022	9175	92,0
120	8404	8548	8692	8836	8980	9124	8598	8754	8910	9066	9222	9378	93,6
122	8592	8738	8885	9031	9177	9324	8789	8948	9107	9265	9424	9583	95,2
124	8781	8930	9079	9228	9377	9525	8982	9143	9305	9466	9627	9788	96,7
126	8972	9123	9275	9426	9577	9728	9176	9340	9504	9668	9832	9996	98,3
128	9164	9318	9472	9625	9779	9932	9372	9538	9705	9871	10038	10204	99,8
130	9385	9514	9670	9826	9982	10138	9569	9738	9907	10076	10245	10414	101,4
Gew. d. Gurtungen	99,1	100,9	102,8	104,7	106,6	108,4	102,3	104,4	106,4	108,4	110,5	112,5	kg für 1 m

L 10,0 · 10,0 · 1,0 cm
Nietstärke 2,0 cm; Stehblechdicke 1,0 cm

Gurtplattendicke 2,0 cm — Gurtplattendicke 2,2 cm

Stehbl.-Höhe cm	Gurtplattenbreite cm						Gurtplattenbreite cm						Gew. des Stehbl.
	21	22	23	24	25	26	21	22	23	24	25	26	
30	1759	1819	1880	1940	2000	2061	1854	1921	1987	2053	2120	2186	23,4
32	1906	1970	2035	2099	2163	2227	2007	2078	2149	2220	2291	2361	25,0
34	2055	2123	2192	2260	2328	2397	2163	2238	2313	2388	2464	2539	26,5
36	2206	2279	2351	2423	2496	2568	2321	2400	2480	2559	2639	2718	28,1
38	2360	2436	2512	2588	2665	2741	2480	2564	2648	2732	2816	2900	29,6
40	2515	2595	2675	2756	2836	2916	2642	2730	2818	2907	2995	3083	31,2
42	2672	2756	2840	2924	3009	3093	2805	2898	2991	3083	3176	3269	32,8
44	2831	2919	3007	3095	3183	3272	2970	3067	3164	3262	3359	3456	34,3
46	2991	3083	3175	3268	3360	3452	3137	3239	3340	3442	3543	3645	35,9
48	3153	3249	3345	3442	3538	3634	3306	3412	3517	3623	3729	3835	37,4
50	3317	3417	3517	3617	3717	3818	3476	3586	3696	3807	3917	4027	39,0
52	3482	3586	3690	3795	3899	4003	3648	3762	3877	3992	4106	4221	40,6
54	3649	3757	3865	3973	4082	4190	3821	3940	4059	4178	4297	4416	42,1
56	3817	3929	4042	4154	4266	4378	3996	4119	4243	4366	4490	4613	43,7
58	3987	4103	4219	4336	4452	4568	4172	4300	4428	4556	4684	4812	45,2
60	4159	4279	4399	4519	4639	4759	4350	4483	4615	4747	4879	5011	46,8
62	4331	4456	4580	4704	4828	4952	4530	4666	4803	4940	5076	5213	48,4
64	4506	4634	4762	4890	5018	5147	4711	4852	4993	5134	5275	5416	49,9
66	4682	4814	4946	5078	5210	5342	4893	5038	5184	5329	5475	5620	51,5
68	4859	4995	5131	5267	5404	5540	5077	5227	5377	5526	5676	5826	53,0
70	5038	5178	5318	5458	5598	5738	5262	5416	5571	5725	5879	6033	54,6
72	5218	5362	5506	5650	5794	5939	5449	5608	5766	5925	6083	6242	56,2
74	5400	5548	5696	5844	5992	6140	5637	5800	5963	6126	6289	6452	57,7
76	5582	5735	5887	6039	6191	6343	5827	5994	6162	6329	6496	6664	59,3
78	5767	5923	6079	6235	6392	6548	6018	6190	6361	6533	6705	6877	60,8
80	5953	6113	6273	6433	6593	6753	6210	6386	6563	6739	6915	7091	62,4
82	6140	6304	6468	6632	6797	6961	6404	6585	6765	6946	7126	7307	64,0
84	6329	6497	6665	6833	7001	7169	6599	6784	6969	7154	7339	7524	65,5
86	6519	6691	6863	7035	7207	7379	6796	6985	7175	7364	7553	7743	67,1
88	6710	6886	7062	7239	7415	7591	6994	7188	7381	7575	7769	7963	68,6
90	6903	7083	7263	7443	7624	7804	7193	7392	7590	7788	7986	8184	70,2
92	7097	7281	7465	7650	7834	8018	7394	7597	7799	8002	8204	8407	71,8
94	7293	7481	7669	7857	8045	8233	7596	7803	8010	8217	8424	8631	73,3
96	7490	7682	7874	8066	8258	8450	7800	8011	8223	8434	8645	8857	74,9
98	7688	7884	8080	8276	8473	8669	8005	8221	8436	8652	8868	9084	76,4
100	7888	8088	8288	8488	8688	8888	8211	8431	8651	8872	9092	9312	78,0
102	8089	8293	8497	8701	8905	9109	8419	8643	8868	9092	9317	9542	79,6
104	8291	8499	8708	8916	9124	9332	8628	8857	9086	9315	9544	9773	81,1
106	8495	8707	8919	9131	9344	9556	8838	9072	9305	9538	9772	10005	82,7
108	8700	8916	9133	9349	9565	9781	9050	9288	9526	9763	10001	10239	84,2
110	8907	9127	9347	9567	9787	10007	9263	9505	9748	9990	10232	10474	85,8
112	9115	9339	9563	9787	10011	10235	9478	9724	9971	10217	10464	10710	87,4
114	9324	9552	9780	10008	10236	10464	9694	9945	10196	10446	10697	10948	88,9
116	9535	9767	9999	10231	10463	10695	9911	10166	10422	10677	10932	11188	90,5
118	9747	9983	10219	10455	10691	10927	10130	10389	10649	10909	11168	11428	92,0
120	9960	10200	10440	10680	10920	11160	10349	10614	10878	11142	11406	11670	93,6
122	10175	10419	10663	10907	11151	11395	10571	10839	11108	11376	11645	11913	95,2
124	10391	10639	10887	11135	11383	11631	10793	11066	11339	11612	11885	12158	96,7
126	10608	10860	11112	11364	11616	11868	11017	11295	11572	11849	12127	12404	98,3
128	10827	11083	11339	11595	11851	12107	11243	11525	11806	12088	12370	12651	99,8
130	11047	11307	11567	11827	12087	12347	11470	11756	12042	12328	12614	12900	101,4
Gew. d. Gürtungen	125,3	128,4	131,5	134,6	137,8	140,9	131,8	135,3	138,7	142,1	145,6	149,0	kg für 1 m

Widerstandsmomente cm³.

L 10,0·10,0·1,0 cm
Nietstärke 2,0 cm; Stehblechdicke 1,0 cm

Gurtplattendicke 2,4 cm   Gurtplattendicke 3,0 cm

Stehbl.-Höhe cm	Gurtplattenbreite cm						Gurtplattenbreite cm						Gew. des Stehbl.
	21	22	23	24	25	26	21	22	23	24	25	26	
30	1950	2022	2095	2167	2240	2312	2240	2331	2422	2513	2604	2695	23,4
32	2109	2187	2264	2341	2419	2496	2418	2515	2612	2709	2806	2903	25,0
34	2271	2353	2435	2517	2600	2682	2599	2702	2805	2908	3011	3114	26,5
36	2435	2522	2609	2696	2783	2869	2782	2891	3000	3109	3217	3326	28,1
38	2601	2693	2785	2876	2968	3059	2967	3082	3197	3311	3426	3541	29,6
40	2769	2866	2962	3058	3155	3251	3154	3275	3396	3516	3637	3758	31,2
42	2939	3040	3141	3243	3344	3445	3343	3470	3596	3723	3850	3977	32,8
44	3111	3217	3322	3428	3534	3640	3534	3666	3799	3932	4065	4197	34,3
46	3284	3395	3505	3616	3727	3838	3726	3865	4004	4142	4281	4420	35,9
48	3459	3574	3690	3805	3921	4037	3921	4065	4210	4355	4499	4644	37,4
50	3635	3756	3876	3996	4117	4237	4117	4267	4418	4569	4719	4870	39,0
52	3814	3939	4064	4189	4314	4439	4314	4471	4628	4784	4941	5097	40,6
54	3994	4123	4253	4383	4513	4643	4514	4676	4839	5001	5164	5327	42,1
56	4175	4310	4444	4579	4714	4849	4714	4883	5052	5220	5389	5557	43,7
58	4358	4497	4637	4776	4916	5055	4917	5091	5266	5441	5615	5790	45,2
60	4542	4687	4831	4975	5120	5264	5121	5301	5482	5663	5843	6024	46,8
62	4728	4877	5027	5176	5325	5474	5326	5513	5699	5886	6073	6259	48,4
64	4916	5070	5224	5377	5531	5685	5533	5726	5918	6111	6303	6496	49,9
66	5105	5263	5422	5581	5739	5898	5742	5940	6139	6337	6536	6734	51,5
68	5295	5459	5622	5786	5949	6112	5952	6156	6361	6565	6770	6974	53,0
70	5487	5655	5824	5992	6160	6328	6163	6374	6584	6795	7005	7216	54,6
72	5680	5853	6026	6200	6373	6546	6376	6593	6809	7026	7242	7459	56,2
74	5875	6053	6231	6409	6586	6764	6591	6813	7036	7258	7481	7703	57,7
76	6071	6254	6437	6619	6802	6984	6807	7035	7264	7492	7720	7949	59,3
78	6269	6456	6644	6831	7019	7206	7024	7258	7493	7727	7962	8196	60,8
80	6468	6660	6852	7045	7237	7429	7243	7483	7724	7964	8204	8445	62,4
82	6668	6865	7062	7259	7456	7653	7463	7709	7956	8202	8448	8695	64,0
84	6870	7072	7274	7476	7677	7879	7684	7937	8189	8442	8694	8946	65,5
86	7073	7280	7487	7693	7900	8106	7907	8166	8424	8683	8941	9199	67,1
88	7278	7489	7701	7912	8124	8335	8132	8396	8660	8925	9189	9454	68,6
90	7484	7700	7916	8133	8349	8565	8357	8628	8898	9169	9439	9709	70,2
92	7691	7912	8133	8354	8575	8796	8585	8861	9137	9414	9690	9966	71,8
94	7900	8126	8352	8578	8803	9029	8813	9096	9378	9660	9943	10225	73,3
96	8110	8341	8572	8802	9033	9263	9043	9332	9620	9908	10197	10485	74,9
98	8322	8557	8793	9028	9263	9499	9274	9569	9863	10158	10452	10746	76,4
100	8535	8775	9015	9255	9496	9736	9507	9808	10108	10408	10709	11009	78,0
102	8749	8994	9239	9484	9729	9974	9741	10048	10354	10660	10967	11273	79,6
104	8965	9215	9464	9714	9964	10214	9977	10289	10601	10914	11226	11538	81,1
106	9182	9436	9691	9946	10200	10455	10214	10532	10850	11169	11487	11805	82,7
108	9400	9660	9919	10178	10438	10697	10452	10776	11101	11425	11749	12073	84,2
110	9620	9884	10148	10412	10677	10941	10691	11022	11352	11682	12013	12343	85,8
112	9841	10110	10379	10648	10917	11186	10932	11269	11605	11941	12278	12614	87,4
114	10064	10337	10611	10885	11159	11432	11175	11517	11859	12202	12544	12886	88,9
116	10287	10566	10845	11123	11402	11680	11418	11767	12115	12463	12812	13160	90,5
118	10513	10796	11079	11363	11646	11929	11664	12018	12372	12726	13081	13435	92,0
120	10739	11027	11316	11604	11892	12180	11910	12270	12631	12991	13351	13711	93,6
122	10967	11260	11553	11846	12139	12432	12158	12524	12890	13257	13623	13989	95,2
124	11196	11494	11792	12090	12387	12685	12407	12779	13151	13524	13896	14268	96,7
126	11427	11730	12032	12335	12637	12940	12657	13036	13414	13792	14171	14549	98,3
128	11659	11966	12274	12581	12888	13196	12909	13294	13678	14062	14446	14831	99,8
130	11892	12205	12517	12829	13141	13453	13163	13553	13943	14333	14724	15114	101,4
Gew. d. Gurtungen	138,4	142,1	145,9	149,6	153,4	157,1	158,0	162,7	167,4	172,1	176,8	181,4	kg für 1 m

∟ **10,0 · 10,0 · 1,0 cm**

Nietstärke 2,0 cm; Stehblechdicke 1,0 cm

Gurtplattendicke 3,3 cm　　　　**Gurtplattendicke 3,6 cm**

Stehbl.-Höhe cm	Gurtplattenbreite cm						Gurtplattenbreite cm						Gew. des Stehbl.
	21	22	23	24	25	26	21	22	23	24	25	26	
30	2387	2487	2587	2688	2788	2888	2535	2645	2754	2864	2974	3083	23,4
32	2575	2681	2788	2895	3002	3109	2732	2849	2966	3082	3199	3316	25,0
34	2765	2878	2991	3105	3218	3332	2931	3055	3179	3303	3427	3551	26,5
36	2957	3077	3197	3317	3437	3557	3133	3264	3395	3526	3657	3788	28,1
38	3151	3278	3404	3531	3657	3784	3337	3475	3613	3752	3890	4028	29,6
40	3348	3481	3614	3747	3880	4013	3543	3688	3834	3979	4124	4270	31,2
42	3546	3686	3826	3965	4105	4244	3751	3904	4056	4209	4361	4513	32,8
44	3747	3893	4039	4185	4331	4478	3961	4121	4280	4440	4599	4759	34,3
46	3949	4102	4254	4407	4560	4713	4173	4340	4506	4673	4840	5007	35,9
48	4153	4312	4471	4631	4790	4949	4386	4560	4734	4908	5082	5256	37,4
50	4359	4524	4690	4856	5022	5188	4602	4783	4964	5145	5326	5507	39,0
52	4566	4738	4911	5083	5256	5428	4819	5007	5195	5383	5572	5760	40,6
54	4775	4954	5133	5312	5491	5670	5037	5233	5428	5623	5819	6014	42,1
56	4985	5171	5357	5542	5728	5913	5257	5460	5663	5865	6068	6270	43,7
58	5198	5390	5582	5774	5966	6158	5479	5689	5899	6109	6318	6528	45,2
60	5411	5610	5809	6008	6206	6405	5703	5920	6137	6353	6570	6787	46,8
62	5627	5832	6037	6243	6448	6653	5928	6152	6376	6600	6824	7048	48,4
64	5843	6055	6267	6479	6691	6903	6154	6386	6617	6848	7079	7311	49,9
66	6062	6280	6499	6717	6936	7154	6382	6621	6859	7098	7336	7575	51,5
68	6282	6507	6732	6957	7182	7407	6612	6857	7103	7349	7594	7840	53,0
70	6503	6734	6966	7198	7429	7661	6843	7096	7349	7601	7854	8107	54,6
72	6726	6964	7202	7440	7678	7917	7075	7335	7595	7855	8115	8375	56,2
74	6950	7195	7439	7684	7929	8174	7309	7577	7844	8111	8378	8645	57,7
76	7175	7427	7678	7930	8181	8432	7545	7819	8094	8368	8642	8917	59,3
78	7403	7661	7918	8176	8434	8692	7782	8063	8345	8626	8908	9190	60,8
80	7631	7896	8160	8425	8689	8954	8020	8309	8598	8886	9175	9464	62,4
82	7861	8132	8403	8675	8946	9217	8260	8556	8852	9148	9444	9740	64,0
84	8092	8370	8648	8926	9203	9481	8501	8804	9107	9411	9714	10017	65,5
86	8325	8610	8894	9178	9463	9747	8744	9054	9365	9675	9985	10295	67,1
88	8560	8850	9141	9432	9723	10014	8988	9306	9623	9940	10258	10575	68,6
90	8795	9093	9390	9688	9985	10283	9234	9558	9883	10207	10532	10857	70,2
92	9032	9336	9640	9944	10249	10553	9480	9812	10144	10476	10808	11140	71,8
94	9271	9581	9892	10203	10513	10824	9729	10068	10407	10746	11085	11424	73,3
96	9510	9828	10145	10462	10780	11097	9978	10325	10671	11017	11363	11709	74,9
98	9752	10076	10399	10723	11047	11371	10230	10583	10936	11290	11643	11996	76,4
100	9994	10325	10655	10986	11316	11647	10482	10843	11203	11564	11924	12285	78,0
102	10238	10575	10912	11249	11586	11924	10736	11104	11471	11839	12207	12575	79,6
104	10484	10827	11171	11515	11858	12202	10991	11366	11741	12116	12491	12866	81,1
106	10730	11081	11431	11781	12131	12482	11248	11630	12012	12394	12776	13159	82,7
108	10979	11335	11692	12049	12406	12763	11506	11895	12285	12674	13063	13453	84,2
110	11228	11591	11955	12318	12682	13045	11765	12162	12558	12955	13351	13748	85,8
112	11479	11849	12219	12589	12959	13329	12026	12430	12833	13237	13641	14045	87,4
114	11731	12108	12484	12861	13238	13614	12288	12699	13110	13521	13932	14343	88,9
116	11985	12368	12751	13134	13518	13901	12552	12970	13388	13806	14224	14642	90,5
118	12240	12630	13019	13409	13799	14189	12817	13242	13667	14092	14518	14943	92,0
120	12496	12893	13289	13685	14082	14478	13083	13515	13948	14380	14813	15245	93,6
122	12754	13157	13560	13963	14366	14769	13350	13790	14230	14670	15109	15549	95,2
124	13013	13422	13832	14242	14651	15061	13619	14066	14513	14960	15407	15854	96,7
126	13273	13690	14106	14522	14938	15354	13890	14344	14798	15252	15706	16160	98,3
128	13535	13958	14381	14803	15226	15649	14162	14623	15084	15545	16007	16468	99,8
130	13798	14228	14657	15086	15516	15945	14435	14903	15372	15840	16308	16777	101,4
Gew. d. Gurtungen	167,9	173,0	178,2	183,3	188,5	193,6	177,7	183,3	188,9	194,5	200,2	205,8	kg für 1 m

Widerstandsmomente cm³.

L 10,0 · 10,0 · 1,2 cm
Nietstärke 2,3 cm; Stehblechdicke 1,0 cm

Gurtplattendicke 1,0 cm   Gurtplattendicke 1,1 cm

Stehbl.-Höhe cm	Gurtplattenbreite cm						Gurtplattenbreite cm						Gew. des Stehbl.
	21	22	23	24	25	26	21	22	23	24	25	26	
30	1363	1393	1423	1453	1483	1513	1406	1440	1473	1506	1539	1572	23,4
32	1487	1519	1551	1583	1615	1647	1534	1569	1604	1640	1675	1710	25,0
34	1613	1647	1681	1715	1749	1783	1663	1700	1738	1775	1813	1850	26,5
36	1741	1777	1813	1849	1885	1921	1794	1834	1873	1913	1953	1992	28,1
38	1871	1909	1947	1985	2023	2061	1927	1969	2011	2053	2095	2137	29,6
40	2003	2043	2083	2123	2163	2203	2063	2107	2151	2195	2239	2283	31,2
42	2137	2179	2221	2263	2305	2347	2200	2246	2292	2338	2384	2431	32,8
44	2273	2317	2361	2405	2449	2493	2338	2387	2435	2484	2532	2580	34,3
46	2410	2456	2502	2548	2594	2640	2479	2529	2580	2631	2681	2732	35,9
48	2549	2597	2645	2693	2741	2789	2621	2674	2726	2779	2832	2885	37,4
50	2689	2740	2790	2840	2890	2940	2764	2819	2875	2930	2985	3040	39,0
52	2832	2884	2936	2988	3040	3092	2910	2967	3024	3081	3139	3196	40,6
54	2975	3029	3083	3137	3191	3245	3057	3116	3175	3235	3294	3354	42,1
56	3121	3177	3233	3289	3345	3401	3205	3267	3328	3390	3452	3513	43,7
58	3267	3325	3383	3441	3500	3558	3355	3419	3483	3546	3610	3674	45,2
60	3416	3476	3536	3596	3656	3716	3506	3572	3638	3704	3771	3837	46,8
62	3565	3627	3690	3752	3814	3876	3659	3728	3796	3864	3932	4000	48,4
64	3717	3781	3845	3909	3973	4037	3814	3884	3955	4025	4095	4166	49,9
66	3869	3935	4001	4067	4133	4199	3970	4042	4115	4187	4260	4333	51,5
68	4024	4092	4160	4228	4296	4364	4127	4202	4276	4351	4426	4501	53,0
70	4179	4249	4319	4389	4459	4529	4286	4363	4440	4517	4594	4671	54,6
72	4336	4408	4480	4552	4624	4696	4446	4525	4604	4683	4763	4842	56,2
74	4494	4569	4643	4717	4791	4865	4607	4689	4770	4852	4933	5014	57,7
76	4654	4730	4806	4882	4958	5034	4770	4854	4938	5021	5105	5188	59,3
78	4816	4894	4972	5050	5128	5206	4935	5021	5106	5192	5278	5364	60,8
80	4978	5058	5138	5218	5298	5378	5101	5189	5277	5365	5453	5541	62,4
82	5142	5224	5306	5388	5470	5552	5268	5358	5448	5538	5629	5719	64,0
84	5308	5392	5476	5560	5644	5728	5436	5529	5621	5714	5806	5899	65,5
86	5475	5561	5647	5733	5819	5905	5606	5701	5796	5890	5985	6080	67,1
88	5643	5731	5819	5907	5995	6083	5778	5875	5971	6068	6165	6262	68,6
90	5812	5902	5992	6082	6172	6262	5951	6050	6149	6248	6347	6446	70,2
92	5983	6075	6167	6259	6351	6443	6125	6226	6327	6428	6530	6631	71,8
94	6156	6250	6344	6438	6532	6626	6300	6404	6507	6611	6714	6817	73,3
96	6329	6425	6521	6617	6713	6809	6477	6583	6688	6794	6900	7005	74,9
98	6504	6602	6700	6799	6897	6995	6655	6763	6871	6979	7087	7195	76,4
100	6681	6781	6881	6981	7081	7181	6835	6945	7055	7165	7275	7385	78,0
102	6859	6961	7063	7165	7267	7369	7016	7128	7241	7353	7465	7577	79,6
104	7038	7142	7246	7350	7454	7558	7199	7313	7427	7542	7656	7771	81,1
106	7219	7325	7431	7537	7643	7749	7382	7499	7616	7732	7849	7965	82,7
108	7400	7508	7616	7724	7832	7940	7567	7686	7805	7924	8043	8161	84,2
110	7584	7694	7804	7914	8024	8134	7754	7875	7996	8117	8238	8359	85,8
112	7768	7880	7992	8104	8216	8328	7942	8065	8188	8311	8435	8558	87,4
114	7954	8068	8182	8296	8410	8524	8131	8256	8382	8507	8633	8758	88,9
116	8142	8258	8374	8490	8606	8722	8321	8449	8577	8704	8832	8960	90,5
118	8330	8448	8566	8684	8802	8920	8513	8643	8773	8903	9033	9162	92,0
120	8520	8640	8760	8880	9000	9121	8707	8839	8971	9103	9235	9367	93,6
122	8712	8834	8956	9078	9200	9322	8901	9035	9170	9304	9438	9572	95,2
124	8905	9029	9153	9277	9401	9525	9097	9234	9370	9506	9643	9779	96,7
126	9099	9225	9351	9477	9603	9729	9294	9433	9572	9710	9849	9988	98,3
128	9294	9422	9550	9678	9806	9934	9493	9634	9775	9916	10056	10197	99,8
130	9491	9621	9751	9881	10011	10141	9693	9836	9979	10122	10265	10408	101,4
Gew. d. Gurtungen	103,6	105,2	106,7	108,3	109,8	111,4	106,9	108,6	110,3	112,0	113,7	115,5	kg für 1 m

L 10,0 · 10,0 · 1,2 cm
Nietstärke 2,3 cm; Stehblechdicke 1,0 cm

Gurtplattendicke 1,2 cm   Gurtplattendicke 1,3 cm

Stehbl.-Höhe cm	Gurtplattenbreite cm						Gurtplattenbreite cm						Gew. des Stehbl.
	21	22	23	24	25	26	21	22	23	24	25	26	
30	1451	1487	1523	1559	1595	1631	1495	1534	1573	1613	1652	1691	23,4
32	1581	1619	1658	1696	1735	1773	1628	1670	1712	1753	1795	1837	25,0
34	1713	1754	1795	1836	1877	1917	1763	1808	1852	1896	1941	1985	26,5
36	1847	1891	1934	1977	2021	2064	1901	1948	1995	2042	2088	2135	28,1
38	1984	2029	2075	2121	2166	2212	2040	2090	2139	2189	2238	2288	29,6
40	2122	2170	2218	2266	2314	2362	2182	2234	2286	2338	2390	2442	31,2
42	2262	2313	2363	2413	2464	2514	2325	2379	2434	2489	2543	2598	32,8
44	2404	2457	2510	2562	2615	2668	2470	2527	2584	2641	2699	2756	34,3
46	2547	2603	2658	2713	2768	2824	2616	2676	2736	2796	2856	2916	35,9
48	2693	2750	2808	2866	2923	2981	2765	2827	2890	2952	3015	3077	37,4
50	2840	2900	2960	3020	3080	3140	2915	2980	3045	3110	3175	3240	39,0
52	2988	3050	3113	3175	3238	3300	3066	3134	3202	3269	3337	3404	40,6
54	3138	3203	3268	3332	3397	3462	3219	3290	3360	3430	3500	3571	42,1
56	3290	3357	3424	3491	3558	3626	3374	3447	3520	3593	3665	3738	43,7
58	3443	3512	3582	3652	3721	3791	3530	3606	3681	3757	3832	3908	45,2
60	3597	3669	3741	3813	3885	3957	3688	3766	3844	3922	4000	4078	46,8
62	3753	3828	3902	3977	4051	4125	3847	3928	4009	4089	4170	4250	48,4
64	3911	3988	4064	4141	4218	4295	4008	4091	4174	4258	4341	4424	49,9
66	4070	4149	4228	4307	4387	4466	4170	4256	4342	4428	4513	4599	51,5
68	4230	4312	4394	4475	4557	4638	4334	4422	4511	4599	4687	4776	53,0
70	4392	4476	4560	4644	4728	4812	4499	4590	4681	4772	4863	4954	54,6
72	4555	4642	4728	4815	4901	4988	4665	4759	4853	4946	5040	5133	56,2
74	4720	4809	4898	4987	5076	5164	4833	4929	5026	5122	5218	5314	57,7
76	4886	4978	5069	5160	5251	5343	5003	5101	5200	5299	5398	5497	59,3
78	5054	5148	5241	5335	5429	5522	5173	5275	5376	5478	5579	5681	60,8
80	5223	5319	5415	5511	5607	5703	5346	5450	5554	5658	5762	5866	62,4
82	5393	5492	5590	5689	5787	5886	5519	5626	5732	5839	5946	6052	64,0
84	5565	5666	5767	5868	5969	6069	5694	5803	5913	6022	6131	6240	65,5
86	5738	5842	5945	6048	6151	6255	5870	5982	6094	6206	6318	6430	67,1
88	5913	6019	6124	6230	6335	6441	6048	6163	6277	6391	6506	6620	68,6
90	6089	6197	6305	6413	6521	6629	6227	6344	6461	6578	6695	6812	70,2
92	6266	6377	6487	6598	6708	6818	6408	6527	6647	6767	6886	7006	71,8
94	6445	6558	6671	6783	6896	7009	6590	6712	6834	6956	7079	7201	73,3
96	6625	6740	6856	6971	7086	7201	6773	6898	7023	7148	7272	7397	74,9
98	6807	6924	7042	7159	7277	7395	6958	7085	7213	7340	7467	7595	76,4
100	6989	7109	7229	7349	7469	7590	7144	7274	7404	7534	7664	7794	78,0
102	7174	7296	7418	7541	7663	7786	7331	7464	7596	7729	7862	7994	79,6
104	7359	7484	7609	7734	7858	7983	7520	7655	7790	7926	8061	8196	81,1
106	7546	7673	7801	7928	8055	8182	7710	7848	7986	8123	8261	8399	82,7
108	7734	7864	7994	8123	8253	8383	7901	8042	8182	8323	8463	8604	84,2
110	7924	8056	8188	8320	8452	8584	8094	8237	8380	8523	8666	8809	85,8
112	8115	8250	8384	8518	8653	8787	8289	8434	8580	8725	8871	9017	87,4
114	8307	8444	8581	8718	8855	8992	8484	8632	8781	8929	9077	9225	88,9
116	8501	8640	8780	8919	9058	9197	8681	8832	8983	9134	9284	9435	90,5
118	8696	8838	8980	9121	9263	9404	8879	9033	9186	9340	9493	9646	92,0
120	8893	9037	9181	9325	9469	9613	9079	9235	9391	9547	9703	9859	93,6
122	9091	9237	9383	9530	9676	9823	9280	9439	9597	9756	9914	10073	95,2
124	9290	9439	9587	9736	9885	10034	9482	9644	9805	9966	10127	10288	96,7
126	9490	9641	9793	9944	10095	10246	9686	9850	10014	10178	10341	10505	98,3
128	9692	9846	9999	10153	10307	10460	9891	10058	10224	10390	10557	10723	99,8
130	9895	10051	10207	10363	10519	10675	10098	10267	10436	10605	10774	10943	101,4
Gew. d. Gurtungen	110,2	112,0	113,9	115,8	117,6	119,5	113,4	115,5	117,5	119,5	121,5	123,6	kg für 1 m

Widerstandsmomente cm³.

$\llcorner$ 10,0 · 10,0 · 1,2 cm

Nietstärke 2,3 cm; Stehblechdicke 1,0 cm

Gurtplattendicke 2,0 cm   Gurtplattendicke 2,2 cm

Stehbl.-Höhe cm	Gurtplattenbreite cm						Gurtplattenbreite cm						Gew. des Stehbl.
	21	22	23	24	25	26	21	22	23	24	25	26	
30	1808	1868	1929	1989	2049	2110	1899	1965	2031	2098	2164	2231	23,4
32	1962	2027	2091	2155	2220	2284	2059	2130	2200	2271	2342	2413	25,0
34	2119	2187	2255	2324	2392	2460	2221	2297	2372	2447	2522	2597	26,5
36	2278	2350	2422	2494	2567	2639	2386	2466	2545	2625	2705	2784	28,1
38	2439	2515	2591	2667	2744	2820	2553	2637	2721	2805	2889	2973	29,6
40	2601	2682	2762	2842	2922	3003	2722	2811	2899	2987	3076	3164	31,2
42	2766	2850	2935	3019	3103	3187	2893	2986	3079	3171	3264	3357	32,8
44	2933	3021	3109	3197	3286	3374	3066	3163	3260	3357	3454	3551	34,3
46	3101	3193	3286	3378	3470	3562	3241	3342	3444	3545	3646	3748	35,9
48	3271	3367	3464	3560	3656	3752	3417	3523	3629	3734	3840	3946	37,4
50	3443	3543	3643	3744	3844	3944	3595	3705	3815	3926	4036	4146	39,0
52	3617	3721	3825	3929	4033	4137	3775	3889	4004	4119	4233	4348	40,6
54	3792	3900	4008	4116	4224	4332	3956	4075	4194	4313	4432	4551	42,1
56	3968	4080	4193	4305	4417	4529	4139	4262	4386	4509	4632	4756	43,7
58	4146	4263	4379	4495	4611	4727	4323	4451	4579	4707	4834	4962	45,2
60	4326	4446	4566	4687	4807	4927	4509	4641	4774	4906	5038	5170	46,8
62	4507	4632	4756	4880	5004	5128	4697	4833	4970	5107	5243	5380	48,4
64	4690	4818	4946	5075	5203	5331	4886	5027	5168	5309	5450	5591	49,9
66	4874	5006	5139	5271	5403	5535	5076	5222	5367	5512	5658	5803	51,5
68	5060	5196	5332	5468	5605	5741	5268	5418	5568	5718	5867	6017	53,0
70	5247	5387	5528	5668	5808	5948	5462	5616	5770	5924	6079	6233	54,6
72	5436	5580	5724	5868	6012	6157	5657	5815	5974	6132	6291	6450	56,2
74	5626	5774	5922	6070	6218	6367	5853	6016	6179	6342	6505	6668	57,7
76	5817	5970	6122	6274	6426	6578	6051	6218	6386	6553	6720	6888	59,3
78	6010	6167	6323	6479	6635	6791	6250	6422	6594	6765	6937	7109	60,8
80	6205	6365	6525	6685	6845	7005	6451	6627	6803	6979	7156	7332	62,4
82	6401	6565	6729	6893	7057	7221	6653	6834	7014	7195	7375	7556	64,0
84	6598	6766	6934	7102	7270	7438	6857	7041	7226	7411	7596	7781	65,5
86	6796	6968	7141	7313	7485	7657	7061	7251	7440	7630	7819	8008	67,1
88	6996	7172	7349	7525	7701	7877	7268	7462	7655	7849	8043	8237	68,6
90	7198	7378	7558	7738	7918	8098	7476	7674	7872	8070	8268	8466	70,2
92	7400	7585	7769	7953	8137	8321	7685	7887	8090	8292	8495	8697	71,8
94	7605	7793	7981	8169	8357	8545	7895	8102	8309	8516	8723	8930	73,3
96	7810	8002	8194	8387	8579	8771	8107	8318	8530	8741	8952	9164	74,9
98	8017	8213	8409	8605	8802	8998	8320	8536	8752	8968	9183	9399	76,4
100	8225	8426	8626	8826	9026	9226	8535	8755	8975	9195	9416	9636	78,0
102	8435	8639	8843	9047	9252	9456	8751	8976	9200	9425	9649	9874	79,6
104	8646	8854	9062	9271	9479	9687	8969	9197	9426	9655	9884	10113	81,1
106	8859	9071	9283	9495	9707	9919	9187	9421	9654	9887	10121	10354	82,7
108	9072	9289	9505	9721	9937	10153	9408	9645	9883	10121	10358	10596	84,2
110	9288	9508	9728	9948	10168	10388	9629	9871	10113	10355	10598	10840	85,8
112	9504	9728	9952	10176	10401	10625	9852	10099	10345	10592	10838	11085	87,4
114	9722	9950	10178	10406	10634	10863	10076	10327	10578	10829	11080	11331	88,9
116	9941	10173	10406	10638	10870	11102	10302	10557	10813	11068	11323	11579	90,5
118	10162	10398	10634	10870	11106	11342	10529	10789	11048	11308	11568	11828	92,0
120	10384	10624	10864	11104	11344	11584	10757	11021	11286	11550	11814	12078	93,6
122	10607	10851	11096	11340	11584	11828	10987	11256	11524	11793	12061	12330	95,2
124	10832	11080	11328	11576	11824	12072	11218	11491	11764	12037	12310	12583	96,7
126	11058	11310	11562	11814	12066	12319	11451	11728	12005	12283	12560	12837	98,3
128	11286	11542	11798	12054	12310	12566	11684	11966	12248	12530	12811	13093	99,8
130	11514	11774	12034	12295	12555	12815	11920	12206	12492	12778	13064	13350	101,4
Gew. d. Gurtungen	136,4	139,5	142,6	145,7	148,8	152,0	142,9	146,8	149,8	153,2	156,6	160,1	kg für 1 m

L 10,0 · 10,0 · 1,2 cm
Nietstärke 2,3 cm; Stehblechdicke 1,0 cm

Gurtplattendicke 2,4 cm · Gurtplattendicke 2,6 cm

Stehbl.-Höhe cm	Gurtplattenbreite cm						Gurtplattenbreite cm						Gew. des Stehbl.
	21	22	23	24	25	26	21	22	23	24	25	26	
30	1990	2062	2135	2207	2280	2352	2081	2160	2239	2317	2396	2475	23,4
32	2156	2233	2310	2388	2465	2542	2253	2337	2421	2505	2589	2673	25,0
34	2325	2407	2489	2571	2653	2735	2428	2517	2606	2695	2784	2873	26,5
36	2495	2582	2669	2756	2843	2930	2605	2699	2793	2888	2982	3076	28,1
38	2669	2760	2852	2943	3035	3127	2784	2884	2983	3082	3182	3281	29,6
40	2844	2940	3036	3133	3229	3326	2965	3070	3174	3279	3383	3488	31,2
42	3021	3122	3223	3324	3425	3527	3149	3258	3368	3478	3587	3697	32,8
44	3200	3307	3412	3518	3624	3730	3334	3449	3563	3678	3793	3908	34,3
46	3380	3491	3602	3713	3823	3934	3521	3641	3761	3881	4001	4121	35,9
48	3563	3678	3794	3910	4025	4141	3709	3835	3960	4085	4210	4335	37,4
50	3747	3867	3988	4108	4228	4349	3900	4030	4161	4291	4421	4552	39,0
52	3933	4058	4183	4308	4433	4559	4092	4227	4363	4499	4634	4770	40,6
54	4120	4250	4380	4510	4640	4770	4286	4426	4567	4708	4849	4989	42,1
56	4310	4444	4579	4714	4848	4983	4481	4627	4773	4919	5065	5211	43,7
58	4500	4650	4789	4919	5058	5198	4678	4829	4980	5131	5282	5434	45,2
60	4693	4837	4981	5125	5270	5414	4876	5033	5189	5345	5502	5658	46,8
62	4886	5035	5185	5334	5483	5632	5076	5238	5399	5561	5723	5884	48,4
64	5082	5236	5389	5543	5697	5851	5278	5445	5611	5778	5945	6112	49,9
66	5278	5437	5596	5754	5913	6072	5481	5653	5825	5997	6169	6341	51,5
68	5477	5640	5804	5967	6131	6294	5686	5863	6040	6217	6394	6571	53,0
70	5677	5845	6013	6181	6350	6518	5892	6074	6256	6439	6621	6803	54,6
72	5878	6051	6224	6397	6570	6743	6099	6287	6474	6662	6849	7037	56,2
74	6081	6258	6436	6614	6792	6970	6308	6501	6694	6886	7079	7272	57,7
76	6285	6467	6650	6833	7015	7198	6519	6717	6915	7112	7310	7508	59,3
78	6490	6678	6865	7053	7240	7427	6731	6934	7137	7340	7543	7746	60,8
80	6697	6889	7082	7274	7466	7658	6944	7152	7361	7569	7777	7985	62,4
82	6906	7103	7300	7497	7694	7891	7159	7372	7586	7799	8013	8226	64,0
84	7116	7317	7519	7721	7923	8125	7375	7594	7812	8031	8250	8468	65,5
86	7327	7533	7740	7947	8153	8360	7593	7816	8040	8264	8488	8712	67,1
88	7540	7751	7962	8174	8385	8597	7812	8041	8270	8499	8728	8957	68,6
90	7754	7970	8186	8402	8618	8835	8032	8266	8500	8735	8970	9203	70,2
92	7969	8190	8411	8632	8853	9074	8254	8493	8733	8972	9212	9451	71,8
94	8186	8412	8638	8863	9089	9315	8477	8722	8966	9211	9456	9700	73,3
96	8404	8635	8865	9096	9327	9557	8702	8951	9201	9451	9701	9951	74,9
98	8624	8859	9095	9330	9565	9801	8928	9183	9438	9693	9948	10203	76,4
100	8845	9085	9325	9565	9806	10046	9155	9415	9675	9936	10196	10456	78,0
102	9067	9312	9557	9802	10047	10292	9384	9649	9915	10180	10445	10711	79,6
104	9291	9541	9791	10040	10290	10540	9614	9885	10155	10426	10696	10967	81,1
106	9516	9771	10025	10280	10535	10789	9846	10121	10397	10673	10949	11225	82,7
108	9743	10002	10262	10521	10780	11040	10078	10359	10640	10921	11202	11483	84,2
110	9971	10235	10499	10763	11027	11292	10313	10599	10885	11171	11458	11744	85,8
112	10200	10469	10738	11007	11276	11545	10548	10840	11131	11423	11714	12005	87,4
114	10431	10704	10978	11252	11526	11800	10785	11082	11379	11675	11972	12268	88,9
116	10663	10941	11220	11498	11777	12056	11024	11326	11627	11929	12231	12533	90,5
118	10896	11179	11463	11746	12030	12313	11264	11571	11878	12185	12492	12798	92,0
120	11131	11419	11707	11995	12283	12572	11505	11817	12129	12441	12753	13066	93,6
122	11367	11660	11953	12246	12539	12832	11747	12065	12382	12699	13017	13334	95,2
124	11604	11902	12200	12498	12795	13093	11991	12314	12636	12959	13281	13604	96,7
126	11843	12146	12448	12751	13053	13356	12236	12564	12892	13220	13547	13875	98,3
128	12083	12391	12698	13006	13313	13620	12483	12816	13149	13482	13815	14148	99,8
130	12325	12637	12949	13261	13574	13886	12731	13069	13407	13745	14083	14422	101,4
Gew. d. Gurtungen	149,5	153,2	157,0	160,7	164,4	168,2	156,0	160,1	164,1	168,2	172,2	176,3	kg für 1 m

Widerstandsmomente cm³.

└ 10,0 · 10,0 · 1,2 cm
Nietstärke 2,3 cm; Stehblechdicke 1,0 cm

Gurtplattendicke 3,0 cm | Gurtplattendicke 3,6 cm

Stehbl.-Höhe cm	Gurtplattenbreite cm						Gurtplattenbreite cm						Gew. des Stehbl.
	21	22	23	24	25	26	21	22	23	24	25	26	
30	2266	2357	2448	2539	2630	2721	2547	2657	2767	2876	2986	3096	23,4
32	2450	2547	2644	2741	2838	2935	2749	2866	2983	3099	3216	3333	25,0
34	2637	2740	2842	2945	3048	3151	2954	3078	3201	3325	3449	3573	26,5
36	2826	2935	3043	3152	3261	3370	3161	3292	3423	3554	3685	3816	28,1
38	3017	3132	3247	3361	3476	3591	3370	3508	3646	3784	3923	4061	29,6
40	3210	3331	3452	3573	3694	3814	3581	3727	3872	4017	4163	4308	31,2
42	3406	3533	3659	3786	3913	4040	3795	3948	4100	4253	4405	4557	32,8
44	3603	3736	3869	4001	4134	4267	4011	4170	4330	4490	4649	4809	34,3
46	3802	3941	4080	4218	4357	4496	4228	4395	4562	4729	4895	5062	35,9
48	4003	4148	4293	4437	4582	4727	4448	4622	4796	4970	5143	5317	37,4
50	4206	4357	4507	4658	4809	4959	4669	4850	5031	5212	5393	5574	39,0
52	4411	4567	4724	4880	5037	5194	4892	5080	5268	5457	5645	5833	40,6
54	4617	4779	4942	5105	5267	5430	5117	5312	5508	5703	5898	6094	42,1
56	4825	4993	5162	5330	5499	5667	5343	5546	5748	5951	6153	6356	43,7
58	5034	5209	5383	5558	5732	5907	5571	5781	5991	6200	6410	6620	45,2
60	5245	5425	5606	5787	5967	6148	5801	6018	6235	6452	6668	6885	46,8
62	5458	5644	5831	6017	6204	6390	6032	6256	6480	6704	6928	7153	48,4
64	5672	5864	6057	6249	6442	6634	6265	6496	6727	6959	7190	7421	49,9
66	5887	6086	6284	6483	6681	6880	6499	6738	6976	7215	7453	7692	51,5
68	6104	6309	6513	6718	6922	7127	6735	6981	7226	7472	7718	7963	53,0
70	6323	6534	6744	6954	7165	7375	6973	7225	7478	7731	7984	8237	54,6
72	6543	6760	6976	7193	7409	7625	7212	7472	7732	7992	8252	8512	56,2
74	6765	6987	7210	7432	7655	7877	7452	7719	7986	8254	8521	8788	57,7
76	6988	7216	7445	7673	7902	8130	7694	7968	8243	8517	8791	9066	59,3
78	7212	7447	7681	7916	8150	8384	7937	8219	8500	8782	9063	9345	60,8
80	7438	7679	7919	8160	8400	8640	8182	8471	8760	9048	9337	9626	62,4
82	7666	7912	8159	8405	8651	8898	8429	8724	9020	9316	9612	9908	64,0
84	7895	8147	8399	8652	8904	9157	8676	8979	9282	9586	9889	10192	65,5
86	8125	8383	8642	8900	9158	9417	8926	9236	9546	9856	10167	10477	67,1
88	8356	8621	8885	9150	9414	9678	9176	9494	9811	10129	10446	10763	68,6
90	8590	8860	9130	9401	9671	9941	9428	9753	10077	10402	10727	11051	70,2
92	8824	9100	9377	9653	9930	10206	9682	10014	10345	10677	11009	11341	71,8
94	9060	9342	9625	9907	10189	10472	9937	10276	10615	10954	11293	11632	73,3
96	9297	9586	9874	10162	10451	10739	10193	10539	10885	11232	11578	11924	74,9
98	9536	9830	10125	10419	10713	11008	10451	10804	11157	11511	11864	12218	76,4
100	9776	10076	10377	10677	10977	11278	10710	11070	11431	11791	12152	12513	78,0
102	10018	10324	10630	10937	11243	11549	10970	11338	11706	12074	12441	12809	79,6
104	10260	10573	10885	11197	11510	11822	11232	11607	11982	12357	12732	13107	81,1
106	10505	10823	11141	11460	11778	12096	11495	11878	12260	12642	13024	13406	82,7
108	10750	11075	11399	11723	12048	12372	11760	12149	12539	12928	13317	13707	84,2
110	10997	11328	11658	11988	12319	12649	12026	12423	12819	13216	13612	14009	85,8
112	11246	11582	11918	12255	12591	12927	12294	12697	13101	13505	13909	14312	87,4
114	11495	11838	12180	12522	12865	13207	12562	12973	13384	13795	14206	14617	88,9
116	11747	12095	12443	12791	13140	13488	12833	13251	13669	14087	14505	14923	90,5
118	11999	12353	12708	13062	13416	13771	13104	13530	13955	14380	14805	15231	92,0
120	12253	12613	12974	13334	13694	14054	13377	13810	14242	14675	15107	15540	93,6
122	12508	12874	13241	13607	13973	14340	13652	14091	14531	14971	15410	15850	95,2
124	12765	13137	13509	13882	14254	14626	13927	14374	14821	15268	15715	16162	96,7
126	13023	13401	13779	14158	14536	14914	14204	14658	15112	15567	16021	16475	98,3
128	13282	13666	14051	14435	14819	15203	14483	14944	15405	15867	16328	16789	99,8
130	13543	13933	14323	14714	15104	15494	14763	15231	15699	16168	16636	17105	101,4
Gew. d. Gurtungen	169,1	173,8	178,5	183,2	187,8	192,5	188,8	194,4	200,0	205,6	211,2	216,9	kg für 1 m

∟ 11,0 · 11,0 · 1,2 cm
Nietstärke 2,3 cm; Stehblechdicke 1,2 cm

Gurtplattendicke 1,2 cm　　　　　　　　　　**Gurtplattendicke 1,3 cm**

Stehbl.-Höhe cm	Gurtplattenbreite cm						Gurtplattenbreite cm						Gew. des Stehbl.
	24	25	26	27	28	29	24	25	26	27	28	29	
30	1655	1691	1727	1763	1799	1835	1707	1746	1785	1825	1864	1903	28,1
32	1803	1841	1880	1918	1957	1995	1859	1901	1942	1984	2026	2068	30,0
34	1954	1995	2036	2076	2117	2158	2014	2058	2102	2147	2191	2235	31,8
36	2108	2151	2194	2237	2281	2324	2171	2218	2265	2312	2359	2406	33,7
38	2264	2309	2355	2401	2446	2492	2331	2380	2430	2479	2529	2578	35,6
40	2422	2470	2518	2566	2614	2662	2493	2545	2597	2649	2701	2753	37,4
42	2583	2633	2684	2734	2785	2835	2657	2712	2767	2821	2876	2931	39,3
44	2746	2799	2852	2904	2957	3010	2824	2881	2939	2996	3053	3110	41,2
46	2911	2966	3021	3077	3132	3187	2993	3053	3112	3172	3232	3292	43,1
48	3078	3135	3193	3251	3308	3366	3163	3226	3288	3351	3413	3476	44,9
50	3247	3307	3367	3427	3487	3547	3336	3401	3466	3531	3596	3661	46,8
52	3418	3480	3543	3605	3667	3730	3511	3578	3646	3714	3781	3849	48,7
54	3591	3655	3720	3785	3850	3915	3687	3758	3828	3898	3968	4039	50,5
56	3765	3832	3900	3967	4034	4101	3866	3939	4011	4084	4157	4230	52,4
58	3942	4011	4081	4151	4220	4290	4046	4121	4197	4272	4348	4423	54,3
60	4120	4192	4264	4336	4408	4480	4228	4306	4384	4462	4540	4618	56,2
62	4300	4375	4449	4524	4598	4673	4412	4493	4573	4654	4735	4815	58,0
64	4482	4559	4636	4713	4790	4866	4598	4681	4764	4847	4931	5014	59,9
66	4666	4745	4824	4904	4983	5062	4785	4871	4957	5043	5128	5214	61,8
68	4851	4933	5015	5096	5178	5260	4974	5063	5151	5240	5328	5417	63,6
70	5039	5123	5207	5291	5375	5459	5165	5256	5347	5438	5529	5620	65,5
72	5228	5314	5400	5487	5573	5660	5358	5452	5545	5639	5733	5826	67,4
74	5418	5507	5596	5685	5774	5862	5552	5649	5745	5841	5937	6034	69,3
76	5611	5702	5793	5884	5976	6067	5748	5847	5946	6045	6144	6243	71,1
78	5805	5898	5992	6086	6179	6273	5946	6048	6149	6251	6352	6453	73,0
80	6000	6097	6193	6289	6385	6481	6146	6250	6354	6458	6562	6666	74,9
82	6198	6296	6395	6493	6592	6690	6347	6454	6560	6667	6774	6880	76,8
84	6397	6498	6599	6700	6800	6901	6550	6659	6768	6878	6987	7096	78,6
86	6598	6701	6804	6908	7011	7114	6754	6866	6978	7090	7202	7314	80,5
88	6800	6906	7012	7117	7223	7328	6961	7075	7190	7304	7418	7533	82,4
90	7004	7113	7221	7329	7437	7545	7169	7286	7403	7520	7637	7754	84,2
92	7210	7321	7431	7542	7652	7762	7378	7498	7617	7737	7857	7976	86,1
94	7418	7531	7643	7756	7869	7982	7589	7712	7834	7956	8078	8201	88,0
96	7627	7742	7857	7973	8088	8203	7802	7927	8052	8177	8302	8426	89,9
98	7838	7955	8073	8191	8308	8426	8017	8144	8272	8399	8527	8654	91,7
100	8050	8170	8290	8410	8530	8650	8233	8363	8493	8623	8753	8883	93,6
102	8264	8387	8509	8631	8754	8876	8451	8583	8716	8849	8981	9114	95,5
104	8480	8605	8729	8854	8979	9104	8670	8806	8941	9076	9211	9346	97,3
106	8697	8824	8952	9079	9206	9333	8891	9029	9167	9305	9443	9581	99,2
108	8916	9046	9175	9305	9435	9564	9114	9255	9395	9535	9676	9816	101,1
110	9137	9269	9401	9533	9665	9797	9339	9482	9625	9768	9911	10054	103,0
112	9359	9493	9628	9762	9897	10031	9565	9710	9856	10001	10147	10293	104,8
114	9583	9720	9857	9993	10130	10267	9792	9941	10089	10237	10385	10533	106,7
116	9808	9948	10087	10226	10365	10505	10022	10172	10323	10474	10625	10776	108,6
118	10036	10177	10319	10460	10602	10744	10252	10406	10559	10713	10866	11020	110,4
120	10264	10408	10552	10696	10840	10984	10485	10641	10797	10953	11109	11265	112,3
122	10495	10641	10788	10934	11080	11227	10719	10878	11036	11195	11354	11512	114,2
124	10727	10876	11024	11173	11322	11471	10955	11116	11277	11439	11600	11761	116,1
126	10960	11112	11263	11414	11565	11717	11192	11356	11520	11684	11848	12012	117,9
128	11196	11349	11503	11657	11810	11964	11432	11598	11764	11931	12097	12264	119,8
130	11433	11589	11745	11901	12057	12213	11672	11841	12010	12179	12348	12517	121,7
Gew. d. Gurtungen	123,3	125,2	127,0	128,9	130,8	132,6	127,0	129,1	131,1	133,1	135,1	137,2	kg für 1 m

Widerstandsmomente cm³.

L 11,0 · 11,0 · 1,2 cm

Nietstärke 2,3 cm; Stehblechdicke 1,2 cm

Gurtplattendicke 2,0 cm Gurtplattendicke 2,4 cm

Stehbl.-Höhe cm	Gurtplattenbreite cm						Gurtplattenbreite cm						Gew. des Stehbl.
	24	25	26	27	28	29	24	25	26	27	28	29	
30	2080	2140	2201	2261	2321	2381	2296	2369	2441	2514	2586	2659	28,1
32	2257	2321	2386	2450	2514	2578	2487	2565	2642	2719	2796	2874	30,0
34	2437	2505	2573	2642	2710	2778	2682	2764	2846	2928	3010	3092	31,8
36	2620	2692	2764	2836	2909	2981	2879	2965	3052	3139	3226	3313	33,7
38	2805	2881	2957	3034	3110	3186	3078	3170	3262	3353	3445	3536	35,6
40	2992	3073	3153	3233	3313	3394	3281	3377	3473	3570	3666	3763	37,4
42	3182	3267	3351	3435	3519	3604	3485	3586	3687	3789	3890	3991	39,3
44	3375	3463	3551	3639	3728	3816	3692	3798	3904	4010	4116	4222	41,2
46	3569	3661	3754	3846	3938	4030	3901	4012	4122	4233	4344	4455	43,1
48	3766	3862	3958	4054	4150	4247	4112	4228	4343	4459	4574	4690	44,9
50	3964	4064	4164	4265	4365	4465	4325	4446	4566	4686	4807	4927	46,8
52	4165	4269	4373	4477	4581	4686	4541	4666	4791	4916	5041	5166	48,7
54	4367	4475	4583	4692	4800	4908	4758	4888	5018	5147	5277	5407	50,5
56	4571	4684	4796	4908	5020	5132	4977	5112	5246	5381	5516	5650	52,4
58	4778	4894	5010	5126	5242	5359	5198	5337	5477	5616	5756	5895	54,3
60	4986	5106	5226	5346	5466	5587	5421	5565	5710	5854	5998	6142	56,2
62	5196	5320	5444	5568	5692	5817	5646	5795	5944	6093	6242	6391	58,0
64	5408	5536	5664	5792	5920	6048	5872	6026	6180	6334	6488	6642	59,9
66	5621	5753	5885	6018	6150	6282	6101	6259	6418	6577	6735	6894	61,8
68	5836	5973	6109	6245	6381	6517	6331	6495	6658	6821	6985	7148	63,6
70	6054	6194	6334	6474	6614	6754	6563	6731	6900	7068	7236	7404	65,5
72	6272	6417	6561	6705	6849	6993	6797	6970	7143	7316	7489	7662	67,4
74	6493	6641	6789	6937	7086	7234	7032	7210	7388	7566	7744	7922	69,3
76	6715	6868	7020	7172	7324	7476	7270	7452	7635	7818	8000	8183	71,1
78	6939	7096	7252	7408	7564	7720	7509	7696	7884	8071	8258	8446	73,0
80	7165	7325	7485	7646	7806	7966	7749	7942	8134	8326	8518	8711	74,9
82	7393	7557	7721	7885	8049	8213	7992	8189	8386	8583	8780	8977	76,8
84	7622	7790	7958	8126	8294	8462	8236	8438	8640	8841	9043	9245	78,6
86	7853	8025	8197	8369	8541	8713	8482	8689	8895	9102	9308	9515	80,5
88	8085	8261	8437	8614	8790	8966	8729	8941	9152	9364	9575	9786	82,4
90	8319	8500	8680	8860	9040	9220	8979	9195	9411	9627	9843	10060	84,2
92	8555	8739	8924	9108	9292	9476	9230	9451	9672	9893	10114	10335	86,1
94	8793	8981	9169	9357	9545	9733	9482	9708	9934	10160	10385	10611	88,0
96	9032	9224	9416	9608	9801	9993	9736	9967	10198	10428	10659	10889	89,9
98	9273	9469	9665	9861	10057	10254	9992	10228	10463	10699	10934	11169	91,7
100	9516	9716	9916	10116	10316	10516	10250	10490	10730	10971	11211	11451	93,6
102	9760	9964	10168	10372	10576	10780	10509	10754	10999	11244	11489	11734	95,5
104	10006	10214	10422	10630	10838	11046	10770	11020	11270	11519	11769	12019	97,3
106	10253	10465	10677	10889	11102	11314	11033	11287	11542	11796	12051	12306	99,2
108	10502	10718	10934	11151	11367	11583	11297	11556	11816	12075	12334	12594	101,1
110	10753	10973	11193	11413	11633	11854	11563	11827	12091	12355	12619	12884	103,0
112	11006	11230	11454	11678	11902	12126	11830	12099	12368	12637	12906	13175	104,8
114	11260	11488	11716	11944	12172	12400	12099	12373	12647	12921	13194	13468	106,7
116	11515	11747	11979	12212	12444	12676	12370	12649	12927	13206	13484	13763	108,6
118	11773	12009	12245	12481	12717	12953	12643	12926	13209	13493	13776	14059	110,4
120	12032	12272	12512	12752	12992	13232	12917	13205	13493	13781	14069	14358	112,3
122	12292	12536	12780	13025	13269	13513	13192	13485	13778	14071	14364	14657	114,2
124	12555	12803	13051	13299	13547	13795	13470	13768	14065	14363	14661	14959	116,1
126	12818	13070	13323	13575	13827	14079	13749	14051	14354	14656	14959	15262	117,9
128	13084	13340	13596	13852	14108	14364	14029	14337	14644	14951	15259	15566	119,8
130	13351	13611	13871	14131	14391	14651	14312	14624	14936	15248	15560	15872	121,7
Gew. d. Gurtungen	153,2	156,4	159,5	162,6	165,7	168,8	168,2	172,0	175,7	179,4	183,2	186,9	kg für 1 m

L 11,0·11,0·1,2 cm
Nietstärke 2,3 cm; Stehblechdicke 1,2 cm

Gurtplattendicke 2,6 cm   Gurtplattendicke 3,0 cm

Stehbl.-Höhe cm	Gurtplattenbreite cm						Gurtplattenbreite cm						Gew. des Stehbl.
	24	25	26	27	28	29	24	25	26	27	28	29	
30	2405	2484	2562	2641	2720	2798	2625	2716	2807	2898	2989	3080	28,1
32	2603	2687	2771	2855	2939	3022	2837	2934	3031	3128	3225	3322	30,0
34	2805	2894	2983	3072	3161	3250	3053	3156	3259	3362	3464	3567	31,8
36	3009	3103	3197	3292	3386	3480	3271	3380	3489	3598	3707	3816	33,7
38	3216	3315	3415	3514	3613	3713	3493	3608	3722	3837	3952	4067	35,6
40	3425	3530	3634	3739	3843	3948	3717	3837	3958	4079	4200	4320	37,4
42	3637	3747	3857	3966	4076	4186	3943	4070	4196	4323	4450	4577	39,3
44	3851	3966	4081	4196	4311	4426	4171	4304	4437	4570	4702	4835	41,2
46	4068	4188	4308	4428	4548	4668	4402	4541	4680	4818	4957	5096	43,1
48	4286	4411	4536	4662	4787	4912	4635	4780	4925	5069	5214	5359	44,9
50	4507	4637	4767	4898	5028	5159	4871	5021	5172	5323	5473	5624	46,8
52	4729	4865	5000	5136	5272	5407	5108	5264	5421	5578	5734	5891	48,7
54	4954	5095	5235	5376	5517	5658	5347	5510	5672	5835	5998	6160	50,5
56	5180	5326	5472	5618	5764	5910	5588	5757	5926	6094	6263	6431	52,4
58	5409	5560	5711	5862	6013	6165	5832	6006	6181	6355	6530	6704	54,3
60	5639	5795	5952	6108	6265	6421	6077	6257	6438	6618	6799	6979	56,2
62	5871	6033	6194	6356	6518	6679	6324	6510	6697	6883	7070	7256	58,0
64	6105	6272	6439	6606	6772	6939	6573	6765	6958	7150	7343	7535	59,9
66	6341	6513	6685	6857	7029	7201	6823	7022	7220	7419	7617	7816	61,8
68	6579	6756	6933	7110	7287	7465	7076	7280	7485	7689	7894	8098	63,6
70	6818	7001	7183	7365	7548	7730	7330	7541	7751	7962	8172	8383	65,5
72	7060	7247	7435	7622	7810	7997	7586	7803	8019	8236	8452	8669	67,4
74	7303	7495	7688	7881	8073	8266	7844	8067	8289	8512	8734	8956	69,3
76	7547	7745	7943	8141	8339	8537	8104	8332	8561	8789	9018	9246	71,1
78	7794	7997	8200	8403	8606	8809	8365	8600	8834	9069	9303	9537	73,0
80	8042	8250	8459	8667	8875	9083	8628	8869	9109	9350	9590	9831	74,9
82	8292	8506	8719	8932	9146	9359	8893	9140	9386	9633	9879	10125	76,8
84	8544	8762	8981	9200	9418	9637	9160	9412	9665	9917	10170	10422	78,6
86	8797	9021	9245	9469	9692	9916	9428	9687	9945	10203	10462	10720	80,5
88	9052	9281	9510	9739	9968	10197	9698	9963	10227	10491	10756	11020	82,4
90	9309	9543	9777	10012	10246	10480	9970	10240	10511	10781	11052	11322	84,2
92	9567	9807	10046	10286	10525	10764	10243	10520	10796	11073	11349	11625	86,1
94	9827	10072	10317	10561	10806	11051	10519	10801	11083	11366	11648	11930	88,0
96	10089	10339	10589	10839	11088	11338	10795	11084	11372	11660	11949	12237	89,9
98	10353	10608	10863	11118	11373	11628	11074	11368	11662	11957	12251	12545	91,7
100	10618	10878	11138	11398	11659	11919	11354	11654	11955	12255	12555	12856	93,6
102	10884	11150	11415	11681	11946	12212	11636	11942	12248	12555	12861	13167	95,5
104	11153	11423	11694	11965	12235	12506	11919	12231	12544	12856	13168	13481	97,3
106	11423	11699	11975	12250	12526	12802	12204	12523	12841	13159	13478	13796	99,2
108	11695	11976	12257	12538	12819	13100	12491	12815	13140	13464	13788	14113	101,1
110	11968	12254	12540	12827	13113	13399	12780	13110	13440	13770	14101	14431	103,0
112	12243	12535	12826	13117	13409	13700	13070	13406	13742	14079	14415	14751	104,8
114	12520	12816	13113	13410	13706	14003	13361	13704	14046	14388	14731	15073	106,7
116	12798	13100	13402	13704	14005	14307	13655	14003	14351	14700	15048	15396	108,6
118	13078	13385	13692	13999	14306	14613	13950	14304	14658	15013	15367	15721	110,4
120	13360	13672	13984	14296	14608	14921	14246	14607	14967	15327	15688	16048	112,3
122	13643	13960	14278	14595	14913	15230	14545	14911	15277	15644	16010	16376	114,2
124	13928	14250	14573	14896	15218	15541	14845	15217	15589	15962	16334	16706	116,1
126	14214	14542	14870	15198	15526	15853	15146	15525	15903	16281	16659	17038	117,9
128	14503	14836	15168	15501	15834	16167	15450	15834	16218	16602	16987	17371	119,8
130	14792	15130	15469	15807	16145	16483	15754	16145	16535	16925	17316	17706	121,7
Gew. d. Gurtungen	175,7	179,8	183,8	187,9	191,9	196,0	190,7	195,4	200,0	204,7	209,4	214,1	kg für 1 m

Widerstandsmomente cm³.

⌐ 11,0 · 11,0 · 1,2 cm
Nietstärke 2,3 cm; Stehblechdicke 1,2 cm

Gurtplattendicke 3,6 cm Gurtplattendicke 3,9 cm

Stehbl.-Höhe cm	Gurtplattenbreite cm						Gurtplattenbreite cm						Gew. des Stehbl.
	24	25	26	27	28	29	24	25	26	27	28	29	
30	2959	3069	3179	3288	3398	3508	3129	3248	3367	3486	3605	3724	28,1
32	3193	3310	3426	3543	3660	3777	3373	3500	3626	3753	3880	4007	30,0
34	3430	3554	3678	3801	3925	4049	3620	3755	3889	4024	4158	4293	31,8
36	3670	3801	3932	4063	4194	4325	3871	4013	4155	4297	4440	4582	33,7
38	3912	4050	4189	4327	4465	4603	4124	4274	4424	4574	4724	4874	35,6
40	4158	4303	4448	4594	4739	4884	4380	4538	4695	4853	5011	5168	37,4
42	4405	4558	4710	4863	5015	5168	4639	4804	4970	5135	5300	5466	39,3
44	4656	4815	4975	5135	5294	5454	4900	5073	5246	5419	5592	5765	41,2
46	4908	5075	5242	5409	5575	5742	5163	5344	5525	5706	5887	6068	43,1
48	5163	5337	5511	5685	5859	6033	5429	5618	5806	5995	6184	6372	44,9
50	5420	5601	5783	5964	6145	6326	5697	5893	6090	6286	6482	6679	46,8
52	5680	5868	6056	6244	6433	6621	5967	6171	6375	6579	6784	6988	48,7
54	5941	6136	6332	6527	6722	6918	6239	6451	6663	6875	7087	7299	50,5
56	6204	6407	6609	6812	7014	7217	6514	6733	6953	7172	7392	7612	52,4
58	6469	6679	6889	7099	7308	7518	6790	7017	7245	7472	7699	7927	54,3
60	6737	6953	7170	7387	7604	7821	7068	7303	7538	7774	8009	8244	56,2
62	7006	7230	7454	7678	7902	8126	7348	7591	7834	8077	8320	8563	58,0
64	7277	7508	7739	7971	8202	8433	7630	7881	8132	8382	8633	8884	59,9
66	7550	7788	8027	8265	8503	8742	7914	8173	8431	8690	8948	9207	61,8
68	7824	8070	8316	8561	8807	9053	8200	8466	8733	8999	9265	9531	63,6
70	8101	8354	8607	8859	9112	9365	8488	8762	9036	9310	9584	9858	65,5
72	8379	8639	8899	9159	9419	9679	8777	9059	9341	9623	9905	10186	67,4
74	8660	8927	9194	9461	9728	9995	9069	9358	9648	9937	10227	10516	69,3
76	8942	9216	9490	9765	10039	10313	9362	9659	9956	10254	10551	10848	71,1
78	9225	9507	9788	10070	10351	10633	9657	9962	10267	10572	10877	11182	73,0
80	9511	9800	10088	10377	10666	10954	9953	10266	10579	10892	11205	11518	74,9
82	9798	10094	10390	10686	10982	11278	10252	10572	10893	11214	11534	11855	76,8
84	10087	10390	10693	10996	11299	11602	10552	10880	11209	11537	11866	12194	78,6
86	10378	10688	10998	11309	11619	11929	10854	11190	11526	11863	12199	12535	80,5
88	10670	10988	11305	11623	11940	12258	11157	11502	11846	12190	12534	12878	82,4
90	10964	11289	11614	11938	12263	12588	11463	11815	12166	12518	12870	13222	84,2
92	11260	11592	11924	12256	12588	12919	11770	12130	12489	12849	13208	13568	86,1
94	11558	11897	12236	12575	12914	13253	12079	12446	12813	13181	13548	13916	88,0
96	11857	12203	12550	12896	13242	13588	12389	12764	13140	13515	13890	14265	89,9
98	12158	12511	12865	13218	13572	13925	12701	13084	13467	13850	14233	14616	91,7
100	12461	12821	13182	13542	13903	14264	13015	13406	13797	14187	14578	14969	93,6
102	12765	13133	13501	13868	14236	14604	13331	13729	14128	14526	14925	15323	95,5
104	13071	13446	13821	14196	14571	14946	13648	14054	14461	14867	15273	15680	97,3
106	13379	13761	14143	14525	14907	15289	13967	14381	14795	15209	15623	16037	99,2
108	13688	14077	14467	14856	15245	15635	14288	14709	15131	15553	15975	16397	101,1
110	13999	14395	14792	15189	15585	15982	14610	15039	15469	15899	16328	16758	103,0
112	14312	14715	15119	15523	15926	16330	14934	15371	15809	16246	16684	17121	104,8
114	14626	15037	15448	15859	16270	16680	15259	15705	16150	16595	17040	17486	106,7
116	14942	15360	15778	16196	16614	17032	15586	16040	16493	16946	17399	17852	108,6
118	15259	15685	16110	16535	16961	17386	15915	16376	16837	17298	17759	18220	110,4
120	15579	16011	16444	16876	17309	17741	16246	16715	17183	17652	18120	18589	112,3
122	15900	16339	16779	17219	17658	18098	16578	17055	17531	18007	18484	18960	114,2
124	16222	16669	17116	17563	18010	18457	16912	17396	17880	18365	18849	19333	116,1
126	16546	17001	17455	17909	18363	18817	17247	17739	18231	18723	19215	19707	117,9
128	16872	17334	17795	18256	18717	19179	17585	18084	18584	19084	19584	20084	119,8
130	17200	17668	18137	18605	19074	19542	17923	18431	18939	19446	19954	20461	121,7
Gew. d. Gurtungen	213,1	218,8	224,4	230,0	235,6	241,2	224,4	230,5	236,5	242,6	248,7	254,8	kg für 1 m

⌐ 12,0 · 12,0 · 1,1 cm

Nietstärke 2,3 cm; Stehblechdicke 1,0 cm

Gurtplattendicke 1,1 cm   Gurtplattendicke 1,2 cm

Stehbl.-Höhe cm	Gurtplattenbreite cm						Gurtplattenbreite cm						Gew. des Stehbl.
	25	26	27	28	29	30	25	26	27	28	29	30	
30	1610	1643	1676	1709	1742	1775	1666	1702	1738	1774	1810	1846	23,4
32	1753	1788	1824	1859	1894	1929	1813	1851	1890	1928	1967	2005	25,0
34	1899	1936	1974	2011	2049	2086	1962	2003	2044	2085	2126	2167	26,5
36	2047	2087	2126	2166	2206	2245	2114	2158	2201	2244	2287	2331	28,1
38	2198	2239	2281	2323	2365	2407	2269	2314	2360	2406	2451	2497	29,6
40	2350	2394	2438	2482	2526	2571	2425	2473	2521	2569	2618	2666	31,2
42	2505	2551	2598	2644	2690	2736	2584	2634	2685	2735	2786	2836	32,8
44	2662	2710	2759	2807	2856	2904	2745	2797	2850	2903	2956	3009	34,3
46	2821	2871	2922	2972	3023	3074	2907	2962	3018	3073	3128	3183	35,9
48	2981	3034	3087	3139	3192	3245	3072	3129	3187	3245	3302	3360	37,4
50	3143	3198	3253	3308	3363	3418	3238	3298	3358	3418	3478	3538	39,0
52	3307	3364	3422	3479	3536	3593	3406	3468	3530	3593	3655	3718	40,6
54	3473	3532	3592	3651	3711	3770	3575	3640	3705	3770	3834	3899	42,1
56	3640	3702	3763	3825	3887	3948	3746	3814	3881	3948	4015	4083	43,7
58	3809	3873	3937	4000	4064	4128	3919	3989	4058	4128	4198	4267	45,2
60	3979	4045	4111	4178	4244	4310	4094	4166	4238	4310	4382	4454	46,8
62	4151	4220	4288	4356	4424	4493	4270	4344	4418	4493	4567	4642	48,4
64	4325	4395	4466	4536	4607	4677	4447	4524	4601	4678	4754	4831	49,9
66	4500	4573	4645	4718	4791	4863	4626	4705	4785	4864	4943	5022	51,5
68	4677	4752	4826	4901	4976	5051	4807	4888	4970	5052	5133	5215	53,0
70	4855	4932	5009	5086	5163	5240	4989	5073	5157	5241	5325	5409	54,6
72	5034	5114	5193	5272	5351	5430	5172	5259	5345	5431	5518	5604	56,2
74	5215	5297	5378	5460	5541	5623	5357	5446	5535	5624	5713	5801	57,7
76	5398	5482	5565	5649	5732	5816	5544	5635	5726	5817	5909	6000	59,3
78	5582	5668	5753	5839	5925	6011	5732	5825	5919	6012	6106	6200	60,8
80	5767	5855	5943	6031	6119	6207	5921	6017	6113	6209	6305	6401	62,4
82	5954	6044	6134	6225	6315	6405	6112	6210	6309	6407	6505	6604	64,0
84	6142	6235	6327	6420	6512	6604	6304	6405	6506	6606	6707	6808	65,5
86	6332	6427	6521	6616	6710	6805	6498	6601	6704	6807	6910	7014	67,1
88	6523	6620	6717	6813	6910	7007	6693	6798	6904	7009	7115	7221	68,6
90	6715	6814	6913	7013	7112	7211	6889	6997	7105	7213	7321	7429	70,2
92	6909	7011	7112	7213	7314	7415	7087	7197	7308	7418	7529	7639	71,8
94	7105	7208	7311	7415	7518	7622	7286	7399	7512	7625	7737	7850	73,3
96	7301	7407	7513	7618	7724	7829	7487	7602	7717	7832	7948	8063	74,9
98	7499	7607	7715	7823	7931	8038	7689	7806	7924	8042	8159	8277	76,4
100	7699	7809	7919	8029	8139	8249	7892	8012	8132	8252	8372	8492	78,0
102	7900	8012	8124	8236	8348	8461	8097	8219	8342	8464	8587	8709	79,6
104	8102	8216	8331	8445	8560	8674	8303	8428	8553	8678	8803	8927	81,1
106	8305	8422	8539	8655	8772	8889	8511	8638	8765	8893	9020	9147	82,7
108	8510	8629	8748	8867	8986	9104	8720	8849	8979	9109	9238	9368	84,2
110	8717	8838	8959	9080	9201	9322	8930	9062	9194	9326	9458	9590	85,8
112	8924	9048	9171	9294	9417	9541	9142	9276	9411	9545	9680	9814	87,4
114	9134	9259	9384	9510	9635	9761	9355	9492	9629	9765	9902	10039	88,9
116	9344	9472	9599	9727	9854	9982	9569	9709	9848	9987	10126	10265	90,5
118	9556	9686	9815	9945	10075	10205	9785	9927	10068	10210	10352	10493	92,0
120	9769	9901	10033	10165	10297	10429	10002	10146	10290	10434	10578	10722	93,6
122	9984	10118	10252	10386	10520	10655	10221	10367	10514	10660	10807	10953	95,2
124	10200	10336	10472	10609	10745	10882	10441	10590	10738	10887	11036	11185	96,7
126	10417	10555	10694	10833	10971	11110	10662	10813	10965	11116	11267	11418	98,3
128	10635	10776	10917	11058	11199	11339	10885	11038	11192	11346	11499	11653	99,8
130	10855	10998	11141	11284	11427	11570	11109	11265	11421	11577	11733	11889	101,4
Gew.d. Gurtungen	122,1	123,8	125,5	127,2	128,9	130,6	126,0	127,8	129,7	131,6	133,4	135,3	kg für 1 m

Widerstandsmomente cm³.

L 12,0 · 12,0 · 1,1 cm
Nietstärke 2,3 cm; Stehblechdicke 1,0 cm

Gurtplattendicke 2,2 cm · · · · · · · · · · · · · · Gurtplattendicke 3,3 cm

Stehbl.-Höhe cm	Gurtplattenbreite cm						Gurtplattenbreite cm						Gew. des Stehbl.
	25	26	27	28	29	30	25	26	27	28	29	30	
30	2231	2297	2364	2430	2496	2563	2870	2970	3070	3170	3271	3371	23,4
32	2416	2486	2557	2628	2699	2770	3096	3202	3309	3416	3523	3630	25,0
34	2603	2678	2754	2829	2904	2979	3325	3438	3552	3665	3778	3892	26,5
36	2794	2873	2953	3032	3112	3191	3557	3677	3797	3917	4037	4156	28,1
38	2987	3071	3154	3238	3322	3406	3791	3918	4044	4171	4297	4424	29,6
40	3182	3270	3358	3447	3535	3623	4029	4162	4295	4428	4561	4694	31,2
42	3379	3472	3564	3657	3750	3842	4268	4408	4547	4687	4826	4966	32,8
44	3578	3675	3773	3870	3967	4064	4510	4656	4802	4948	5094	5240	34,3
46	3780	3881	3983	4084	4186	4287	4753	4906	5059	5211	5364	5517	35,9
48	3983	4089	4195	4301	4406	4512	4999	5158	5318	5477	5636	5795	37,4
50	4188	4298	4409	4519	4629	4739	5247	5413	5578	5744	5910	6076	39,0
52	4395	4510	4624	4739	4854	4968	5496	5669	5841	6014	6186	6358	40,6
54	4604	4723	4842	4961	5080	5199	5748	5927	6106	6285	6464	6643	42,1
56	4814	4938	5061	5184	5308	5431	6001	6186	6372	6558	6743	6929	43,7
58	5026	5154	5282	5410	5537	5665	6256	6448	6640	6832	7024	7216	45,2
60	5240	5372	5504	5636	5769	5901	6512	6711	6910	7109	7307	7506	46,8
62	5455	5592	5728	5865	6002	6138	6771	6976	7181	7387	7592	7797	48,4
64	5672	5813	5954	6095	6236	6377	7031	7243	7454	7666	7878	8090	49,9
66	5890	6036	6181	6327	6472	6617	7292	7511	7729	7948	8166	8384	51,5
68	6110	6260	6410	6560	6710	6859	7555	7780	8005	8230	8455	8681	53,0
70	6332	6486	6640	6794	6949	7103	7820	8052	8283	8515	8747	8978	54,6
72	6555	6714	6872	7031	7189	7348	8086	8325	8563	8801	9039	9277	56,2
74	6779	6942	7105	7268	7431	7594	8354	8599	8844	9089	9333	9578	57,7
76	7005	7173	7340	7508	7675	7842	8623	8875	9126	9378	9629	9880	59,3
78	7233	7405	7576	7748	7920	8092	8894	9152	9410	9668	9926	10184	60,8
80	7462	7638	7814	7990	8167	8343	9167	9431	9696	9960	10225	10489	62,4
82	7692	7873	8053	8234	8415	8595	9440	9712	9983	10254	10525	10796	64,0
84	7924	8109	8294	8479	8664	8849	9716	9994	10271	10549	10827	11104	65,5
86	8157	8347	8536	8725	8915	9104	9993	10277	10561	10846	11130	11414	67,1
88	8392	8586	8780	8973	9167	9361	10271	10562	10853	11144	11434	11725	68,6
90	8628	8826	9025	9223	9421	9619	10551	10848	11145	11443	11740	12038	70,2
92	8866	9068	9271	9474	9676	9879	10832	11136	11440	11744	12048	12352	71,8
94	9105	9312	9519	9726	9933	10140	11114	11425	11736	12046	12357	12668	73,3
96	9345	9557	9768	9979	10191	10402	11398	11715	12033	12350	12667	12985	74,9
98	9587	9803	10019	10234	10450	10666	11684	12007	12331	12655	12979	13303	76,4
100	9830	10050	10271	10491	10711	10931	11970	12301	12631	12962	13292	13623	78,0
102	10075	10299	10524	10748	10973	11198	12259	12596	12933	13270	13607	13944	79,6
104	10321	10550	10779	11008	11237	11466	12548	12892	13236	13579	13923	14267	81,1
106	10568	10802	11035	11268	11502	11735	12839	13190	13540	13890	14240	14591	82,7
108	10817	11055	11293	11530	11768	12006	13132	13489	13846	14202	14559	14916	84,2
110	11067	11309	11551	11794	12036	12278	13426	13789	14153	14516	14879	15243	85,8
112	11319	11565	11812	12058	12305	12551	13721	14091	14461	14831	15201	15571	87,4
114	11572	11823	12074	12324	12575	12826	14018	14394	14771	15148	15524	15901	88,9
116	11826	12081	12337	12592	12847	13103	14316	14699	15082	15465	15849	16232	90,5
118	12082	12341	12601	12861	13121	13380	14615	15005	15395	15785	16174	16564	92,0
120	12339	12603	12867	13131	13395	13659	14916	15313	15709	16105	16502	16898	93,6
122	12597	12866	13134	13403	13671	13940	15218	15621	16024	16427	16830	17233	95,2
124	12857	13130	13403	13676	13949	14222	15522	15932	16341	16751	17160	17570	96,7
126	13118	13395	13673	13950	14227	14505	15827	16243	16659	17075	17492	17908	98,3
128	13381	13662	13944	14226	14507	14789	16133	16556	16979	17402	17824	18247	99,8
130	13645	13931	14217	14503	14789	15075	16441	16870	17300	17729	18158	18588	101,4
Gew. d. Gurtungen	165,0	168,4	171,8	175,3	178,7	182,1	207,9	213,0	218,2	223,3	228,5	233,6	kg für 1 m

⌐ 12,0 · 12,0 · 1,3 cm
Nietstärke 2,6 cm; Stehblechdicke 1,2 cm

Gurtplattendicke 1,2 cm   Gurtplattendicke 1,3 cm

Stehbl.-Höhe cm	Gurtplattenbreite cm						Gurtplattenbreite cm						Gew. des Stehbl.
	26	27	28	29	30	31	26	27	28	29	30	31	
40	2658	2706	2754	2802	2850	2898	2734	2786	2838	2890	2942	2994	37,4
42	2835	2886	2936	2987	3037	3088	2915	2970	3024	3079	3134	3188	39,3
44	3015	3068	3121	3174	3226	3279	3099	3156	3213	3270	3328	3385	41,2
46	3197	3252	3308	3363	3418	3473	3285	3345	3404	3464	3524	3584	43,1
48	3381	3439	3497	3554	3612	3670	3473	3535	3598	3660	3723	3785	44,9
50	3568	3628	3688	3748	3808	3868	3663	3728	3793	3858	3923	3989	46,8
52	3756	3819	3881	3944	4006	4068	3856	3923	3991	4059	4126	4194	48,7
54	3947	4012	4076	4141	4206	4271	4050	4120	4191	4261	4331	4401	50,5
56	4139	4206	4274	4341	4408	4475	4246	4319	4392	4465	4538	4611	52,4
58	4334	4403	4473	4542	4612	4682	4445	4520	4596	4671	4747	4822	54,3
60	4530	4602	4674	4746	4818	4890	4645	4723	4801	4879	4957	5035	56,2
62	4728	4802	4877	4951	5026	5100	4847	4928	5009	5089	5170	5250	58,0
64	4928	5005	5082	5158	5235	5312	5051	5134	5218	5301	5384	5467	59,9
66	5130	5209	5288	5367	5447	5526	5257	5343	5429	5515	5600	5686	61,8
68	5333	5415	5497	5578	5660	5742	5465	5553	5642	5730	5818	5907	63,6
70	5539	5623	5707	5791	5875	5959	5674	5765	5856	5947	6038	6129	65,5
72	5746	5832	5919	6005	6092	6178	5885	5979	6073	6166	6260	6354	67,4
74	5955	6044	6133	6221	6310	6399	6098	6195	6291	6387	6483	6579	69,3
76	6166	6257	6348	6439	6531	6622	6313	6412	6511	6610	6708	6807	71,1
78	6378	6472	6565	6659	6753	6846	6529	6631	6732	6834	6935	7037	73,0
80	6592	6688	6784	6880	6976	7072	6748	6852	6956	7060	7164	7268	74,9
82	6808	6907	7005	7103	7202	7300	6968	7074	7181	7288	7394	7501	76,8
84	7026	7127	7227	7328	7429	7530	7189	7298	7408	7517	7626	7735	78,6
86	7245	7348	7451	7555	7658	7761	7413	7524	7636	7748	7860	7972	80,5
88	7466	7572	7677	7783	7889	7994	7638	7752	7866	7981	8095	8210	82,4
90	7689	7797	7905	8013	8121	8229	7864	7981	8098	8215	8332	8449	84,2
92	7913	8024	8134	8244	8355	8465	8093	8212	8332	8452	8571	8691	86,1
94	8139	8252	8365	8478	8590	8703	8323	8445	8567	8690	8812	8934	88,0
96	8367	8482	8597	8713	8828	8943	8555	8679	8804	8929	9054	9179	89,9
98	8596	8714	8832	8949	9067	9184	8788	8915	9043	9170	9298	9425	91,7
100	8827	8947	9067	9187	9307	9427	9023	9153	9283	9413	9543	9673	93,6
102	9060	9182	9305	9427	9550	9672	9260	9393	9525	9658	9790	9923	95,5
104	9294	9419	9544	9669	9794	9919	9498	9634	9769	9904	10039	10174	97,3
106	9530	9658	9785	9912	10039	10167	9738	9876	10014	10152	10290	10428	99,2
108	9768	9898	10027	10157	10287	10416	9980	10121	10261	10401	10542	10682	101,1
110	10008	10140	10272	10404	10536	10668	10224	10367	10510	10653	10796	10939	103,0
112	10249	10383	10517	10652	10786	10921	10469	10614	10760	10905	11051	11197	104,8
114	10491	10628	10765	10902	11038	11175	10715	10863	11012	11160	11308	11456	106,7
116	10735	10875	11014	11153	11292	11432	10964	11114	11265	11416	11567	11718	108,6
118	10981	11123	11265	11406	11548	11689	11214	11367	11520	11674	11827	11981	110,4
120	11229	11373	11517	11661	11805	11949	11465	11621	11777	11933	12089	12245	112,3
122	11478	11624	11771	11917	12064	12210	11718	11877	12036	12194	12353	12512	114,2
124	11729	11878	12027	12175	12324	12473	11973	12135	12296	12457	12618	12779	116,1
126	11981	12133	12284	12435	12586	12737	12230	12394	12557	12721	12885	13049	117,9
128	12235	12389	12543	12696	12850	13004	12488	12654	12821	12987	13154	13320	119,8
130	12491	12647	12803	12959	13115	13271	12748	12917	13086	13255	13424	13593	121,7
132	12749	12907	13065	13224	13382	13541	13009	13181	13352	13524	13696	13867	123,6
134	13007	13168	13329	13490	13651	13812	13272	13446	13621	13795	13969	14143	125,4
136	13268	13431	13595	13758	13921	14084	13537	13714	13890	14067	14244	14421	127,3
138	13530	13696	13862	14027	14193	14358	13803	13983	14162	14341	14521	14700	129,2
140	13794	13962	14130	14298	14466	14634	14071	14253	14435	14617	14799	14981	131,0
Gew. d. Gurtungen	141,3	143,2	145,1	146,9	148,8	150,7	145,4	147,4	149,4	151,5	153,5	155,5	kg für 1 m

Widerstandsmomente cm³.

∟ 12,0 · 12,0 · 1,3 cm

Nietstärke 2,6 cm; Stehblechdicke 1,2 cm

Gurtplattendicke 2,4 cm   Gurtplattendicke 2,6 cm

Stehbl.-Höhe cm	Gurtplattenbreite cm						Gurtplattenbreite cm						Gew. des Stehbl.
	26	27	28	29	30	31	26	27	28	29	30	31	
40	3575	3671	3768	3864	3960	4057	3730	3834	3939	4043	4148	4252	37,4
42	3799	3900	4002	4103	4204	4305	3962	4071	4181	4291	4400	4510	39,3
44	4026	4132	4238	4344	4450	4556	4196	4311	4426	4541	4656	4771	41,2
46	4255	4366	4477	4587	4698	4809	4433	4553	4673	4793	4913	5033	43,1
48	4487	4602	4718	4833	4949	5064	4673	4798	4923	5048	5173	5299	44,9
50	4720	4841	4961	5081	5202	5322	4914	5045	5175	5305	5436	5566	46,8
52	4956	5081	5206	5332	5457	5582	5158	5293	5429	5565	5700	5836	48,7
54	5194	5324	5454	5584	5714	5844	5404	5544	5685	5826	5967	6108	50,5
56	5434	5569	5704	5838	5973	6108	5652	5798	5944	6090	6236	6382	52,4
58	5676	5816	5955	6095	6234	6374	5902	6053	6204	6355	6506	6657	54,3
60	5920	6065	6209	6353	6497	6642	6154	6310	6466	6623	6779	6935	56,2
62	6166	6315	6464	6613	6763	6912	6407	6569	6730	6892	7054	7215	58,0
64	6414	6568	6722	6876	7030	7183	6663	6830	6997	7163	7330	7497	59,9
66	6664	6822	6981	7140	7298	7457	6921	7093	7265	7437	7609	7781	61,8
68	6915	7079	7242	7406	7569	7733	7180	7358	7535	7712	7889	8066	63,6
70	7169	7337	7505	7674	7842	8010	7442	7624	7806	7989	8171	8353	65,5
72	7424	7597	7770	7943	8116	8289	7705	7893	8080	8268	8455	8643	67,4
74	7681	7859	8037	8215	8392	8570	7970	8163	8356	8548	8741	8934	69,3
76	7940	8123	8305	8488	8670	8853	8237	8435	8633	8831	9029	9226	71,1
78	8201	8388	8575	8763	8950	9138	8506	8709	8912	9115	9318	9521	73,0
80	8463	8655	8847	9040	9232	9424	8776	8984	9193	9401	9609	9817	74,9
82	8727	8924	9121	9318	9515	9712	9048	9262	9475	9689	9902	10115	76,8
84	8993	9195	9397	9598	9800	10002	9322	9541	9759	9978	10197	10415	78,6
86	9261	9467	9674	9880	10087	10294	9598	9822	10045	10269	10493	10717	80,5
88	9530	9741	9953	10164	10375	10587	9875	10104	10333	10562	10791	11020	82,4
90	9801	10017	10233	10449	10666	10882	10154	10388	10623	10857	11091	11325	84,2
92	10074	10295	10516	10737	10958	11179	10435	10674	10914	11153	11393	11632	86,1
94	10348	10574	10800	11025	11251	11477	10717	10962	11207	11451	11696	11941	88,0
96	10624	10855	11085	11316	11547	11777	11002	11251	11501	11751	12001	12251	89,9
98	10902	11137	11373	11608	11844	12079	11287	11542	11797	12053	12308	12563	91,7
100	11182	11422	11662	11902	12142	12382	11575	11835	12095	12356	12616	12876	93,6
102	11463	11708	11953	12198	12443	12688	11864	12130	12395	12661	12926	13191	95,5
104	11746	11995	12245	12495	12745	12994	12155	12426	12696	12967	13238	13508	97,3
106	12030	12285	12549	12794	13048	13303	12448	12724	12999	13275	13551	13827	99,2
108	12316	12576	12835	13094	13354	13613	12742	13023	13304	13585	13866	14147	101,1
110	12604	12868	13133	13397	13661	13925	13038	13324	13610	13897	14183	14469	103,0
112	12894	13163	13432	13701	13970	14239	13336	13627	13918	14210	14501	14793	104,8
114	13185	13459	13732	14006	14280	14554	13635	13932	14228	14525	14821	15118	106,7
116	13478	13756	14035	14313	14592	14871	13936	14238	14539	14841	15143	15445	108,6
118	13772	14056	14339	14622	14906	15189	14238	14545	14852	15159	15466	15773	110,4
120	14068	14357	14645	14933	15221	15509	14543	14855	15167	15479	15791	16104	112,3
122	14366	14659	14952	15245	15538	15831	14849	15166	15483	15801	16118	16435	114,2
124	14666	14963	15261	15559	15857	16154	15156	15479	15801	16124	16446	16769	116,1
126	14967	15269	15572	15874	16177	16479	15465	15793	16121	16449	16776	17104	117,9
128	15269	15577	15884	16191	16499	16806	15776	16109	16442	16775	17108	17441	119,8
130	15574	15886	16198	16510	16822	17135	16089	16427	16765	17103	17441	17779	121,7
132	15880	16197	16514	16831	17148	17464	16403	16746	17089	17433	17776	18119	123,6
134	16187	16509	16831	17153	17474	17796	16718	17067	17415	17764	18113	18461	125,4
136	16497	16823	17150	17476	17803	18129	17036	17389	17743	18097	18451	18805	127,3
138	16808	17139	17470	17802	18133	18464	17355	17714	18073	18432	18791	19150	129,2
140	17120	17456	17792	18129	18465	18801	17675	18040	18404	18768	19132	19496	131,0
Gew. d. Gurtungen	190,0	193,7	197,5	201,2	205,0	208,7	198,1	202,2	206,2	210,3	214,3	218,4	kg für 1 m

∟ 12,0 · 12,0 · 1,3 cm
Nietstärke 2,6 cm; Stehblechdicke 1,2 cm

Gurtplattendicke 3,6 cm   **Gurtplattendicke 3,9 cm**

Stehbl.-Höhe cm	Gurtplattenbreite cm						Gurtplattenbreite cm						Gew. des Stehbl.
	26	27	28	29	30	31	26	27	28	29	30	31	
40	4512	4658	4803	4948	5094	5239	4750	4908	5065	5223	5381	5538	37,4
42	4783	4935	5088	5240	5393	5545	5032	5198	5363	5528	5694	5859	39,3
44	5056	5216	5375	5535	5695	5854	5317	5490	5663	5837	6010	6183	41,2
46	5332	5499	5666	5832	5999	6166	5605	5785	5966	6147	6328	6509	43,1
48	5610	5784	5958	6132	6306	6480	5894	6083	6272	6460	6649	6838	44,9
50	5891	6072	6253	6434	6615	6796	6187	6383	6579	6776	6972	7169	46,8
52	6174	6362	6550	6739	6927	7115	6481	6685	6890	7094	7298	7502	48,7
54	6459	6654	6850	7045	7241	7436	6778	6990	7202	7414	7626	7838	50,5
56	6746	6949	7151	7354	7557	7759	7077	7297	7516	7736	7956	8175	52,4
58	7036	7245	7455	7665	7875	8084	7378	7606	7833	8060	8288	8515	54,3
60	7327	7544	7761	7978	8195	8412	7681	7917	8152	8387	8622	8857	56,2
62	7620	7844	8069	8293	8517	8741	7987	8230	8473	8715	8958	9201	58,0
64	7916	8147	8378	8610	8841	9072	8294	8545	8795	9046	9297	9547	59,9
66	8213	8452	8690	8928	9167	9405	8603	8862	9120	9379	9637	9895	61,8
68	8512	8758	9004	9249	9495	9741	8914	9181	9447	9713	9979	10246	63,6
70	8814	9066	9319	9572	9825	10078	9227	9501	9775	10049	10323	10597	65,5
72	9117	9377	9637	9897	10157	10417	9542	9824	10106	10388	10669	10951	67,4
74	9422	9689	9956	10223	10490	10757	9859	10149	10438	10728	11017	11307	69,3
76	9728	10003	10277	10551	10826	11100	10178	10475	10772	11070	11367	11665	71,1
78	10037	10318	10600	10881	11163	11444	10498	10803	11109	11414	11719	12024	73,0
80	10347	10636	10925	11213	11502	11791	10821	11134	11446	11759	12072	12385	74,9
82	10659	10955	11251	11547	11843	12139	11145	11465	11786	12107	12427	12748	76,8
84	10973	11276	11579	11883	12186	12489	11471	11799	12128	12456	12784	13113	78,6
86	11289	11599	11909	12220	12530	12840	11798	12135	12471	12807	13143	13480	80,5
88	11606	11924	12241	12559	12876	13194	12128	12472	12816	13160	13504	13848	82,4
90	11926	12250	12575	12900	13224	13549	12459	12811	13163	13514	13866	14218	84,2
92	12247	12578	12910	13242	13574	13906	12792	13152	13511	13871	14230	14590	86,1
94	12569	12908	13247	13586	13925	14264	13127	13494	13861	14229	14596	14963	88,0
96	12894	13240	13586	13932	14278	14625	13463	13838	14213	14589	14964	15339	89,9
98	13220	13573	13926	14280	14633	14987	13801	14184	14567	14950	15333	15716	91,7
100	13547	13908	14269	14629	14990	15350	14141	14532	14922	15313	15704	16095	93,6
102	13877	14245	14613	14980	15348	15716	14483	14881	15280	15678	16077	16475	95,5
104	14208	14583	14958	15333	15708	16083	14826	15232	15638	16045	16451	16857	97,3
106	14541	14923	15305	15688	16070	16452	15171	15585	15999	16413	16827	17241	99,2
108	14876	15265	15654	16044	16433	16822	15517	15939	16361	16783	17205	17627	101,1
110	15212	15608	16005	16402	16798	17195	15866	16295	16725	17155	17584	18014	103,0
112	15550	15954	16357	16761	17165	17568	16216	16653	17091	17528	17966	18403	104,8
114	15890	16300	16711	17122	17533	17944	16568	17013	17458	17903	18349	18794	106,7
116	16231	16649	17067	17485	17903	18321	16921	17374	17827	18280	18733	19186	108,6
118	16574	16999	17424	17850	18275	18700	17276	17737	18198	18658	19119	19580	110,4
120	16918	17351	17783	18216	18648	19081	17633	18101	18570	19039	19507	19976	112,3
122	17265	17704	18144	18584	19023	19463	17991	18467	18944	19420	19897	20373	114,2
124	17613	18059	18506	18953	19400	19847	18351	18835	19320	19804	20288	20772	116,1
126	17962	18416	18870	19324	19778	20233	18713	19205	19697	20189	20681	21173	117,9
128	18313	18775	19236	19697	20158	20620	19076	19576	20076	20576	21075	21575	119,8
130	18666	19135	19603	20072	20540	21009	19441	19949	20456	20964	21472	21979	121,7
132	19021	19497	19972	20448	20923	21399	19808	20323	20839	21354	21869	22385	123,6
134	19377	19860	20343	20826	21308	21791	20176	20699	21223	21746	22269	22792	125,4
136	19735	20225	20715	21205	21695	22185	20546	21077	21608	22139	22670	23201	127,3
138	20094	20592	21089	21586	22083	22581	20918	21457	21995	22534	23073	23611	129,2
140	20456	20960	21464	21969	22473	22978	21291	21838	22384	22931	23477	24024	131,0
Gew. d. Gurtungen	238,7	244,3	249,9	255,5	261,1	266,7	250,8	256,9	263,0	269,1	275,2	281,2	kg für 1 m

Widerstandsmomente cm³.

$\llcorner$ 13,0 · 13,0 · 1,2 cm

Nietstärke 2,3 cm; Stehblechdicke 1,2 cm

Gurtplattendicke 1,2 cm   Gurtplattendicke 1,3 cm

Stehbl.-Höhe cm	Gurtplattenbreite cm						Gurtplattenbreite cm						Gew. des Stehbl.
	28	29	30	31	32	33	28	29	30	31	32	33	
40	2814	2862	2910	2958	3006	3054	2900	2952	3004	3056	3108	3160	37,4
42	3000	3050	3101	3151	3202	3252	3090	3145	3200	3254	3309	3364	39,3
44	3188	3241	3294	3347	3400	3453	3283	3340	3398	3455	3512	3569	41,2
46	3379	3434	3490	3545	3600	3655	3478	3538	3598	3658	3718	3778	43,1
48	3572	3630	3687	3745	3803	3860	3676	3738	3801	3863	3926	3988	44,9
50	3767	3827	3887	3947	4007	4067	3876	3941	4006	4071	4136	4201	46,8
52	3965	4027	4089	4152	4214	4277	4077	4145	4213	4280	4348	4416	48,7
54	4164	4229	4294	4358	4423	4488	4281	4351	4422	4492	4562	4632	50,5
56	4365	4433	4500	4567	4634	4702	4487	4560	4633	4706	4779	4851	52,4
58	4569	4638	4708	4778	4847	4917	4695	4770	4846	4921	4997	5072	54,3
60	4774	4846	4918	4990	5062	5134	4905	4983	5061	5139	5217	5295	56,2
62	4981	5056	5130	5205	5279	5354	5117	5197	5278	5359	5439	5520	58,0
64	5191	5267	5344	5421	5498	5575	5330	5414	5497	5580	5663	5747	59,9
66	5402	5481	5560	5639	5718	5798	5546	5632	5718	5803	5889	5975	61,8
68	5614	5696	5778	5859	5941	6023	5763	5852	5940	6029	6117	6205	63,6
70	5829	5913	5997	6081	6165	6249	5982	6073	6164	6256	6347	6438	65,5
72	6046	6132	6218	6305	6391	6478	6203	6297	6391	6484	6578	6672	67,4
74	6264	6353	6441	6530	6619	6708	6426	6522	6619	6715	6811	6907	69,3
76	6484	6575	6666	6757	6849	6940	6651	6750	6848	6947	7046	7145	71,1
78	6706	6799	6893	6986	7080	7174	6877	6979	7080	7181	7283	7384	73,0
80	6929	7025	7121	7217	7313	7409	7105	7209	7313	7417	7521	7625	74,9
82	7154	7253	7351	7450	7548	7647	7335	7442	7548	7655	7761	7868	76,8
84	7381	7482	7583	7684	7785	7885	7566	7676	7785	7894	8003	8113	78,6
86	7610	7713	7817	7920	8023	8126	7800	7912	8023	8135	8247	8359	80,5
88	7840	7946	8052	8157	8263	8369	8035	8149	8264	8378	8492	8607	82,4
90	8073	8181	8289	8397	8505	8613	8271	8388	8505	8622	8740	8857	84,2
92	8306	8417	8527	8638	8748	8859	8510	8629	8749	8869	8988	9108	86,1
94	8542	8655	8768	8880	8993	9106	8750	8872	8994	9117	9239	9361	88,0
96	8779	8894	9010	9125	9240	9355	8992	9116	9241	9366	9491	9616	89,9
98	9018	9136	9253	9371	9488	9606	9235	9362	9490	9617	9745	9872	91,7
100	9259	9379	9499	9619	9739	9859	9480	9610	9740	9870	10000	10130	93,6
102	9501	9623	9746	9868	9990	10113	9727	9860	9992	10125	10257	10390	95,5
104	9745	9869	9994	10119	10244	10369	9975	10111	10246	10381	10516	10651	97,3
106	9990	10117	10245	10372	10499	10626	10225	10363	10501	10639	10777	10915	99,2
108	10237	10367	10497	10626	10756	10886	10477	10618	10758	10899	11039	11179	101,1
110	10486	10618	10750	10882	11014	11146	10731	10874	11017	11160	11303	11446	103,0
112	10737	10871	11006	11140	11274	11409	10986	11131	11277	11423	11568	11714	104,8
114	10989	11126	11263	11399	11536	11673	11242	11391	11539	11687	11835	11984	106,7
116	11243	11382	11521	11660	11800	11939	11501	11652	11803	11953	12104	12255	108,6
118	11498	11640	11781	11923	12065	12206	11761	11914	12068	12221	12375	12528	110,4
120	11755	11899	12043	12187	12331	12475	12023	12179	12335	12491	12647	12803	112,3
122	12014	12161	12307	12453	12600	12746	12286	12445	12603	12762	12920	13079	114,2
124	12275	12423	12572	12721	12870	13019	12551	12712	12873	13035	13196	13357	116,1
126	12537	12688	12839	12990	13141	13293	12817	12981	13145	13309	13473	13637	117,9
128	12800	12954	13107	13261	13415	13568	13086	13252	13419	13585	13751	13918	119,8
130	13065	13222	13378	13534	13690	13846	13356	13525	13694	13863	14032	14201	121,7
132	13332	13491	13649	13808	13966	14125	13627	13799	13970	14142	14314	14485	123,6
134	13601	13762	13923	14083	14244	14405	13900	14074	14249	14423	14597	14771	125,4
136	13871	14034	14198	14361	14524	14687	14175	14352	14529	14705	14882	15059	127,3
138	14143	14309	14474	14640	14805	14971	14451	14631	14810	14990	15169	15349	129,2
140	14416	14584	14752	14920	15089	15257	14729	14911	15093	15276	15458	15640	131,0
Gew. d. Gurtungen	145,9	147,8	149,7	151,6	153,4	155,3	150,3	152,3	154,4	156,4	158,4	160,4	kg für 1 m

∟ **13,0 · 13,0 · 1,2 cm**

Nietstärke 2,3 cm; Stehblechdicke 1,2 cm

Gurtplattendicke 2,4 cm   Gurtplattendicke 3,6 cm

Stehbl.-Höhe cm	Gurtplattenbreite cm						Gurtplattenbreite cm						Gew. des Stehbl.
	28	29	30	31	32	33	28	29	30	31	32	33	
40	3855	3951	4048	4144	4241	4337	4918	5063	5209	5354	5499	5645	37,4
42	4094	4195	4296	4398	4499	4600	5210	5362	5514	5667	5819	5972	39,3
44	4336	4441	4547	4653	4759	4865	5504	5663	5823	5983	6142	6302	41,2
46	4580	4690	4801	4912	5023	5133	5800	5967	6134	6301	6467	6634	43,1
48	4826	4941	5057	5173	5288	5404	6100	6274	6448	6621	6795	6969	44,9
50	5075	5195	5315	5436	5556	5676	6401	6582	6764	6945	7126	7307	46,8
52	5326	5451	5576	5701	5826	5951	6705	6894	7082	7270	7458	7647	48,7
54	5579	5709	5838	5968	6098	6228	7012	7207	7403	7598	7793	7989	50,5
56	5834	5968	6103	6238	6373	6507	7320	7523	7726	7928	8131	8333	52,4
58	6091	6231	6370	6510	6649	6789	7631	7841	8051	8260	8470	8680	54,3
60	6350	6495	6639	6783	6927	7072	7944	8161	8378	8595	8812	9029	56,2
62	6612	6761	6910	7059	7208	7357	8259	8483	8707	8931	9155	9379	58,0
64	6875	7029	7182	7336	7490	7644	8576	8807	9038	9270	9501	9732	59,9
66	7140	7299	7457	7616	7775	7933	8895	9133	9371	9610	9848	10087	61,8
68	7407	7570	7734	7897	8061	8224	9215	9461	9707	9952	10198	10444	63,6
70	7675	7844	8012	8180	8349	8517	9538	9791	10044	10297	10549	10802	65,5
72	7946	8119	8293	8466	8639	8812	9863	10123	10383	10643	10903	11163	67,4
74	8219	8397	8575	8752	8930	9108	10189	10457	10724	10991	11258	11525	69,3
76	8493	8676	8859	9041	9224	9406	10518	10792	11067	11341	11615	11890	71,1
78	8769	8957	9144	9332	9519	9707	10848	11130	11411	11693	11974	12256	73,0
80	9047	9240	9432	9624	9816	10009	11180	11469	11758	12046	12335	12624	74,9
82	9327	9524	9721	9918	10115	10312	11514	11810	12106	12402	12698	12994	76,8
84	9609	9810	10012	10214	10416	10618	11850	12153	12456	12759	13062	13365	78,6
86	9892	10098	10305	10512	10718	10925	12187	12498	12808	13118	13428	13739	80,5
88	10177	10388	10600	10811	11022	11234	12527	12844	13161	13479	13796	14114	82,4
90	10463	10680	10896	11112	11328	11544	12868	13192	13517	13841	14166	14491	84,2
92	10752	10973	11194	11415	11636	11857	13210	13542	13874	14206	14538	14869	86,1
94	11042	11268	11493	11719	11945	12171	13555	13894	14233	14572	14911	15250	88,0
96	11334	11564	11795	12025	12256	12487	13901	14247	14594	14940	15286	15632	89,9
98	11627	11863	12098	12333	12569	12804	14249	14602	14956	15309	15663	16016	91,7
100	11922	12163	12403	12643	12883	13123	14599	14959	15320	15681	16041	16402	93,6
102	12219	12464	12709	12954	13199	13444	14950	15318	15686	16054	16421	16789	95,5
104	12518	12768	13017	13267	13517	13767	15303	15678	16053	16428	16803	17178	97,3
106	12818	13073	13327	13582	13836	14091	15658	16040	16422	16805	17187	17569	99,2
108	13120	13379	13639	13898	14158	14417	16015	16404	16793	17183	17572	17961	101,1
110	13424	13688	13952	14216	14480	14745	16373	16769	17166	17562	17959	18356	103,0
112	13729	13998	14267	14536	14805	15074	16733	17136	17540	17944	18348	18751	104,8
114	14036	14310	14583	14857	15131	15405	17094	17505	17916	18327	18738	19149	106,7
116	14345	14623	14902	15180	15459	15737	17458	17876	18294	18712	19130	19548	108,6
118	14655	14938	15222	15505	15788	16072	17823	18248	18673	19098	19524	19949	110,4
120	14967	15255	15543	15831	16119	16407	18189	18622	19054	19487	19919	20352	112,3
122	15280	15573	15866	16159	16452	16745	18557	18997	19437	19876	20316	20756	114,2
124	15596	15893	16191	16489	16786	17084	18927	19374	19821	20268	20715	21162	116,1
126	15912	16215	16517	16820	17123	17425	19299	19753	20207	20661	21115	21569	117,9
128	16231	16538	16846	17153	17460	17768	19672	20133	20595	21056	21517	21979	119,8
130	16551	16863	17175	17487	17800	18112	20047	20516	20984	21452	21921	22389	121,7
132	16873	17190	17507	17824	18141	18458	20424	20899	21375	21851	22326	22802	123,6
134	17196	17518	17840	18162	18483	18805	20802	21285	21768	22250	22733	23216	125,4
136	17521	17848	18174	18501	18828	19154	21182	21672	22162	22652	23142	23632	127,3
138	17848	18179	18511	18842	19173	19505	21563	22061	22558	23055	23552	24049	129,2
140	18176	18513	18849	19185	19521	19857	21946	22451	22955	23460	23964	24469	131,0
Gew. d. Gurtungen	198,4	202,1	205,8	209,6	213,3	217,1	250,8	256,4	262,0	267,6	273,2	278,8	kg für 1 m

Widerstandsmomente cm³.

L 13,0 · 13,0 · 1,4 cm

Nietstärke 2,6 cm; Stehblechdicke 1,2 cm

Gurtplattendicke 1,3 cm | Gurtplattendicke 1,4 cm

Stehbl.-Höhe cm	Gurtplattenbreite cm						Gurtplattenbreite cm						Gew. des Stehbl.
	28	29	30	31	32	33	28	29	30	31	32	33	
40	3040	3093	3145	3197	3249	3301	3123	3180	3236	3292	3348	3404	37,4
42	3243	3297	3352	3407	3461	3516	3330	3389	3448	3507	3565	3624	39,3
44	3448	3505	3562	3619	3677	3734	3539	3601	3662	3724	3786	3847	41,2
46	3655	3715	3775	3835	3894	3954	3751	3815	3880	3944	4009	4073	43,1
48	3865	3927	3990	4052	4115	4177	3965	4032	4099	4167	4234	4301	44,9
50	4077	4142	4207	4272	4337	4402	4181	4251	4321	4391	4462	4532	46,8
52	4291	4359	4426	4494	4562	4629	4400	4473	4546	4619	4691	4764	48,7
54	4508	4578	4648	4718	4789	4859	4621	4696	4772	4848	4923	4999	50,5
56	4726	4799	4872	4945	5018	5090	4844	4922	5001	5079	5158	5236	52,4
58	4947	5022	5098	5173	5249	5324	5069	5150	5231	5312	5394	5475	54,3
60	5169	5247	5326	5404	5482	5560	5296	5380	5464	5548	5632	5716	56,2
62	5394	5475	5555	5636	5717	5797	5525	5612	5698	5785	5872	5959	58,0
64	5621	5704	5787	5870	5954	6037	5756	5845	5935	6025	6114	6204	59,9
66	5849	5935	6021	6107	6192	6278	5988	6081	6173	6266	6358	6451	61,8
68	6079	6168	6256	6345	6433	6522	6223	6318	6414	6509	6604	6699	63,6
70	6312	6403	6494	6585	6676	6767	6460	6558	6656	6754	6852	6950	65,5
72	6546	6639	6733	6826	6920	7014	6698	6799	6900	7001	7102	7202	67,4
74	6781	6878	6974	7070	7166	7263	6938	7042	7146	7249	7353	7457	69,3
76	7019	7118	7217	7316	7414	7513	7180	7287	7393	7500	7606	7713	71,1
78	7259	7360	7461	7563	7664	7766	7424	7534	7643	7752	7861	7971	73,0
80	7500	7604	7708	7812	7916	8020	7670	7782	7894	8006	8118	8230	74,9
82	7743	7849	7956	8063	8169	8276	7917	8032	8147	8262	8377	8492	76,8
84	7987	8097	8206	8315	8424	8534	8167	8284	8402	8519	8637	8755	78,6
86	8234	8346	8458	8569	8681	8793	8417	8538	8658	8779	8899	9020	80,5
88	8482	8597	8711	8825	8940	9054	8670	8793	8917	9040	9163	9286	82,4
90	8732	8849	8966	9083	9200	9317	8924	9050	9176	9302	9429	9555	84,2
92	8984	9103	9223	9343	9462	9582	9180	9309	9438	9567	9696	9825	86,1
94	9237	9359	9482	9604	9726	9848	9438	9570	9701	9833	9965	10096	88,0
96	9492	9617	9742	9867	9991	10116	9698	9832	9967	10101	10235	10370	89,9
98	9749	9876	10004	10131	10259	10386	9959	10096	10233	10371	10508	10645	91,7
100	10007	10137	10267	10397	10527	10657	10222	10362	10502	10642	10782	10922	93,6
102	10267	10400	10533	10665	10798	10931	10486	10629	10772	10915	11058	11200	95,5
104	10529	10664	10800	10935	11070	11205	10753	10898	11044	11189	11335	11481	97,3
106	10793	10930	11068	11206	11344	11482	11020	11169	11317	11466	11614	11763	99,2
108	11058	11198	11339	11479	11619	11760	11290	11441	11592	11744	11895	12046	101,1
110	11325	11468	11611	11754	11897	12040	11561	11715	11869	12023	12177	12331	103,0
112	11593	11739	11884	12030	12176	12321	11834	11991	12148	12305	12461	12618	104,8
114	11863	12011	12160	12308	12456	12604	12109	12268	12428	12588	12747	12907	106,7
116	12135	12286	12437	12587	12738	12889	12385	12547	12710	12872	13035	13197	108,6
118	12408	12562	12715	12869	13022	13176	12663	12828	12993	13159	13324	13489	110,4
120	12684	12840	12996	13152	13308	13464	12942	13110	13278	13447	13615	13783	112,3
122	12960	13119	13278	13436	13595	13753	13224	13394	13565	13736	13907	14078	114,2
124	13239	13400	13561	13722	13884	14045	13506	13680	13854	14027	14201	14375	116,1
126	13519	13683	13846	14010	14174	14338	13791	13967	14144	14320	14497	14673	117,9
128	13800	13967	14133	14300	14466	14633	14077	14256	14436	14615	14794	14973	119,8
130	14084	14253	14422	14591	14760	14929	14365	14547	14729	14911	15093	15275	121,7
132	14369	14540	14712	14884	15055	15227	14654	14839	15024	15209	15394	15578	123,6
134	14655	14830	15004	15178	15352	15526	14945	15133	15321	15508	15696	15883	125,4
136	14944	15120	15297	15474	15651	15828	15238	15428	15619	15809	16000	16190	127,3
138	15233	15413	15592	15772	15951	16131	15532	15726	15919	16112	16305	16498	129,2
140	15525	15707	15889	16071	16253	16435	15828	16024	16220	16416	16612	16808	131,0
Gew. d. Gurtungen	164,2	166,3	168,3	170,3	172,3	174,4	168,6	170,8	173,0	175,2	177,3	179,5	kg für 1 m

L 13,0 · 13,0 · 1,4 cm
Nietstärke 2,6 cm; Stehblechdicke 1,2 cm

Gurtplattendicke 2,6 cm   Gurtplattendicke 3,9 cm

Stehbl.-Höhe cm	Gurtplattenbreite cm						Gurtplattenbreite cm						Gew. des Stehbl.
	28	29	30	31	32	33	28	29	30	31	32	33	
40	4130	4234	4339	4443	4548	4652	5246	5404	5561	5719	5877	6034	37,4
42	4387	4497	4607	4717	4826	4936	5559	5724	5890	6055	6220	6386	39,3
44	4648	4763	4878	4993	5107	5222	5874	6047	6220	6394	6567	6740	41,2
46	4911	5031	5151	5271	5391	5511	6193	6373	6554	6735	6916	7097	43,1
48	5177	5302	5427	5553	5678	5803	6514	6702	6891	7080	7268	7457	44,9
50	5445	5575	5706	5836	5967	6097	6837	7034	7230	7427	7623	7819	46,8
52	5716	5851	5987	6122	6258	6394	7164	7368	7572	7776	7980	8184	48,7
54	5988	6129	6270	6411	6552	6692	7492	7704	7916	8128	8340	8552	50,5
56	6263	6409	6555	6701	6847	6993	7823	8043	8262	8482	8702	8921	52,4
58	6541	6692	6843	6994	7145	7296	8156	8384	8611	8839	9066	9293	54,3
60	6820	6976	7132	7289	7445	.7602	8492	8727	8962	9197	9432	9668	56,2
62	7101	7263	7424	7586	7747	7909	8829	9072	9315	9558	9801	10044	58,0
64	7384	7551	7718	7885	8051	8218	9169	9420	9670	9921	10172	10423	59,9
66	7670	7842	8014	8185	8357	8529	9511	9769	10028	10286	10545	10803	61,8
68	7957	8134	8311	8488	8665	8843	9855	10121	10387	10653	10919	11186	63,6
70	8246	8428	8611	8793	8975	9158	10200	10474	10748	11022	11296	11570	65,5
72	8537	8725	8912	9100	9287	9475	10548	10830	11112	11393	11675	11957	67,4
74	8830	9023	9215	9408	9601	9794	10898	11187	11477	11766	12056	12346	69,3
76	9125	9323	9521	9719	9916	10114	11249	11547	11844	12141	12439	12736	71,1
78	9421	9625	9828	10031	10234	10437	11603	11908	12213	12518	12823	13128	73,0
80	9720	9928	10136	10345	10553	10761	11958	12271	12584	12897	13210	13523	74,9
82	10020	10234	10447	10661	10874	11088	12315	12636	12957	13277	13598	13919	76,8
84	10322	10541	10760	10978	11197	11416	12674	13003	13331	13660	13988	14317	78,6
86	10626	10850	11074	11298	11521	11745	13035	13372	13708	14044	14380	14717	80,5
88	10932	11161	11390	11619	11848	12077	13398	13742	14086	14430	14774	15118	82,4
90	11239	11473	11707	11942	12176	12410	13763	14114	14466	14818	15170	15522	84,2
92	11548	11787	12027	12266	12506	12745	14129	14488	14848	15208	15567	15927	86,1
94	11859	12103	12348	12593	12837	13082	14497	14864	15232	15599	15966	16334	88,0
96	12171	12421	12671	12921	13171	13421	14867	15242	15617	15992	16367	16743	89,9
98	12486	12741	12996	13251	13506	13761	15238	15621	16004	16387	16770	17153	91,7
100	12802	13062	13322	13582	13843	14103	15612	16002	16393	16784	17175	17565	93,6
102	13119	13385	13650	13916	14181	14446	15987	16385	16784	17182	17581	17979	95,5
104	13439	13709	13980	14251	14521	14792	16363	16770	17176	17582	17989	18395	97,3
106	13760	14036	14311	14587	14863	15139	16742	17156	17570	17984	18398	18812	99,2
108	14083	14364	14645	14926	15207	15488	17122	17544	17966	18388	18810	19232	101,1
110	14407	14693	14979	15266	15552	15838	17504	17934	18364	18793	19223	19653	103,0
112	14733	15025	15316	15607	15899	16190	17888	18325	18763	19200	19638	20075	104,8
114	15061	15358	15654	15951	16247	16544	18273	18718	19164	19609	20054	20499	106,7
116	15391	15692	15994	16296	16598	16900	18660	19113	19566	20019	20472	20925	108,6
118	15722	16029	16336	16643	16950	17257	19049	19510	19971	20431	20892	21353	110,4
120	16055	16367	16679	16991	17303	17615	19439	19908	20377	20845	21314	21782	112,3
122	16389	16706	17024	17341	17659	17976	19831	20308	20784	21261	21737	22214	114,2
124	16725	17048	17370	17693	18016	18338	20225	20709	21194	21678	22162	22646	116,1
126	17063	17391	17719	18046	18374	18702	20621	21113	21605	22097	22589	23081	117,9
128	17403	17736	18068	18401	18734	19067	21018	21518	22017	22517	23017	23517	119,8
130	17744	18082	18420	18758	19096	19435	21417	21924	22432	22939	23447	23955	121,7
132	18086	18430	18773	19117	19460	19803	21817	22333	22848	23363	23879	24394	123,6
134	18431	18779	19128	19477	19825	20174	22219	22742	23266	23789	24312	24835	125,4
136	18777	19131	19484	19838	20192	20546	22623	23154	23685	24216	24747	25278	127,3
138	19125	19484	19843	20202	20561	20920	23029	23567	24106	24645	25184	25722	129,2
140	19474	19838	20202	20567	20931	21295	23436	23982	24529	25075	25622	26168	131,0
Gew. d. Gurtungen	221,0	225,1	229,1	233,2	237,2	241,3	277,8	283,9	290,0	296,1	302,1	308,2	kg für 1 m

Widerstandsmomente cm³.

L 8,0 · 12,0 · 1,0 cm
Nietstärke 2,0 cm; Stehblechdicke 1,0 cm

Gurtplattendicke 1,0 cm   Gurtplattendicke 1,2 cm

Stehbl.-Höhe cm	Gurtplattenbreite cm						Gurtplattenbreite cm						Gew. des Stehbl.
	25	26	27	28	29	30	25	26	27	28	29	30	
30	1497	1527	1557	1588	1618	1648	1613	1649	1685	1722	1758	1794	23,4
32	1623	1656	1688	1720	1752	1784	1747	1786	1824	1863	1901	1940	25,0
34	1751	1785	1819	1853	1887	1922	1883	1924	1965	2006	2047	2088	26,5
36	1881	1917	1953	1989	2025	2061	2021	2064	2107	2151	2194	2237	28,1
38	2012	2050	2088	2126	2164	2202	2160	2206	2251	2297	2343	2388	29,6
40	2145	2185	2225	2265	2305	2345	2301	2349	2397	2445	2493	2541	31,2
42	2279	2321	2363	2405	2447	2489	2443	2494	2544	2595	2645	2696	32,8
44	2415	2459	2503	2547	2591	2635	2587	2640	2693	2746	2799	2852	34,3
46	2553	2599	2645	2691	2737	2783	2733	2788	2844	2899	2954	3009	35,9
48	2691	2739	2787	2835	2883	2932	2880	2938	2995	3053	3111	3168	37,4
50	2832	2882	2932	2982	3032	3082	3029	3089	3149	3209	3269	3329	39,0
52	2974	3026	3078	3130	3182	3234	3178	3241	3303	3366	3428	3491	40,6
54	3117	3171	3225	3279	3333	3387	3330	3395	3460	3524	3589	3654	42,1
56	3261	3318	3374	3430	3486	3542	3483	3550	3617	3684	3752	3819	43,7
58	3408	3466	3524	3582	3640	3698	3637	3707	3776	3846	3916	3985	45,2
60	3555	3615	3675	3735	3795	3855	3793	3865	3937	4009	4081	4153	46,8
62	3704	3766	3828	3890	3952	4014	3950	4024	4099	4173	4248	4322	48,4
64	3854	3918	3982	4046	4110	4174	4108	4185	4262	4339	4416	4493	49,9
66	4006	4072	4138	4204	4270	4336	4268	4347	4427	4506	4585	4664	51,5
68	4159	4227	4295	4363	4431	4499	4430	4511	4593	4674	4756	4838	53,0
70	4314	4384	4454	4524	4594	4664	4592	4676	4760	4844	4928	5012	54,6
72	4470	4542	4614	4686	4758	4830	4756	4843	4929	5016	5102	5188	56,2
74	4627	4701	4775	4849	4923	4997	4922	5011	5099	5188	5277	5366	57,7
76	4785	4861	4937	5013	5089	5165	5089	5180	5271	5362	5453	5545	59,3
78	4945	5023	5101	5179	5257	5335	5257	5350	5444	5538	5631	5725	60,8
80	5107	5187	5267	5347	5427	5507	5426	5522	5618	5714	5810	5906	62,4
82	5269	5351	5433	5515	5597	5680	5597	5696	5794	5893	5991	6089	64,0
84	5434	5518	5602	5686	5770	5854	5770	5870	5971	6072	6173	6274	65,5
86	5599	5685	5771	5857	5943	6029	5943	6046	6150	6253	6356	6459	67,1
88	5766	5854	5942	6030	6118	6206	6118	6224	6329	6435	6541	6646	68,6
90	5934	6024	6114	6204	6294	6384	6295	6403	6511	6619	6727	6835	70,2
92	6103	6195	6287	6379	6471	6563	6472	6583	6693	6804	6914	7024	71,8
94	6274	6368	6462	6556	6650	6744	6651	6764	6877	6990	7103	7216	73,3
96	6446	6542	6638	6734	6831	6927	6832	6947	7062	7178	7293	7408	74,9
98	6620	6718	6816	6914	7012	7110	7014	7131	7249	7367	7484	7602	76,4
100	6795	6895	6995	7095	7195	7295	7197	7317	7437	7557	7677	7797	78,0
102	6971	7073	7175	7277	7379	7481	7381	7504	7626	7749	7871	7993	79,6
104	7149	7253	7357	7461	7565	7669	7567	7692	7817	7942	8066	8191	81,1
106	7328	7434	7540	7646	7752	7858	7754	7882	8009	8136	8263	8390	82,7
108	7508	7616	7724	7832	7940	8048	7943	8073	8202	8332	8461	8591	84,2
110	7690	7800	7910	8020	8130	8240	8133	8265	8397	8529	8661	8793	85,8
112	7873	7985	8097	8209	8321	8433	8324	8458	8593	8727	8862	8996	87,4
114	8057	8171	8285	8399	8513	8627	8517	8653	8790	8927	9064	9201	88,9
116	8243	8359	8475	8591	8707	8823	8711	8850	8989	9128	9267	9407	90,5
118	8430	8548	8666	8784	8902	9020	8906	9047	9189	9331	9472	9614	92,0
120	8618	8738	8858	8978	9098	9218	9102	9246	9390	9534	9678	9823	93,6
122	8808	8930	9052	9174	9296	9418	9300	9447	9593	9740	9886	10032	95,2
124	8999	9123	9247	9371	9495	9619	9500	9648	9797	9946	10095	10244	96,7
126	9191	9317	9443	9569	9695	9821	9700	9852	10003	10154	10305	10456	98,3
128	9385	9513	9641	9769	9897	10025	9902	10056	10210	10363	10517	10670	99,8
130	9580	9710	9840	9970	10100	10230	10106	10262	10418	10574	10730	10886	101,4
Gew. d. Gurtungen	98,3	99,8	101,4	103,0	104,5	106,1	106,1	108,0	109,8	111,7	113,6	115,4	kg für 1 m

∟ 8,0 · 12,0 · 1,0 cm
Nietstärke 2,0 cm; Stehblechdicke 1,0 cm

Gurtplattendicke 2,0 cm   **Gurtplattendicke 2,4 cm**

Stehbl.-Höhe cm	Gurtplattenbreite cm						Gurtplattenbreite cm						Gew. des Stehbl.
	25	26	27	28	29	30	25	26	27	28	29	30	
30	2082	2142	2203	2263	2323	2384	2320	2392	2465	2538	2610	2683	23,4
32	2248	2312	2377	2441	2505	2570	2502	2579	2656	2734	2811	2888	25,0
34	2416	2484	2552	2621	2689	2757	2685	2767	2849	2932	3014	3096	26,5
36	2586	2658	2730	2802	2875	2947	2871	2958	3045	3131	3218	3305	28,1
38	2757	2833	2909	2986	3062	3138	3058	3150	3241	3333	3425	3516	29,6
40	2930	3010	3090	3171	3251	3331	3247	3344	3440	3537	3633	3729	31,2
42	3105	3189	3273	3357	3442	3526	3438	3539	3640	3742	3843	3944	32,8
44	3281	3369	3457	3546	3634	3722	3631	3736	3842	3948	4054	4160	34,3
46	3459	3551	3643	3736	3828	3920	3825	3935	4046	4157	4268	4378	35,9
48	3638	3735	3831	3927	4023	4119	4020	4136	4251	4367	4482	4598	37,4
50	3819	3920	4020	4120	4220	4320	4217	4338	4458	4578	4699	4819	39,0
52	4002	4106	4210	4314	4419	4523	4416	4541	4666	4791	4916	5042	40,6
54	4186	4294	4402	4510	4619	4727	4616	4746	4876	5006	5136	5266	42,1
56	4371	4483	4596	4708	4820	4932	4818	4952	5087	5222	5357	5491	43,7
58	4558	4674	4790	4907	5023	5139	5021	5160	5300	5439	5579	5718	45,2
60	4746	4867	4987	5107	5227	5347	5225	5370	5514	5658	5803	5947	46,8
62	4936	5060	5185	5309	5433	5557	5432	5581	5730	5879	6028	6177	48,4
64	5127	5256	5384	5512	5640	5768	5639	5793	5947	6101	6254	6408	49,9
66	5320	5452	5584	5716	5849	5981	5848	6007	6165	6324	6483	6641	51,5
68	5514	5650	5786	5922	6059	6195	6058	6222	6385	6549	6712	6876	53,0
70	5709	5850	5990	6130	6270	6410	6270	6438	6607	6775	6943	7111	54,6
72	5906	6050	6195	6339	6483	6627	6483	6656	6829	7002	7175	7348	56,2
74	6104	6253	6401	6549	6697	6845	6698	6876	7053	7231	7409	7587	57,7
76	6304	6456	6608	6760	6913	7065	6914	7096	7279	7462	7644	7827	59,3
78	6505	6661	6817	6973	7130	7286	7131	7318	7506	7693	7881	8068	60,8
80	6707	6868	7028	7188	7348	7508	7350	7542	7734	7926	8119	8311	62,4
82	6911	7075	7239	7404	7568	7732	7570	7767	7964	8161	8358	8555	64,0
84	7116	7284	7453	7621	7789	7957	7791	7993	8195	8397	8599	8800	65,5
86	7323	7495	7667	7839	8011	8183	8014	8221	8428	8634	8841	9047	67,1
88	7531	7707	7883	8059	8235	8411	8239	8450	8661	8873	9084	9296	68,6
90	7740	7920	8100	8280	8460	8640	8464	8680	8897	9113	9329	9545	70,2
92	7951	8135	8319	8503	8687	8871	8691	8912	9133	9354	9575	9796	71,8
94	8162	8351	8539	8727	8915	9103	8920	9145	9371	9597	9823	10049	73,3
96	8376	8568	8760	8952	9144	9336	9149	9380	9611	9841	10072	10302	74,9
98	8590	8787	8983	9179	9375	9571	9380	9616	9851	10087	10322	10557	76,4
100	8807	9007	9207	9407	9607	9807	9613	9853	10093	10333	10574	10814	78,0
102	9024	9228	9432	9636	9840	10044	9847	10092	10337	10582	10827	11072	79,6
104	9243	9451	9659	9867	10075	10283	10082	10332	10581	10831	11081	11331	81,1
106	9463	9675	9887	10099	10311	10523	10318	10573	10828	11082	11337	11591	82,7
108	9684	9900	10116	10333	10549	10765	10556	10816	11075	11334	11594	11853	84,2
110	9907	10127	10347	10567	10787	11008	10796	11060	11324	11588	11852	12116	85,8
112	10131	10355	10579	10804	11028	11252	11036	11305	11574	11843	12112	12381	87,4
114	10357	10585	10813	11041	11269	11497	11278	11552	11826	12099	12373	12647	88,9
116	10584	10816	11048	11280	11512	11744	11522	11800	12079	12357	12636	12914	90,5
118	10812	11048	11284	11520	11756	11992	11766	12050	12333	12616	12900	13183	92,0
120	11041	11281	11522	11762	12002	12242	12012	12300	12589	12877	13165	13453	93,6
122	11272	11516	11760	12005	12249	12493	12260	12553	12845	13138	13431	13724	95,2
124	11505	11753	12001	12249	12497	12745	12508	12806	13104	13402	13699	13997	96,7
126	11738	11990	12242	12494	12746	12999	12758	13061	13363	13666	13969	14271	98,3
128	11973	12229	12485	12741	12997	13254	13010	13317	13624	13932	14239	14546	99,8
130	12209	12469	12730	12990	13250	13510	13263	13575	13887	14199	14511	14823	101,4
Gew. d. Gurtungen	**137,8**	**140,4**	**143,5**	**146,6**	**149,8**	**152,9**	**152,9**	**156,6**	**160,4**	**164,1**	**167,9**	**171,6**	kg für 1 m

Widerstandsmomente cm³.

L 8,0 · 12,0 · 1,2 cm

Nietstärke 2,3 cm; Stehblechdicke 1,2 cm

| Gurtplattendicke 1,2 cm | | | | | | Gurtplattendicke 1,3 cm | | | | | |

Stehbl.-Höhe cm	Gurtplattenbreite cm						Gurtplattenbreite cm						Gew. des Stehbl.
	26	27	28	29	30	31	26	27	28	29	30	31	
40	2528	2576	2624	2672	2720	2768	2607	2659	2711	2763	2815	2867	37,4
42	2688	2738	2788	2839	2889	2940	2771	2825	2880	2935	2989	3044	39,3
44	2849	2902	2955	3007	3060	3113	2936	2993	3050	3108	3165	3222	41,2
46	3012	3067	3122	3178	3233	3288	3103	3163	3223	3283	3343	3402	43,1
48	3177	3234	3292	3350	3407	3465	3272	3335	3397	3460	3522	3584	44,9
50	3344	3404	3464	3524	3584	3644	3443	3508	3573	3638	3703	3768	46,8
52	3512	3574	3637	3699	3762	3824	3616	3683	3751	3818	3886	3954	48,7
54	3682	3747	3812	3877	3941	4006	3790	3860	3930	4001	4071	4141	50,5
56	3854	3921	3988	4056	4123	4190	3966	4039	4112	4184	4257	4330	52,4
58	4028	4097	4167	4237	4306	4376	4144	4219	4294	4370	4445	4521	54,3
60	4203	4275	4347	4419	4491	4563	4323	4401	4479	4557	4635	4713	56,2
62	4380	4454	4529	4603	4678	4752	4504	4585	4665	4746	4827	4907	58,0
64	4559	4635	4712	4789	4866	4943	4687	4770	4854	4937	5020	5103	59,9
66	4739	4818	4897	4977	5056	5135	4872	4957	5043	5129	5215	5301	61,8
68	4921	5003	5084	5166	5248	5329	5058	5146	5235	5323	5412	5500	63,6
70	5105	5189	5273	5357	5441	5525	5246	5337	5428	5519	5610	5701	65,5
72	5290	5377	5463	5549	5636	5722	5435	5529	5622	5716	5810	5903	67,4
74	5477	5566	5655	5744	5832	5921	5626	5723	5819	5915	6011	6107	69,3
76	5666	5757	5848	5939	6031	6122	5819	5918	6017	6116	6214	6313	71,1
78	5856	5950	6043	6137	6231	6324	6014	6115	6216	6318	6419	6521	73,0
80	6048	6144	6240	6336	6432	6528	6210	6314	6418	6522	6626	6730	74,9
82	6242	6340	6438	6537	6635	6734	6407	6514	6621	6727	6834	6941	76,8
84	6437	6538	6638	6739	6840	6941	6607	6716	6825	6935	7044	7153	78,6
86	6634	6737	6840	6943	7047	7150	6808	6920	7032	7143	7255	7367	80,5
88	6832	6938	7043	7149	7255	7360	7011	7125	7239	7354	7468	7583	82,4
90	7032	7140	7248	7356	7464	7572	7215	7332	7449	7566	7683	7800	84,2
92	7234	7345	7455	7565	7676	7786	7421	7540	7660	7780	7899	8019	86,1
94	7437	7550	7663	7776	7889	8002	7628	7751	7873	7995	8117	8240	88,0
96	7642	7758	7873	7988	8103	8219	7838	7962	8087	8212	8337	8462	89,9
98	7849	7967	8084	8202	8320	8437	8048	8176	8303	8431	8558	8686	91,7
100	8057	8177	8297	8417	8537	8657	8261	8391	8521	8651	8781	8911	93,6
102	8267	8390	8512	8635	8757	8879	8475	8607	8740	8873	9005	9138	95,5
104	8479	8604	8728	8853	8978	9103	8691	8826	8961	9096	9231	9367	97,3
106	8692	8819	8946	9074	9201	9328	8908	9046	9183	9321	9459	9597	99,2
108	8907	9036	9166	9295	9425	9555	9127	9267	9408	9548	9688	9829	101,1
110	9123	9255	9387	9519	9651	9783	9347	9490	9633	9776	9919	10062	103,0
112	9341	9475	9610	9744	9879	10013	9569	9715	9861	10006	10152	10298	104,8
114	9560	9697	9834	9971	10108	10245	9793	9941	10090	10238	10386	10534	106,7
116	9782	9921	10060	10199	10339	10478	10019	10169	10320	10471	10622	10773	108,6
118	10004	10146	10288	10429	10571	10713	10246	10399	10552	10706	10859	11013	110,4
120	10229	10373	10517	10661	10805	10949	10474	10630	10786	10942	11098	11254	112,3
122	10455	10601	10748	10894	11041	11187	10704	10863	11022	11180	11339	11497	114,2
124	10683	10831	10980	11129	11278	11427	10936	11097	11259	11420	11581	11742	116,1
126	10912	11063	11214	11365	11517	11668	11170	11333	11497	11661	11825	11989	117,9
128	11143	11296	11450	11604	11757	11911	11405	11571	11738	11904	12070	12237	119,8
130	11375	11531	11687	11843	11999	12155	11641	11810	11979	12148	12317	12486	121,7
132	11609	11768	11926	12084	12243	12401	11880	12051	12223	12394	12566	12738	123,6
134	11845	12006	12167	12327	12488	12649	12119	12294	12468	12642	12816	12991	125,4
136	12082	12245	12409	12572	12735	12898	12361	12538	12715	12891	13068	13245	127,3
138	12321	12487	12652	12818	12984	13149	12604	12783	12963	13142	13322	13501	129,2
140	12562	12730	12898	13066	13234	13402	12849	13031	13213	13395	13577	13759	131,0
Gew. d. Gurtungen	119,1	120,9	122,8	124,7	126,5	128,4	123,1	125,1	127,2	129,2	131,2	133,3	kg für 1 m

L 8,0 · 12,0 · 1,2 cm

Nietstärke 2,3 cm; Stehblechdicke 1,2 cm

Gurtplattendicke 2,4 cm   Gurtplattendicke 2,6 cm

Stehbl.-Höhe cm	Gurtplattenbreite cm						Gurtplattenbreite cm						Gew. des Stehbl.
	26	27	28	29	30	31	26	27	28	29	30	31	
40	3483	3579	3675	3772	3868	3965	3644	3748	3853	3957	4062	4166	37,4
42	3691	3792	3893	3995	4096	4197	3860	3970	4079	4189	4299	4409	39,3
44	3901	4007	4113	4219	4325	4431	4078	4193	4308	4423	4538	4653	41,2
46	4114	4224	4335	4446	4557	4667	4299	4419	4539	4659	4779	4899	43,1
48	4328	4443	4559	4674	4790	4905	4521	4646	4772	4897	5022	5147	44,9
50	4544	4664	4784	4905	5025	5145	4745	4876	5006	5137	5267	5397	46,8
52	4761	4887	5012	5137	5262	5387	4971	5107	5242	5378	5514	5649	48,7
54	4981	5111	5241	5371	5501	5631	5199	5340	5481	5621	5762	5903	50,5
56	5202	5337	5472	5607	5741	5876	5429	5575	5721	5867	6013	6159	52,4
58	5426	5565	5705	5844	5984	6123	5660	5811	5962	6114	6265	6416	54,3
60	5650	5795	5939	6083	6228	6372	5893	6050	6206	6362	6519	6675	56,2
62	5877	6026	6175	6324	6473	6622	6128	6290	6451	6613	6774	6936	58,0
64	6105	6259	6413	6567	6721	6875	6365	6531	6698	6865	7032	7198	59,9
66	6336	6494	6653	6812	6970	7129	6603	6775	6947	7119	7291	7463	61,8
68	6567	6731	6894	7058	7221	7385	6843	7020	7197	7374	7552	7729	63,6
70	6801	6969	7137	7306	7474	7642	7085	7267	7449	7632	7814	7996	65,5
72	7036	7209	7382	7555	7728	7901	7328	7516	7703	7891	8078	8266	67,4
74	7273	7451	7629	7806	7984	8162	7573	7766	7959	8151	8344	8537	69,3
76	7511	7694	7877	8059	8242	8425	7820	8018	8216	8414	8612	8810	71,1
78	7752	7939	8126	8314	8501	8689	8069	8272	8475	8678	8881	9084	73,0
80	7993	8186	8378	8570	8762	8955	8319	8527	8735	8944	9152	9360	74,9
82	8237	8434	8631	8828	9025	9222	8571	8784	8998	9211	9425	9638	76,8
84	8482	8684	8886	9088	9289	9491	8824	9043	9262	9480	9699	9918	78,6
86	8729	8936	9142	9349	9555	9762	9079	9303	9527	9751	9975	10199	80,5
88	8978	9189	9400	9612	9823	10035	9336	9565	9794	10023	10252	10481	82,4
90	9228	9444	9660	9876	10092	10309	9595	9829	10063	10297	10532	10766	84,2
92	9479	9700	9921	10142	10363	10584	9855	10094	10334	10573	10812	11052	86,1
94	9733	9959	10184	10410	10636	10862	10116	10361	10606	10850	11095	11340	88,0
96	9988	10218	10449	10680	10910	11141	10380	10630	10880	11129	11379	11629	89,9
98	10245	10480	10715	10951	11186	11422	10645	10900	11155	11410	11665	11920	91,7
100	10503	10743	10983	11223	11464	11704	10912	11172	11432	11692	11952	12213	93,6
102	10763	11008	11253	11498	11743	11988	11180	11445	11711	11976	12242	12507	95,5
104	11025	11274	11524	11774	12024	12273	11450	11720	11991	12262	12532	12803	97,3
106	11288	11542	11797	12051	12306	12561	11721	11997	12273	12549	12825	13100	99,2
108	11553	11812	12071	12331	12590	12849	11995	12276	12557	12838	13119	13400	101,1
110	11819	12083	12347	12612	12876	13140	12269	12556	12842	13128	13414	13700	103,0
112	12087	12356	12625	12894	13163	13432	12546	12837	13129	13420	13711	14003	104,8
114	12357	12631	12904	13178	13452	13726	12824	13120	13417	13714	14010	14307	106,7
116	12628	12907	13185	13464	13742	14021	13104	13405	13707	14009	14311	14613	108,6
118	12901	13185	13468	13751	14035	14318	13385	13692	13999	14306	14613	14920	110,4
120	13176	13464	13752	14040	14328	14617	13668	13980	14292	14604	14917	15229	112,3
122	13452	13745	14038	14331	14624	14917	13952	14270	14587	14905	15222	15539	114,2
124	13730	14028	14325	14623	14921	15219	14239	14561	14884	15206	15529	15852	116,1
126	14009	14312	14614	14917	15219	15522	14526	14854	15182	15510	15838	16165	117,9
128	14290	14598	14905	15212	15520	15827	14816	15149	15482	15815	16148	16481	119,8
130	14573	14885	15197	15509	15822	16134	15107	15445	15783	16121	16460	16798	121,7
132	14857	15174	15491	15808	16125	16442	15400	15743	16086	16430	16773	17116	123,6
134	15143	15465	15787	16108	16430	16752	15694	16042	16391	16739	17088	17437	125,4
136	15431	15757	16084	16410	16737	17063	15990	16343	16697	17051	17405	17758	127,3
138	15720	16051	16383	16714	17045	17377	16287	16646	17005	17364	17723	18082	129,2
140	16011	16347	16683	17019	17355	17691	16586	16950	17315	17679	18043	18407	131,0
Gew. d. Gurtungen	167,7	171,5	175,2	179,0	182,7	186,5	175,8	179,9	184,0	188,0	192,1	196,1	kg für 1 m

III. Theil.

Numerisch geordnete

Widerstandsmomente

aus Theil I und II.

Widerstandsmomente cm³

von 59,0 bis 460.

Widerstandsmoment cm³	Stehblechhöhe cm	Seite des Buches	Widerstandsmoment cm³	Stehblechhöhe cm	Seite des Buches	Widerstandsmoment cm³	Stehblechhöhe cm	Seite des Buches	Widerstandsmoment cm³	Stehblechhöhe cm	Seite des Buches	Widerstandsmoment cm³	Stehblechhöhe cm	Seite des Buches	Widerstandsmoment cm³	Stehblechhöhe cm	Seite des Buches
59,0	10	1	162	21	1	225	16	4	276	21	4	329	19	29	394	23	6
67,1	11	1	163	12	5	226	17	5	277	17	8	329	26	2	395	21	7
72,0	10	1	168	13	4	227	14	7	277	21	3	331	20	5	395	22	8
74,6	10	2	168	18	2	227	15	9	278	18	6	331	27	3	395	24	4
75,6	12	1	170	16	2	229	14	7	278	23	2	332	24	4	396	20	9
82,1	11	1	173	14	5	229	17	29	278	26	2	333	24	3	400	22	29
83,4	10	3	173	15	4	230	20	2	281	18	6	337	20	9	400	26	29
84,3	13	1	173	19	1	230	27	1	281	24	3	339	30	2	400	30	2
85,1	11	2	173	22	1	231	15	8	283	20	29	340	23	29	401	21	7
88,4	10	2	174	15	3	233	15	8	284	17	29	342	18	9	401	40	1
92,5	12	1	174	17	3	233	21	3	284	20	5	342	20	8	402	23	5
93,2	14	1	177	14	29	235	23	2	285	19	4	343	21	6	404	34	2
95,1	11	3	178	12	29	236	16	6	286	18	5	345	19	7	408	19	30
95,9	12	2	179	13	6	237	24	1	289	13	30	345	36	1	409	23	9
98,8	10	3	180	13	6	239	16	6	291	16	9	346	27	2	409	26	5
101	11	2	180	19	2	240	15	29	292	18	9	347	20	8	411	17	30
102	15	1	182	13	5	240	19	4	292	28	1	348	21	6	411	28	4
103	13	1	184	17	2	242	19	3	292	32	1	348	28	3	412	24	6
107	12	3	184	23	1	242	28	1	293	27	2	349	15	30	412	28	3
107	13	2	185	20	1	243	14	9	294	22	4	349	19	7	415	20	12
112	16	1	187	14	4	243	16	5	295	24	2	350	22	4	415	23	8
113	11	3	188	18	3	245	17	4	296	17	7	351	25	4	418	24	6
113	11	4	190	15	5	245	18	5	296	22	3	352	20	29	418	25	4
114	10	29	190	16	4	246	18	29	297	18	8	353	17	30	420	21	10
114	12	2	194	15	29	246	21	2	297	25	3	360	24	29	420	23	8
114	14	1	194	20	2	248	16	9	299	17	7	361	21	9	420	32	3
119	14	2	195	24	1	249	15	7	299	19	6	364	28	2	421	22	7
120	13	3	197	14	6	249	22	3	300	15	30	365	22	6	421	27	29
125	15	1	198	13	29	249	24	2	300	18	8	366	21	8	423	21	9
127	13	2	199	14	6	250	13	30	302	21	29	366	24	5	424	23	29
128	12	4	199	18	2	250	25	1	303	19	6	366	29	3	427	24	5
129	11	29	202	14	5	252	15	7	306	18	29	369	19	9	428	22	7
130	15	2	203	19	3	253	16	8	306	29	1	370	20	7	431	27	5
131	18	1	205	13	7	254	29	1	307	20	4	371	21	8	431	42	1
133	11	4	205	15	4	255	16	8	308	28	2	371	22	6	432	29	3
133	14	3	206	17	4	257	17	6	309	19	5	371	26	4	432	29	4
137	16	1	206	25	1	258	20	4	312	25	2	371	32	2	434	24	9
139	10	29	207	17	3	259	20	3	313	23	4	372	23	4	436	20	30
140	12	5	207	21	2	260	17	6	314	19	9	372	26	3	436	25	6
141	14	2	208	16	5	262	16	29	314	23	3	373	38	1	437	32	2
141	19	1	210	22	1	262	22	2	314	26	3	375	20	7	438	36	2
142	13	4	211	14	8	263	25	2	317	17	9	376	21	29	440	24	8
142	16	2	211	16	29	264	17	5	318	34	1	378	22	5	441	26	4
143	13	3	212	14	8	264	19	5	319	19	8	379	16	30	442	18	30
146	15	3	215	19	2	264	26	1	320	18	7	380	18	30	443	25	6
151	12	4	217	15	6	265	18	4	320	30	1	380	25	29	444	21	12
152	20	1	218	20	3	265	19	29	321	20	6	380	34	1	446	24	8
155	15	2	218	26	1	265	23	3	321	22	29	382	29	2	448	23	7
155	17	2	219	14	29	266	30	1	323	19	8	384	30	3	449	24	29
156	13	5	219	15	6	267	15	9	324	18	7	387	25	5	451	22	9
158	11	29	221	22	2	270	17	9	324	22	5	388	23	6	453	30	4
158	14	3	222	15	5	272	16	7	324	29	2	390	22	8	454	23	7
158	14	4	223	18	4	274	17	8	325	20	6	391	27	4	458	34	3
160	16	3	223	23	1	275	14	30	326	16	30	392	27	3	459	25	9
160	18	1	224	18	3	275	16	7	328	21	4	393	20	10	460	26	6

— bedeutet Träger mit einer Gurtplatte, ⚌ mit zwei, ≡ mit drei Gurtplatten.

von **461** bis **840**.

Widerstandsmoment cm³	Stehblechhöhe cm	Seite des Buches	Widerstandsmoment cm³	Stehblechhöhe cm	Seite des Buches	Widerstandsmoment cm³	Stehblechhöhe cm	Seite des Buches	Widerstandsmoment cm³	Stehblechhöhe cm	Seite des Buches	Widerstandsmoment cm³	Stehblechhöhe cm	Seite des Buches	Widerstandsmoment cm³	Stehblechhöhe cm	Seite des Buches
461	44	1	533	24	12	597	34	5	665	38	29	721	46	2	780	30	11
464	21	30	533	25	10	598	30	8	666	20	36—	722	34	8	781	36	8
465	25	8	534	29	6	605	30	29	666	34	6	722	42	3	785	28	30
465	27	4	537	25	9	607	30	8	669	20	34—	724	30	12	785	33	9
467	26	6	537	28	9	608	25	11	669	22	34—	725	20	37—	786	54	2
472	25	8	538	26	7	609	20	34	673	20	36—	728	42	4	788	22	36—
473	22	12	538	30	4	609	24	13	673	31	7	732	20	34—	789	29	13
473	38	2	538	34	3	612	26	30	674	28	30	733	33	7	790	32	12
474	20	13	540	34	4	612	32	6	675	33	9	733	35	9	791	38	6
474	25	29	541	21	30	614	29	7	675	40	3	734	22	36—	794	22	37—
474	34	2	541	22	13	616	48	1	676	20	37—	734	36	6	794	35	7
475	19	30	543	23	11	618	36	29	676	27	11	738	30	30	797	37	9
475	24	7	543	28	8	619	31	9	678	25	30	739	20	36—	798	50	3
476	23	10	543	29	6	622	46	2	678	34	6	739	22	36—	799	37	8
476	40	1	544	44	1	623	28	10	678	44	2	739	35	8	800	22	36—
477	29	5	546	42	2	623	32	6	679	40	4	744	35	29	800	24	36—
479	21	11	548	32	5	624	54	1	680	26	13	744	52	2	803	32	30
479	23	9	550	33	29	625	29	7	682	33	8	745	29	11	803	37	29
482	24	7	552	24	30	625	31	8	683	20	34—	746	33	7	804	40	4
484	27	6	552	28	8	626	20	36—	684	30	10	747	22	34—	806	39	6
484	30	29	553	38	2	626	27	12	684	31	7	748	32	10	807	38	5
485	26	9	554	29	5	627	28	9	686	20	36—	748	36	5	808	35	7
489	28	4	556	50	1	628	38	3	688	33	29	748	38	4	808	58	1
491	26	8	557	27	7	629	20	34—	689	30	9	749	20	37—	809	24	34—
492	27	6	560	30	6	632	31	29	690	52	1	749	27	30	811	50	2
492	46	1	563	26	10	632	38	4	691	29	12	749	37	6	812	22	36—
493	22	30	564	25	12	635	20	34—	691	34	5	751	35	8	812	30	14
495	32	3	564	29	9	635	31	8	692	33	8	752	24	34—	812	34	10
496	32	4	566	27	7	635	32	5	693	35	6	752	28	13	812	37	8
497	36	3	567	26	9	635	42	2	694	36	4	752	32	9	812	44	29
498	26	8	569	30	6	639	33	6	695	20	36—	752	40	5	816	31	11
500	26	29	570	29	8	640	34	4	695	58	1	752	48	3	817	34	9
500	30	5	572	34	29	641	37	29	699	38	5	756	22	36—	820	22	37—
502	25	7	574	22	30	642	26	11	700	20	37—	757	31	12	821	29	30
502	27	5	575	23	13	643	24	30	702	50	2	757	54	1	821	39	6
503	23	12	575	24	11	643	27	30	703	32	7	762	36	9	821	46	3
504	24	10	578	29	29	644	25	13	704	34	9	762	37	6	822	38	9
507	21	13	579	29	8	644	30	7	706	20	36—	762	42	29	824	24	36—
508	24	9	580	46	1	646	20	36—	706	29	30	763	22	36—	824	33	12
509	28	6	581	30	5	647	32	9	706	35	6	764	34	7	825	24	34—
509	40	2	582	25	30	647	36	5	707	46	3	766	48	2	826	20	35=
510	25	7	583	36	3	649	20	34—	710	28	11	767	22	37—	826	36	7
510	42	1	584	44	2	651	20	36—	710	34	8	768	56	1	827	22	34—
511	22	11	585	36	4	653	29	10	712	22	36—	769	36	8	827	30	13
511	27	9	586	28	7	653	32	8	713	22	34—	770	31	30	829	38	8
513	29	4	586	31	6	654	30	7	713	26	30	771	44	3	830	24	36—
513	36	2	588	32	4	654	33	6	713	40	29	773	20	37—	830	46	4
517	27	8	590	52	1	658	28	12	715	32	7	773	36	29	830	56	2
518	28	6	591	30	9	658	29	9	716	27	13	774	22	34—	832	38	29
522	23	30	594	40	2	659	20	34—	716	31	10	776	24	34—	835	40	6
524	48	1	595	26	12	659	56	1	716	34	29	777	34	7	836	22	36—
525	27	8	595	28	7	660	32	29	717	20	36—	778	22	36—	836	33	30
525	27	29	595	35	29	662	48	2	720	31	9	778	38	6	837	24	34—
528	28	5	596	31	6	663	44	3	721	22	34—	779	44	4	838	26	34—
529	26	7	597	27	9	664	32	8	721	36	6	780	33	10	840	36	7

— bedeutet Träger mit einer Gurtplatte, = mit zwei, ≡ mit drei Gurtplatten.

von **842** bis **1171**.

Widerstandsmoment cm³	Steh-blech-Höhe cm	Seite des Buches	Widerstandsmoment cm³	Steh-blech-Höhe cm	Seite des Buches	Widerstandsmoment cm³	Steh-blech-Höhe cm	Seite des Buches	Widerstandsmoment cm³	Steh-blech-Höhe cm	Seite des Buches	Widerstandsmoment cm³	Steh-blech-Höhe cm	Seite des Buches	Widerstandsmoment cm³	Steh-blech-Höhe cm	Seite des Buches
842	38	8	896	24	36—	952	26	36—	1001	30	19	1061	32	16	1118	36	18
845	35	10	898	31	15	952	32	18	1002	58	2	1064	22	35=	1120	48	5
846	52	3	899	26	34—	953	28	34—	1004	20	37=	1067	28	36—	1121	28	37—
847	22	37—	902	32	13	953	42	8	1006	38	30	1071	33	21	1121	30	34—
848	24	36—	903	35	30	953	56	2	1009	26	36—	1073	40	12	1121	43	10
848	31	14	905	38	7	954	28	36—	1009	28	34—	1074	30	34—	1125	28	34—
849	24	34—	905	40	8	954	40	7	1009	34	30	1075	20	35=	1125	33	20
849	60	1	905	54	2	954	42	29	1010	44	9	1075	38	11	1126	37	30
850	35	9	907	20	35=	955	44	6	1014	30	34—	1076	35	18	1127	22	37=
850	40	6	909	24	36—	956	26	37—	1015	40	10	1076	40	30	1131	31	22
852	32	11	911	31	18	961	26	34—	1016	31	16	1076	46	9	1134	24	35=
856	24	36—	911	42	6	961	34	14	1017	44	8	1077	30	36—	1134	30	34—
857	37	7	912	37	10	962	35	11	1017	46	6	1077	37	14	1134	31	24
858	30	15	915	48	29	963	20	37=	1018	26	37—	1078	54	29	1135	56	29
858	30	30	916	26	34—	964	37	12	1018	28	36—	1079	32	20	1137.	20	35≡
858	52	2	916	26	36—	968	26	36—	1018	34	15	1080	28	36—	1137	30	36—
859	34	12	917	37	9	968	42	8	1019	22	35=	1081	26	37—	1137	32	34—
859	39	8	918	24	37—	969	50	29	1019	35	13	1081	46	29	1139	38	13
860	24	37—	919	60	2	970	30	17	1020	40	9	1081	48	6	1140	33	19
862	39	29	920	46	5	971	33	30	1021	42	7	1082	22	37=	1141	28	36—
862	42	4	921	44	4	971	37	30	1023	52	29	1082	46	8	1142	37	15
862	44	5	922	39	7	971	40	7	1024	26	34—	1084	30	24	1142	58	3
863	46	29	923	20	37=	972	30	16	1024	28	34—	1085	30	34—	1143	48	9
864	26	34—	923	26	36—	972	44	6	1027	32	21	1086	24	35=	1145	50	6
864	31	13	923	33	14	975	22	35=	1031	54	3	1086	36	30	1146	26	35=
866	24	34—	924	24	34—	976	24	37—	1033	31	20	1086	42	10	1146	31	23
867	20	35=	924	50	3	977	33	15	1034	34	18	1086	56	3	1146	32	25
867	40	5	925	26	37—	977	52	3	1034	44	8	1087	28	37—	1147	42	12
869	34	30	925	28	34—	978	48	5	1036	39	12	1088	44	7	1147	48	29
871	30	18	925	34	11	980	26	36—	1036	46	6	1091	42	9	1148	30	36—
872	24	36—	925	43	6	980	34	13	1037	24	35=	1092	28	34—	1148	42	30
872	37	7	928	42	5	980	39	10	1037	28	34—	1092	31	25	1149	48	8
872	48	3	929	36	12	981	28	34—	1037	37	11	1093	32	19	1150	34	17
873	22	37—	930	22	35=	981	46	4	1038	22	37=	1095	28	36—	1151	20	39≡
873	39	8	930	26	34—	982	28	36—	1038	30	25	1096	30	23	1152	34	16
874	58	2	933	32	30	983	31	21	1038	36	14	1099	37	13	1153	30	37—
878	36	10	936	24	36—	985	43	8	1038	50	5	1099	52	5	1153	40	11
883	20	37=	937	32	15	986	39	9	1039	42	7	1100	46	8	1156	24	37=
883	24	36—	937	36	30	986	45	6	1041	39	30	1100	48	6	1157	30	34—
883	36	9	937	50	4	987	26	37—	1042	48	4	1101	36	15	1157	39	14
883	40	9	938	39	7	987	28	36—	1044	20	37=	1104	30	34—	1157	46	7
883	48	4	940	30	21	988	20	35=	1044	30	34—	1104	33	17	1158	35	31
886	32	14	941	33	13	988	30	20	1046	31	19	1105	32	34—	1158	44	10
888	33	11	941	43	6	989	31	31	1046	60	3	1105	50	4	1161	35	21
889	24	37—	942	26	34—	991	28	34—	1047	35	30	1105	56	4	1161	37	18
889	38	7	942	26	36—	991	44	5	1048	54	4	1106	33	16	1162	54	5
890	26	34—	944	56	3	992	26	34—	1050	26	37—	1107	24	37=	1163	44	9
890	26	36—	946	38	10	992	52	4	1050	41	10	1107	30	36—	1164	58	4
890	40	8	946	42	9	993	22	37=	1052	60	2	1108	22	35=	1165	38	30
892	40	29	947	24	37—	993	33	18	1053	28	37—	1108	44	7	1166	50	6
894	35	12	948	20	35=	994	26	36—	1055	46	5	1110	41	12	1167	30	36—
894	54	3	948	30	31	994	58	3	1058	28	34—	1114	39	11	1168	48	8
895	24	34—	949	22	37=	999	36	11	1059	32	17	1115	30	36—	1169	32	34—
895	31	30	950	45	4	1000	35	14	1059	35	15	1116	34	21	1169	52	4
895	42	6	951	38	9	1000	38	12	1059	36	13	1117	38	14	1171	22	37≡

— bedeutet Träger mit einer Gurtplatte, = mit zwei, ≡ mit drei Gurtplatten.

Widerstandsmomente cm³

von 1171 bis 1477.

Widerstandsmoment	Stehblechhöhe	Seite des Buches	Widerstandsmoment	Stehblechhöhe	Seite des Buches	Widerstandsmoment	Stehblechhöhe	Seite des Buches	Widerstandsmoment	Stehblechhöhe	Seite des Buches	Widerstandsmoment	Stehblechhöhe	Seite des Buches	Widerstandsmoment	Stehblechhöhe	Seite des Buches
cm³	cm		cm³	cm		cm³	cm		cm³	cm		cm³	cm		cm³	cm	
1171	34	20	1229	30	34—	1284	32	36—	1337	22	35≡	1382	50	10	1431	39	19
1173	32	36—	1231	24	35=	1286	34	24	1337	30	46—	1383	32	41—	1433	26	37=
1178	46	7	1231	34	34—	1287	22	39≡	1337	38	17	1385	39	17	1433	40	17
1180	32	34—	1231	46	10	1287	52	8	1338	35	24	1386	32	41—	1433	45	13
1180	39	13	1232	42	11	1288	38	31	1339	34	36—	1387	38	34—	1435	36	34—
1181	30	36—	1233	32	34—	1289	37	17	1339	38	16	1387	39	16	1435	47	11
1182	24	35=	1233	33	22	1291	36	34—	1339	47	12	1387	50	9	1436	30	53—
1184	32	24	1233	52	6	1292	40	18	1340	30	45—	1388	36	22	1436	40	16
1185	38	15	1234	30	41—	1292	58	5	1342	28	37=	1389	34	36—	1437	32	53—
1185	43	12	1235	33	24	1293	30	45—	1343	30	41—	1390	44	13	1440	30	50—
1187	34	19	1235	35	19	1293	32	37—	1343	49	10	1391	36	24	1440	60	4
1187	50	5	1235	54	4	1296	46	30	1344	32	41—	1392	30	45—	1441	34	34—
1188	28	37—	1236	46	9	1297	30	37—	1347	39	21	1393	30	58—	1441	37	22
1189	30	37—	1237	32	36—	1299	34	34—	1347	43	13	1394	32	45—	1442	41	21
1192	41	11	1237	50	8	1300	38	21	1348	56	6	1394	40	21	1443	32	45—
1193	30	34—	1238	41	14	1300	46	12	1350	30	53—	1394	46	11	1443	36	36—
1193	58	29	1242	36	17	1300	50	7	1351	54	9	1395	56	5	1443	58	6
1194	45	10	1245	37	31	1301	24	37=	1352	30	41—	1397	20	39≡	1444	37	24
1196	35	17	1246	40	30	1301	32	36—	1352	34	36—	1397	52	7	1445	30	46—
1197	30	36—	1247	30	36—	1302	34	23	1352	54	29	1398	28	37=	1446	44	15
1197	34	34—	1248	39	18	1302	54	6	1353	45	11	1399	36	34—	1446	46	14
1197	40	14	1249	32	36—	1302	56	4	1354	22	39=	1400	34	34—	1448	54	7
1198	20	35≡	1249	33	23	1303	26	35=	1355	32	36—	1401	43	15	1449	50	30
1198	30	41—	1250	30	45—	1305	34	36—	1355	35	23	1403	30	53—	1453	30	58—
1198	32	23	1250	48	7	1305	42	13	1356	26	35=	1404	22	35≡	1454	28	37=
1198	35	16	1251	26	35=	1306	32	41—	1357	42	15	1404	45	14	1454	56	8
1199	26	35=	1251	60	29	1306	48	10	1358	34	37—	1406	24	35=	1455	30	54—
1200	33	25	1252	24	37=	1307	30	41—	1358	54	8	1407	34	36—	1456	34	41—
1200	60	3	1253	37	21	1308	52	8	1358	60	5	1408	32	45—	1456	36	36—
1201	32	34—	1255	32	37—	1310	30	45—	1359	30	45—	1408	36	23	1458	32	45—
1201	36	31	1255	34	25	1310	35	25	1359	34	34—	1409	30	46—	1458	50	12
1203	22	35=	1255	52	5	1311	48	9	1362	32	45—	1410	39	20	1459	32	41—
1204	24	37=	1257	32	34—	1312	44	11	1362	38	20	1411	44	30	1459	40	20
1204	38	18	1258	28	35=	1313	30	41—	1362	44	14	1415	34	41—	1459	52	10
1205	32	36—	1259	20	35=	1313	37	20	1363	36	34—	1417	36	36—	1462	30	37=
1205	39	30	1261	30	37—	1314	28	35=	1365	36	25	1418	49	12	1462	37	23
1207	36	21	1261	45	12	1319	34	34—	1370	28	35—	1418	58	6	1463	36	37—
1211	50	9	1263	41	13	1320	30	53—	1370	30	45—	1419	30	54—	1463	38	34—
1212	52	6	1265	34	34—	1320	43	14	1370	32	37—	1420	36	34—	1464	34	36—
1213	20	39≡	1266	36	20	1321	20	35≡	1370	58	4	1420	51	10	1465	26	35≡
1214	30	36—	1268	47	10	1323	50	7	1371	30	35=	1421	32	41—	1465	52	9
1214	32	36—	1269	32	36—	1324	54	5	1371	36	36—	1421	37	25	1467	42	31
1214	50	29	1270	22	35=	1326	30	45—	1371	56	6	1422	22	39≡	1468	58	5
1218	35	20	1270	30	41—	1327	36	34—	1372	48	30	1422	41	31	1469	30	53—
1218	50	8	1270	40	15	1327	42	30	1373	30	46—	1423	30	58—	1470	32	53—
1219	32	34—	1271	34	36—	1328	26	37=	1373	34	36—	1424	56	9	1471	44	18
1221	40	13	1272	43	11	1332	32	37—	1373	52	7	1425	38	34—	1472	22	35=
1221	44	30	1274	20	39≡	1332	37	19	1377	36	34—	1426	24	39≡	1472	38	36—
1223	26	37=	1276	26	37=	1333	24	35≡	1377	40	31	1426	32	45—	1473	30	58—
1223	44	12	1278	34	34—	1333	34	34—	1379	48	12	1426	43	18	1473	54	7
1224	60	4	1279	42	14	1333	39	31	1380	26	37=	1427	28	35=	1476	30	50—
1225	30	37—	1279	54	6	1334	32	34—	1380	30	53—	1427	34	36—	1476	34	45—
1226	56	5	1280	30	45—	1336	20	39≡	1380	54	8	1428	32	41—	1476	46	13
1227	39	15	1282	52	29	1336	35	22	1381	38	19	1430	56	8	1477	38	34—
1228	48	7	1283	36	19	1336	41	18	1381	42	18	1431	30	35=	1477	48	11

— bedeutet Träger mit einer Gurtplatte, = mit zwei, ≡ mit drei Gurtplatten.

Widerstandsmomente cm³

von 1479 bis 1720.

Widerstandsmoment cm³	Stehblech-Höhe cm	Seite des Buches	Widerstandsmoment cm³	Stehblech-Höhe cm	Seite des Buches	Widerstandsmoment cm³	Stehblech-Höhe cm	Seite des Buches	Widerstandsmoment cm³	Stehblech-Höhe cm	Seite des Buches	Widerstandsmoment cm³	Stehblech-Höhe cm	Seite des Buches	Widerstandsmoment cm³	Stehblech-Höhe cm	Seite des Buches
1479	24	35≡	1521	38	36—	1566	32	53—	1608	49	13	1646	38	36—	1685	28	35≡
1479	32	45—	1522	30	37=	1567	26	39≡	1608	54	30	1647	26	39≡	1685	30	76—
1479	36	36—	1523	38	34—	1567	28	37=	1609	32	46—	1647	32	58—	1687	46	21
1480	34	37—	1524	40	34—	1569	32	50—	1609	43	20	1647	34	58—	1688	32	76—
1481	30	46—	1524	56	7	1569	36	41—	1610	30	42=	1648	30	76—	1688	34	53—
1481	40	19	1525	34	45—	1569	38	34—	1610	47	18	1648	52	11	1688	38	36—
1482	41	17	1526	32	53—	1569	60	29	1612	30	35=	1649	30	76—	1689	30	47=
1483	28	35≡	1526	36	41—	1570	32	46—	1612	34	45—	1649	32	37=	1689	56	30
1483	30	58—	1527	30	54—	1571	39	23	1612	36	41—	1650	34	53—	1691	30	59—
1484	40	34—	1528	52	30	1572	24	39≡	1613	30	59—	1652	30	59—	1691	53	11
1484	41	16	1528	58	8	1572	30	58—	1613	34	53—	1652	46	31	1693	34	53—
1486	32	35≡	1531	41	19	1573	60	9	1614	32	35=	1653	41	32	1695	32	42=
1487	30	59—	1531	42	17	1575	34	46—	1614	38	34—	1653	50	13	1695	40	36—
1489	22	39≡	1532	32	46—	1575	36	36—	1615	32	58—	1655	36	41—	1696	30	42=
1489	47	14	1532	48	14	1575	40	36—	1615	34	46—	1655	40	36—	1696	32	59—
1489	60	6	1533	39	25	1575	49	14	1615	38	37—	1656	32	76—	1696	36	46—
1490	30	42=	1533	42	16	1578	34	41—	1615	40	36—	1656	34	46—	1697	32	54—
1490	42	21	1534	30	59—	1578	55	10	1616	32	50—	1657	41	22	1697	34	46—
1491	30	35≡	1534	32	53—	1579	60	8	1616	36	41—	1657	48	18	1698	51	13
1491	45	15	1536	36	36—	1580	40	34—	1617	32	42=	1658	32	50—	1699	32	50—
1493	32	46—	1536	46	15	1581	43	17	1618	30	76—	1659	34	53—	1699	36	41—
1494	38	22	1537	34	41—	1581	47	15	1618	56	10	1659	44	20	1699	42	25
1495	46	30	1538	54	10	1581	48	30	1619	50	14	1659	57	10	1699	47	31
1495	58	29	1539	30	58—	1581	53	12	1620	32	54—	1660	38	34—	1700	34	50—
1496	34	41—	1539	38	34—	1582	32	54—	1622	54	12	1661	41	24	1700	58	10
1496	36	36—	1539	43	21	1582	42	19	1624	26	35≡	1663	36	41—	1702	30	67—
1497	38	24	1540	52	12	1583	30	37≡	1624	38	36—	1663	51	14	1703	26	35≡
1498	53	10	1541	60	5	1583	32	58—	1624	56	9	1664	55	12	1703	30	37=
1498	58	9	1543	32	54—	1583	42	34—	1625	30	54—	1667	42	34—	1704	49	18
1499	24	39≡	1544	26	35≡	1583	43	16	1625	34	53—	1668	50	30	1705	58	9
1499	51	12	1544	34	45—	1584	30	50—	1625	42	34—	1669	34	54—	1706	38	37—
1500	34	41—	1544	54	9	1584	32	37=	1626	24	35≡	1670	30	42=	1706	42	32
1501	38	34—	1547	30	54—	1586	38	36—	1626	40	36—	1670	32	59—	1707	56	12
1502	30	53—	1548	38	36—	1588	30	76—	1627	36	45—	1670	40	36—	1708	52	14
1502	32	53—	1548	39	22	1588	44	21	1627	40	23	1671	34	35=	1709	30	67—
1504	58	8	1549	32	45—	1589	34	41—	1627	48	15	1674	49	15	1709	34	37=
1506	30	58—	1549	36	37—	1590	40	25	1628	40	34—	1675	32	58—	1709	38	45—
1506	36	37—	1550	56	7	1591	34	53—	1629	58	7	1675	34	45—	1709	42	34—
1508	30	54—	1551	32	58—	1593	36	37—	1630	30	42=	1676	30	67—	1709	60	7
1509	41	20	1551	39	24	1595	30	59—	1631	32	53—	1676	40	34—	1710	30	43=
1510	34	45—	1552	24	35≡	1596	32	53—	1632	44	16	1678	36	53—	1710	32	58—
1510	38	36—	1552	30	35=	1600	28	35=	1633	34	41—	1678	40	37—	1710	34	54—
1511	28	37=	1556	22	39≡	1600	34	45—	1633	43	19	1679	32	35=	1710	36	41—
1511	32	41—	1557	34	53—	1601	30	50—	1636	36	37—	1679	42	36—	1710	45	20
1512	30	50—	1559	30	59—	1601	58	7	1637	34	45—	1679	60	7	1711	28	39≡
1513	43	31	1559	42	20	1602	40	22	1638	30	43=	1680	32	54—	1712	30	43=
1514	32	45—	1559	44	31	1603	34	35=	1638	32	54—	1681	45	17	1712	32	59—
1515	36	36—	1561	32	53—	1604	32	58—	1638	38	41—	1682	45	16	1712	42	22
1515	60	6	1562	30	50—	1604	38	36—	1638	45	21	1683	36	45—	1713	32	37=
1516	38	23	1562	34	45—	1604	40	34—	1640	30	50—	1683	41	23	1714	36	53—
1517	45	18	1562	50	11	1604	60	8	1640	32	58—	1683	42	34—	1714	40	36—
1519	32	58—	1563	30	42=	1605	51	11	1643	30	37=	1683	44	34—	1715	34	58—
1519	49	11	1563	46	18	1606	40	24	1644	36	45—	1684	32	50—	1716	42	24
1520	47	13	1564	40	34—	1606	45	31	1644	40	34—	1684	38	41—	1719	24	39≡
1521	34	37—	1564	48	13	1607	32	50—	1646	32	50—	1684	44	19	1720	32	76—

— bedeutet Träger mit einer Gurtplatte, = mit zwei, ≡ mit drei Gurtplatten.

von 1720 bis 1934.

Widerstandsmoment cm³	Stehblech-Höhe cm	Seite des Buches	Widerstandsmoment cm³	Stehblech-Höhe cm	Seite des Buches	Widerstandsmoment cm³	Stehblech-Höhe cm	Seite des Buches	Widerstandsmoment cm³	Stehblech-Höhe cm	Seite des Buches	Widerstandsmoment cm³	Stehblech-Höhe cm	Seite des Buches	Widerstandsmoment cm³	Stehblech-Höhe cm	Seite des Buches
1720	50	15	1754	34	59—	1788	60	9	1831	46	34—	1866	36	35=	1896	36	53—
1721	36	35=	1754	43	25	1789	46	19	1833	34	54—	1866	38	46—	1897	40	41—
1721	42	36—	1757	36	41—	1790	53	13	1833	38	41—	1866	48	20	1897	41	26
1722	30	76—	1757	52	30	1791	30	43—	1834	36	58—	1867	45	32	1897	53	18
1722	32	50—	1758	30	76—	1792	34	54—	1834	40	26	1867	62	10	1899	44	37—
1723	36	45—	1758	40	36—	1792	58	12	1835	30	63—	1868	30	48=	1901	32	63—
1724	40	34—	1759	43	32	1793	36	35=	1835	36	37=	1868	40	45—	1903	30	63—
1725	34	53—	1762	46	20	1794	30	76—	1835	48	16	1868	42	41—	1903	34	54—
1726	26	39≡	1763	30	42=	1795	32	59—	1835	59	12	1869	36	46—	1904	36	54—
1726	34	54—	1763	32	54—	1795	34	50—	1836	34	59—	1869	57	11	1905	40	41—
1726	40	37—	1763	34	53—	1795	49	31	1836	54	13	1870	30	43=	1906	38	53—
1727	30	63—	1763	36	45—	1796	28	39≡	1837	32	42=	1870	40	37—	1907	36	37=
1727	44	34—	1763	42	36—	1796	43	23	1838	42	37—	1872	42	36—	1908	32	42=
1731	30	42=	1764	38	45—	1797	36	54—	1839	34	50—	1873	36	58—	1908	40	45—
1732	46	17	1766	32	42=	1798	54	14	1839	49	21	1873	44	36—	1909	38	58—
1733	42	36—	1767	43	22	1799	30	63—	1841	32	63—	1874	32	42=	1910	63	10
1733	46	16	1767	51	15	1800	40	41—	1841	36	54—	1876	32	35≡	1911	30	47=
1734	38	41—	1770	28	35≡	1800	51	18	1841	38	35=	1876	34	35=	1911	38	46—
1734	42	34—	1770	34	54—	1801	38	53—	1841	47	19	1877	34	59—	1911	54	15
1735	32	59—	1771	44	34—	1801	40	41—	1842	32	37=	1877	36	50—	1912	45	23
1735	36	45—	1772	40	34—	1802	36	45—	1842	44	36—	1877	38	53—	1913	34	37=
1735	40	36—	1772	43	24	1802	40	36—	1843	50	31	1877	46	34—	1913	36	58—
1735	54	11	1772	58	30	1805	26	39≡	1843	55	14	1879	60	12	1914	58	11
1736	45	19	1773	32	59—	1805	42	36—	1845	34	37=	1880	30	55=	1915	38	53—
1737	30	35≡	1774	30	67—	1806	38	45—	1846	30	67—	1880	32	63—	1917	34	59—
1738	34	46—	1774	32	43=	1807	34	35=	1847	42	36—	1880	45	22	1917	36	76—
1738	36	53—	1774	40	37—	1808	34	59—	1847	54	30	1881	28	39≡	1917	44	36—
1738	47	21	1775	30	67—	1809	32	42=	1848	38	45—	1882	34	42=	1918	32	63—
1739	34	35=	1775	34	58—	1809	44	25	1848	52	18	1882	38	41—	1918	38	35
1739	42	23	1775	38	41—	1810	30	47=	1849	36	58—	1882	55	13	1918	42	36—
1740	36	46—	1777	32	37=	1813	36	58—	1849	40	41—	1883	34	50—	1918	49	20
1741	32	50—	1777	36	53—	1813	44	32	1850	34	58—	1884	26	39≡	1919	30	35≡
1741	34	50—	1778	30	47=	1814	34	42=	1851	32	67—	1884	36	54—	1919	42	41—
1741	59	10	1779	55	11	1814	47	20	1852	32	43=	1885	42	34—	1920	36	50—
1742	30	67—	1780	42	36—	1815	44	34—	1852	34	59—	1886	45	24	1921	30	55=
1743	32	35≡	1782	26	35≡	1815	52	15	1853	34	76—	1887	34	76—	1921	36	58—
1744	52	13	1782	34	50—	1817	36	53—	1853	40	41—	1887	36	50—	1921	46	25
1745	32	42=	1783	30	43=	1819	30	55=	1854	32	43=	1887	40	45—	1922	34	76—
1746	30	63—	1783	34	58—	1819	34	76—	1854	44	23	1887	49	16	1923	46	34—
1746	34	42=	1783	38	41—	1820	38	46—	1855	28	35≡	1888	42	37—	1923	61	12
1747	38	45—	1783	47	17	1821	38	41—	1855	30	43=	1888	48	34—	1924	34	76—
1747	48	31	1783	60	10	1822	36	53—	1856	60	30	1889	56	14	1925	41	27
1749	30	47=	1784	32	76—	1822	40	37—	1857	30	39≡	1890	32	67—	1926	32	47=
1749	34	58—	1784	42	34—	1823	44	22	1857	36	53—	1890	38	45—	1926	40	53—
1749	57	12	1784	47	16	1824	32	67—	1859	32	67—	1890	44	36—	1927	34	50—
1750	34	50—	1785	30	63—	1824	56	11	1859	34	54—	1891	36	59—	1927	36	54—
1750	36	53—	1785	34	76—	1825	30	63—	1860	44	34—	1891	50	21	1927	38	54—
1751	34	54—	1785	38	45—	1825	61	10	1861	38	45—	1891	51	31	1928	30	43=
1751	42	34—	1785	44	36—	1826	36	46—	1861	40	27	1893	46	36—	1928	32	67—
1752	32	76—	1785	46	34—	1826	42	36—	1863	32	76—	1894	32	67—	1929	32	43=
1752	38	37—	1786	32	76—	1828	30	35≡	1863	34	50—	1894	44	34—	1929	56	13
1752	40	41—	1786	36	53—	1828	40	45—	1863	53	15	1895	32	47=	1930	30	47=
1752	50	18	1787	42	37—	1829	34	42=	1864	30	63—	1895	46	34—	1931	40	45—
1753	32	59—	1788	32	67—	1829	44	36—	1864	38	53—	1895	48	19	1932	38	45—
1753	53	14	1788	48	21	1831	32	47=	1865	45	25	1896	34	59—	1934	36	50—

— bedeutet Träger mit einer Gurtplatte, = mit zwei, ≡ mit drei Gurtplatten.

Widerstandsmomente cm³

von 1935 bis 2120.

Widerstandsmoment cm³	Stehblech-Höhe cm	Seite des Buches	Widerstandsmoment cm³	Stehblech-Höhe cm	Seite des Buches	Widerstandsmoment cm³	Stehblech-Höhe cm	Seite des Buches	Widerstandsmoment cm³	Stehblech-Höhe cm	Seite des Buches	Widerstandsmoment cm³	Stehblech-Höhe cm	Seite des Buches	Widerstandsmoment cm³	Stehblech-Höhe cm	Seite des Buches
1935	57	14	1967	62	12	2001	47	24	2033	42	45—	2061	48	34—	2092	30	44≡
1936	34	67—	1969	38	50—	2002	48	36—	2035	32	55=	2062	30	61=	2092	40	37=
1936	46	22	1969	42	41—	2002	50	19	2035	48	25	2063	40	45—	2093	36	42=
1936	48	34—	1969	46	34—	2003	38	46—	2036	34	63—	2064	36	59—	2093	49	25
1938	32	43=	1970	32	55=	2003	46	36—	2036	44	36—	2064	36	76—	2093	50	34—
1938	36	35=	1970	36	54—	2003	48	34—	2037	40	53—	2064	38	54—	2095	30	56=
1938	56	30	1970	46	23	2004	44	37—	2039	30	39=	2064	48	36—	2095	38	58—
1939	42	37—	1971	50	20	2005	32	39=	2039	38	37=	2067	32	47=	2095	42	53—
1939	44	36—	1973	32	35≡	2005	32	67—	2039	44	41—	2067	46	37—	2096	57	18
1939	46	36—	1973	38	54—	2005	60	11	2039	54	31	2068	32	63—	2097	44	41—
1939	50	17	1974	34	47=	2006	32	43=	2040	38	54—	2070	32	35=	2097	53	16
1940	28	35≡	1974	42	41—	2006	34	76—	2040	66	10	2070	38	35=	2098	30	60=
1940	30	48=	1975	40	45—	2006	36	50—	2041	40	46—	2070	42	41—	2098	48	36—
1940	32	76—	1976	57	13	2006	40	53—	2042	36	59—	2071	30	51=	2098	53	17
1940	52	31	1977	36	59—	2006	46	34—	2043	34	47=	2071	44	45—	2098	62	11
1941	34	59—	1978	47	25	2008	56	15	2043	40	35=	2072	42	46—	2099	32	48=
1942	32	63—	1979	30	51=	2009	38	42=	2043	40	58—	2072	59	13	2099	32	55=
1943	46	24	1979	36	37=	2009	40	41—	2043	50	34—	2074	36	50—	2099	52	34—
1943	51	21	1980	34	42=	2010	30	35≡	2044	30	47=	2074	40	28	2100	54	21
1945	40	41—	1981	36	50—	2011	34	67—	2044	34	67—	2075	38	50—	2101	30	35=
1946	54	18	1982	34	37=	2011	38	58—	2044	52	16	2075	38	59—	2102	32	39=
1947	38	58—	1982	58	14	2012	63	12	2045	36	42=	2075	42	45—	2102	34	63—
1947	44	34—	1984	32	63—	2013	30	48=	2045	36	54—	2076	34	63—	2102	65	12
1948	30	39≡	1984	48	34—	2014	38	50—	2045	52	17	2076	60	14	2103	38	42=
1948	36	59—	1985	34	59—	2017	34	35=	2046	40	53—	2077	34	43=	2103	42	45—
1948	38	53—	1985	38	58—	2019	34	42=	2047	34	76—	2077	46	36—	2104	46	36—
1948	40	45—	1985	46	36—	2019	38	54—	2047	53	21	2078	32	55=	2105	32	43=
1948	49	19	1986	44	41—	2019	40	45—	2049	30	60=	2078	52	20	2105	46	41—
1949	36	42=	1987	30	55=	2020	42	41—	2049	34	67—	2080	48	34—	2106	38	50—
1949	42	45—	1987	44	36—	2021	32	48=	2050	38	76—	2081	40	53—	2106	40	50—
1950	34	42=	1988	40	45—	2021	36	42=	2050	48	36—	2083	40	58—	2106	58	15
1950	46	34—	1989	30	60=	2021	36	59—	2051	28	39≡	2083	42	41—	2107	36	76—
1951	36	54—	1989	36	76—	2022	30	56=	2051	36	37=	2084	32	43=	2107	40	54—
1952	44	37—	1989	42	27	2022	32	43=	2051	48	22	2084	67	10	2107	40	58—
1952	46	36—	1989	53	31	2023	38	58—	2052	61	11	2085	30	48=	2109	49	22
1953	36	58—	1990	38	53—	2024	32	47=	2053	30	55=	2085	34	67—	2110	30	60=
1953	38	53—	1991	42	45—	2024	43	26	2053	38	58—	2085	38	42—	2110	38	54—
1953	64	10	1991	51	16	2024	51	20	2053	42	53—	2086	34	67—	2110	44	37—
1957	32	63—	1992	36	58—	2024	58	13	2053	46	36—	2086	40	53—	2111	34	47=
1957	38	46—	1992	51	17	2025	36	76—	2054	36	43=	2087	34	43=	2111	52	19
1957	40	41—	1993	40	46—	2025	38	50—	2055	34	42=	2087	36	67—	2112	50	36—
1959	32	47=	1993	47	22	2026	32	63—	2055	43	27	2087	42	35=	2113	50	34—
1959	55	15	1993	50	34—	2027	30	43=	2056	51	19	2088	32	47=	2114	40	50—
1960	42	26	1994	38	35=	2027	32	60=	2057	42	45—	2088	34	76—	2115	38	37=
1960	59	11	1995	32	63—	2027	36	50—	2057	44	37—	2088	36	59—	2115	44	45—
1961	44	36—	1995	34	43=	2029	38	59—	2057	57	15	2088	38	76—	2116	46	34—
1962	38	37=	1995	36	59—	2029	42	41—	2057	64	12	2088	44	26	2117	34	63—
1963	36	50—	1995	52	21	2029	47	23	2058	34	63—	2088	48	23	2117	42	45—
1963	40	35=	1996	55	18	2029	59	14	2059	40	54—	2088	49	32	2117	48	36—
1965	30	60=	1996	65	10	2031	30	60=	2059	48	24	2089	40	46—	2118	49	24
1965	34	76—	1997	32	47=	2031	46	36—	2060	38	50—	2089	55	31	2119	48	34—
1965	36	42=	1998	34	43=	2031	58	30	2061	30	55=	2090	38	54—	2120	30	55=
1966	28	39≡	1998	36	54—	2032	38	53—	2061	36	76—	2090	38	59—	2120	34	35≡
1966	40	53—	2000	30	55=	2032	48	32	2061	38	58—	2091	32	60=	2120	36	47=
1967	32	67—	2000	44	34—	2032	48	34—	2061	46	34—	2091	44	41—	2120	44	27

— bedeutet Träger mit einer Gurtplatte, = mit zwei, ≡ mit drei Gurtplatten.

von **2120** bis **2287**.

Table 1 (columns 1–3):

Widerstands-moment cm³	Steh-blech-Höhe cm	Seite des Buches
2120	60	13
2121	38	59—
2122	46	37—
2123	34	55—
2123	40	58—
2123	42	46—
2123	42	53—
2124	30	51—
2124	36	37—
2124	36	42=
2124	38	50—
2124	40	35=
2124	61	14
2125	40	53—
2125	60	30
2126	34	67—
2126	36	67—
2126	38	76—
2126	40	54—
2126	48	37—
2128	68	10
2130	30	39≡
2130	32	60=
2130	34	42=
2132	53	20
2135	30	61=
2135	36	59—
2136	44	45—
2137	38	58—
2137	40	46—
2137	42	53—
2138	32	47=
2138	42	41—
2139	38	54—
2139	38	59—
2139	56	31
2140	30	49≡
2140	30	64=
2141	36	43=
2142	30	77=
2143	36	43=
2143	40	42=
2143	50	34—
2144	32	51=
2144	44	41—
2144	50	32
2145	41	28
2145	63	11
2146	38	35=
2146	48	36—
2146	58	18
2147	34	63—
2147	66	12
2148	49	23
2149	30	51=

Table 2 (columns 4–6):

Widerstands-moment cm³	Steh-blech-Höhe cm	Seite des Buches
2149	32	55=
2149	42	45—
2150	54	16
2151	36	63—
2151	36	76—
2151	38	50—
2151	40	58—
2151	50	25
2151	52	34—
2152	54	17
2153	45	26
2153	55	21
2154	40	50—
2154	44	41—
2155	32	60=
2155	40	54—
2155	46	36—
2156	34	39≡
2156	59	15
2158	30	48=
2158	34	63—
2158	36	67—
2159	44	45—
2160	30	61=
2160	34	43=
2160	36	35≡
2160	46	41—
2161	46	41—
2162	38	42=
2162	50	36—
2163	32	55=
2163	40	58—
2164	30	60=
2164	38	76—
2166	36	67—
2166	38	59—
2166	40	50—
2166	53	19
2167	30	56=
2167	32	35≡
2167	34	67—
2167	50	22
2169	40	53—
2169	42	53—
2169	48	36—
2169	61	13
2170	40	59—
2171	42	35=
2172	40	37=
2172	62	14
2173	42	46—
2173	50	34—
2173	69	10
2174	38	50—
2176	32	48=

Table 3 (columns 7–9):

Widerstands-moment cm³	Steh-blech-Höhe cm	Seite des Buches
2176	34	43=
2176	48	34—
2177	34	48=
2177	46	37
2177	50	24
2177	50	36—
2178	40	54—
2179	34	47=
2179	42	53—
2179	42	58—
2181	44	53—
2183	48	37—
2185	40	76—
2186	30	55=
2186	54	20
2187	32	56=
2187	34	60=
2187	38	42=
2187	45	27
2188	38	54—
2189	32	43=
2189	38	59—
2189	57	31
2191	34	63—
2191	38	37=
2192	34	55=
2193	36	47=
2193	42	54—
2193	50	34—
2193	64	11
2193	67	12
2194	36	63—
2194	36	76—
2194	48	36—
2195	40	58—
2195	42	45—
2196	46	45—
2197	30	51=
2197	38	43=
2197	44	41—
2197	59	18
2199	32	39≡
2200	32	60=
2201	30	64=
2201	36	67—
2201	44	46—
2201	51	32
2202	30	44≡
2202	38	76—
2202	40	50—
2203	30	77=
2203	40	54—
2203	40	58—
2203	52	34—
2204	36	42=

Table 4 (columns 10–12):

Widerstands-moment cm³	Steh-blech-Höhe cm	Seite des Buches
2204	40	35—
2204	44	45—
2204	55	16
2206	36	67
2206	38	76—
2207	30	61=
2207	54	34—
2207	55	17
2207	56	21
2207	60	15
2208	50	23
2209	32	47=
2209	51	25
2211	44	41—
2212	38	59—
2212	44	35=
2212	50	36—
2215	42	53—
2215	46	41—
2217	42	28
2218	36	63—
2218	40	50—
2218	40	59—
2218	46	26
2218	62	13
2218	70	10
2220	32	55=
2220	32	60=
2220	63	14
2221	30	39≡
2221	42	53—
2221	42	58—
2221	46	41—
2221	54	19
2222	32	51=
2222	48	36—
2223	34	35≡
2223	38	50—
2223	42	37=
2224	40	42=
2224	42	46—
2224	52	34—
2224	52	36—
2225	40	76—
2225	44	53—
2225	48	41—
2226	34	47=
2226	51	22
2227	32	55=
2227	36	47=
2228	30	51=
2228	36	43=
2230	40	54—
2231	30	49≡
2231	30	60=

Table 5 (columns 13–15):

Widerstands-moment cm³	Steh-blech-Höhe cm	Seite des Buches
2232	50	36—
2233	32	61=
2233	44	45—
2233	50	34—
2234	40	59—
2234	48	34—
2235	34	63—
2237	36	63—
2237	36	76—
2237	51	24
2238	34	55=
2238	36	43=
2238	38	42=
2238	38	59—
2239	30	61=
2239	38	67—
2239	40	58—
2240	30	56=
2240	58	31
2240	65	11
2240	68	12
2241	48	37—
2241	55	20
2242	32	51=
2242	34	43=
2242	40	42=
2242	46	45—
2242	50	37—
2243	42	54—
2244	36	67—
2245	36	67—
2245	42	50—
2246	42	58—
2248	34	47=
2248	44	45—
2249	60	18
2250	40	50—
2251	38	76—
2251	40	54—
2252	40	37=
2253	32	48=
2254	44	46—
2254	44	53—
2254	46	27
2255	34	60=
2255	42	35=
2255	52	34—
2257	61	15
2258	32	44=
2258	52	32
2258	56	16
2259	34	39=
2259	34	48=
2260	34	55—
2261	30	64=

Table 6 (columns 16–18):

Widerstands-moment cm³	Steh-blech-Höhe cm	Seite des Buches
2261	42	53—
2261	54	34—
2261	56	17
2261	57	21
2262	50	36—
2263	30	77=
2263	42	54—
2263	42	58—
2263	46	45—
2264	32	35=
2264	32	56=
2265	34	43=
2265	36	47=
2265	36	63—
2265	40	76—
2266	40	59—
2267	38	37=
2267	63	13
2268	38	47=
2268	44	41—
2268	52	25
2269	30	51=
2269	36	35=
2269	44	53—
2269	51	23
2269	64	14
2270	40	50—
2270	46	41—
2271	32	60=
2271	38	42=
2274	42	46—
2275	48	36—
2276	52	36—
2277	30	49=
2277	55	19
2279	36	55=
2280	30	61=
2281	36	63—
2281	38	67—
2281	44	45—
2281	46	41—
2282	40	54—
2283	36	42=
2283	40	58—
2283	48	41—
2284	32	60=
2284	40	35=
2284	47	26
2284	48	41—
2285	52	22
2286	40	59—
2286	69	12
2287	36	67—
2287	50	36—
2287	52	34—

— bedeutet Träger mit einer Gurtplatte, = mit zwei, ≡ mit drei Gurtplatten.   12

von **2288** bis **2448**.

Widerstands-moment cm³	Steh-blech-Höhe cm	Seite des Buches	Widerstands-moment cm³	Steh-blech-Höhe cm	Seite des Buches	Widerstands-moment cm³	Steh-blech-Höhe cm	Seite des Buches	Widerstands-moment cm³	Steh-blech-Höhe cm	Seite des Buches	Widerstands-moment cm³	Steh-blech-Höhe cm	Seite des Buches	Widerstands-moment cm³	Steh-blech-Höhe cm	Seite des Buches
2288	38	43=	2314	38	42=	2341	32	56=	2368	58	16	2394	42	54—	2421	30	44≡
2288	38	59—	2314	38	67—	2341	34	48=	2369	30	64=	2395	61	31	2421	32	61=
2288	46	45—	2314	40	59—	2341	40	43=	2369	48	45—	2396	30	61=	2421	52	37—
2288	66	11	2314	46	45—	2341	46	41—	2369	54	34—	2397	34	55=	2422	30	56=
2289	43	28	2315	36	43=	2342	32	60=	2370	59	21	2397	40	76—	2422	36	48=
2291	32	55=	2315	54	34—	2342	50	36—	2372	34	60=	2397	42	50—	2422	36	60=
2291	38	43=	2315	58	21	2343	38	76—	2372	42	54—	2397	50	36—	2422	50	37—
2291	52	36—	2316	53	32	2343	60	31	2372	56	34—	2398	48	41—	2423	34	48=
2291	59	31	2316	56	34—	2344	38	47=	2372	58	17	2400	36	55=	2423	36	55=
2292	42	58—	2316	64	13	2344	42	54—	2374	40	50—	2400	44	53—	2423	54	34—
2293	50	34—	2317	30	61=	2344	53	22	2374	54	32	2400	46	41—	2423	59	16
2294	42	54—	2317	42	54—	2345	40	76—	2375	32	44≡	2401	38	63—	2424	42	35=
2296	32	39≡	2317	44	58—	2346	42	50—	2376	32	51=	2401	44	54—	2425	60	21
2296	42	50—	2317	57	17	2346	48	41—	2376	34	47=	2401	54	34—	2426	36	43=
2296	56	20	2317	65	14	2347	42	58—	2377	32	77=	2401	74	10	2426	58	34—
2297	30	68=	2321	30	64=	2347	50	41—	2377	36	35≡	2403	46	53—	2427	42	54—
2297	34	60=	2321	32	64=	2349	40	76—	2378	30	49≡	2404	54	22	2428	56	34—
2297	38	76—	2321	42	76—	2349	52	34—	2379	42	59—	2405	42	76—	2428	59	17
2297	52	24	2321	47	27	2349	52	36—	2380	38	43=	2405	44	58—	2428	72	12
2298	40	50—	2321	48	45—	2350	36	60=	2380	38	63—	2405	63	18	2429	34	35≡
2299	32	51=	2322	30	49≡	2350	48	26	2380	46	45—	2406	36	63—	2430	30	68=
2299	48	37—	2322	40	50—	2351	36	55=	2380	52	36—	2406	38	67—	2430	38	63—
2300	44	35=	2323	30	77=	2351	44	53—	2381	30	64=	2406	52	36—	2430	46	35=
2300	61	18	2323	38	67—	2351	57	20	2381	38	47=	2407	34	61=	2431	42	58—
2301	34	47=	2324	34	60—	2352	30	61=	2381	44	54—	2407	38	67—	2432	52	36—
2302	50	37—	2324	36	63—	2352	62	18	2383	42	42=	2407	50	41—	2432	55	32
2303	44	53—	2326	32	51=	2353	34	56=	2384	30	77=	2407	54	36—	2434	42	59—
2304	38	35≡	2326	34	35≡	2353	50	34—	2384	40	42=	2407	58	20	2434	44	54—
2304	40	42=	2326	46	41—	2354	34	43=	2384	42	58—	2408	32	49≡	2434	45	28
2305	40	76—	2327	53	25	2355	38	63—	2385	30	51=	2409	36	47=	2434	69	11
2305	42	58—	2328	34	55=	2355	44	37=	2385	68	11	2409	48	41—	2435	34	56=
2306	44	46—	2328	44	54—	2356	48	37—	2386	32	64=	2409	50	41—	2435	44	58—
2307	30	51=	2328	52	36—	2357	30	62≡	2386	36	47=	2410	32	51=	2436	38	55=
2307	36	47=	2330	40	42=	2357	44	53—	2386	46	46—	2411	52	34—	2437	40	43=
2307	42	37—	2330	44	45—	2357	46	53—	2387	44	50—	2411	64	15	2438	38	42=
2307	52	34—	2330	52	23—	2357	53	24	2387	44	58—	2412	44	46—	2438	40	67—
2308	36	39≡	2331	30	56≡	2359	36	63—	2387	54	25	2413	30	49≡	2439	44	50—
2308	42	50—	2331	36	67—	2359	44	46—	2388	32	61=	2413	32	60=	2439	46	53—
2308	42	53—	2331	46	46—	2359	52	37—	2388	34	55=	2413	40	37=	2440	40	43=
2308	62	15	2332	36	43—	2359	63	15	2388	38	76—	2413	42	59—	2441	30	64=
2309	38	63—	2332	40	37—	2360	38	67—	2388	44	35=	2415	46	45—	2441	32	77=
2309	72	10	2333	56	19	2361	32	55=	2388	46	53—	2416	34	51=	2442	40	59—
2310	32	61=	2333	70	12	2361	34	39≡	2389	48	27	2416	67	14	2443	48	53—
2311	32	49≡	2334	40	54—	2361	44	28	2389	57	19	2417	36	39≡	2444	44	37=
2311	46	53—	2334	46	45—	2361	44	58—	2390	38	43=	2417	40	47=	2445	40	76—
2312	30	44≡	2335	36	48=	2362	40	59—	2390	40	59—	2417	44	42=	2445	48	45—
2312	30	56=	2336	67	11	2362	50	37—	2391	42	37=	2417	48	45—	2445	54	36—
2312	32	77=	2337	32	61=	2363	42	50—	2391	53	23	2417	49	26	2446	38	63—
2312	34	51=	2337	36	47=	2363	42	59—	2391	54	36—	2417	66	13	2446	55	25
2312	36	63—	2337	54	34—	2363	42	76—	2392	30	77=	2418	42	50—	2446	58	19
2312	50	36—	2337	54	36—	2364	30	68=	2392	34	60=	2418	54	24	2447	34	60=
2313	34	55=	2338	40	59—	2364	42	42=	2392	48	45—	2419	32	56=	2447	42	50—
2313	42	59—	2338	42	58—	2365	38	67—	2393	32	39≡	2419	38	35≡	2447	42	76—
2313	44	53—	2338	46	35=	2366	65	13	2394	34	51=	2419	40	42=	2447	62	31
2313	57	16	2339	42	35=	2367	66	14	2394	40	67—	2420	38	47—	2448	30	62≡

von **2448** bis **2600**.

Widerstandsmoment cm³	Stehblechhöhe cm	Seite des Buches	Widerstandsmoment cm³	Stehblechhöhe cm	Seite des Buches	Widerstandsmoment cm³	Stehblechhöhe cm	Seite des Buches	Widerstandsmoment cm³	Stehblechhöhe cm	Seite des Buches	Widerstandsmoment cm³	Stehblechhöhe cm	Seite des Buches	Widerstandsmoment cm³	Stehblechhöhe cm	Seite des Buches
2448	42	42=	2475	42	37=	2498	40	47=	2526	50	27	2553	54	36—	2580	44	58—
2448	44	53—	2476	34	51=	2498	48	45—	2526	54	36—	2553	64	31	2580	46	58—
2448	50	45—	2476	42	42=	2498	50	45—	2527	42	50—	2556	46	42=	2582	36	61=
2449	44	58—	2476	44	35—	2499	54	36—	2527	33	59—	2557	32	68=	2582	46	37=
2449	46	53—	2478	30	49≡	2500	63	31	2527	50	41—	2558	34	51=	2582	47	28
2450	32	64=	2478	54	37—	2502	46	58—	2529	38	63—	2559	36	55=	2583	72	11
2450	40	35≡	2478	60	16	2503	44	76—	2529	46	58—	2560	42	37=	2584	44	59—
2451	38	67—	2479	38	63—	2503	59	19	2531	30	44≡	2560	60	19	2585	46	50—
2451	56	34—	2479	55	24	2504	30	49≡	2531	54	34—	2562	30	65=	2585	56	34—
2452	44	50—	2480	36	55=	2505	32	49≡	2532	42	42=	2562	44	59—	2586	30	64=
2452	56	36—	2480	61	21	2505	32	77=	2532	44	37=	2562	48	35=	2586	38	48=
2453	54	23	2481	42	54—	2505	34	48=	2532	44	58—	2563	30	68=	2586	54	36—
2454	32	51=	2482	36	51=	2505	34	64=	2533	52	41—	2563	38	43=	2586	56	36—
2456	46	58—	2482	40	67—	2505	44	42=	2534	38	35≡	2564	32	49≡	2586	57	22
2456	48	41—	2482	50	37—	2507	40	42=	2534	40	43=	2564	38	55=	2587	30	57≡
2457	32	49≡	2483	70	11	2507	56	25	2534	48	41—	2564	44	35=	2587	34	49≡
2457	44	59—	2484	30	65=	2508	36	48=	2534	61	16	2564	56	36—	2587	48	53—
2457	49	27	2484	34	49≡	2508	46	28	2535	52	41—	2564	66	18	2587	50	41—
2457	64	18	2484	34	77=	2508	56	36—	2536	40	47=	2565	32	64=	2588	38	55=
2459	44	54—	2484	44	58—	2510	44	50—	2536	62	21	2566	40	63—	2588	42	43=
2459	44	76—	2484	50	26	2510	44	59—	2537	30	52≡	2566	58	34—	2589	32	61=
2460	34	60=	2484	52	37—	2510	65	18	2538	30	77=	2567	34	39≡	2589	38	43=
2462	38	39≡	2484	56	34—	2512	38	55=	2538	60	34—	2567	36	60=	2590	46	53—
2463	48	46—	2484	58	34—	2513	30	56≡	2539	30	62≡	2567	44	50—	2590	62	16
2463	52	36—	2484	60	17	2513	48	45—	2539	34	55=	2567	57	25	2590	78	10
2463	59	20	2486	32	68=	2514	30	64=	2539	44	54—	2567	70	14	2591	38	60=
2463	65	15	2486	36	35≡	2514	32	64=	2539	48	53—	2568	36	55=	2591	42	43=
2464	34	39≡	2486	44	54—	2514	42	59—	2539	50	41—	2568	58	36—	2591	44	76—
2464	34	55=	2487	30	57≡	2515	32	56≡	2540	46	53—	2568	67	15	2592	36	51=
2464	40	42=	2487	42	43=	2515	38	60=	2540	56	34—	2569	36	51=	2592	63	21
2464	42	59—	2489	34	61=	2515	66	15	2541	40	76—	2569	40	67—	2594	34	51=
2464	55	22	2489	42	59—	2516	44	54—	2541	56	24	2569	42	42=	2594	44	42=
2465	30	77=	2489	42	76—	2516	55	23	2541	61	17	2570	32	77=	2594	46	58—
2465	32	61=	2489	46	37=	2517	34	61=	2542	32	61=	2570	69	13	2595	36	48=
2465	38	47=	2489	46	53—	2517	69	14	2542	46	54—	2571	40	35≡	2595	40	42=
2465	46	54—	2490	38	43=	2518	40	63—	2542	54	37—	2571	40	67—	2595	42	76—
2465	48	45—	2491	48	53—	2518	56	34—	2542	58	34—	2573	34	64=	2595	51	27
2466	36	47=	2491	56	32	2518	68	13	2543	42	59—	2573	38	47=	2596	50	35=
2466	36	60=	2492	32	44≡	2520	36	43=	2544	42	76—	2573	44	54—	2596	50	46—
2466	46	45—	2492	38	63—	2520	46	54—	2545	36	47=	2575	46	54—	2596	52	41—
2466	48	35=	2492	44	50—	2520	48	46—	2545	40	63—	2576	38	39≡	2596	54	34—
2466	54	34—	2493	32	51=	2520	52	36—	2545	44	50—	2576	40	78—	2597	34	60=
2466	68	14	2493	40	76—	2520	60	20	2546	52	37—	2576	48	53—	2597	36	44≡
2467	50	41—	2493	44	58—	2521	40	67—	2547	32	62≡	2576	50	53—	2597	40	63—
2467	54	36—	2494	36	60=	2522	34	60=	2547	44	76—	2577	32	51=	2597	48	58—
2467	67	13	2494	38	48=	2522	36	56=	2548	46	58—	2577	50	45—	2598	42	35≡
2470	40	63—	2494	42	76—	2522	50	45—	2548	50	45—	2577	52	45—	2598	42	59—
2471	48	41—	2495	46	53—	2523	46	35=	2549	38	47—	2577	61	20	2598	44	50—
2471	52	41—	2495	76	10	2523	48	53—	2550	34	44≡	2578	30	49≡	2598	46	50—
2472	38	43=	2496	30	68=	2525	36	39≡	2550	48	45—	2578	32	64=	2598	50	45—
2472	42	50—	2496	32	56=	2525	56	22	2550	57	32	2578	38	63—	2598	56	37—
2473	40	67—	2496	36	55=	2525	56	36—	2551	42	67—	2578	40	47=	2598	60	34—
2474	50	41—	2497	38	47=	2525	74	12	2552	34	77=	2578	48	46—	2598	62	17
2474	52	34—	2497	38	67—	2526	40	67—	2552	46	46—	2578	56	23	2599	46	76—
2475	30	61=	2497	46	46—	2526	44	42=	2552	51	26	2579	32	77=	2600	34	56=

— bedeutet Träger mit einer Gurtplatte, = mit zwei, ≡ mit drei Gurtplatten.

von 2600 bis 2754.

Widerstands-moment cm³	Steh-blech-Höhe cm	Seite des Buches	Widerstands-moment cm³	Steh-blech-Höhe cm	Seite des Buches	Widerstands-moment cm³	Steh-blech-Höhe cm	Seite des Buches	Widerstands-moment cm³	Steh-blech-Höhe cm	Seite des Buches	Widerstands-moment cm³	Steh-blech-Höhe cm	Seite des Buches	Widerstands-moment cm³	Steh-blech-Höhe cm	Seite des Buches
2600	58	34—	2634	36	39≡	2658	46	59—	2682	44	42≡	2709	32	56≡	2732	48	50—
2602	32	49≡	2634	42	67—	2658	52	41—	2683	30	77≡	2709	59	22	2732	54	41—
2602	46	54—	2634	62	20	2658	58	34—	2683	34	51≡	2710	34	64—	2732	56	37—
2602	52	41—	2635	44	43≡	2658	60	34—	2683	60	34—	2710	44	67—	2733	49	28
2603	46	59—	2635	44	76—	2659	30	64—	2684	42	63—	2710	56	36—	2733	52	45—
2603	48	45—	2635	48	53—	2659	40	78—	2684	48	54—	2711	40	78—	2734	32	77≡
2603	48	54—	2635	58	34—	2660	36	49≡	2684	58	36—	2711	52	45—	2734	42	63—
2604	30	56≡	2636	48	46—	2660	50	53—	2684	74	11	2711	52	53—	2734	48	53—
2604	50	41—	2637	38	60≡	2660	66	31	2685	42	67—	2712	42	63—	2735	34	61—
2604	57	24	2639	36	55≡	2661	42	42≡	2686	36	51≡	2713	40	47—	2735	42	67—
2606	34	61≡	2639	36	60≡	2661	46	54—	2686	46	54—	2713	46	59—	2735	53	27
2606	65	31	2640	34	49≡	2661	48	54—	2686	60	36—	2713	62	34—	2735	63	19
2607	54	37—	2640	34	51≡	2661	54	41—	2686	80	10	2713	64	17	2736	42	67—
2609	32	44≡	2640	44	76—	2662	40	63—	2687	32	65≡	2714	67	31	2736	46	59—
2609	36	56≡	2640	46	50—	2662	54	41—	2687	50	45—	2715	50	53—	2737	42	47≡
2609	52	37—	2640	46	58—	2665	38	55≡	2688	30	57≡	2716	30	65≡	2737	46	76—
2609	58	32	2641	30	65≡	2665	52	27	2688	38	43≡	2716	50	46—	2737	54	37—
2610	30	77≡	2641	44	59—	2665	56	37—	2689	34	77≡	2717	38	47≡	2738	32	52≡
2612	32	56≡	2642	32	64≡	2666	40	67—	2689	53	26	2718	36	55=	2738	40	39≡
2614	40	63—	2642	34	64≡	2666	58	24	2690	34	49≡	2718	46	50—	2738	40	47≡
2615	44	59—	2642	57	23	2667	38	60≡	2690	42	67—	2718	60	34—	2738	42	78—
2615	46	35≡	2644	32	62≡	2668	44	59—	2690	59	25	2719	32	64≡	2738	52	41—
2616	42	42≡	2644	42	67—	2669	36	61≡	2691	38	39≡	2719	48	54—	2739	48	76—
2617	40	39≡	2644	58	36—	2669	50	41—	2691	46	76—	2719	56	34—	2740	34	62≡
2617	67	18	2645	30	57≡	2669	59	32	2692	36	64≡	2719	58	37—	2740	50	58—
2618	40	67—	2645	42	76—	2670	46	42≡	2692	40	35≡	2720	30	65≡	2741	32	62≡
2618	61	19	2645	46	76—	2670	52	41—	2692	63	20	2720	40	78—	2741	38	55≡
2618	71	14	2645	48	58—	2670	72	14	2693	38	56≡	2720	44	42≡	2741	44	43≡
2620	44	37≡	2645	54	36—	2671	32	49≡	2693	44	76—	2721	30	62≡	2741	46	42≡
2620	52	26	2647	30	52≡	2671	68	18	2693	48	46—	2721	38	60≡	2741	48	58—
2620	56	36—	2647	58	22	2672	40	78—	2693	48	58—	2721	46	54—	2742	50	45—
2620	68	15	2647	63	16	2672	54	37—	2694	42	47≡	2721	48	37≡	2742	58	36—
2621	34	77≡	2648	38	55≡	2673	32	61≡	2695	30	56≡	2721	52	41—	2743	36	39≡
2621	70	13	2648	56	36—	2674	34	44≡	2695	34	61≡	2721	73	14	2743	36	51≡
2622	76	12	2649	38	35≡	2674	46	37≡	2695	46	50—	2721	78	12	2743	50	54—
2623	44	42≡	2649	40	43≡	2674	48	50—	2696	36	56≡	2722	44	47≡	2744	38	60=
2624	40	78—	2649	40	63—	2674	48	58—	2696	42	76—	2722	56	41—	2744	44	43=
2624	44	50—	2649	46	42≡	2674	69	15	2696	50	35≡	2725	32	44≡	2746	38	51=
2625	36	60≡	2649	64	21	2675	40	55≡	2697	48	42≡	2725	42	35≡	2746	44	76—
2625	40	47≡	2651	62	34—	2676	46	59—	2699	32	49≡	2725	54	41—	2746	48	50—
2625	48	37≡	2652	56	34—	2676	50	53—	2699	32	68≡	2726	48	58—	2746	48	54—
2626	50	53—	2653	34	61≡	2676	56	36—	2699	36	61≡	2726	50	53—	2746	60	36—
2626	58	36—	2653	42	47≡	2677	62	19	2699	44	59—	2726	52	35≡	2747	44	35=
2628	32	68≡	2654	38	51≡	2678	34	68≡	2701	40	63—	2726	69	18	2749	64	20
2628	58	25	2654	52	45—	2678	38	48≡	2701	42	43≡	2726	72	13	2750	46	50—
2629	48	53—	2655	63	17	2679	30	49≡	2702	34	56≡	2727	40	43≡	2750	48	59—
2629	52	45—	2656	32	77≡	2680	30	52≡	2704	64	16	2727	70	15	2752	40	48=
2630	30	62≡	2656	36	51≡	2681	32	57≡	2705	36	60≡	2728	36	44≡	2752	60	25
2630	40	43≡	2656	40	48≡	2681	44	50—	2705	58	23	2729	59	24	2753	34	49=
2630	44	54—	2656	50	46—	2681	46	58—	2705	58	34—	2730	36	77≡	2753	40	63—
2631	46	54—	2657	30	62≡	2681	48	53—	2706	40	69—	2730	40	55—	2754	30	57=
2631	46	58—	2657	48	28	2681	52	45—	2706	65	21	2730	60	32	2754	34	68=
2632	50	45—	2658	36	77≡	2682	34	56≡	2707	46	35≡	2731	52	46—	2754	40	43=
2633	38	47≡	2658	40	47≡	2682	36	48≡	2707	54	45—	2732	38	55—	2754	40	69—
2633	42	63—	2658	46	50—	2682	40	60≡	2708	44	37—	2732	46	58—	2754	42	42=

— bedeutet Träger mit einer Gurtplatte, = mit zwei, ≡ mit drei Gurtplatten.

von 2755 bis 2898.

Widerstands-moment cm³	Stehblech-Höhe cm	Seite des Buches	Widerstands-moment cm³	Stehblech-Höhe cm	Seite des Buches	Widerstands-moment cm³	Stehblech-Höhe cm	Seite des Buches	Widerstands-moment cm³	Stehblech-Höhe cm	Seite des Buches	Widerstands-moment cm³	Stehblech-Höhe cm	Seite des Buches	Widerstands-moment cm³	Stehblech-Höhe cm	Seite des Buches
2755	48	35=	2778	60	34—	2803	50	54—	2830	60	36—	2855	32	52≡	2877	67	16
2755	60	34—	2779	48	58—	2803	54	41—	2830	66	17	2855	32	65≡	2878	34	57≡
2756	36	61=	2780	36	51=	2805	34	56≡	2831	52	35≡	2855	52	53—	2878	36	49≡
2756	40	55=	2781	46	54—	2805	38	60≡	2831	74	13	2855	54	41—	2878	68	21
2756	42	55=	2781	70	18	2805	52	41—	2832	48	58—	2856	44	67—	2878	70	31
2756	44	59—	2781	71	15	2805	62	36—	2833	38	77≡	2856	46	59—	2878	76	14
2757	34	77=	2783	36	56=	2806	32	56≡	2833	46	42≡	2856	52	46—	2879	42	47≡
2758	54	26	2783	46	76—	2806	38	39—	2833	61	22	2857	56	41—	2880	42	78—
2759	44	67—	2784	34	61=	2806	54	27	2834	48	54—	2857	61	24	2880	44	35≡
2760	38	61=	2784	36	60=	2806	60	36—	2834	60	23	2858	40	43≡	2880	50	50—
2761	54	45—	2784	46	43=	2807	30	65≡	2835	42	63—	2858	46	37≡	2880	50	53—
2761	65	16	2784	82	10	2807	44	67—	2835	48	76—	2858	58	37—	2881	38	64≡
2762	40	60=	2785	38	56=	2808	48	59—	2835	58	36—	2859	36	44≡	2881	44	63—
2762	50	37=	2785	42	63—	2808	50	28	2836	36	64≡	2859	40	39≡	2881	66	34—
2763	38	35≡	2785	52	45—	2808	65	20	2836	40	55≡	2859	44	43≡	2882	50	76—
2763	40	78—	2786	40	69—	2809	48	50—	2836	42	67—	2859	54	35≡	2883	48	76—
2763	52	53—	2786	42	47=	2809	48	54—	2836	50	46—	2861	38	48≡	2883	52	45—
2763	66	21	2786	42	67—	2810	44	47—	2836	71	18	2862	40	72—	2883	84	10
2764	34	64=	2786	76	11	2811	32	77—	2836	72	15	2862	50	37≡	2884	38	61≡
2764	36	64=	2787	48	76—	2811	40	60—	2837	38	49≡	2863	50	54—	2884	52	58—
2764	60	36—	2787	54	45—	2811	42	43—	2837	62	34—	2864	30	57≡	2885	32	49≡
2765	64	34—	2788	30	57≡	2813	40	35≡	2838	32	62≡	2864	56	41—	2885	48	58—
2766	46	37=	2788	32	57≡	2814	61	25	2838	38	51≡	2866	30	52≡	2885	51	28
2767	30	62≡	2788	42	78—	2815	40	78—	2838	40	69—	2866	32	62≡	2885	52	54—
2767	34	77=	2788	46	76—	2815	52	53—	2838	46	50—	2866	34	49≡	2886	42	69—
2767	42	63—	2789	48	50—	2815	54	45—	2839	42	78—	2866	40	56≡	2886	62	36—
2768	40	78—	2789	48	58—	2816	38	55≡	2839	56	45—	2866	48	59—	2888	30	57≡
2768	46	59—	2789	56	41—	2816	48	42≡	2840	42	55—	2866	60	36—	2888	32	77≡
2768	52	45—	2789	58	37—	2817	44	42≡	2840	50	42≡	2866	66	20	2888	36	61≡
2768	68	31	2790	50	58—	2818	40	55≡	2840	50	58—	2867	40	78—	2889	38	60≡
2769	36	49≡	2790	54	41—	2818	48	37≡	2842	34	62≡	2867	52	53—	2889	42	78—
2769	38	44≡	2790	61	32	2819	42	48≡	2842	40	60≡	2867	54	46—	2889	67	17
2769	38	48=	2791	42	43=	2819	50	58—	2842	60	37—	2867	56	37—	2890	32	52≡
2770	32	68=	2791	56	41—	2819	66	16	2843	36	61≡	2867	62	36—	2890	40	47≡
2770	38	51=	2793	34	49≡	2820	38	60≡	2844	58	34—	2869	36	56≡	2890	40	69—
2770	44	42=	2793	36	61=	2820	50	50—	2846	34	64≡	2869	54	45—	2890	48	42≡
2770	50	53—	2793	48	42=	2821	42	47≡	2847	44	43≡	2870	38	51—	2890	50	58—
2770	59	23	2793	52	46—	2821	42	63—	2847	48	50—	2871	46	67—	2890	73	15
2771	32	65=	2793	60	24	2821	67	21	2847	54	45—	2871	48	50—	2890	78	11
2771	56	36—	2794	64	19	2822	80	12	2847	54	53—	2871	48	54—	2891	36	56≡
2771	58	36—	2796	32	64=	2823	69	31	2849	32	57≡	2873	34	61≡	2891	72	18
2771	60	22	2796	46	59—	2824	36	49≡	2849	34	77≡	2873	36	68≡	2892	42	43≡
2771	65	17	2796	50	35=	2824	46	59—	2849	40	48≡	2873	46	42≡	2892	50	54—
2772	34	51=	2797	44	67—	2825	42	78—	2850	40	69—	2873	54	41—	2893	64	34—
2772	46	42=	2798	30	65=	2825	50	53—	2850	42	60≡	2874	32	64≡	2894	34	65≡
2773	74	14	2798	34	44≡	2826	52	45—	2850	44	67—	2874	36	51≡	2895	32	57≡
2774	42	39≡	2798	52	53—	2826	75	14	2850	58	41—	2875	36	77≡	2895	46	43≡
2775	58	34—	2799	30	52≡	2827	48	59—	2851	48	35≡	2875	50	58—	2895	56	45—
2775	62	34—	2799	44	63—	2827	50	54—	2852	38	61≡	2875	62	34—	2896	34	49≡
2776	48	54—	2799	56	37—	2827	55	26	2852	42	35≡	2876	30	62≡	2896	50	50—
2776	50	46—	2800	58	36—	2827	60	34—	2852	44	63—	2876	38	56≡	2896	60	36—
2776	50	53—	2801	40	47=	2829	34	68≡	2852	44	76—	2876	42	63—	2896	62	22
2778	32	49≡	2801	62	34—	2829	40	51≡	2852	62	32	2876	46	47≡	2897	56	26
2778	34	64=	2802	36	77=	2829	64	34—	2853	44	47≡	2876	62	25	2898	30	65≡
2778	46	50—	2802	40	69—	2830	36	51≡	2853	65	19	2877	55	27	2898	40	69—

— bedeutet Träger mit einer Gurtplatte, = mit zwei, ≡ mit drei Gurtplatten.

Widerstandsmomente cm³

von 2898 bis 3055.

Widerstandsmoment cm³	Stehblech-Höhe cm	Seite des Buches	Widerstandsmoment cm³	Stehblech-Höhe cm	Seite des Buches	Widerstandsmoment cm³	Stehblech-Höhe cm	Seite des Buches	Widerstandsmoment cm³	Stehblech-Höhe cm	Seite des Buches	Widerstandsmoment cm³	Stehblech-Höhe cm	Seite des Buches	Widerstandsmoment cm³	Stehblech-Höhe cm	Seite des Buches
2898	42	55=	2923	48	59—	2947	66	34—	2975	46	42=	3001	50	50—	3028	60	36—
2898	44	47=	2923	50	54—	2947	73	18	2975	64	32	3001	75	15	3029	54	58—
2898	46	35≡	2923	54	45—	2948	68	17	2976	30	52≡	3002	32	57≡	3030	42	43—
2899	40	60=	2924	42	55=	2949	56	27	2978	42	35≡	3002	64	25	3030	58	45—
2899	46	43=	2924	56	41—	2950	44	47=	2979	34	68=	3003	40	60	3030	63	23
2899	46	76—	2924	82	12	2950	62	34—	2979	60	41—	3003	74	18	3031	32	65≡
2899	58	36—	2925	40	51=	2951	40	51=	2980	34	49≡	3004	40	72—	3031	52	50—
2899	60	34—	2925	46	42=	2951	56	45—	2980	40	39≡	3005	42	51=	3032	36	68=
2899	61	23	2925	64	36—	2952	38	49≡	2980	50	59—	3005	52	37=	3032	48	47=
2899	62	34—	2925	67	20	2952	40	72—	2981	36	64=	3005	56	46—	3032	50	76—
2900	38	55=	2926	60	36—	2952	48	59—	2981	48	59—	3006	40	72—	3033	68	19
2900	50	59—	2928	34	64=	2953	36	68=	2981	52	46—	3006	46	43=	3034	48	67—
2901	42	39≡	2928	58	37—	2953	44	43=	2982	36	61=	3007	44	55=	3035	38	61=
2901	52	37=	2929	38	51=	2954	46	76—	2982	50	76—	3007	56	45—	3036	40	61=
2901	54	53—	2929	62	36—	2954	62	36—	2983	32	62≡	3008	69	17	3037	30	52≡
2902	44	78—	2930	36	61=	2955	44	78—	2983	38	61=	3009	42	55=	3037	42	69—
2903	32	56≡	2930	50	58—	2955	54	53—	2984	44	48=	3009	46	76—	3037	46	35≡
2903	44	67—	2931	42	63—	2956	44	67—	2984	50	54—	3009	54	53—	3038	58	26
2904	34	68=	2931	77	14	2957	38	64=	2984	56	45—	3009	64	36—	3038	65	32
2904	44	63—	2932	34	77=	2957	50	54—	2984	86	10	3010	34	64=	3039	52	35=
2904	44	67—	2932	48	76—	2957	64	34—	2985	50	58—	3010	38	49≡	3039	53	28
2905	48	50—	2932	50	76—	2958	36	77=	2985	68	20	3010	48	37=	3039	79	14
2906	42	47=	2932	54	46—	2958	40	72—	2985	78	14	3010	52	54—	3040	40	74—
2906	54	45—	2933	40	35≡	2959	63	22	2986	30	62≡	3010	56	41—	3040	42	56=
2907	38	44≡	2933	44	39≡	2960	50	59—	2986	38	77=	3011	34	56≡	3040	50	42=
2907	40	55=	2933	71	31	2961	50	50—	2986	44	47=	3013	44	35≡	3040	56	53—
2908	34	56≡	2934	32	65=	2961	52	28	2986	48	42=	3013	46	47=	3041	54	37=
2909	36	64=	2934	48	50—	2962	40	56=	2986	60	37—	3013	66	34—	3041	62	37—
2909	38	77=	2935	32	62≡	2962	46	67—	2986	63	24	3014	34	77=	3041	66	34—
2910	40	72—	2935	42	60=	2962	60	36—	2987	40	60=	3015	48	59—	3042	40	48=
2911	46	63—	2935	48	43=	2963	50	37=	2987	42	69—	3017	32	52≡	3043	36	62≡
2912	52	53—	2935	68	16	2965	36	64=	2988	52	58—	3017	40	49≡	3044	42	78—
2913	63	32	2936	42	69—	2965	62	23	2989	30	65≡	3018	46	67—	3044	69	20
2913	66	19	2936	52	58—	2966	32	57≡	2989	42	78—	3019	42	60=	3045	38	44≡
2914	44	42=	2937	54	53—	2966	46	63—	2989	64	36—	3019	46	43=	3045	50	59—
2914	48	37=	2937	56	41—	2966	54	45—	2989	72	31	3020	50	59—	3045	56	45—
2914	60	37—	2937	69	21	2967	52	58—	2990	36	44≡	3021	38	51=	3045	73	31
2916	40	55=	2938	48	76—	2967	54	35=	2991	34	57≡	3021	44	60=	3047	44	47=
2916	46	59—	2938	76	13	2967	62	37—	2991	42	55=	2021	57	27	3047	52	50—
2918	30	52≡	2939	32	65=	2968	38	56=	2991	62	36—	3021	64	34—	3047	66	36—
2918	52	46—	2939	44	63—	2968	52	50—	2993	44	78—	3022	32	65=	3047	78	13
2919	44	55=	2939	63	25	2968	57	26	2993	56	35=	3022	42	48=	3048	34	62≡
2919	52	53—	2940	40	61=	2969	36	51=	2994	40	69—	3022	50	54—	3050	42	72—
2920	42	48=	2940	42	78—	2969	38	51=	2994	69	16	3022	62	36—	3050	44	78—
2920	58	41—	2940	50	42=	2969	52	53—	2995	40	55=	3022	64	22	3050	52	59—
2920	64	34—	2942	34	52≡	2970	30	68≡	2995	48	76—	3023	46	67—	3051	48	35≡
2921	38	39≡	2942	40	69—	2970	42	69—	2995	70	21	3024	42	69—	3051	64	24
2921	42	43=	2943	38	61=	2971	60	34—	2995	80	11	3024	52	58—	3052	36	64=
2921	62	24	2943	40	44≡	2972	32	52≡	2996	44	63—	3024	62	34—	3053	46	63—
2922	34	44≡	2943	54	41—	2972	42	47=	2996	50	35=	3025	54	45—	3053	60	41—
2922	40	60=	2944	36	49=	2972	58	45—	2997	54	46—	3026	50	50—	3053	64	36—
2922	46	67—	2945	34	62=	2973	38	60=	2997	64	34—	3027	52	53—	3053	70	16
2922	48	42=	2945	40	48=	2973	67	19	2998	58	37—	3027	84	12	3054	40	72—
2922	56	45—	2945	74	15	2974	30	57≡	2998	68	34—	3028	42	39=	3054	71	21
2922	58	41—	2947	36	77=	2974	44	43=	3000	36	56≡	3028	48	42—	3055	34	57≡

— bedeutet Träger mit einer Gurtplatte, = mit zwei, ≡ mit drei Gurtplatten.

von **3055** bis **3209**.

Widerstandsmoment cm³	Stehblech-Höhe cm	Seite des Buches	Widerstandsmoment cm³	Stehblech-Höhe cm	Seite des Buches	Widerstandsmoment cm³	Stehblech-Höhe cm	Seite des Buches	Widerstandsmoment cm³	Stehblech-Höhe cm	Seite des Buches	Widerstandsmoment cm³	Stehblech-Höhe cm	Seite des Buches	Widerstandsmoment cm³	Stehblech-Höhe cm	Seite des Buches
3055	40	51=	3081	52	58—	3107	60	45—	3131	60	41—	3158	75	31	3184	50	42=
3055	48	43—	3082	32	57≡	3108	40	72—	3131	86	12	3160	40	51=	3184	62	41—
3056	54	53—	3082	38	56≡	3108	44	78—	3132	38	62≡	3161	34	65=	3186	38	64=
3056	76	15	3082	48	42=	3108	52	54	3132	46	63	3163	44	60—	3186	58	45—
3058	40	56—	3082	50	76—	3109	32	57≡	3133	40	61=	3163	46	78—	3187	46	63—
3058	58	45—	3083	30	57≡	3109	36	56≡	3133	42	51=	3163	50	37=	3187	48	67—
3058	60	37—	3083	42	55=	3109	52	37—	3133	66	36—	3163	65	23	3187	62	41—
3059	38	56—	3083	54	58—	3110	38	64=	3134	42	69—	3163	68	34—	3187	70	34—
3059	44	43—	3086	65	22	3110	50	59—	3134	48	42=	3164	40	60=	3188	42	69—
3059	58	41—	3086	88	10	3110	59	26	3134	52	59—	3164	44	55=	3189	54	54—
3060	44	78—	3087	48	67—	3110	62	41—	3134	68	34—	3164	67	32	3189	72	17
3060	75	18	3087	50	54—	3111	48	76—	3135	48	63—	3165	44	78—	3189	90	10
3061	46	47=	3088	40	44≡	3112	36	68=	3135	52	54—	3165	71	20	3190	34	52≡
3061	50	50—	3088	42	69—	3112	46	63—	3137	38	49≡	3166	48	43=	3190	50	47=
3062	38	77=	3088	52	42=	3112	77	15	3137	54	58—	3167	59	27	3190	62	37—
3062	54	46—	3088	58	45—	3113	44	78—	3138	38	77=	3167	60	45—	3191	36	68=
3063	54	53—	3089	32	52≡	3113	66	36—	3138	40	49≡	3168	38	51=	3191	54	58—
3063	56	45—	3089	44	43=	3114	34	56≡	3139	36	64=	3168	48	76—	3192	48	67—
3064	36	49≡	3089	50	76—	3114	52	50—	3139	46	43—	3169	78	15	3192	52	42=
3065	42	47=	3090	40	77=	3114	72	21	3139	48	67—	3170	30	68≡	3193	46	60=
3066	34	52≡	3090	44	48=	3115	46	47=	3139	52	58—	3170	38	64=	3193	48	63—
3066	65	25	3090	62	36—	3115	62	37—	3140	50	42=	3170	68	36—	3194	67	25
3066	68	34—	3091	50	50—	3116	46	43=	3140	56	46—	3171	40	77=	3195	55	28
3067	38	49≡	3092	34	64=	3116	54	28	3141	42	56=	3171	42	60=	3195	60	41—
3067	44	55=	3092	52	58—	3116	76	18	3143	32	52≡	3171	54	76—	3196	44	48=
3067	46	78—	3092	64	37—	3117	64	36—	3143	52	35=	3172	46	63—	3196	52	58—
3068	38	51=	3093	42	55=	3117	65	24	3144	44	47=	3172	72	16	3196	60	45—
3068	44	69—	3093	52	50—	3117	70	34—	3144	58	46—	3173	56	54—	3197	36	57≡
3068	70	17	3093	54	54—	3118	40	51—	3145	40	74—	3173	73	21	3197	38	56≡
3069	30	66≡	3093	80	14	3118	54	50—	3145	42	72—	3174	40	61=	3197	40	74—
3070	40	61=	3094	46	39≡	3119	42	44≡	3145	66	34—	3174	44	69—	3198	42	49≡
3071	38	68=	3094	58	27	3119	54	54—	3146	44	35≡	3174	77	18	3198	50	67—
3072	34	65=	3094	69	19	3120	66	34—	3146	58	45—	3175	46	55=	3199	32	57≡
3072	52	54—	3095	36	49≡	3121	36	44≡	3148	36	52=	3175	50	59—	3199	40	49≡
3072	56	46—	3095	44	55=	3121	44	69—	3148	58	41—	3175	54	53—	3199	44	39≡
3072	58	41—	3096	30	62≡	3122	42	61=	3149	50	76—	3176	42	55=	3200	42	72—
3073	40	64=	3096	34	77=	3122	46	78—	3149	54	37=	3176	46	35≡	3200	54	50—
3073	46	67—	3097	56	53—	3122	58	45—	3150	38	77=	3176	48	47=	3200	66	34—
3074	44	47=	3097	64	23	3123	40	74—	3150	66	22	3177	56	58—	3201	34	62≡
3074	50	42=	3098	62	34—	3123	42	48=	3151	34	62≡	3178	46	78—	3202	32	68≡
3074	64	34—	3099	32	62≡	3123	60	41—	3151	42	72—	3179	30	66≡	3202	52	59—
3075	54	35—	3100	40	39≡	3124	58	53—	3151	64	34—	3179	34	57≡	3202	82	14
3076	36	61=	3100	66	32	3127	38	61=	3152	36	62≡	3179	66	36—	3203	54	59—
3076	40	60—	3101	42	72—	3127	54	46—	3153	40	64=	3180	40	74—	3203	68	34—
3076	46	42=	3101	74	31	3128	32	65≡	3153	46	47=	3180	48	43=	3204	44	43=
3077	36	57≡	3101	82	11	3128	46	67—	3153	56	53—	3181	60	26	3204	58	45—
3077	48	59—	3102	34	52≡	3128	58	35—	3154	38	68=	3181	64	36—	3205	32	52≡
3078	34	62≡	3103	36	65≡	3128	71	17	3155	40	56—	3182	38	49≡	3205	50	35≡
3078	52	76—	3103	42	60—	3129	48	47—	3155	42	39≡	3182	52	50—	3206	66	36—
3079	42	60—	3104	70	20	3129	54	42—	3155	70	19	3182	58	53—	3207	42	51=
3079	56	53—	3105	34	57≡	3129	58	41—	3156	30	52≡	3183	44	51=	3207	56	46—
3079	64	36—	3105	42	35≡	3130	52	76—	3156	34	65≡	3183	46	67—	3208	50	43=
3079	66	34—	3105	56	35=	3130	60	37—	3156	52	50—	3183	54	35=	3209	56	53—
3080	30	65≡	3106	42	51≡	3130	66	25	3157	80	13	3183	56	37=	3209	60	41—
3080	50	59—	3107	56	45—	3131	36	77=	3158	54	54—	3184	36	49≡	3209	84	11

— bedeutet Träger mit einer Gurtplatte, = mit zwei, ≡ mit drei Gurtplatten.

Widerstandsmomente cm³

von 3212 bis 3369.

Widerstandsmoment cm³	Stehblech-Höhe cm	Seite des Buches	Widerstandsmoment cm³	Stehblech-Höhe cm	Seite des Buches	Widerstandsmoment cm³	Stehblech-Höhe cm	Seite des Buches	Widerstandsmoment cm³	Stehblech-Höhe cm	Seite des Buches	Widerstandsmoment cm³	Stehblech-Höhe cm	Seite des Buches	Widerstandsmoment cm³	Stehblech-Höhe cm	Seite des Buches
3212	50	43≡	3238	68	36—	3267	42	64=	3292	74	16	3321	48	47=	3345	69	22
3213	44	69—	3239	46	55=	3267	56	54—	3293	92	10	3321	64	41—	3347	44	72—
3213	52	37≡	3240	50	42=	3267	60	41—	3294	44	72—	3322	32	65≡	3347	60	45—
3214	40	51≡	3240	56	54—	3268	46	55=	3294	50	42=	3322	38	44≡	3347	80	18
3214	58	46—	3240	60	27	3268	54	59—	3294	75	21	3322	44	56=	3348	40	74—
3215	67	22	3241	44	47=	3268	82	13	3295	56	37=	3323	64	37—	3348	62	41—
3215	76	31	3242	52	43=	3269	42	55=	3295	70	36—	3324	42	61=	3348	68	37—
3216	32	62≡	3242	64	41—	3269	50	76—	3296	52	42=	3324	60	53—	3348	74	20
3216	46	47≡	3243	42	56—	3269	52	59—	3297	38	49≡	3324	69	25	3349	52	47=
3216	71	19	3243	52	54—	3269	56	50—	3297	42	74—	3325	34	62≡	3349	58	53—
3217	36	56≡	3243	62	45—	3270	32	52≡	3297	44	44≡	3325	42	49≡	3350	48	78—
3217	44	56=	3244	58	35=	3270	40	68=	3298	50	67—	3325	56	53—	3351	66	36—
3217	56	35=	3245	46	47=	3270	54	50—	3298	58	53—	3325	58	58—	3352	42	51=
3218	34	57≡	3245	48	67—	3271	30	68≡	3298	67	23	2326	36	56≡	3352	57	28
3218	36	77≡	3245	54	58—	3271	68	34—	3299	66	37—	3326	40	61=	3353	38	64=
3218	52	50—	3245	68	34—	3272	44	55=	3300	52	59—	3326	62	26	3353	58	46—
3219	66	37—	3246	64	37—	3272	77	31	3302	44	48=	3327	68	34—	3353	75	16
3220	64	36—	3247	38	62≡	3273	42	77=	3302	48	67—	3327	70	34—	3354	54	58—
3221	58	53—	3248	30	66≡	3274	56	46—	3303	34	57≡	3328	44	69—	3354	56	50—
3222	44	78—	3248	54	50—	3275	40	56≡	3303	52	76—	3328	50	43=	3354	76	21
3223	42	61≡	3249	40	74—	3276	56	42=	3304	36	49≡	3328	56	58—	3356	50	35≡
3223	46	78—	3249	48	55=	3278	38	57≡	3305	48	43=	3328	60	45—	3356	58	53—
3223	54	54—	3250	34	65=	3278	44	35≡	3305	62	45—	3329	50	76—	3356	70	32
3223	58	41—	3250	52	50—	3278	66	36—	3306	68	36—	3330	42	74—	3357	38	52≡
3224	42	48=	3250	58	45—	3278	72	19	3307	44	61=	3330	78	31	3357	42	60=
3225	32	65≡	3250	67	24	3279	36	52≡	3307	56	54—	3331	40	62≡	3357	56	59—
3225	48	47≡	3250	73	17	3279	40	61≡	3308	46	69—	3332	34	57≡	3357	60	46—
3225	72	20	3251	40	77=	3279	54	76—	3308	48	63—	3332	40	49≡	3358	40	68=
3225	79	15	3251	48	63—	3280	68	22	3308	50	67—	3332	44	39≡	3358	50	67—
3226	36	64=	3252	42	72—	3281	38	61=	3309	32	68≡	3332	54	59—	3358	66	34—
3226	44	69—	3252	46	69—	3281	42	39≡	3309	42	72—	3333	32	62≡	3358	74	34—
3226	48	63—	3253	50	67=	3282	48	43=	3309	72	34—	3333	38	77=	3359	44	55=
3227	46	43≡	3254	42	72—	3283	46	78—	3310	32	66≡	3333	62	41—	3360	46	55=
3227	52	42≡	3254	61	26	3283	80	15	3311	38	56≡	3334	68	36—	3360	48	67—
3227	60	45—	3256	48	39≡	3284	58	46—	3311	66	36—	3335	48	78—	3360	58	35=
3227	68	32	3257	54	37=	3285	60	46—	3312	74	17	3335	62	45—	3361	38	62≡
3228	64	34—	3257	70	34—	3286	44	60=	3312	84	14	3337	52	59—	3361	52	35≡
3229	40	61≡	3258	40	49≡	3286	46	60=	3313	36	64=	3337	56	50—	3362	34	65≡
3231	66	23	3258	42	61≡	3286	73	20	3313	40	64=	3339	50	47=	3363	46	51=
3231	78	18	3259	34	65≡	3287	60	45—	3313	54	50—	3340	44	72—	3363	50	67—
3232	46	63—	3259	46	43=	3287	70	34—	3314	34	52≡	3340	46	55=	3364	42	72—
3232	73	16	3259	62	41—	3288	30	66≡	3314	61	27	3340	48	35≡	3364	52	67—
3233	40	64=	3259	68	36—	3288	46	78—	3315	38	65=	3340	54	50—	3365	60	53—
3233	46	39≡	3260	44	60=	3288	54	54—	3315	46	35≡	3340	56	54—	3365	70	36—
3233	56	58—	3261	36	62≡	3289	44	51=	3316	32	57≡	3340	73	19	3366	48	63—
3233	74	21	3262	46	48=	3289	56	58—	3317	36	57≡	3342	46	60=	3366	52	76—
3234	40	44≡	3262	60	45—	3289	79	18	3317	44	51=	3342	52	42=	3366	54	37=
3234	52	76—	3263	38	49≡	3290	50	47=	3317	52	50—	3343	46	78—	3366	68	23
3235	54	58—	3263	54	42=	3290	54	59—	3317	68	24	3343	50	43=	3367	30	66≡
3236	40	74—	3263	56	53—	3290	64	36—	3318	46	47=	3344	40	77=	3367	48	60=
3237	34	52≡	3264	36	57≡	3291	69	32	3318	52	37=	3344	42	56=	3367	50	63—
3237	72	34—	3264	40	51≡	3292	36	62≡	3318	86	11	3344	90	12	3367	62	45—
3237	88	12	3264	42	60=	3292	40	74—	3319	48	48=	3345	46	69—	3368	42	61=
3238	38	68≡	3264	62	37—	3292	48	78—	3319	58	54—	3345	48	55=	3369	40	51=
3238	52	59—	3265	60	35=	3292	54	35=	3319	64	41—	3345	56	58—	3369	44	77=

— bedeutet Träger mit einer Gurtplatte, = mit zwei, ≡ mit drei Gurtplatten.

von **3370** bis **3524**.

Widerstandsmoment cm³	Stehblech-Höhe cm	Seite des Buches	Widerstandsmoment cm³	Stehblech-Höhe cm	Seite des Buches	Widerstandsmoment cm³	Stehblech-Höhe cm	Seite des Buches	Widerstandsmoment cm³	Stehblech-Höhe cm	Seite des Buches	Widerstandsmoment cm³	Stehblech-Höhe cm	Seite des Buches	Widerstandsmoment cm³	Stehblech-Höhe cm	Seite des Buches
3370	36	62≡	3399	94	10	3424	86	14	3452	46	55=	3475	64	45—	3501	60	46—
3371	30	68≡	3400	44	72—	3425	38	77=	3452	56	58—	3476	38	62=	3502	62	46—
3371	34	52≡	3400	52	42=	3425	42	61=	3452	70	24	3476	46	44≡	3503	70	23
3371	46	39≡	3400	64	37—	3426	32	66≡	3452	92	12	3476	48	63—	3504	46	51—
3371	52	43=	3401	48	39≡	3426	38	56≡	3453	44	72—	3476	58	35=	3504	60	53—
3371	70	34—	3401	50	63—	3427	34	57≡	3453	46	35=	3476	60	58—	3505	44	74—
3372	46	48=	3401	56	58—	3427	50	63—	3453	54	42=	3476	77	16	3505	46	56≡
3374	44	60=	3402	46	78—	3427	56	50—	3453	72	34—	3477	58	53—	3505	52	47=
3374	56	76—	3402	74	19	3427	62	46—	3454	44	60=	3477	71	22	3505	60	35=
3374	68	36—	3403	62	35=	3428	44	56≡	3454	52	47=	3477	78	21	3505	70	36—
3374	75	17	3404	38	57≡	3428	52	76—	3455	44	72—	3478	42	61=	3506	34	52=
3375	56	54—	3404	46	69—	3429	60	46—	3455	66	41—	3478	50	67—	3506	50	35=
3376	66	41—	3404	50	78—	3429	62	41—	3455	70	34—	3478	70	37—	3506	96	10
3377	40	64=	3404	56	50—	3429	88	11	3455	71	25	3479	52	67—	3507	42	74—
3377	54	50—	3405	64	41—	3430	48	43≡	3456	44	44=	3480	36	65—	3507	52	43=
3378	46	60=	3406	38	68=	3430	54	59—	3456	52	42=	3480	52	63—	3507	74	34—
3378	66	37—	3406	62	53—	3430	56	76—	3457	66	37—	3481	40	57≡	3508	30	66=
3379	40	44≡	3407	42	74—	3430	68	37—	3458	58	54—	3481	54	50—	3508	38	62=
3379	46	43=	3407	56	37=	3431	60	53—	3460	36	52=	3481	76	34—	3508	50	78—
3380	36	65≡	3408	44	48=	3432	44	51	3460	48	78—	3483	46	48=	3508	64	45—
3380	64	45—	3408	62	41—	3432	58	28	3460	54	76—	3483	58	58—	3509	62	41—
3380	84	13	3409	68	36—	3433	74	34—	3460	60	45—	3483	68	36—	3510	46	39≡
3381	44	49≡	3409	75	20	3434	46	72—	3461	42	74—	3485	48	35=	3510	54	47=
3381	72	34—	3410	36	52=	3434	69	23	3462	54	59—	3486	30	66=	3510	58	50—
3382	54	42=	3410	42	51=	3435	42	64=	3463	44	64=	3486	56	54—	3511	62	53—
3383	40	61=	3410	54	50—	3435	48	48=	3463	70	36—	3486	72	32	3511	68	37—
3383	58	58—	3411	70	22	3435	70	36—	3464	34	65=	3487	50	63—	3512	44	72—
3384	60	53—	3412	44	61=	3436	76	17	3464	44	39≡	3488	40	61—	3512	58	59—
3384	69	24	3412	48	55=	3437	36	57=	3464	46	69—	3488	64	41—	3512	59	28
3385	44	69—	3412	72	34—	3438	34	52=	3464	48	60=	3489	36	65≡	3513	56	58—
3385	60	35=	3413	48	63—	3439	48	69—	3464	50	78—	3489	50	48=	3514	38	65≡
3386	36	65=	3413	56	54—	3440	40	77=	3464	63	27	3490	46	72—	3514	44	49≡
3386	70	36—	3413	58	53—	3441	56	35=	3465	40	49≡	3490	68	34—	3514	84	15
3387	48	47=	3414	76	16	3441	58	58—	3465	48	78—	3491	46	61=	3515	72	36—
3387	54	76—	3415	38	65=	3442	42	77=	3465	75	19	3491	50	47=	3516	38	49≡
3388	56	42=	3415	56	42=	3442	46	55—	3465	82	18	3491	52	76—	3516	40	56≡
3388	79	31	3415	77	21	3442	48	55=	3466	50	63—	3491	56	59—	3517	48	55=
3389	42	49≡	3416	32	68≡	3442	56	54—	3466	58	76—	3491	62	45—	3517	50	55=
3389	58	54—	3417	48	47=	3442	58	37=	3467	60	54—	3492	52	43=	3517	52	35≡
3389	70	25	3417	50	55=	3442	68	36—	3468	52	67—	3492	58	50—	3518	44	61=
3390	38	49≡	3417	58	54—	3444	46	60=	3469	62	53—	3492	72	36—	3518	54	35≡
3390	56	58—	3418	46	69—	3444	60	53—	3470	42	56=	3493	48	47=	3519	42	64≡
3394	40	64=	3418	50	67—	3444	64	45—	3470	46	60=	3494	86	13	3519	56	37=
3394	60	45—	3419	46	47=	3445	38	64=	3470	60	37=	3495	38	52≡	3519	66	45—
3395	36	57≡	3419	58	58—	3445	42	56=	3471	56	50—	3497	48	69—	3520	56	59—
3395	44	51=	3420	50	39≡	3446	80	31	3471	62	45—	3498	60	53—	3520	71	24
3395	54	76—	3420	72	36—	3447	40	68=	3471	76	20	3499	72	34—	3521	72	25
3396	40	56≡	3422	52	67—	3447	56	59—	3472	42	68=	3499	77	17	3522	48	78—
3396	64	41—	3422	58	50—	3448	42	74—	3473	40	64=	3500	32	66≡	3523	32	68≡
3397	48	43=	3423	36	62≡	3448	44	74—	3473	46	69—	3500	40	49≡	3523	48	60=
3397	54	43=	3423	58	46—	3449	34	62≡	3473	50	43=	3500	54	59—	3524	40	44≡
3397	70	34—	3424	42	44≡	3449	44	61=	3473	64	41=	3500	56	42=	3524	46	69—
3398	44	72—	3424	56	59—	3450	50	47=	3474	46	51=	3500	58	58—	3524	50	78—
3398	82	15	3424	58	42=	3452	40	62≡	3474	54	37=	3501	44	51=	3524	54	76—
3399	63	26	3424	66	36—	3452	42	49≡	3475	38	57=	3501	54	42=	3524	58	76—

— bedeutet Träger mit einer Gurtplatte, = mit zwei, ≡ mit drei Gurtplatten.   13

Widerstandsmomente cm³

von 3525 bis 3674.

Widerstandsmoment cm³	Stehblechhöhe cm	Seite des Buches	Widerstandsmoment cm³	Stehblechhöhe cm	Seite des Buches	Widerstandsmoment cm³	Stehblechhöhe cm	Seite des Buches	Widerstandsmoment cm³	Stehblechhöhe cm	Seite des Buches	Widerstandsmoment cm³	Stehblechhöhe cm	Seite des Buches	Widerstandsmoment cm³	Stehblechhöhe cm	Seite des Buches
3525	72	34—	3545	48	51≡	3572	42	51≡	3597	78	20	3625	79	17	3654	74	25
3526	36	57≡	3546	44	77≡	3572	60	58—	3598	36	65≡	3626	32	66≡	3655	46	72—
3526	42	77≡	3546	48	39≡	3572	64	45—	3598	40	49≡	3626	56	59—	3655	52	67—
3527	42	61≡	3546	58	58—	3572	71	23	3598	46	72—	3627	62	58—	3655	54	63—
3527	54	43≡	3546	64	45—	3573	34	62≡	3598	58	54—	3627	74	34—	3655	62	53—
3527	62	35≡	3547	44	51≡	3573	40	62≡	3599	48	47≡	3628	50	69—	3655	74	34—
3528	58	54—	3547	50	63—	3573	50	78—	3599	79	16	3629	66	41—	3655	78	19
3528	76	19	3547	65	26	3573	56	50—	3600	80	21	3630	32	68≡	3656	48	60≡
3529	42	49≡	3548	74	36—	3574	48	56≡	3601	44	74—	3630	48	35≡	3656	58	42≡
3530	40	65≡	3549	64	41—	3574	52	78—	3602	36	52≡	3630	60	53—	3656	60	58—
3530	52	67—	3550	48	48≡	3574	60	42≡	3602	46	61≡	3631	56	37≡	3657	36	57≡
3531	38	57≡	3550	56	76—	3575	70	36—	3603	50	43≡	3631	58	50—	3657	38	57≡
3531	50	63—	3550	64	53—	3576	42	44≡	3604	42	64≡	3632	86	15	3657	42	68≡
3531	62	53—	3551	34	57≡	3576	62	46—	3605	30	66≡	3633	38	52≡	3657	48	44≡
3532	54	43≡	3551	44	60≡	3577	60	50—	3605	52	63—	3633	40	77≡	3657	50	35≡
3533	42	62≡	3551	46	77≡	3578	42	49≡	3605	78	34—	3633	76	34—	3657	54	43≡
3534	44	56≡	3551	73	32	3578	52	63—	3606	58	59—	3634	44	77≡	3657	73	24
3534	66	41—	3552	34	68≡	3579	40	79≡	3607	44	51≡	3634	48	55≡	3658	46	72—
3534	77	20	3554	36	62≡	3579	62	53—	3608	38	65≡	3636	72	36—	3658	64	53—
3535	38	52≡	3554	48	69—	3581	44	49≡	3608	62	45—	3637	40	56≡	3659	42	62≡
3535	40	68≡	3554	56	43≡	3581	74	34—	3609	72	37—	3637	52	78—	3659	68	45—
3535	48	69—	3556	48	43≡	3582	58	59—	3609	88	13	3638	50	78—	3660	32	66≡
3536	38	64≡	3557	36	57≡	3583	84	18	3610	58	58—	3638	60	58—	3660	48	69—
3536	52	67—	3557	76	34—	3584	46	69—	3610	73	22	3639	44	64≡	3660	79	20
3536	60	58—	3558	52	47≡	3584	48	78—	3611	60	54—	3640	34	52≡	3661	46	64≡
3536	66	37—	3558	56	59—	3584	50	78—	3612	48	69—	3640	42	77≡	3661	48	51≡
3537	40	77≡	3558	58	37≡	3585	46	51≡	3612	56	42≡	3640/	54	67—	3661	50	63—
3537	78	16	3558	68	36—	3585	52	39≡	3613	38	57≡	3640	58	76—	3661	52	48≡
3537	88	14	3559	56	54—	3585	66	45—	3613	66	41—	3641	46	61≡	3661	58	50—
3538	46	72—	3560	48	60≡	3585	72	34—	3614	40	57≡	3642	52	43≡	3662	44	51≡
3538	48	55≡	3560	50	47≡	3586	42	64≡	3614	64	53—	3642	72	23	3662	52	47≡
3538	50	67—	3562	44	74—	3586	50	55≡	3615	60	76—	3643	46	44≡	3662	56	42≡
3538	56	42≡	3562	46	60≡	3586	52	55≡	3615	65	27	3643	58	54—	3662	80	16
3538	79	21	3562	54	42≡	3586	58	50—	3615	98	10	3644	50	78—	3665	34	68≡
3539	42	77≡	3562	58	50—	3587	42	61≡	3616	44	44≡	3645	46	55≡	3665	56	59—
3539	44	74—	3562	70	37—	3588	72	24	3616	46	56≡	3645	56	50—	3666	40	64≡
3539	60	54—	3562	78	17	3588	73	25	3616	62	37≡	3646	38	62≡	3666	44	56≡
3539	64	27	3562	94	12	3589	54	76—	3616	64	45—	3646	46	60≡	3666	48	48≡
3539	70	34—	3563	44	61≡	3590	60	37≡	3617	50	55≡	3646	52	63—	3666	76	34—
3539	74	34—	3564	42	68≡	3591	38	62≡	3617	52	43≡	3646	60	54—	3667	52	63—
3540	58	42≡	3564	60	53—	3591	50	47≡	3617	56	76—	3646	70	37—	3668	42	49≡
3540	62	45—	3564	72	36—	3591	77	19	3617	66	45—	3647	44	49≡	3668	60	50—
3540	70	36—	3564	82	31	3592	54	67—	3617	70	36—	3647	70	41—	3670	48	69—
3540	90	11	3565	42	74—	3592	68	41—	3617	74	32	3648	62	53—	3670	50	47≡
3541	36	52≡	3566	46	49≡	3593	52	67—	3618	54	47≡	3648	64	46—	3670	64	35≡
3541	38	56≡	3567	34	65≡	3593	56	59—	3619	44	74—	3649	46	39≡	3671	40	70≡
3542	56	76—	3567	40	52≡	3593	58	35≡	3620	52	47≡	3649	60	50—	3671	72	34—
3542	64	35≡	3568	58	42≡	3593	60	28	3621	66	26	3651	54	67—	3672	36	52≡
3543	32	66≡	3568	60	54—	3593	62	53—	3622	74	36—	3651	62	35≡	3672	54	47≡
3543	46	55≡	3569	44	72—	3594	46	48≡	3623	40	68≡	3651	66	45—	3673	56	47≡
3543	50	60≡	3569	50	43≡	3594	72	36—	3623	48	55≡	3652	58	59—	3673	72	36—
3543	52	63—	3570	40	64≡	3595	68	41—	3623	70	34—	3652	90	14	3673	96	12
3543	66	41—	3571	52	42≡	3596	42	56≡	3624	44	61≡	3653	92	11	3674	52	35≡
3543	72	22	3571	54	59—	3596	50	63—	3624	46	51≡	3654	54	76—	3674	58	37≡
3545	46	60≡	3571	64	41—	3596	60	58—	3625	60	35≡	3654	64	41—	3674	61	28

— bedeutet Träger mit einer Gurtplatte, ⹀ mit zwei, ≡ mit drei Gurtplatten.

von 3674 bis 3836.

Widerstandsmoment cm³	Stehblechhöhe cm	Seite des Buches	Widerstandsmoment cm³	Stehblechhöhe cm	Seite des Buches	Widerstandsmoment cm³	Stehblechhöhe cm	Seite des Buches	Widerstandsmoment cm³	Stehblechhöhe cm	Seite des Buches	Widerstandsmoment cm³	Stehblechhöhe cm	Seite des Buches	Widerstandsmoment cm³	Stehblechhöhe cm	Seite des Buches
3674	68	41—	3705	42	49=	3727	74	24	3752	62	58—	3780	42	52≡	3807	66	53—
3675	40	79=	3705	46	49≡	3728	44	64=	3752	72	36—	3781	48	48=	3808	42	49≡
3675	44	68=	3705	50	60=	3728	50	69—	3752	76	36—	3781	52	63—	3808	50	35—
3675	60	76—	3705	54	67—	3728	62	58—	3753	32	66≡	3781	64	58—	3808	62	50—
3676	56	35≡	3707	36	65≡	3729	40	77=	3754	46	64=	3782	72	37—	3808	74	36—
3676	76	36—	3707	58	76—	3729	42	44=	3755	34	66≡	3783	66	45—	3810	46	44=
3677	36	68≡	3708	72	36—	3729	48	55=	3755	40	52≡	3783	74	23	3811	80	34—
3677	44	74—	3709	76	34—	3729	50	51	3755	60	54—	3784	38	57=	3812	58	50—
3677	74	22	3710	60	37=	3729	64	53—	3755	62	28	3784	62	53—	3812	76	22
3678	34	66≡	3711	54	67—	3730	44	61=	3755	68	41—	3784	80	19	3813	54	43=
3678	44	61=	3712	73	23	3730	50	48=	3756	50	56≡	3785	48	69—	3813	60	59—
3678	48	61=	3713	38	65=	3730	52	63—	3757	54	55=	3785	54	63—	3814	40	62≡
3678	64	53—	3713	40	52≡	3731	40	49=	3757	58	59—	3785	56	42=	3814	56	67—
3680	54	35≡	3713	46	61=	3731	70	41—	3757	64	45—	3785	72	41—	3814	62	58—
3681	58	59—	3713	58	43—	3731	80	34—	3758	40	56≡	3785	76	34—	3814	70	37—
3683	52	78—	3714	52	63—	3733	62	50—	3758	54	63—	3786	42	62≡	3815	46	74—
3683	60	54—	3715	46	74—	3734	48	60=	3758	72	34—	3786	44	74—	3815	50	60=
3683	66	35=	3715	66	41—	3734	50	43=	3758	76	34—	3786	52	48=	3815	66	35=
3683	68	41—	3716	60	58—	3734	52	47=	3761	46	61=	3786	98	12	3815	70	41—
3683	78	34—	3716	62	53—	3734	70	41—	3761	66	53—	3787	54	43=	3816	36	62≡
3683	84	31	3716	74	34—	3735	48	77=	3761	68	45—	3787	81	20	3816	44	64=
3684	56	76—	3717	50	55=	3735	60	76—	3761	78	34—	3788	36	57≡	3817	48	51=
3684	75	32	3717	66	45—	3736	44	62≡	3762	52	78—	3788	82	16	3818	50	55=
3685	36	62≡	3718	46	72—	3736	46	77=	3763	40	64=	3789	42	64=	3818	82	17
3685	38	52≡	3718	52	67—	3736	58	50—	3763	56	67—	3789	76	25	3819	52	69—
3686	42	57≡	3719	58	54—	3738	48	72—	3763	64	37=	3790	58	37=	3819	56	76—
3687	48	72—	3719	79	19	3738	56	59—	3763	66	45—	3791	54	47=	3823	46	61≡
3688	40	57≡	3720	54	63—	3739	40	65=	3765	62	54—	3792	42	79=	3824	58	42=
3688	50	69—	3720	62	54—	3739	54	42=	3766	52	47=	3793	44	61—	3824	60	50—
3689	56	43=	3721	50	39≡	3740	62	37=	3766	60	59—	3793	50	69—	3825	68	35=
3689	80	17	3721	52	60=	3741	60	59—	3766	64	54—	3793	60	50—	3825	70	41—
3690	48	39≡	3721	58	59—	3742	42	77=	3767	67	27	3794	48	61=	3825	88	18
3690	52	55≡	3721	60	50—	3742	52	39≡	3767	92	14	3795	52	55=	3826	42	57≡
3690	62	54—	3722	38	65≡	3742	64	53—	3768	40	70=	3795	60	76—	3827	50	72—
3691	66	27	3722	44	77=	3742	74	37—	3768	50	78—	3795	66	46—	3827	62	50—
3692	48	51=	3722	75	25	3744	36	52=	3768	94	11	3795	68	45—	3827	66	53—
3693	66	41—	3723	42	56≡	3744	46	51	3770	54	67—	3795	78	34—	3828	46	77≡
3694	40	62≡	3723	48	69—	3744	50	60	3770	74	36—	3796	62	58—	3828	54	63—
3694	56	43=	3723	60	42=	3744	75	22	3771	38	52=	3797	36	68≡	3828	76	36—
3694	60	42=	3723	80	20	3745	48	72—	3771	60	58—	3797	75	24	3831	48	44≡
3694	70	36—	3724	30	66=	3746	60	50—	3772	40	79=	3798	44	64=	3831	52	35—
3695	66	53—	3724	44	74—	3747	40	57=	3772	68	41—	3799	64	35=	3831	60	37—
3696	50	55≡	3724	56	42=	3747	42	65=	3773	44	68=	3801	34	66≡	3831	74	37—
3696	58	42=	3724	60	54—	3747	54	78—	3773	58	42=	3801	48	72—	3832	56	63—
3696	67	26	3725	62	42=	3748	46	60=	3775	46	49≡	3801	62	54—	3832	58	59—
3696	72	37—	3725	64	46—	3748	50	69—	3775	62	35=	3801	66	41—	3832	72	36—
3696	74	36—	3725	100	10	3750	42	68=	3776	48	51=	3801	70	45—	3834	40	57≡
3697	42	61=	3726	74	36—	3751	46	74—	3776	58	76—	3802	60	54—	3834	54	48=
3698	58	76—	3726	82	21	3751	52	78—	3776	76	36—	3803	86	31	3835	38	52—
3699	52	78—	3726	90	13	3751	76	32	3777	32	66≡	3805	48	56=	3835	46	74—
3701	58	50—	3727	40	62≡	3751	88	15	3777	44	51=	3805	74	34—	3835	48	39≡
3702	56	67—	3727	44	49≡	3752	38	57≡	3778	34	68=	3806	46	51=	3835	54	47—
3703	50	78—	3727	46	56=	3752	48	49≡	3778	46	72—	3806	64	53—	3835	66	45—
3703	86	18	3727	54	47=	3752	54	39≡	3778	52	43=	3806	78	36—	3836	58	35—
3704	60	58—	3727	68	45—	3752	56	76—	3779	44	49≡	3807	50	55=	3836	68	45—

— bedeutet Träger mit einer Gurtplatte, = mit zwei, ≡ mit drei Gurtplatten.

Widerstandsmoment cm³	Stehblechhöhe cm	Seite des Buches	Widerstandsmoment cm³	Stehblechhöhe cm	Seite des Buches	Widerstandsmoment cm³	Stehblechhöhe cm	Seite des Buches	Widerstandsmoment cm³	Stehblechhöhe cm	Seite des Buches	Widerstandsmoment cm³	Stehblechhöhe cm	Seite des Buches	Widerstandsmoment cm³	Stehblechhöhe cm	Seite des Buches
3836	102	10	3864	62	37=	3890	62	76-	3920	56	39≡	3944	50	60≡	3969	50	51≡
3837	38	65=	3865	46	56≡	3891	64	37≡	3920	64	54-	3944	68	46-	3969	70	35≡
3837	40	65≡	3865	48	74-	3891	80	34-	3920	74	37-	3944	72	45-	3970	42	79≡
3837	58	47=	3865	54	55≡	3892	34	68≡	3921	48	56≡	3946	48	60≡	3970	48	49≡
3837	63	28	3865	60	76-	3892	48	51-	3921	56	78-	3947	42	49≡	3970	74	36-
3837	68	41-	3867	50	61≡	3893	42	79≡	3922	60	59-	3947	50	72-	3971	80	34-
3838	46	56=	3867	76	24	3893	44	57≡	3922	69	27	3947	66	35≡	3973	54	55-
3839	62	54-	3868	40	79-	3893	66	53-	3923	38	62≡	3948	40	65≡	3973	62	42≡
3839	78	34-	3868	50	69-	3894	74	34-	3923	50	69-	3948	42	62≡	3973	64	58-
3840	48	60-	3869	64	53-	3897	48	49≡	3923	52	69-	3948	56	67-	3976	46	44≡
3840	50	44≡	3870	44	68≡	3897	56	47=	3923	70	26	3948	78	22	3977	42	52≡
3840	56	43=	3871	70	45-	3898	52	39≡	3924	74	41-	3948	84	17	3977	62	59-
3842	42	68=	3871	72	41-	3898	54	63-	3925	34	66≡	3948	90	18	3978	68	53-
3842	44	77≡	3872	40	62≡	3899	62	35=	3925	76	23	3949	68	41-	3979	40	57≡
3842	68	53-	3872	50	39≡	3899	70	41-	3925	78	25	3951	40	73≡	3980	60	50-
3843	40	65=	3872	90	15	3900	42	70≡	3925	88	31	3951	60	37≡	3980	76	36-
3843	42	77=	3873	44	49≡	3900	54	60≡	3926	48	72-	3952	38	65≡	3980	84	20
3843	46	49≡	3873	58	67-	3900	56	63-	3926	50	60≡	3952	58	42≡	3980	86	21
3843	54	35≡	3873	60	43≡	3900	100	12	3926	80	34-	3952	62	76-	3982	46	49≡
3843	64	54-	3874	64	54-	3902	60	50-	3927	48	77≡	3952	66	53-	3982	64	76-
3843	92	13	3874	66	46-	3902	62	59-	3927	64	35≡	3953	58	47-	3983	70	41-
3844	50	60=	3874	72	41-	3904	42	57≡	3928	46	49≡	3954	52	78-	3983	78	34-
3844	60	59-	3876	50	56≡	3904	76	36-	3928	62	59-	3954	54	43≡	3984	46	51≡
3844	74	36-	3876	62	58-	3906	70	45-	3929	52	60≡	3954	66	46-	3985	38	52≡
3845	56	35≡	3876	76	37-	3908	44	61=	3929	56	55≡	3954	79	32	3985	58	76-
3845	64	58-	3877	52	55≡	3908	58	59-	3930	54	78-	3955	64	58-	3985	68	45-
3845	68	27	3877	54	78-	3908	62	50-	3931	68	45-	3955	72	37-	3986	56	43≡
3846	46	64=	3878	64	42≡	3908	66	45-	3932	36	66≡	3956	62	50-	3986	84	34-
3846	58	76-	3879	66	53-	3909	38	52≡	3932	44	56≡	3957	40	79≡	3987	52	35≡
3847	69	26	3880	32	66≡	3909	56	42≡	3932	62	58-	3957	60	59-	3988	48	72-
3849	50	51=	3880	40	57≡	3909	64	58-	3933	42	52≡	3957	68	53-	3988	50	61-
3849	52	47=	3880	46	74-	3909	78	36-	3934	46	61≡	3957	72	41-	3988	56	78-
3849	62	42=	3880	60	54-	3910	48	61≡	3934	60	42-	3958	40	65≡	3988	60	42≡
3849	76	34-	3880	77	22	3910	54	47=	3935	44	44≡	3958	48	64≡	3988	62	50-
3850	42	56≡	3881	46	61-	3910	68	45-	3935	66	58-	3958	56	43=	3988	64	50-
3850	50	48=	3881	52	69-	3911	52	48=	3937	58	67-	3958	64	54-	3989	50	69-
3850	54	63-	3881	56	67-	3912	40	52≡	3937	60	76-	3959	66	53-	3989	58	67-
3851	82	20	3882	50	51	3912	44	49≡	3938	46	64≡	3960	40	70-	3989	62	37≡
3852	58	43≡	3882	62	50-	3912	66	37=	3938	77	24	3960	48	61-	3989	70	53-
3852	84	21	3884	64	58-	3913	42	62≡	3938	80	36-	3962	62	54-	3990	48	74-
3853	40	79=	3884	78	36-	3913	62	54-	3939	40	70≡	3962	68	35≡	3991	42	64≡
3854	75	23	3884	96	11	3914	52	43=	3939	52	56≡	3962	78	36-	3992	52	55-
3855	60	42=	3885	60	59-	3914	82	19	3939	56	63-	3963	52	47≡	3992	58	43≡
3857	42	65=	3885	94	14	3915	54	39≡	3940	54	55≡	3963	94	13	3993	92	15
3857	77	25	3886	36	52≡	3915	84	16	3940	64	53-	3964	54	48≡	3994	79	25
3858	40	52≡	3886	52	78-	3916	58	76-	3940	82	34-	3964	56	47≡	3995	42	79≡
3858	50	69-	3886	78	32	3916	70	41-	3941	46	62≡	3965	40	79-	3995	44	52≡
3858	82	34-	3887	50	72-	3917	36	68≡	3941	50	72-	3965	48	74-	3995	78	36-
3860	48	72-	3889	34	66≡	3917	50	55=	3941	54	78-	3966	42	65-	3996	50	56≡
3860	54	78-	3889	52	60=	3917	78	34-	3941	70	45-	3966	44	65≡	3997	64	54-
3860	76	36-	3889	58	42=	3918	38	68≡	3942	48	51≡	3967	56	63-	3997	77	23
3862	68	46-	3889	74	36-	3918	64	76-	3943	54	47≡	3967	76	37-	3998	60	35≡
3863	48	72-	3889	78	34-	3918	66	54-	3943	76	36-	3968	54	63-	3998	66	54≡
3864	40	70≡	3890	38	57≡	3920	46	77≡	3944	42	77≡	3968	64	50-	3999	71	26
3864	46	51≡	3890	42	64=	3920	50	77≡	3944	46	74-	3968	72	41-	4000	58	67

— bedeutet Träger mit einer Gurtplatte, = mit zwei, ≡ mit drei Gurtplatten.

von 4000 bis 4142.

Widerstandsmoment cm^3	Stehblech-Höhe cm	Seite des Buches	Widerstandsmoment cm^3	Stehblech-Höhe cm	Seite des Buches	Widerstandsmoment cm^3	Stehblech-Höhe cm	Seite des Buches	Widerstandsmoment cm^3	Stehblech-Höhe cm	Seite des Buches	Widerstandsmoment cm^3	Stehblech-Höhe cm	Seite des Buches	Widerstandsmoment cm^3	Stehblech-Höhe cm	Seite des Buches
4000	60	59—	4017	40	62≡	4043	62	54—	4067	50	72—	4089	56	39=	4116	54	60=
4000	62	58—	4017	60	43=	4043	80	36—	4067	66	58—	4089	62	59—	4116	66	54—
4000	70	27	4017	79	22	4044	38	68≡	4068	52	69—	4090	50	51=	4117	50	56=
4001	44	62≡	4018	80	36—	4044	64	50—	4069	58	47—	4090	58	39≡	4117	94	15
4001	46	61—	4019	44	49≡	4044	66	37—	4069	62	50—	4091	50	49=	4118	78	36—
4001	54	78—	4020	50	77=	4044	72	41—	4069	78	23	4091	64	59—	4118	80	34—
4001	66	58—	4020	64	37—	4044	86	16	4070	40	52—	4091	81	32	4119	48	77=
4001	98	11	4021	50	44≡	4045	60	67—	4070	42	65—	4092	68	58—	4119	56	55=
4002	42	70=	4022	80	32	4045	84	19	4070	82	36—	4093	56	43=	4119	100	11
4002	60	47=	4022	80	34—	4046	46	77=	4070	84	34—	4094	54	48=	4120	50	77=
4002	65	28	4022	82	34—	4046	64	76—	4071	42	70—	4094	70	46—	4120	54	69—
4003	40	52≡	4023	48	77=	4046	68	53—	4071	50	72—	4095	54	43=	4120	60	42=
4003	52	55=	4023	50	39≡	4048	40	73—	4071	54	78—	4095	64	58—	4121	44	57≡
4003	96	14	4023	60	43=	4048	90	31	4071	64	50—	4096	42	79=	4121	46	49≡
4004	46	56=	4024	34	66≡	4049	34	66—	4072	66	76—	4097	58	78—	4121	56	47=
4004	52	60=	4024	52	44≡	4050	38	66≡	4072	68	54—	4097	66	53—	4121	58	63—
4005	48	44=	4024	62	76—	4050	66	50—	4072	92	18	4097	74	37—	4121	64	50—
4006	50	72—	4025	48	61=	4051	62	59—	4073	52	51—	4098	62	42=	4122	46	64=
4006	52	69—	4025	64	58—	4051	80	34—	4074	64	54—	4098	68	35—	4122	60	47=
4006	54	35=	4025	66	53—	4052	48	74—	4075	54	60=	4098	70	41—	4123	54	56=
4006	54	78—	4026	68	46—	4052	72	45—	4076	42	65=	4098	80	36—	4123	56	78—
4006	64	42=	4027	50	55=	4054	44	77—	4076	54	69—	4099	48	74—	4123	98	14
4007	32	66≡	4027	52	72—	4054	48	64=	4076	72	26	4099	62	76—	4124	40	57=
4007	44	79=	4027	76	36—	4055	52	39≡	4076	78	34—	4100	42	62≡	4124	64	54—
4007	48	51=	4028	38	57=	4055	60	42=	4077	50	74—	4101	54	51—	4125	62	59—
4007	50	72—	4029	54	47=	4055	64	35=	4077	54	39≡	4101	56	63—	4126	52	69—
4007	70	41—	4030	46	64=	4056	42	57—	4077	66	54—	4101	74	41—	4128	58	67—
4008	54	60=	4030	50	61=	4056	56	78—	4078	60	59—	4102	46	57≡	4129	66	50—
4008	56	48=	4030	66	54—	4057	40	70=	4078	71	27	4103	42	70=	4129	70	53—
4008	74	37—	4031	62	50—	4058	52	61=	4079	40	65=	4103	58	55=	4130	40	75=
4009	46	74—	4031	68	53—	4058	58	67—	4079	42	79=	4104	82	34—	4130	48	49=
4009	56	47=	4031	76	34—	4058	76	37—	4079	86	17	4105	42	57≡	4130	52	49=
4009	58	43=	4032	48	74—	4058	82	34—	4080	46	49≡	4105	78	37—	4130	72	41—
4009	60	76—	4032	66	42=	4059	52	69—	4080	56	60=	4106	52	55=	4131	58	43=
4009	62	59—	4033	52	60=	4059	54	55=	4080	58	42=	4106	52	77=	4131	72	45—
4009	78	24	4033	66	46—	4059	70	53—	4080	78	36—	4106	68	53—	4131	80	36—
4010	44	64=	4034	56	63—	4060	68	45—	4080	79	24	4107	68	46—	4131	104	12
4010	58	47=	4034	62	43=	4060	70	45—	4081	44	65=	4108	50	61=	4132	44	70=
4010	70	46—	4036	50	60=	4061	38	62=	4081	58	63—	4108	70	53—	4132	56	43=
4011	58	35≡	4036	52	48=	4061	72	41—	4081	60	76—	4109	70	35=	4133	66	58—
4011	70	45—	4037	36	68≡	4062	40	79=	4081	70	45—	4109	88	21	4134	44	62≡
4011	78	37—	4037	48	56=	4062	68	37—	4082	54	55=	4110	64	76—	4134	64	42=
4012	46	64=	4037	64	42=	4062	106	10	4083	56	67—	4111	60	67—	4135	38	52≡
4012	50	51=	4037	64	58—	4063	36	66=	4083	96	13	4111	76	36—	4136	48	77=
4012	54	69—	4039	44	57≡	4063	80	25	4084	46	68=	4111	86	20	4136	50	72—
4012	74	41—	4039	52	51=	4064	44	68=	4084	56	63—	4112	56	78—	4137	52	60=
4013	36	66≡	4039	54	63—	4064	50	64=	4085	42	52≡	4112	74	41—	4137	70	45—
4013	40	57≡	4039	56	78—	4064	52	56=	4085	48	61=	4113	44	79=	4138	58	47=
4014	56	35≡	4040	42	62≡	4064	58	67—	4086	66	28	4113	62	37—	4138	66	76—
4014	62	76—	4040	78	36—	4064	64	59—	4086	80	22	4114	68	53—	4139	72	53—
4015	56	67—	4041	64	54—	4064	76	41—	4087	56	47=	4114	72	35=	4141	48	61=
4015	102	12	4042	48	49≡	4065	44	56=	4088	72	45—	4115	48	74—	4141	54	78—
4016	62	42=	4042	56	55=	4065	48	56≡	4088	74	45—	4115	66	58—	4141	64	59—
4016	72	45—	4042	66	58—	4067	38	65≡	4089	48	68=	4115	86	34—	4141	79	23
4016	74	41—	4043	40	70=	4067	48	51—	4089	52	72—	4116	44	64=	4142	42	52=

— bedeutet Träger mit einer Gurtplatte, = mit zwei, ≡ mit drei Gurtplatten.

Widerstandsmomente cm³

von 4142 bis 4291.

Widerstands-moment cm³	Stehblech-Höhe cm	Seite des Buches	Widerstands-moment cm³	Stehblech-Höhe cm	Seite des Buches	Widerstands-moment cm³	Stehblech-Höhe cm	Seite des Buches	Widerstands-moment cm³	Stehblech-Höhe cm	Seite des Buches	Widerstands-moment cm³	Stehblech-Höhe cm	Seite des Buches	Widerstands-moment cm³	Stehblech-Höhe cm	Seite des Buches
4142	46	56=	4166	40	79=	4189	52	56=	4210	52	77=	4236	73	27	4262	64	42=
4142	50	51=	4166	44	49=	4189	62	43=	4210	54	44≡	4236	74	45—	4262	64	76—
4142	50	74—	4166	60	67—	4189	68	46—	4210	72	45—	4237	50	56=	4262	70	46—
4143	46	44=	4166	64	58—	4190	54	55=	4211	56	47=	4237	58	78—	4264	60	63—
4143	56	48=	4166	78	36—	4190	56	78—	4211	68	50—	4238	42	52≡	4265	50	64=
4144	40	73=	4167	48	74—	4190	74	41—	4211	72	53—	4238	44	70=	4265	58	39=
4145	52	72—	4167	58	78—	4191	54	69—	4212	46	52=	4238	60	67—	4266	56	55=
4146	50	60=	4168	50	49=	4191	84	34—	4212	52	39≡	4238	64	50—	4266	58	47=
4148	40	70=	4168	54	35—	4192	60	63—	4212	66	35—	4238	84	34—	4267	44	62=
4148	48	62=	4169	62	47—	4193	44	79=	4213	52	72—	4239	102	11	4267	50	56=
4148	54	47=	4169	67	28	4193	48	51=	4213	88	17	4240	54	39≡	4267	54	51=
4148	64	37=	4170	44	62=	4193	56	60=	4214	52	72—	4240	90	21	4267	58	67—
4148	80	37—	4170	62	59—	4194	36	66≡	4214	70	37=	4241	40	73=	4268	46	77=
4149	40	52=	4170	78	34—	4194	52	69—	4214	80	23	4241	76	37—	4269	52	64=
4149	66	59—	4171	38	68=	4194	54	60=	4214	80	34—	4241	96	15	4269	70	53—
4150	48	64=	4172	92	31	4195	42	73=	4218	46	62=	4242	60	47=	4269	82	36—
4150	66	50—	4173	62	76—	4195	48	68=	4218	64	59—	4243	88	20	4270	40	57=
4150	76	37—	4174	64	76—	4196	42	65=	4219	44	79=	4244	42	57=	4270	66	76—
4151	58	63—	4174	88	16	4196	44	65=	4219	58	78—	4244	60	67—	4271	54	69—
4152	52	72—	4176	66	37=	4197	42	79=	4219	80	36—	4244	80	37—	4271	58	43=
4152	80	24	4177	86	19	4197	44	56≡	4220	50	77=	4244	100	14	4272	50	74—
4152	82	36—	4177	108	10	4197	58	63—	4220	58	63—	4246	72	46—	4272	58	63—
4153	60	76—	4178	54	55=	4197	64	43=	4220	62	67—	4246	88	34—	4273	50	51=
4153	62	42=	4178	60	67—	4197	66	42=	4221	52	55=	4247	48	64=	4274	38	66=
4153	68	54—	4178	64	42=	4197	94	18	4222	44	64=	4247	76	41—	4274	56	69—
4153	73	26	4178	70	46—	4198	58	67—	4222	62	42=	4248	62	76—	4275	60	78—
4154	56	55=	4178	80	36—	4198	64	50—	4223	54	48=	4249	70	58—	4275	68	54—
4154	84	34—	4178	82	36—	4198	68	37=	4224	46	79=	4249	72	41—	4276	64	37=
4155	36	66≡	4179	48	44≡	4199	66	58—	4224	54	60—	4249	106	12	4276	68	58—
4155	44	52≡	4179	60	35=	4199	70	53—	4225	82	22	4250	54	61=	4277	52	72—
4155	72	41—	4179	60	43=	4199	74	45—	4227	52	61=	4250	62	59—	4278	56	43=
4155	76	41—	4181	42	70=	4199	78	37—	4227	68	76—	4251	48	77=	4278	56	48=
4156	36	68≡	4181	50	74—	4200	40	65=	4227	70	54—	4251	50	74—	4279	60	55=
4156	66	54—	4181	68	53—	4201	44	52=	4228	40	52=	4252	40	52=	4279	74	41—
4156	82	34—	4182	56	35≡	4201	50	72—	4228	48	64=	4252	60	42=	4280	44	57=
4157	46	77=	4182	60	47=	4201	86	34—	4228	50	61=	4252	78	36—	4280	52	72—
4157	56	63—	4183	52	61=	4202	50	44=	4228	66	59—	4253	42	62=	4281	46	56=
4157	72	27	4183	62	43=	4202	66	54—	4228	68	58—	4253	54	56=	4281	74	45—
4158	34	66≡	4184	56	78—	4202	68	58—	4229	54	72—	4253	68	28	4283	72	53—
4159	76	41—	4184	58	48=	4202	82	25	4230	56	63—	4254	46	57=	4286	82	37—
4160	44	77=	4185	44	57≡	4204	42	70=	4230	83	32	4255	82	34—	4287	46	68=
4160	58	43=	4185	58	47=	4204	66	76—	4231	54	51=	4256	66	59—	4287	52	49=
4160	68	58—	4185	64	76—	4205	84	36—	4231	74	26	4256	68	53—	4287	66	54—
4160	72	46—	4185	70	53—	4205	98	13	4232	72	45—	4257	56	39=	4287	86	34—
4160	82	32	4186	42	65=	4206	54	69—	4233	46	49≡	4257	56	78—	4288	62	67—
4161	50	61=	4186	46	68=	4206	56	69—	4233	46	64=	4258	64	59—	4288	66	50—
4161	52	48=	4186	48	49≡	4206	78	41—	4233	52	60=	4258	72	35=	4289	48	49=
4161	60	43=	4186	58	35=	4207	50	74—	4234	40	75—	4258	76	41—	4289	62	42=
4161	62	35≡	4186	82	34—	4207	64	54—	4234	48	74—	4258	80	36—	4289	72	45—
4162	40	68≡	4187	66	58—	4208	74	41—	4234	68	35—	4260	66	58—	4289	74	53—
4162	74	45—	4187	68	42=	4209	42	57≡	4234	76	45—	4261	54	69—	4289	84	36—
4163	40	62=	4187	68	54—	4209	52	51=	4234	82	36—	4261	60	39=	4290	52	51=
4164	50	64=	4188	46	65=	4209	66	50—	4235	66	54—	4261	72	53—	4290	56	51=
4164	66	42=	4189	38	66≡	4210	48	61=	4235	68	54—	4261	74	35—	4290	58	63—
4165	52	51=	4189	42	79=	4210	50	51=	4236	66	50—	4262	56	60—	4291	42	70=

— bedeutet Träger mit einer Gurtplatte, = mit zwei, ≡ mit drei Gurtplatten.

von **4291** bis **4438**.

Widerstands-moment cm³	Stehblech-Höhe cm	Seite des Buches	Widerstands-moment cm³	Stehblech-Höhe cm	Seite des Buches	Widerstands-moment cm³	Stehblech-Höhe cm	Seite des Buches	Widerstands-moment cm³	Stehblech-Höhe cm	Seite des Buches	Widerstands-moment cm³	Stehblech-Höhe cm	Seite des Buches	Widerstands-moment cm³	Stehblech-Höhe cm	Seite des Buches
4291	50	61=	4312	48	57≡	4338	69	28	4361	82	23	4387	42	75=	4415	74	53—
4291	52	74—	4312	68	59—	4338	76	41—	4362	60	47=	4387	66	59—	4416	52	72—
4292	78	37—	4313	54	60=	4339	40	75=	4362	74	45—	4388	76	26	4416	64	76—
4292	84	34—	4314	44	52=	4339	64	76—	4363	52	61=	4389	70	58	4416	54	55—
4293	34	66=	4314	52	77—	4339	70	53—	4363	68	76—	4390	42	52=	4417	56	60=
4293	48	62=	4314	60	47=	4340	46	57=	4363	70	58—	4390	64	42=	4417	62	47=
4293	62	47—	4315	68	50—	4340	72	53—	4363	74	53—	4390	70	35=	4418	50	56≡
4293	68	50—	4315	84	36—	4340	86	36—	4364	68	54—	4391	50	74—	4418	62	67—
4294	54	77—	4316	74	27	4341	56	69—	4364	68	58—	4392	50	49≡	4419	46	79=
4294	58	78—	4316	82	36—	4341	64	59—	4365	50	64=	4392	56	69—	4419	52	77=
4294	110	10	4317	68	54—	4342	66	42=	4366	46	70=	4393	78	41—	4419	60	78—
4295	40	68=	4319	56	69—	4342	66	59—	4366	52	49≡	4393	84	34—	4419	72	46—
4295	64	59—	4319	64	42=	4342	84	25	4366	56	55=	4394	58	47=	4420	46	56≡
4295	68	76—	4319	70	58—	4343	48	64=	4366	84	22	4394	68	59—	4421	50	61=
4296	42	73=	4320	40	65—	4344	44	70=	4367	48	77=	4395	46	62≡	4422	54	72—
4296	66	42=	4320	50	77—	4344	46	64=	4367	66	50—	4395	64	67—	4422	68	59—
4296	68	58—	4321	50	74—	4344	52	51=	4367	72	37=	4395	70	54—	4422	88	34—
4297	36	66=	4321	64	50—	4344	62	67—	4367	98	15	4395	80	36—	4423	44	79=
4297	38	68=	4322	54	49=	4344	70	42=	4367	102	14	4396	75	27	4423	54	72—
4297	54	55=	4322	62	76—	4345	70	54—	4368	108	12	4397	56	44≡	4423	58	63—
4297	82	24	4322	66	50—	4346	70	46—	4369	72	45—	4398	42	73=	4424	38	66≡
4298	50	68=	4322	84	34—	4347	60	78—	4370	58	78—	4398	68	54—	4424	62	67—
4298	94	31	4323	42	65=	4347	62	35=	4370	68	35=	4398	82	36—	4424	64	59—
4299	42	79=	4323	68	42=	4347	66	76—	4371	85	32	4399	60	55=	4425	56	51=
4300	58	55=	4324	58	48=	4347	90	17	4372	92	21	4399	74	46—	4425	96	31
4300	78	41—	4324	96	18	4348	52	60=	4373	52	64=	4400	42	70=	4426	44	65=
4300	84	32	4325	36	66=	4348	58	63—	4373	66	54—	4400	52	74—	4426	52	74—
4301	48	68=	4325	44	79—	4348	76	45—	4373	70	50—	4401	52	44=	4426	54	61=
4301	58	47=	4325	64	35=	4349	50	61=	4373	84	36—	4401	54	69—	4426	56	39≡
4303	40	66=	4326	86	34—	4349	80	41—	4373	86	34—	4401	60	78—	4426	62	42=
4303	78	41—	4327	38	66=	4351	54	72—	4374	44	52=	4401	74	41—	4426	68	58—
4304	44	65=	4328	100	13	4351	56	35=	4374	68	50—	4402	54	39≡	4426	86	36—
4305	42	70=	4330	44	62=	4351	62	43=	4375	62	63—	4402	72	35=	4427	46	52≡
4305	56	60=	4330	56	78—	4351	64	43=	4376	58	78—	4403	50	51≡	4427	66	76—
4305	90	16	4331	44	57=	4351	68	58—	4376	90	20	4403	58	69—	4427	72	53—
4306	58	78—	4331	48	49≡	4353	48	44—	4378	46	77=	4403	68	50—	4428	40	68≡
4306	60	63—	4331	54	69—	4353	54	48=	4378	56	55=	4405	42	62≡	4428	46	65=
4307	42	52=	4332	54	60=	4353	82	34—	4379	46	52=	4405	54	44≡	4428	58	55—
4307	66	59—	4332	62	43=	4354	70	37—	4379	58	60=	4405	78	41—	4428	66	59—
4307	80	36—	4332	72	46—	4355	48	56≡	4379	90	34—	4406	48	68=	4429	76	41—
4308	40	62≡	4333	50	49≡	4355	62	47—	4380	54	61=	4407	46	57≡	4429	86	34—
4308	44	79≡	4333	66	58—	4355	72	53—	4381	78	45—	4407	54	51=	4431	44	79=
4308	46	65=	4334	56	47=	4356	62	67—	4382	60	67—	4408	42	68≡	4431	48	52≡
4308	52	61=	4334	68	37=	4357	46	62=	4383	50	44=	4408	56	69—	4431	68	76—
4309	66	37=	4334	88	34—	4357	50	62=	4383	54	56=	4408	60	63—	4432	54	60≡
4309	75	26	4335	46	79=	4357	64	43—	4383	72	54—	4408	66	50—	4432	76	45—
4310	56	56=	4335	48	61=	4357	68	42—	4384	60	63—	4408	72	58—	4433	52	61=
4310	60	67—	4335	60	43=	4358	54	72—	4384	70	76—	4408	76	35=	4433	56	72—
4310	74	45—	4336	58	55=	4359	52	74—	4384	74	45—	4408	84	36—	4434	62	39≡
4310	76	45—	4336	60	63—	4359	60	35≡	4385	40	52≡	4409	50	68=	4436	70	54—
4310	80	34—	4336	66	76—	4359	82	36—	4385	82	37—	4409	74	35=	4436	80	37—
4311	44	70=	4337	40	73=	4360	58	35=	4386	46	49≡	4411	48	65=	4437	44	65≡
4311	58	43=	4337	50	74—	4360	104	11	4386	56	60=	4412	56	48=	4437	48	62≡
4311	70	54—	4337	64	47—	4361	42	57=	4386	76	45—	4412	112	10	4437	74	53—
4311	88	19	4338	50	77—	4361	54	51=	4386	78	37—	4415	52	51=	4438	92	16

— bedeutet Träger mit einer Gurtplatte, = mit zwei, ≡ mit drei Gurtplatten.

Widerstandsmomente cm³

von 4439 bis 4593.

Widerstands-moment cm³	Steh-blech-Höhe cm	Seite des Buches	Widerstands-moment cm³	Steh-blech-Höhe cm	Seite des Buches	Widerstands-moment cm³	Steh-blech-Höhe cm	Seite des Buches	Widerstands-moment cm³	Steh-blech-Höhe cm	Seite des Buches	Widerstands-moment cm³	Steh-blech-Höhe cm	Seite des Buches	Widerstands-moment cm³	Steh-blech-Höhe cm	Seite des Buches
4439	52	56≡	4462	56	51≡	4491	60	78—	4512	86	36—	4540	74	54—	4564	50	44≡
4439	58	39≡	4462	58	43≡	4491	62	47≡	4512	92	34—	4541	44	70≡	4565	88	36—
4440	36	66=	4462	60	63—	4491	66	35≡	4513	42	57≡	4541	46	65≡	4566	50	64≡
4440	44	57≡	4462	76	45—	4491	68	50—	4513	54	56≡	4541	52	77≡	4566	60	60≡
4440	70	58—	4463	58	48≡	4491	104	14	4513	66	59—	4541	62	48≡	4567	52	62≡
4441	44	73≡	4465	38	66=	4492	54	72—	4513	87	32	4541	70	50—	4567	54	49≡
4441	66	37≡	4465	50	64=	4492	60	43≡	4515	56	49≡	4541	80	41—	4567	56	72—
4441	76	53—	4465	56	69—	4493	62	67—	4515	76	45—	4541	84	36—	4567	62	67—
4442	60	39≡	4465	64	47≡	4493	64	76—	4517	70	58—	4542	58	69—	4567	86	37—
4442	86	32	4466	64	67—	4493	84	34—	4517	76	53—	4542	72	76—	4567	88	34—
4443	40	75≡	4466	66	59—	4494	52	74—	4518	64	35≡	4543	50	49≡	4568	58	35≡
4443	48	79≡	4467	77	26	4494	66	50—	4519	50	68≡	4545	46	52≡	4569	50	56≡
4444	52	49≡	4469	72	54—	4494	70	37≡	4519	60	55≡	4546	52	74—	4569	74	58—
4444	56	61≡	4469	90	34—	4494	82	41—	4519	70	42≡	4546	78	26	4570	44	65≡
4444	74	45—	4471	48	57≡	4494	100	15	4520	58	69—	4547	42	68≡	4570	76	53—
4444	84	24	4471	52	56≡	4495	58	60≡	4520	66	43≡	4547	44	52≡	4571	70	50—
4445	58	78—	4471	68	37=	4496	46	62≡	4521	58	78—	4547	56	48≡	4572	94	16
4445	80	41—	4473	42	52≡	4496	74	53—	4521	74	37≡	4547	72	35≡	4573	62	63—
4446	46	79≡	4473	52	74—	4497	42	75≡	4522	58	47≡	4548	40	75≡	4573	66	67—
4446	50	64≡	4473	58	69—	4497	58	56≡	4523	52	77≡	4548	46	65≡	4574	38	66≡
4446	60	47≡	4474	44	52≡	4498	72	53—	4524	50	57≡	4548	54	51≡	4574	48	64≡
4447	90	19	4475	54	64≡	4499	42	73≡	4524	62	63—	4548	86	36—	4577	42	65≡
4448	40	66≡	4475	56	69—	4499	48	56≡	4524	64	43≡	4551	54	60≡	4577	74	46—
4448	48	49≡	4475	68	59—	4499	50	49≡	4524	70	76—	4552	50	61≡	4578	50	77≡
4449	62	63—	4476	70	59—	4499	68	76—	4525	72	58—	4552	72	58—	4578	54	74—
4449	80	41—	4476	76	27	4499	78	45—	4525	74	45—	4553	46	70≡	4578	72	53—
4449	82	36—	4477	46	70≡	4500	56	72—	4527	66	43≡	4553	80	41—	4578	74	53—
4450	42	65≡	4477	52	64≡	4500	84	36—	4527	68	43≡	4554	76	41—	4579	56	61≡
4450	44	70≡	4477	88	36—	4501	68	58—	4527	70	54—	4554	98	31	4579	58	60≡
4450	60	43≡	4478	44	57≡	4503	72	42≡	4527	84	37—	4556	44	70≡	4579	104	13
4451	58	60≡	4479	60	78—	4505	64	43≡	4529	56	60≡	4556	58	55≡	4580	62	55≡
4451	82	34—	4479	70	54—	4505	72	46—	4529	62	78—	4556	72	54—	4580	68	50—
4452	58	55≡	4480	52	51≡	4505	94	21	4529	64	47≡	4557	42	62≡	4580	78	41—
4452	68	54—	4480	60	63—	4506	46	57≡	4529	70	58—	4557	46	79≡	4581	52	64≡
4453	86	36—	4480	70	50—	4506	60	48≡	4530	70	35≡	4557	60	78—	4582	36	66≡
4453	98	18	4480	72	58—	4506	66	76—	4530	80	45—	4557	68	59—	4582	48	62≡
4453	102	13	4481	58	51≡	4506	78	41—	4531	114	10	4557	74	35≡	4582	82	37—
4454	60	67—	4481	62	43≡	4507	50	62≡	4532	80	37—	4557	77	27	4582	100	18
4454	62	78—	4482	48	77≡	4507	66	47≡	4532	86	34—	4558	42	66≡	4583	54	64≡
4454	70	76—	4483	56	77≡	4507	68	42≡	4534	62	35≡	4558	78	35≡	4584	78	45—
4455	46	64≡	4483	60	47≡	4508	54	74—	4535	58	35≡	4559	48	79≡	4584	92	19
4455	76	41—	4483	82	37—	4508	71	28	4536	48	65≡	4559	52	61≡	4585	62	78—
4456	62	55≡	4483	86	25	4508	86	22	4536	64	67—	4559	64	63—	4585	66	76—
4456	68	50—	4483	92	17	4509	56	60≡	4537	72	50—	4559	90	34—	4585	74	53—
4457	70	50—	4483	106	11	4510	42	70≡	4538	40	66≡	4560	46	57≡	4585	88	32
4457	84	36—	4484	54	49≡	4510	52	68≡	4538	44	79≡	4560	56	51≡	4586	58	44≡
4458	50	77≡	4484	70	42≡	4510	54	61≡	4538	56	69—	4560	66	42≡	4587	46	70≡
4459	48	64≡	4487	66	42≡	4510	84	23	4538	68	50—	4560	70	59—	4589	52	44≡
4459	70	58—	4487	78	41—	4510	88	34—	4538	76	45—	4561	40	68≡	4590	70	59—
4459	86	34—	4488	54	72—	4511	68	59—	4538	78	45—	4561	76	35≡	4592	82	41—
4460	64	42≡	4488	74	46—	4511	72	37≡	4539	46	79≡	4562	46	62≡	4592	84	36—
4460	68	42≡	4489	110	12	4511	74	53—	4539	52	49≡	4562	52	74—	4592	86	24
4460	78	45—	4490	44	62≡	4511	92	20	4539	82	36—	4562	54	72—	4593	64	47≡
4461	88	34—	4490	56	55≡	4512	48	68≡	4540	60	35≡	4563	60	78—	4593	68	76—
4462	50	74—	4491	54	51≡	4512	62	43≡	4540	60	63—	4563	70	54—	4593	76	53—

— bedeutet Träger mit einer Gurtplatte, = mit zwei, ≡ mit drei Gurtplatten.

von 4593 bis 4745.

Widerstandsmoment cm³	Stehblechhöhe cm	Seite des Buches	Widerstandsmoment cm³	Stehblechhöhe cm	Seite des Buches	Widerstandsmoment cm³	Stehblechhöhe cm	Seite des Buches	Widerstandsmoment cm³	Stehblechhöhe cm	Seite des Buches	Widerstandsmoment cm³	Stehblechhöhe cm	Seite des Buches	Widerstandsmoment cm³	Stehblechhöhe cm	Seite des Buches
4593	88	36—	4618	60	63—	4643	86	36—	4669	76	53—	4691	64	43=	4718	48	70=
4594	40	66≡	4618	70	54—	4644	48	56≡	4670	64	47=	4691	72	35=	4718	54	74—
4594	70	76—	4619	52	74—	4644	70	59—	4670	78	45—	4691	82	41—	4718	66	67—
4594	72	28	4619	54	77=	4645	66	67—	4670	86	37—	4692	54	64=	4718	74	54—
4594	84	34—	4620	58	51=	4645	76	46—	4671	58	69—	4692	72	54—	4719	50	56≡
4595	56	39≡	4620	62	39≡	4646	48	79≡	4671	70	58—	4694	40	68≡	4720	44	52≡
4595	78	53—	4621	54	51=	4647	54	49≡	4673	46	70=	4694	56	51=	4720	60	35≡
4596	56	77≡	4621	54	74—	4647	72	50—	4673	60	51=	4694	70	43=	4720	62	35≡
4596	58	69—	4621	94	17	4647	94	20	4673	62	63—	4694	78	45—	4721	64	47=
4596	68	42≡	4622	48	62≡	4647	94	34—	4673	70	42=	4695	40	66≡	4721	79	27
4596	82	41—	4622	60	39≡	4648	44	75≡	4673	78	53—	4696	54	74—	4722	64	48=
4598	48	77≡	4623	102	15	4648	54	74—	4673	88	34—	4696	72	58—	4722	94	19
4598	62	63—	4624	52	68=	4648	60	43≡	4674	48	79=	4696	92	34—	4723	54	68=
4598	86	36—	4624	72	50—	4649	44	62≡	4674	58	77=	4698	46	70=	4723	60	69—
4598	88	34—	4625	70	42=	4649	90	34—	4674	60	69—	4698	68	43=	4724	38	66≡
4599	44	57≡	4626	79	26	4650	58	61—	4674	62	43=	4699	50	77≡	4724	52	62≡
4599	66	59—	4626	88	25	4650	80	45—	4674	68	76—	4699	66	43=	4726	56	74—
4599	72	54—	4627	56	61=	4651	50	52≡	4676	54	56≡	4700	76	54—	4727	48	62≡
4599	76	45—	4628	52	56≡	4651	60	48≡	4676	70	76—	4701	74	76—	4727	54	77=
4599	90	34—	4628	62	47=	4651	88	22	4677	64	67—	4702	44	65≡	4727	58	60=
4600	42	73≡	4628	84	37—	4652	116	10	4677	76	37=	4702	56	72—	4727	78	53—
4600	52	49≡	4629	50	68=	4653	44	79≡	4678	62	78—	4703	74	50—	4728	70	59—
4600	56	44≡	4629	74	54—	4653	88	36—	4678	64	67—	4703	82	41—	4728	72	59—
4601	54	44≡	4631	48	57≡	4654	62	63—	4678	68	47=	4704	62	55=	4728	84	37—
4601	64	42≡	4631	62	43=	4654	76	53—	4679	66	43=	4705	66	47=	4729	46	62≡
4601	64	67—	4632	54	72—	4655	48	52≡	4680	46	65≡	4705	74	35=	4729	72	54—
4602	48	70=	4632	56	60=	4655	72	37≡	4680	82	37—	4705	90	36—	4729	90	32
4602	60	69—	4632	62	60=	4656	44	68≡	4680	82	45—	4706	56	72—	4730	76	58—
4603	38	66≡	4633	56	72—	4656	44	70—	4681	64	63—	4706	80	26	4732	68	42=
4603	58	48=	4633	66	42=	4657	68	42≡	4681	70	59—	4706	106	13	4732	110	11
4603	62	78—	4634	52	61=	4657	80	41—	4681	73	28	4707	58	60=	4733	80	41—
4604	72	58—	4634	56	72—	4657	89	32	4682	58	69—	4707	90	34—	4734	48	57≡
4604	92	34—	4634	64	55—	4658	40	71≡	4683	56	49≡	4707	96	16	4734	90	36—
4605	48	52≡	4634	70	37—	4658	50	62≡	4683	72	42=	4708	54	61=	4734	114	12
4607	42	75≡	4635	60	78—	4658	58	51—	4683	76	45—	4708	58	72—	4735	62	63—
4607	64	67—	4635	64	78—	4658	68	35≡	4684	56	64=	4708	80	35=	4736	76	46—
4607	68	37—	4635	86	34—	4659	46	79≡	4684	58	55=	4709	58	49≡	4737	86	36—
4607	108	11	4636	64	63—	4659	64	43—	4684	86	36—	4709	70	54—	4737	92	34—
4608	46	52≡	4637	50	65=	4659	74	53—	4684	100	31	4709	78	46—	4738	52	57≡
4608	56	51—	4637	58	56≡	4661	86	23	4685	84	36—	4709	88	37—	4738	76	53—
4608	64	39≡	4637	80	41—	4662	48	65≡	4686	50	64=	4710	42	66≡	4738	80	45—
4608	78	41≡	4638	42	52≡	4662	70	50—	4686	52	64=	4710	64	35≡	4738	86	34—
4610	80	45—	4638	58	72—	4662	74	42≡	4686	72	76—	4710	70	50—	4739	40	66≡
4611	56	69—	4638	68	59—	4664	50	79≡	4687	42	68≡	4710	72	50—	4739	50	68=
4611	58	60=	4639	60	55—	4664	66	76—	4687	60	56=	4711	52	49≡	4739	52	68=
4611	112	12	4639	66	47=	4664	70	76—	4687	68	59—	4711	60	47=	4739	90	34—
4612	58	69—	4639	78	27	4665	50	49≡	4689	54	51=	4712	46	52≡	4741	72	50—
4613	56	55≡	4640	54	61=	4665	62	78—	4689	74	58—	4712	64	78—	4741	74	53—
4614	58	39≡	4640	84	41—	4666	52	77≡	4690	46	73=	4713	64	63—	4741	84	41—
4614	72	76—	4640	96	21	4666	62	55≡	4690	50	57=	4713	76	35=	4741	88	36—
4615	60	55≡	4641	60	60=	4666	74	46—	4690	62	48≡	4713	102	18	4741	94	34—
4615	90	36—	4642	62	67—	4667	46	79≡	4690	66	35≡	4714	56	56=	4742	58	48=
4616	52	51≡	4642	72	59—	4668	46	65≡	4690	80	45—	4714	78	35—	4742	88	24
4616	78	45—	4643	54	56≡	4668	68	50—	4690	88	36—	4717	42	75≡	4742	108	14
4616	106	14	4643	74	58—	4669	74	37≡	4691	52	74—	4717	74	58—	4745	66	63—

— bedeutet Träger mit einer Gurtplatte, = mit zwei, ≡ mit drei Gurtplatten.   14

von **4745** bis **4897**.

Widerstandsmoment cm³	Stehblech-Höhe cm	Seite des Buches	Widerstandsmoment cm³	Stehblech-Höhe cm	Seite des Buches	Widerstandsmoment cm³	Stehblech-Höhe cm	Seite des Buches	Widerstandsmoment cm³	Stehblech-Höhe cm	Seite des Buches	Widerstandsmoment cm³	Stehblech-Höhe cm	Seite des Buches	Widerstandsmoment cm³	Stehblech-Höhe cm	Seite des Buches
4745	84	41—	4774	60	60=	4800	54	64=	4826	42	75=	4847	64	63—	4870	76	50—
4746	54	49≡	4774	70	37=	4801	46	73=	4826	42	68≡	4847	92	36—	4870	78	35=
4746	54	77≡	4774	118	10	4801	60	69—	4826	68	67—	4848	54	74—	4870	110	14
4746	60	69—	4775	74	76—	4801	64	39≡	4826	80	45—	4848	56	61=	4871	66	43=
4746	62	78—	4776	58	56=	4802	44	68≡	4827	62	78—	4848	74	42=	4871	66	63—
4746	76	53—	4776	68	59—	4802	62	69—	4827	70	35≡	4848	92	34—	4872	56	74—
4747	58	69—	4776	98	21	4803	40	71≡	4827	76	46—	4849	54	61=	4874	38	66≡
4747	60	55≡	4777	52	44=	4803	56	44≡	4828	62	55=	4849	56	56=	4874	52	52≡
4750	80	53—	4777	60	44≡	4803	62	55=	4828	70	42=	4849	74	76—	4875	68	43=
4751	78	53—	4778	58	72—	4803	78	46—	4829	56	51=	4850	50	62≡	4876	50	79=
4752	62	78—	4778	66	42=	4803	80	27	4829	58	61=	4850	64	47=	4876	54	77=
4752	68	67—	4778	88	34—	4803	82	45—	4829	76	37=	4850	70	47=	4876	64	48=
4753	70	50—	4779	46	79≡	4804	42	66≡	4829	78	53—	4850	80	45—	4876	86	37—
4753	104	15	4779	48	52≡	4806	76	58—	4829	84	37—	4851	56	72—	4876	92	32
4754	56	51≡	4779	56	72—	4807	50	64=	4829	88	36—	4852	56	49≡	4877	62	56=
4754	64	67—	4780	48	65≡	4807	60	60=	4830	54	51=	4852	64	55=	4877	94	34—
4754	92	36—	4783	50	57≡	4807	62	39≡	4830	72	76—	4852	74	58—	4878	44	75=
4756	56	60≡	4783	96	34—	4807	68	42=	4830	80	53—	4853	40	66≡	4879	46	52≡
4756	62	60≡	4784	50	79≡	4807	74	54—	4831	50	49≡	4853	72	59—	4879	60	55=
4756	68	76—	4784	52	56≡	4809	44	62≡	4831	60	56=	4853	74	35=	4879	96	34—
4756	78	45—	4784	66	39≡	4809	46	70=	4831	64	67—	4853	90	37—	4880	52	62≡
4757	52	49≡	4785	66	67—	4809	50	62≡	4831	84	45—	4854	52	68=	4880	62	60=
4758	72	76—	4785	96	20	4809	54	49≡	4832	86	36—	4854	64	78—	4880	72	54—
4759	44	57≡	4786	72	54—	4809	74	59—	4833	48	70=	4854	68	43=	4880	92	34—
4759	60	55≡	4787	48	65≡	4810	58	51=	4833	50	52≡	4854	76	58—	4881	74	50—
4759	72	59—	4787	81	26	4810	74	42=	4833	62	60=	4854	84	41—	4882	68	47=
4760	58	51≡	4787	86	41—	4810	82	41—	4833	90	36—	4855	75	28	4882	76	54—
4760	70	76—	4788	46	52≡	4811	64	47≡	4834	58	60=	4856	50	57≡	4883	72	50—
4760	96	17	4788	58	39≡	4812	58	55≡	4834	78	37=	4857	60	51=	4883	88	36—
4761	80	41—	4788	92	34—	4812	70	59—	4835	44	65≡	4858	112	11	4884	40	66≡
4762	64	55≡	4789	54	74—	4813	64	43=	4835	62	43=	4858	116	12	4884	52	49≡
4762	74	54—	4789	64	78—	4813	78	53—	4835	72	50—	4859	74	54—	4884	58	49≡
4762	82	45—	4789	82	41—	4813	88	23	4835	94	34—	4860	78	54—	4884	88	34—
4763	44	75≡	4790	48	57≡	4814	66	55=	4835	108	13	4860	82	35=	4884	106	15
4763	72	58—	4790	48	79=	4814	68	47=	4837	60	61=	4861	76	76—	4885	50	52≡
4764	64	63—	4790	58	77=	4815	44	66≡	4837	66	43=	4861	96	19	4885	81	27
4765	62	47≡	4790	64	63—	4815	62	63—	4838	68	76—	4863	42	66≡	4885	90	36—
4765	70	42≡	4791	52	77=	4815	72	59—	4839	54	56≡	4863	66	67—	4886	80	53—
4767	50	65≡	4791	66	67—	4815	88	37—	4839	62	48=	4863	68	35≡	4887	52	79=
4767	74	28	4791	72	42=	4815	90	34—	4840	46	57≡	4863	70	43=	4888	54	64=
4769	56	49≡	4791	74	58—	4815	102	31	4841	50	70=	4863	72	43=	4888	66	35≡
4770	52	61≡	4791	76	54—	4816	74	50—	4841	72	42=	4864	66	67—	4888	68	67—
4770	58	72—	4792	74	50—	4817	60	51=	4841	84	41—	4865	44	73=	4890	60	69—
4770	64	78—	4793	46	70=	4817	74	37=	4842	54	68=	4865	52	65=	4890	64	55=
4770	74	58—	4795	60	48=	4818	46	65≡	4842	72	58—	4865	74	58—	4890	86	41—
4770	80	45—	4795	90	36—	4818	60	69—	4843	48	52≡	4865	76	35=	4893	44	52≡
4771	44	70≡	4796	48	62≡	4818	64	60=	4843	72	76—	4865	80	41—	4894	58	64=
4771	66	47≡	4796	54	44=	4818	66	78—	4844	56	74—	4866	64	78—	4894	78	58—
4771	80	46—	4796	56	64=	4819	50	77—	4844	70	76—	4867	60	77—	4894	82	45—
4771	90	25	4796	58	44≡	4820	56	77—	4844	82	45—	4867	62	51=	4894	90	24
4772	48	79≡	4796	90	22	4821	76	53—	4844	98	16	4867	80	46—	4895	46	62≡
4772	54	74—	4797	72	50—	4822	56	74—	4845	104	18	4868	80	35=	4895	86	41—
4772	70	59—	4798	48	70=	4822	58	69—	4846	58	72—	4868	82	26	4895	94	36—
4773	56	61≡	4799	56	74—	4823	76	42=	4846	60	72—	4870	50	56≡	4896	74	54—
4773	86	37—	4799	72	37=	4824	66	63—	4847	58	72—	4870	70	43=	4897	48	79=

— bedeutet Träger mit einer Gurtplatte, = mit zwei, ≡ mit drei Gurtplatten.

von **4897** bis **5072**.

Widerstandsmoment cm³	Stehblechhöhe cm	Seite des Buches	Widerstandsmoment cm³	Stehblechhöhe cm	Seite des Buches	Widerstandsmoment cm³	Stehblechhöhe cm	Seite des Buches	Widerstandsmoment cm³	Stehblechhöhe cm	Seite des Buches	Widerstandsmoment cm³	Stehblechhöhe cm	Seite des Buches	Widerstandsmoment cm³	Stehblechhöhe cm	Seite des Buches
4897	66	78—	4929	72	76—	4969	46	52≡	4999	112	14	5022	72	50—	5047	78	54—
4897	78	46—	4929	94	34—	4969	62	44≡	5000	52	65=	5022	80	54—	5047	92	24
4897	120	10	4931	64	63—	4970	48	62≡	5000	84	45—	5023	46	73=	5048	48	70=
4898	50	65—	4932	56	77=	4970	68	67—	5001	54	56≡	5023	58	77—	5050	78	58
4898	74	59—	4932	90	36—	4972	54	49≡	5001	56	74—	5023	78	76—	5050	84	45—
4899	46	79=	4933	68	63—	4972	78	58—	5002	80	45—	5023	82	41—	5051	68	67—
4899	58	51=	4933	74	58—	4973	76	54—	5002	98	19	5023	94	34—	5051	74	54—
4900	56	51=	4935	42	71≡	4974	80	53—	5003	68	78—	5024	64	43=	5052	56	56=
4901	62	47=	4935	72	42—	4975	44	66≡	5004	62	60=	5024	72	47=	5052	68	43=
4901	72	59—	4936	88	41—	4975	96	34—	5005	56	44≡	5024	82	35=	5052	70	43=
4901	98	17	4937	76	76—	4976	76	42≡	5005	64	69—	5025	50	79=	5052	76	50—
4903	64	35≡	4938	56	68=	4977	66	78—	5006	50	79=	5025	82	46—	5052	83	27
4903	66	47=	4938	76	58—	4977	92	36—	5006	54	77=	5026	74	59—	5053	102	21
4904	66	48=	4939	60	48=	4978	76	59—	5006	58	44≡	5026	76	54—	5055	58	56=
4905	50	79=	4939	92	36—	4979	106	18	5006	66	60=	5026	78	35=	5056	52	49≡
4905	60	49≡	4940	62	55=	4980	58	61=	5007	46	57≡	5026	88	37—	5056	62	72—
4905	70	42=	4941	48	73=	4980	86	37—	5007	52	57≡	5027	62	56=	5056	66	78—
4905	76	53—	4941	52	56≡	4981	60	61=	5007	86	41—	5027	64	60=	5057	48	73=
4906	46	68≡	4942	76	28	4982	70	42=	5008	74	50—	5028	50	65=	5057	62	51=
4906	82	53—	4942	84	41—	4982	100	16	5008	82	45—	5028	80	35=	5058	58	49≡
4907	58	77=	4943	64	78—	4983	56	61=	5009	62	69—	5030	77	28	5058	74	50—
4907	62	35≡	4943	72	37=	4983	66	63—	5009	70	67—	5031	46	75=	5058	80	58—
4907	78	53—	4945	56	74—	4984	82	45—	5010	58	64=	5031	50	62≡	5059	46	68≡
4908	40	71≡	4946	66	55=	4984	118	12	5011	40	66≡	5031	70	43—	5059	80	46—
4908	54	64=	4947	58	74—	4985	78	53—	5011	60	55=	5031	90	36—	5060	62	77=
4908	56	64=	4947	104	31	4986	76	50—	5011	74	42=	5031	92	36—	5060	100	34—
4910	80	53—	4948	40	71≡	4986	114	11	5012	52	79=	5032	48	52≡	5061	56	68=
4911	46	75=	4948	44	68≡	4987	60	77=	5012	70	76—	5032	68	47=	5061	70	47—
4911	52	57≡	4949	48	57≡	4987	74	59—	5013	60	51=	5032	84	26	5062	46	62≡
4912	48	65=	4950	68	47=	4988	62	48=	5013	76	76—	5033	46	70=	5062	52	52≡
4912	74	50—	4950	83	26	4988	72	59—	5013	84	35=	5033	60	61=	5062	60	72—
4913	46	70=	4951	62	69—	4989	54	61=	5014	50	52≡	5033	74	43=	5062	64	51=
4914	80	45—	4952	64	47=	4989	94	36—	5014	64	63—	5034	76	58—	5062	66	48=
4914	100	21	4953	48	52≡	4990	60	72—	5014	74	58—	5035	60	69—	5062	80	53—
4916	52	77=	4954	54	57≡	4990	78	37=	5014	76	42=	5035	62	61=	5063	40	73≡
4916	58	56=	4954	70	59—	4990	80	53—	5015	42	66≡	5035	66	47=	5063	68	63—
4916	82	41—	4954	78	54—	4990	94	34—	5015	68	63—	5036	72	43=	5064	48	70—
4917	58	72—	4955	74	54—	4991	70	47=	5016	62	51=	5037	52	62≡	5064	76	54—
4917	92	25	4956	68	42=	4992	54	44≡	5016	72	76—	5037	70	35≡	5064	84	53—
4918	60	72—	4957	46	65≡	4992	80	37—	5017	76	35=	5038	60	60=	5064	94	25
4919	56	61=	4957	60	69—	4993	44	75=	5017	108	15	5038	66	55—	5064	100	20
4920	88	37—	4958	76	58—	4993	56	62≡	5018	56	74—	5038	96	36—	5065	40	71≡
4921	58	72—	4958	92	34—	4993	64	39—	5018	64	55=	5039	58	51—	5065	56	61=
4921	98	34—	4959	50	62≡	4993	64	55=	5018	68	43=	5039	78	50—	5067	68	35≡
4923	48	70=	4961	58	51—	4993	78	54—	5019	96	34—	5040	72	59—	5069	48	65≡
4923	74	76—	4961	90	37—	4994	60	44≡	5019	98	34—	5041	88	41—	5069	58	74—
4923	90	34—	4962	60	51—	4994	62	39≡	5020	56	49≡	5042	52	77—	5069	76	59—
4923	98	20	4963	80	46—	4994	86	41—	5020	64	78—	5043	66	43=	5069	90	37—
4925	48	65≡	4963	84	41—	4995	68	55=	5020	94	36—	5043	84	41—	5069	92	34—
4926	82	45—	4964	110	13	4996	66	43=	5021	50	65≡	5043	100	17	5070	64	56=
4927	50	64=	4965	74	37=	4996	66	47=	5021	76	58—	5044	72	43=	5070	80	53—
4927	60	60=	4966	42	68=	4997	58	72—	5022	48	79=	5045	50	70=	5070	86	45—
4928	62	69—	4966	90	23	4997	72	35≡	5022	50	57≡	5046	56	51=	5071	78	53—
4928	70	76—	4968	52	68=	4997	74	76—	5022	58	74—	5046	82	53—	5071	96	34—
4928	76	54—	4968	82	27	4998	92	37—	5022	66	67—	5046	88	41—	5072	58	72—

— bedeutet Träger mit einer Gurtplatte, = mit zwei, ≡ mit drei Gurtplatten.

Widerstandsmomente cm³

von 5073 bis 5233.

Widerstandsmoment cm³	Stehblech-Höhe cm	Seite des Buches	Widerstandsmoment cm³	Stehblech-Höhe cm	Seite des Buches	Widerstandsmoment cm³	Stehblech-Höhe cm	Seite des Buches	Widerstandsmoment cm³	Stehblech-Höhe cm	Seite des Buches	Widerstandsmoment cm³	Stehblech-Höhe cm	Seite des Buches	Widerstandsmoment cm³	Stehblech-Höhe cm	Seite des Buches
5073	44	66≡	5103	94	34—	5133	76	37=	5160	76	59—	5184	66	55=	5209	72	43=
5073	70	67—	5104	54	49≡	5134	60	72—	5160	88	41—	5184	76	50—	5210	66	55=
5074	82	45—	5105	74	50—	5134	64	55=	5160	100	34—	5185	62	61=	5211	46	68≡
5075	46	66≡	5105	76	58—	5134	96	34—	5161	98	34—	5185	82	54—	5211	56	61=
5075	64	60=	5106	60	51=	5135	42	66≡	5162	56	62≡	5185	84	46—	5211	60	44≡
5076	62	55=	5106	78	58—	5135	44	66≡	5162	64	44≡	5186	64	39≡	5211	74	43=
5076	74	59—	5107	44	75—	5135	66	78—	5163	70	67—	5186	102	17	5212	50	62≡
5078	66	55=	5107	52	79—	5136	52	65=	5164	54	56≡	5187	80	76—	5212	96	25
5078	92	36—	5107	60	77—	5136	54	77=	5164	74	59—	5188	50	57≡	5213	62	55=
5079	56	74—	5107	62	60=	5136	70	42=	5164	82	45—	5188	72	76—	5213	72	35≡
5079	72	42=	5107	74	42=	5136	82	53—	5165	58	49≡	5188	74	76—	5214	48	65≡
5080	52	62≡	5108	92	37—	5136	84	27	5165	62	51=	5188	76	58—	5214	66	43=
5080	54	68≡	5111	54	79—	5137	52	79=	5165	68	39≡	5188	82	35=	5214	80	54—
5081	50	52≡	5111	120	12	5138	80	58—	5165	76	76—	5189	56	49≡	5215	68	67—
5081	52	70=	5112	56	64=	5138	88	45—	5165	96	36—	5189	60	61=	5215	70	47=
5081	106	31	5112	58	51=	5139	58	77=	5166	52	64=	5189	70	78—	5215	98	34—
5082	48	57≡	5113	74	37—	5139	60	72—	5166	68	78—	5189	80	35=	5216	44	71≡
5082	64	69—	5114	72	67—	5139	70	39≡	5167	96	34—	5192	78	58—	5216	58	44≡
5083	52	57≡	5114	85	26	5140	56	49≡	5168	40	66≡	5193	62	44≡	5216	64	51=
5083	94	36—	5114	86	45—	5141	66	47=	5168	42	66≡	5193	72	67—	5216	94	34—
5084	68	78—	5114	108	18	5142	78	42=	5168	64	60=	5193	104	21	5216	108	31
5084	84	45—	5115	116	11	5143	48	62≡	5168	74	35≡	5194	52	62≡	5217	60	72—
5085	60	49≡	5116	52	52≡	5143	84	45—	5168	84	45—	5194	90	41—	5218	64	69—
5085	76	50—	5117	98	34—	5144	76	50—	5168	86	35=	5195	50	52≡	5218	74	59—
5086	68	47=	5118	80	54—	5144	94	37—	5169	72	47=	5195	52	57≡	5218	80	58—
5086	70	67—	5118	86	41—	5144	100	19	5170	60	51=	5196	68	60=	5218	92	37—
5086	90	41—	5119	78	28	5145	50	57≡	5170	62	69—	5196	78	54—	5219	62	51=
5087	56	77=	5120	60	56=	5146	68	78—	5171	56	57≡	5197	62	72—	5219	74	43=
5087	66	35≡	5121	102	16	5146	78	37=	5172	50	65≡	5197	86	26	5220	56	56≡
5087	68	48=	5122	74	59—	5147	48	79=	5173	48	70=	5198	42	71≡	5220	85	27
5088	42	71≡	5123	70	63—	5147	54	64=	5173	58	74—	5198	58	61=	5221	48	52≡
5089	62	69—	5123	92	36—	5147	64	55=	5173	96	32	5199	54	68=	5221	66	48=
5089	76	76—	5123	94	36—	5147	88	41—	5175	50	70=	5199	70	43=	5222	56	77=
5090	94	22	5124	82	46—	5148	78	59—	5176	62	56≡	5199	90	41—	5222	68	47=
5091	58	56≡	5125	60	61=	5148	84	53—	5177	48	75=	5200	74	47=	5222	82	46—
5093	64	47=	5125	76	54—	5150	46	52≡	5177	90	37—	5200	76	59—	5223	40	71≡
5094	40	71≡	5126	48	52≡	5150	58	74—	5177	94	36—	5200	86	41—	5223	86	53—
5094	44	68≡	5126	58	64=	5150	80	42=	5178	60	49≡	5200	102	34—	5224	64	56=
5094	78	54—	5128	62	60=	5151	46	75=	5178	68	63—	5201	74	50—	5224	76	54—
5095	54	65=	5128	66	63—	5151	68	63—	5178	70	55=	5202	50	70=	5224	82	58—
5095	64	35≡	5128	76	42=	5151	110	15	5179	78	76—	5202	94	24	5226	60	64=
5096	46	65≡	5128	78	58—	5152	80	37=	5179	92	34—	5203	64	60=	5226	78	50—
5096	68	63—	5129	66	78—	5152	82	37=	5180	62	39≡	5204	76	43=	5226	82	53—
5096	112	13	5130	62	72—	5154	58	68=	5180	76	76—	5205	62	72—	5226	88	45—
5097	52	56≡	5130	90	36—	5155	80	46—	5180	92	36=	5205	102	20	5226	94	36—
5097	86	41—	5130	114	14	5156	86	45—	5181	66	39≡	5206	52	70=	5227	60	77=
5098	54	52≡	5131	58	61—	5157	70	67—	5181	68	43=	5206	78	58—	5228	114	13
5098	58	74—	5131	68	55—	5158	48	68≡	5181	76	42=	5207	70	63—	5229	68	43=
5099	74	76—	5131	70	47=	5158	56	74—	5181	78	42=	5207	84	53—	5230	86	41—
5100	62	69—	5132	56	64=	5158	64	69—	5181	98	36—	5208	56	44≡	5230	96	36—
5101	76	59—	5132	78	50—	5158	72	42=	5182	68	47=	5208	79	28	5231	58	74—
5101	78	76—	5133	46	73—	5158	78	50—	5182	78	35=	5208	86	45—	5231	72	43=
5102	62	49≡	5133	54	57=	5158	80	54—	5182	84	35=	5209	40	73≡	5232	84	53—
5102	72	76—	5133	68	67—	5159	50	65=	5183	64	48=	5209	58	62≡	5233	54	57≡
5103	64	78—	5133	72	59—	5160	58	77=	5184	56	68=	5209	66	69—	5233	58	49≡

— bedeutet Träger mit einer Gurtplatte, = mit zwei, ≡ mit drei Gurtplatten.

von 5234 bis 5394.

Widerstandsmoment cm³	Stehblech-Höhe cm	Seite des Buches	Widerstandsmoment cm³	Stehblech-Höhe cm	Seite des Buches	Widerstandsmoment cm³	Stehblech-Höhe cm	Seite des Buches	Widerstandsmoment cm³	Stehblech-Höhe cm	Seite des Buches	Widerstandsmoment cm³	Stehblech-Höhe cm	Seite des Buches	Widerstandsmoment cm³	Stehblech-Höhe cm	Seite des Buches
5234	82	53—	5260	100	34—	5289	62	49≡	5318	70	55=	5345	72	67—	5372	60	68=
5235	54	65=	5262	52	79=	5291	70	63—	5319	72	39≡	5346	60	64=	5375	44	71≡
5235	64	69—	5262	80	54—	5292	96	37—	5319	78	50—	5347	70	63—	5375	70	63—
5235	68	78—	5262	104	16	5293	52	70=	5319	80	59—	5347	80	76	5376	54	65—
5235	70	43=	5262	116	14	5294	44	66≡	5320	62	64=	5348	74	47=	5376	60	49≡
5235	76	50—	5263	58	51=	5294	90	45—	5320	82	46—	5348	92	41—	5376	78	59—
5235	78	54—	5263	66	56=	5295	60	72—	5321	52	52≡	5348	104	20	5376	96	36—
5235	84	45—	5264	52	65≡	5296	60	74—	5322	50	70=	5349	76	42=	5377	64	56=
5236	64	61—	5264	60	56=	5297	74	67—	5323	68	78—	5349	80	35=	5377	68	55=
5237	92	41—	5266	54	77=	5297	78	54—	5324	54	70≡	5350	54	52≡	5377	72	78—
5238	80	53—	5266	58	56≡	5297	80	28	5324	88	35=	5350	70	39≡	5377	76	47=
5238	96	22	5266	60	49≡	5298	78	42=	5324	98	32	5350	78	76—	5377	78	43=
5239	40	71≡	5267	50	79=	5298	80	58—	5325	56	52≡	5350	84	35=	5377	98	36—
5240	42	71≡	5267	64	72—	5299	48	70=	5325	62	56=	5351	72	67—	5378	52	79=
5240	44	68≡	5267	68	55=	5299	84	53—	5325	70	67—	5351	82	76—	5378	64	39≡
5240	68	63—	5267	80	76—	5300	42	66≡	5325	82	54—	5353	78	42=	5378	74	67—
5240	70	67—	5268	52	62≡	5300	58	77=	5326	50	57≡	5353	82	35=	5378	80	58—
5241	54	79≡	5270	60	61=	5301	60	56≡	5326	56	49≡	5353	92	41—	5378	120	11
5241	70	67—	5270	96	36—	5301	64	49≡	5326	60	51=	5353	110	31	5379	66	39≡
5241	72	47—	5271	46	75=	5301	66	78—	5326	96	36—	5354	40	73≡	5380	60	74—
5241	78	59—	5271	66	60=	5302	48	75=	5326	100	36—	5354	62	72—	5380	62	51=
5242	46	66≡	5271	76	76—	5302	78	37=	5327	54	56≡	5357	56	57≡	5380	66	48=
5242	52	79≡	5271	94	36—	5302	90	41—	5328	68	63—	5357	58	49≡	5380	82	50—
5242	58	64≡	5272	52	65=	5302	102	34—	5328	84	45—	5357	66	44≡	5381	40	71≡
5242	86	45—	5272	68	35≡	5303	86	45—	5328	86	45—	5357	70	78—	5381	56	64=
5243	62	60≡	5272	72	67—	5305	50	70=	5329	66	55=	5358	82	58—	5382	72	43=
5243	86	46—	5273	70	78—	5305	80	50—	5329	68	78—	5358	88	41—	5382	82	54—
5246	40	75≡	5275	64	55=	5305	86	27	5329	92	37—	5358	96	24	5383	52	57≡
5246	44	66≡	5275	78	59—	5305	100	34—	5329	94	34—	5359	48	65≡	5383	58	62≡
5246	56	64≡	5275	88	41—	5306	82	58—	5330	56	62≡	5359	58	64=	5383	88	53—
5246	118	11	5277	50	52≡	5308	56	68=	5331	64	60=	5359	62	72—	5384	62	49≡
5247	60	74—	5277	54	64=	5309	62	77=	5331	80	50—	5360	100	34—	5384	64	69—
5248	68	78—	5277	74	76—	5309	64	60=	5332	52	70=	5361	78	50—	5384	90	45—
5248	70	35≡	5277	80	58—	5309	86	53—	5332	68	47=	5362	42	73≡	5387	52	79=
5249	58	74—	5278	62	72—	5310	80	42=	5332	104	17	5362	72	55=	5387	70	60=
5249	96	34—	5278	78	58—	5311	98	36—	5334	62	61=	5362	76	76—	5387	76	43=
5250	60	51≡	5279	62	72—	5312	54	57≡	5334	106	21	5362	98	25	5387	81	28
5250	62	69—	5279	94	23	5312	54	62≡	5335	78	59—	5362	116	13	5387	84	46—
5250	110	18	5279	98	34—	5312	58	74—	5336	74	42=	5363	42	71≡	5388	82	58—
5251	52	52≡	5280	76	42=	5312	64	69—	5337	48	66≡	5363	88	26	5388	112	18
5251	68	48≡	5280	87	26	5312	80	37=	5337	56	79=	5364	46	68≡	5389	56	56≡
5251	76	59—	5281	92	36—	5313	72	47=	5337	58	64=	5364	78	58—	5389	64	61=
5253	88	41—	5282	58	61=	5313	84	37=	5337	64	48=	5364	96	34—	5389	74	43=
5255	74	42=	5283	54	49≡	5313	98	34—	5337	70	78—	5365	80	58—	5389	88	41—
5256	48	57≡	5283	76	50—	5314	62	51=	5340	54	79=	5366	74	76—	5389	98	22
5256	52	57≡	5284	82	54—	5314	72	63—	5340	86	35=	5366	80	54—	5390	58	57≡
5256	64	77≡	5285	66	35≡	5314	74	59—	5341	76	35≡	5367	66	60=	5390	87	27
5256	70	63—	5285	76	37—	5314	88	45—	5342	66	55=	5367	70	43=	5390	94	41—
5257	78	76—	5285	90	37—	5315	50	73=	5342	86	41—	5368	88	45—	5391	46	75=
5257	94	37—	5286	84	46—	5315	82	42=	5342	104	34—	5369	86	53—	5391	74	35≡
5259	64	51≡	5286	112	15	5316	84	53—	5343	66	69—	5370	60	77≡	5392	84	53—
5259	66	51≡	5287	66	47=	5316	90	41—	5343	76	59—	5370	64	51=	5393	42	71≡
5259	72	67≡	5288	48	73=	5317	48	62≡	5344	46	66≡	5370	68	39≡	5393	50	62≡
5259	78	50—	5288	66	69—	5317	72	42=	5344	64	72—	5370	70	47≡	5394	58	74—
5260	68	63—	5288	102	19	5318	48	68≡	5345	60	61=	5371	54	79=	5394	62	74—

— bedeutet Träger mit einer Gurtplatte, = mit zwei, ≡ mit drei Gurtplatten.

von 5394 bis 5559.

Widerstands-moment cm³	Stehblech-Höhe cm	Seite des Buches	Widerstands-moment cm³	Stehblech-Höhe cm	Seite des Buches	Widerstands-moment cm³	Stehblech-Höhe cm	Seite des Buches	Widerstands-moment cm³	Stehblech-Höhe cm	Seite des Buches	Widerstands-moment cm³	Stehblech-Höhe cm	Seite des Buches	Widerstands-moment cm³	Stehblech-Höhe cm	Seite des Buches
5394	64	44≡	5423	74	47=	5451	84	54—	5479	82	42≡	5508	94	41—	5531	64	56=
5395	76	43≡	5423	114	15	5451	92	45—	5480	82	37≡	5509	88	46—	5532	90	26
5395	86	53—	5425	58	44≡	5451	102	34—	5480	96	34—	5510	54	65≡	5533	88	53—
5395	118	14	5425	60	62≡	5452	66	77—	5481	54	79—	5511	48	66≡	5535	44	71≡
5397	50	79≡	5426	64	51≡	5452	72	63—	5481	66	72—	5511	56	49≡	5535	66	60=
5397	98	34—	5426	100	36—	5453	76	76—	5481	84	37≡	5511	80	59—	5535	72	39=
5398	76	59—	5427	48	75—	5453	80	58—	5481	86	53—	5512	64	77=	5535	74	67—
5398	78	54—	5427	80	76—	5454	44	66≡	5481	96	36—	5512	66	60=	5536	64	64=
5398	86	45—	5428	52	57—	5454	54	70≡	5482	60	56≡	5512	86	35=	5537	58	68=
5399	62	61≡	5428	54	57—	5454	78	42≡	5482	68	47—	5513	62	56=	5538	40	71≡
5400	72	47≡	5428	60	44≡	5457	52	62≡	5482	76	67—	5513	100	25	5538	66	48=
5400	84	53—	5428	70	78—	5457	72	47—	5482	90	35—	5514	42	73≡	5538	78	76—
5401	80	50—	5429	52	70—	5458	68	51—	5482	94	37—	5514	52	79=	5538	82	58—
5402	88	45—	5429	66	69—	5458	70	35≡	5483	62	61—	5514	60	77=	5539	80	50—
5403	66	60≡	5429	78	59—	5458	78	37—	5484	84	53—	5514	98	34—	5540	68	55=
5404	40	75≡	5430	54	62≡	5458	92	41—	5485	106	34—	5515	66	69—	5540	100	22
5404	48	73≡	5430	72	35≡	5458	100	36—	5487	72	63—	5515	78	35≡	5541	74	67—
5404	60	74—	5430	90	45—	5459	68	56—	5488	84	46—	5515	82	76—	5541	80	58—
5404	68	55≡	5431	56	68≡	5459	70	63—	5489	54	52≡	5516	56	64=	5542	56	57≡
5404	88	46—	5431	72	67—	5460	56	57≡	5490	44	71≡	5516	76	42=	5542	62	51≡
5404	102	34—	5431	82	54—	5460	74	67—	5490	88	45—	5516	86	54—	5543	64	61≡
5404	106	16	5432	76	42≡	5460	100	34—	5491	54	57≡	5516	98	24	5543	92	45—
5406	68	43≡	5432	104	19	5462	66	51—	5491	56	77≡	5517	46	68=	5544	54	70≡
5406	80	54—	5433	62	77≡	5462	78	50—	5491	112	31	5517	54	65=	5544	96	41—
5406	82	53—	5433	82	76—	5463	62	51—	5492	82	59—	5517	82	35=	5545	42	71≡
5407	52	65≡	5433	90	41—	5463	72	78—	5492	86	45—	5518	72	67—	5545	72	63—
5407	54	64≡	5433	94	36—	5464	60	74—	5492	106	20	5518	84	35=	5545	76	76—
5407	58	49≡	5434	58	61—	5464	86	53—	5493	84	54—	5518	90	41—	5545	90	53—
5407	96	37—	5435	80	50—	5465	88	45—	5494	64	49≡	5519	70	78—	5545	100	34—
5409	46	66≡	5436	50	70—	5466	42	66≡	5496	74	47—	5520	62	72—	5547	108	16
5409	48	52≡	5437	66	61=	5466	60	64=	5497	64	72—	5521	82	42=	5548	60	74—
5409	70	67—	5437	96	23	5467	64	69—	5497	68	69—	5522	78	59—	5548	74	55≡
5410	58	68≡	5438	70	63—	5468	68	60=	5497	76	59—	5522	80	76—	5549	58	49≡
5410	90	41—	5439	52	52≡	5470	80	42=	5497	80	50—	5522	96	37—	5549	72	78—
5411	70	47≡	5439	58	77—	5470	82	58—	5498	64	72—	5524	64	51=	5550	90	41—
5413	50	68≡	5439	62	72—	5471	88	53—	5498	118	13	5524	70	47=	5550	104	34—
5413	78	50—	5439	92	37—	5472	56	65=	5499	40	73≡	5525	46	66≡	5551	80	43≡
5414	60	61≡	5440	70	48≡	5472	92	41—	5499	46	71≡	5525	52	52≡	5552	58	52≡
5414	64	72—	5441	58	56≡	5473	50	65≡	5499	56	62≡	5525	62	74—	5552	82	58—
5415	68	69—	5441	70	78—	5473	80	37=	5500	68	78—	5525	70	78—	5552	84	54—
5415	80	59—	5441	98	37—	5474	90	45—	5500	74	39≡	5525	78	42=	5553	48	75≡
5416	64	55≡	5444	62	64≡	5475	62	49≡	5500	88	35≡	5526	66	69—	5553	68	69—
5416	70	55≡	5444	78	76—	5475	66	55≡	5501	54	79≡	5526	68	55=	5553	86	46—
5417	62	44≡	5445	50	75—	5475	88	27	5502	60	61≡	5526	98	36—	5554	68	44≡
5417	68	63—	5445	64	61≡	5475	98	36—	5502	66	49≡	5526	100	36—	5554	80	59—
5417	70	43≡	5446	74	67—	5476	68	35≡	5503	94	41—	5527	56	52≡	5555	62	74—
5418	66	51≡	5446	104	34—	5476	84	58—	5504	60	68=	5527	80	42=	5555	72	43≡
5418	68	60≡	5447	60	49≡	5476	86	37=	5504	88	41—	5527	114	18	5555	78	47≡
5419	44	66≡	5447	66	69—	5477	48	68≡	5506	72	55=	5528	42	71≡	5556	50	73≡
5419	72	43≡	5447	89	26	5477	58	64=	5506	82	50—	5528	70	60=	5557	56	56≡
5419	98	36—	5448	82	58—	5477	82	28	5506	102	34—	5529	72	78—	5557	62	77≡
5421	52	65≡	5450	64	60—	5477	100	32	5507	50	57≡	5529	76	47=	5558	58	62≡
5421	64	72—	5450	80	59—	5477	108	21	5507	74	63—	5529	84	58—	5558	98	37—
5422	66	56≡	5450	86	46—	5478	78	59—	5507	80	76—	5529	90	45—	5559	42	75≡
5422	96	36—	5451	52	73≡	5478	106	17	5508	54	62≡	5530	120	14	5559	86	53—

— bedeutet Träger mit einer Gurtplatte, = mit zwei, ≡ mit drei Gurtplatten.

von **5559** bis **5722**.

Widerstands-moment cm³	Stehblech-Höhe cm	Seite des Buches	Widerstands-moment cm³	Stehblech-Höhe cm	Seite des Buches	Widerstands-moment cm³	Stehblech-Höhe cm	Seite des Buches
5559	88	53—	5580	64	72—	5616	70	60=
5560	58	65=	5580	72	60=	5616	94	41—
5560	66	72—	5581	62	77=	5618	48	66≡
5560	70	39≡	5581	66	56—	5618	56	65=
5560	84	58—	5582	52	70=	5618	80	76—
5561	62	61=	5582	58	57≡	5619	86	54—
5561	86	58—	5584	54	70=	5620	66	55=
5561	88	45—	5584	66	77=	5620	70	63—
5561	89	27	5585	56	52≡	5620	104	36—
5561	116	15	5586	74	47=	5621	54	79=
5562	54	52≡	5587	60	64=	5621	64	74—
5564	78	50—	5587	96	36—	5621	84	58—
5564	90	45—	5589	62	49≡	5621	110	21
5565	52	70=	5590	82	59—	5622	68	51=
5565	58	79≡	5591	64	60=	5622	72	78—
5565	60	64≡	5591	100	37—	5623	54	57≡
5565	76	67—	5591	106	34—	5623	70	69—
5565	78	43≡	5592	44	66≡	5624	50	65≡
5565	90	46—	5592	62	68≡	5624	74	67—
5566	50	70=	5592	64	49≡	5625	64	44≡
5566	74	78—	5592	92	41—	5626	82	59—
5567	83	28	5593	76	43≡	5626	100	36—
5567	86	53—	5593	80	50—	5626	108	17
5568	62	64≡	5595	94	37—	5627	52	52≡
5568	68	60=	5596	66	61=	5627	60	49≡
5569	56	70=	5596	74	63—	5628	90	45—
5569	92	41—	5598	70	55=	5629	82	58—
5570	76	43≡	5598	98	23	5629	108	34
5571	70	55≡	5598	104	34—	5630	80	42=
5572	52	57≡	5599	70	43—	5630	88	53—
5573	72	63—	5600	66	69—	5630	94	41—
5573	78	43≡	5601	50	66≡	5630	114	31
5573	98	36—	5601	72	47=	5631	54	79=
5573	102	34—	5602	84	76—	5631	78	76—
5574	50	62≡	5604	72	67—	5631	102	32
5574	68	39≡	5604	74	43≡	5632	60	74—
5574	80	54—	5605	68	60=	5632	62	61=
5574	102	36—	5606	60	62≡	5632	66	72—
5575	46	66≡	5606	72	43=	5632	72	48=
5575	50	75≡	5606	76	47=	5632	98	34—
5575	56	79≡	5607	56	79≡	5633	80	37=
5575	60	49≡	5607	80	59—	5634	66	51=
5575	64	72—	5608	72	55=	5634	98	36—
5576	52	73≡	5608	102	34—	5634	120	13
5576	84	53—	5609	70	48=	5635	76	67—
5577	66	51≡	5609	94	45—	5635	90	53—
5577	82	50—	5610	60	57≡	5635	92	45—
5578	50	68≡	5610	70	78—	5636	48	68≡
5578	52	65≡	5610	78	42=	5636	60	68=
5578	66	39≡	5611	64	61=	5636	62	74—
5578	68	69—	5612	62	74—	5636	72	78—
5579	58	77≡	5613	74	35≡	5637	96	37—
5579	78	59—	5613	82	50—	5638	108	20
5579	82	54—	5615	58	56≡	5639	66	72—
5579	106	19	5615	88	46—	5639	72	63—

Widerstands-moment cm³	Stehblech-Höhe cm	Seite des Buches	Widerstands-moment cm³	Stehblech-Höhe cm	Seite des Buches	Widerstands-moment cm³	Stehblech-Höhe cm	Seite des Buches
5640	64	77=	5665	58	68=	5696	68	72—
5640	68	61=	5665	96	41—	5696	74	55=
5640	88	37≡	5666	46	71≡	5696	82	76—
5640	92	35≡	5666	84	59—	5696	102	34—
5641	62	44≡	5666	100	34—	5697	64	61=
5642	68	69—	5666	102	25	5697	78	42=
5643	80	50—	5666	122	14	5697	106	34—
5643	82	42=	5667	42	73≡	5698	62	74—
5644	62	62≡	5667	56	62≡	5698	90	53—
5644	74	47=	5667	68	51=	5699	62	56=
5644	82	37=	5667	90	41—	5700	66	49≡
5644	84	58—	5668	70	60=	5700	98	41—
5645	40	73≡	5668	78	67—	5700	118	15
5645	52	62≡	5668	116	18	5701	52	73=
5645	60	44≡	5669	52	68≡	5701	70	78—
5645	82	54—	5669	70	35≡	5701	82	42=
5646	72	35≡	5670	50	52≡	5701	86	58—
5646	74	48=	5672	54	65≡	5702	76	63—
5647	88	53—	5673	90	46—	5702	92	26
5648	86	37=	5676	50	73=	5703	54	62=
5648	90	27	5676	68	55=	5703	62	51=
5649	52	79=	5676	82	50—	5703	80	59—
5649	74	63—	5676	88	35=	5703	94	45—
5649	76	67—	5676	98	37—	5704	56	70=
5649	84	37=	5676	100	24	5704	64	74—
5650	56	64=	5676	102	36—	5704	68	49≡
5650	68	77=	5678	48	75=	5705	58	79=
5650	72	55=	5678	64	51=	5706	46	66≡
5650	84	42=	5678	70	47=	5706	50	75=
5650	86	42=	5679	92	41—	5707	70	69—
5652	84	54—	5679	100	36—	5708	92	53—
5653	66	61=	5681	76	47=	5709	54	73≡
5653	86	53—	5681	78	59—	5710	60	64=
5654	84	50—	5682	84	50—	5711	58	65=
5654	90	45—	5683	76	42=	5711	78	47=
5654	104	34—	5683	88	54—	5711	84	54—
5655	70	56=	5684	86	35=	5711	100	37—
5655	74	78—	5685	48	66≡	5712	92	41—
5656	86	46—	5685	54	70=	5713	74	67—
5658	54	65=	5685	64	56=	5714	54	70=
5658	60	77=	5685	74	63—	5714	80	76—
5658	70	51=	5685	86	76—	5714	84	58—
5658	80	59—	5686	64	49≡	5716	52	75=
5658	84	28	5686	66	69—	5716	66	77=
5658	88	45—	5686	84	35=	5717	62	74—
5659	96	41—	5689	58	57≡	5717	72	47=
5660	68	69—	5689	82	59—	5718	58	77=
5660	72	63—	5691	80	35≡	5718	66	72—
5662	62	49≡	5691	92	45—	5718	68	60=
5662	90	35=	5692	62	64=	5719	40	75≡
5663	44	71≡	5692	110	16	5719	82	50—
5663	56	57≡	5693	84	42=	5720	102	36—
5663	60	56≡	5693	102	22	5721	56	79=
5663	86	54—	5694	42	71≡	5722	72	78—
5664	64	64=	5695	44	71≡	5722	86	54—

— bedeutet Träger mit einer Gurtplatte, = mit zwei, ≡ mit drei Gurtplatten.

Widerstandsmomente cm³

von 5722 bis 5889.

Widerstands-moment cm³	Steh-blech-Höhe cm	Seite des Buches	Widerstands-moment cm³	Steh-blech-Höhe cm	Seite des Buches	Widerstands-moment cm³	Steh-blech-Höhe cm	Seite des Buches	Widerstands-moment cm³	Steh-blech-Höhe cm	Seite des Buches	Widerstands-moment cm³	Steh-blech-Höhe cm	Seite des Buches	Widerstands-moment cm³	Steh-blech-Höhe cm	Seite des Buches
5722	104	34—	5750	85	28	5784	48	71≡	5807	82	42=	5833	52	62≡	5859	68	72—
5723	62	61=	5751	82	54—	5785	46	71≡	5808	70	60=	5833	76	47=	5860	72	51=
5723	74	39≡	5751	94	45—	5785	62	74—	5809	60	57≡	5833	88	54—	5860	86	50—
5724	42	75=	5752	70	44≡	5785	110	20	5809	118	18	5834	66	44≡	5862	58	65=
5724	72	60=	5752	72	39≡	5786	68	77=	5810	72	78—	5835	54	65≡	5862	74	63—
5724	104	36—	5752	76	43≡	5786	100	34—	5810	80	76—	5835	76	48=	5863	68	61=
5725	70	55=	5752	78	43=	5787	60	62≡	5811	58	79=	5836	50	75=	5863	72	35≡
5725	78	76—	5752	96	37—	5787	64	74—	5813	64	68=	5836	52	70=	5864	64	62≡
5725	90	53—	5753	66	64=	5787	82	59—	5815	72	60=	5836	74	35≡	5864	96	45—
5726	64	56≡	5753	78	67—	5787	104	32	5815	90	53—	5837	44	71≡	5865	56	57≡
5726	76	67—	5753	80	43=	5789	88	54—	5816	58	70=	5837	102	24	5865	62	44≡
5726	100	36—	5754	66	61=	5789	100	36—	5816	76	67—	5838	54	73=	5865	92	53—
5726	108	19	5755	84	50—	5790	58	56≡	5816	88	37=	5838	56	70=	5865	102	37—
5727	82	43=	5756	58	64=	5790	78	47=	5817	62	64=	5838	112	16	5866	80	59—
5727	88	53—	5756	64	74—	5790	80	42=	5817	76	67—	5839	78	67—	5866	86	42=
5727	90	45—	5757	56	65≡	5790	96	41—	5817	98	41—	5839	82	59—	5867	56	79=
5727	92	45—	5757	76	78—	5791	70	69—	5818	68	69—	5839	92	46—	5867	68	60=
5728	56	57≡	5758	104	34—	5791	76	43=	5818	84	37=	5841	52	68=	5867	78	39≡
5728	62	68=	5759	64	51=	5792	64	64=	5818	102	34—	5841	74	63—	5868	52	66≡
5728	84	58—	5759	100	23	5792	74	47=	5819	42	73≡	5841	94	41—	5868	72	60=
5728	86	50—	5760	52	57≡	5792	84	50—	5819	54	57≡	5841	120	15	5868	82	35≡
5728	92	46—	5762	54	79=	5792	92	45—	5819	74	78—	5842	86	59—	5868	84	59—
5729	52	52≡	5762	58	52≡	5793	64	77=	5819	86	58—	5842	90	35=	5869	78	42=
5730	56	52≡	5762	80	59—	5793	76	63—	5819	88	58—	5843	60	56≡	5870	64	74—
5730	62	77=	5764	56	65=	5793	98	37—	5819	92	45—	5844	54	70=	5870	84	76—
5730	68	69—	5765	44	66≡	5794	72	43=	5820	86	37=	5844	58	79=	5872	62	74—
5731	88	58—	5765	70	69—	5794	82	76—	5820	104	25	5844	68	51=	5872	104	36—
5732	58	62≡	5766	72	55=	5795	48	68≡	5821	84	54—	5844	74	55=	5873	94	53—
5732	76	67—	5767	84	59—	5795	60	79=	5822	86	42=	5845	64	74—	5873	106	34—
5732	82	59—	5767	112	21	5795	62	49≡	5822	92	27	5845	70	61=	5874	44	75≡
5733	72	63—	5768	64	77=	5796	86	58—	5823	44	73≡	5845	108	34—	5874	70	51=
5733	86	58—	5768	96	45—	5797	74	43=	5823	58	52≡	5847	104	34—	5875	88	58—
5734	52	65≡	5769	60	68=	5797	90	53—	5823	98	41—	5848	76	78—	5875	94	41—
5735	66	51=	5769	106	36—	5797	94	45—	5824	70	56=	5849	62	49≡	5875	106	36—
5735	76	55=	5770	70	60=	5798	56	70=	5824	74	48=	5849	66	74—	5876	56	79=
5735	88	53—	5770	84	76—	5798	66	72—	5824	88	53—	5850	70	77=	5876	72	47=
5737	108	34—	5770	116	31	5798	76	35=	5824	92	35=	5851	52	75=	5877	40	75≡
5738	70	55=	5771	86	76—	5799	68	44≡	5825	66	61=	5851	64	61=	5878	84	42=
5739	66	56=	5773	76	47=	5800	74	55=	5825	78	67—	5852	68	72—	5879	62	77=
5741	56	79=	5774	54	52≡	5800	92	53—	5826	52	73≡	5852	90	54—	5879	64	49≡
5741	58	49≡	5774	58	57≡	5800	94	35=	5826	72	63—	5853	72	56=	5879	70	55=
5741	68	48=	5774	60	49≡	5801	74	67—	5826	82	50—	5853	88	35=	5879	80	42=
5742	46	66≡	5774	74	60=	5802	66	49≡	5826	86	54—	5854	44	71≡	5880	54	52≡
5742	98	36—	5774	82	50—	5803	60	77=	5826	90	45—	5854	60	64=	5880	102	36—
5743	102	37—	5775	96	41—	5803	84	59—	5827	70	51=	5854	84	76—	5882	82	42=
5744	50	68≡	5775	110	34—	5803	106	34—	5828	104	36—	5854	88	76—	5884	62	61=
5744	80	43=	5776	78	43=	5803	124	14	5831	62	62≡	5854	94	45—	5884	76	63—
5745	74	63—	5777	70	48=	5804	64	49≡	5831	86	50—	5855	80	67—	5885	66	64=
5746	106	34—	5778	64	61=	5804	68	61=	5831	92	41—	5856	64	44≡	5885	110	34—
5747	64	72—	5778	102	36—	5805	56	52≡	5831	100	37—	5856	70	69—	5886	62	56≡
5747	80	50—	5779	68	39≡	5805	72	48=	5832	46	71≡	5856	84	50—	5886	82	59—
5748	56	62≡	5781	58	62≡	5805	90	37—	5832	62	57≡	5856	100	41—	5886	86	54—
5748	86	53—	5781	90	46—	5806	48	66≡	5832	72	69—	5857	86	76—	5887	46	66≡
5749	74	47=	5782	60	52=	5806	66	51=	5832	74	78—	5859	42	71≡	5887	76	55=
5750	78	35≡	5783	50	66≡	5806	84	58—	5832	102	36—	5859	48	66≡	5889	66	72—

— bedeutet Träger mit einer Gurtplatte, = mit zwei, ≡ mit drei Gurtplatten.

von 5889 bis 6068.

Widerstandsmoment cm³	Stehblech-Höhe cm	Seite des Buches	Widerstandsmoment cm³	Stehblech-Höhe cm	Seite des Buches	Widerstandsmoment cm³	Stehblech-Höhe cm	Seite des Buches	Widerstandsmoment cm³	Stehblech-Höhe cm	Seite des Buches	Widerstandsmoment cm³	Stehblech-Höhe cm	Seite des Buches	Widerstandsmoment cm³	Stehblech-Höhe cm	Seite des Buches
5889	90	46—	5916	82	47≡	5945	70	48≡	5976	76	63—	6000	62	49≡	6033	48	66≡
5890	42	75≡	5918	64	56≡	5945	74	39—	5976	80	47≡	6000	88	54—	6033	70	55≡
5890	86	58—	5918	76	78—	5945	86	59—	5978	66	51—	6000	106	34—	6033	94	53—
5890	96	41—	5919	72	69—	5946	76	63—	5978	72	48≡	6000	104	24	6034	71	63—
5891	52	65≡	5919	78	67—	5946	82	59—	5979	78	43≡	6002	62	68≡	6034	112	34—
5891	94	45—	5919	108	36—	5947	60	77≡	5981	66	77≡	6002	74	48≡	6036	66	68≡
5892	92	53—	5920	60	57≡	5947	64	77≡	5981	70	39≡	6003	106	22	6036	104	36—
5893	50	66≡	5920	64	64≡	5948	70	60≡	5981	106	36—	6004	70	44≡	6037	62	57≡
5893	82	76—	5920	88	53—	5948	88	54—	5982	86	59—	6005	72	69—	6038	86	50—
5893	92	45—	5921	74	78—	5949	68	51≡	5982	100	41—	6005	96	41—	6038	96	53—
5893	94	46—	5922	68	77≡	5949	92	46—	5983	44	73≡	6006	58	65≡	6039	76	55≡
5894	66	51≡	5922	74	60≡	5950	78	78—	5983	122	15	6006	90	54—	6040	68	61≡
5895	58	64≡	5922	112	34—	5950	98	41—	5984	58	79≡	6006	94	46—	6040	88	50—
5895	80	47≡	5923	78	55≡	5951	52	73≡	5984	78	35≡	6007	66	77≡	6043	78	78—
5895	88	54—	5924	70	60≡	5951	72	44≡	5984	92	53—	6008	60	57≡	6044	74	69—
5895	108	34—	5924	82	43≡	5951	100	37—	5985	76	47≡	6009	92	35=	6044	82	67—
5896	90	53—	5925	72	55≡	5952	60	65≡	5985	86	58—	6010	44	71≡	6045	68	44≡
5896	104	37—	5925	78	67—	5952	120	18	5985	90	37≡	6010	84	50—	6046	84	35≡
5898	54	62≡	5926	56	65≡	5953	108	34—	5985	94	45—	6010	88	50—	6046	110	34—
5898	66	56≡	5926	64	51≡	5954	64	68≡	5986	54	52≡	6011	78	67—	6047	44	75≡
5898	78	63—	5926	112	17	5955	58	70≡	5986	84	37≡	6012	72	60=	6047	96	26
5899	58	57≡	5927	54	68≡	5957	84	50—	5986	114	16	6013	56	79=	6048	64	64=
5899	66	49≡	5929	86	54—	5958	48	71≡	5987	52	75=	6013	62	52≡	6048	86	59—
5899	100	36—	5929	98	45—	5958	94	45—	5987	102	37—	6013	68	49≡	6050	58	52≡
5901	60	68≡	5930	84	54—	5959	70	69—	5987	104	36—	6014	52	68≡	6050	72	77=
5901	84	50—	5931	80	35≡	5960	90	54—	5988	54	75=	6014	54	57≡	6050	90	58—
5902	90	58—	5932	56	52≡	5960	96	45—	5988	66	74—	6015	102	41—	6050	106	37—
5903	54	79≡	5932	104	36—	5961	80	43≡	5989	76	43=	6016	64	49≡	6051	72	61≡
5903	72	78—	5933	52	52≡	5962	58	79=	5989	94	35≡	6016	74	60=	6052	80	39≡
5904	84	43≡	5933	82	43≡	5962	78	47=	5990	70	77=	6017	76	78—	6052	82	59—
5904	88	50—	5933	112	20	5963	74	55≡	5990	74	43≡	6017	80	67—	6053	58	70=
5905	86	58—	5934	87	28	5964	50	66≡	5990	90	42≡	6018	60	62≡	6053	98	41—
5905	90	53—	5935	64	74—	5966	46	71≡	5991	58	62≡	6018	66	64≡	6055	42	75≡
5906	80	76—	5935	76	43≡	5966	58	57≡	5991	82	76—	6019	88	59—	6055	64	57≡
5907	58	62≡	5935	86	50—	5966	92	53—	5992	70	56≡	6019	96	45—	6055	86	42=
5907	68	69—	5935	98	41—	5967	50	75=	5992	74	55=	6020	66	49≡	6056	52	66≡
5907	70	49≡	5936	80	43=	5967	60	62≡	5992	78	63—	6021	68	51=	6056	70	51=
5907	88	58—	5937	74	63—	5967	68	61=	5992	86	37=	6021	104	37—	6056	102	36—
5908	68	49≡	5939	60	79=	5967	94	53—	5992	88	37=	6022	84	59—	6056	120	31
5909	76	67—	5939	72	55=	5968	54	73=	5992	90	58—	6022	90	35=	6057	64	62≡
5909	106	34—	5939	76	78—	5968	56	73=	5994	76	55=	6022	92	54—	6058	74	35≡
5910	50	68≡	5940	66	56≡	5968	72	39≡	5994	86	42=	6023	78	47=	6059	68	77=
5910	56	65≡	5940	68	72—	5969	84	59—	5994	92	45—	6024	60	56≡	6059	96	46—
5910	106	36—	5940	78	43≡	5970	76	60=	5995	48	66≡	6025	56	52≡	6060	92	46—
5911	76	39≡	5941	76	47≡	5971	88	58—	5995	70	51≡	6025	108	34—	6061	60	52≡
5911	98	37—	5941	102	34—	5972	42	73≡	5995	88	42≡	6025	112	19	6061	94	45—
5912	74	47≡	5942	88	76—	5972	60	49≡	5995	110	34—	6026	62	79=	6061	108	34—
5912	118	31	5942	126	14	5972	82	42≡	5996	90	53—	6026	72	56=	6062	88	54—
5913	56	57≡	5943	80	67—	5972	92	37≡	5997	66	61=	6026	106	36—	6062	116	21
5913	66	61=	5943	86	76—	5972	104	34—	5997	94	27	6027	88	28	6063	82	42=
5913	70	72—	5944	56	70=	5973	56	70=	5998	54	65≡	6027	98	45—	6063	84	42=
5913	84	59—	5944	62	64=	5973	68	64=	5998	60	64=	6029	68	72—	6064	74	51=
5914	96	41—	5944	102	36—	5974	72	60=	5998	86	54—	6029	86	76—	6065	60	70=
5914	114	21	5944	106	32	5975	66	72—	5999	46	71≡	6030	88	76—	6067	76	63—
5915	74	78—	5945	64	61=	5975	106	25	5999	60	52≡	6031	80	67—	6068	46	66≡

Widerstandsmomente cm³

von 6068 bis 6253.

Widerstands-moment cm³	Steh-blech-Höhe cm	Seite des Buches	Widerstands-moment cm³	Steh-blech-Höhe cm	Seite des Buches	Widerstands-moment cm³	Steh-blech-Höhe cm	Seite des Buches	Widerstands-moment cm³	Steh-blech-Höhe cm	Seite des Buches	Widerstands-moment cm³	Steh-blech-Höhe cm	Seite des Buches	Widerstands-moment cm³	Steh-blech-Höhe cm	Seite des Buches
6068	56	57≡	6107	66	74–	6137	60	57≡	6168	74	39≡	6195	68	77=	6224	88	76–
6068	90	54–	6107	74	78–	6137	78	78–	6168	88	37=	6195	72	77=	6224	112	36–
6069	84	59–	6108	60	65=	6137	94	53–	6169	66	61=	6195	74	69–	6225	82	67–
6070	74	60=	6108	76	47–	6137	102	41–	6169	80	43=	6196	86	50–	6226	70	49≡
6071	64	49≡	6109	58	57=	6138	62	68–	6170	90	42=	6197	90	59–	6226	86	35≡
6071	100	37–	6109	68	64=	6139	66	56≡	6170	92	46–	6198	54	52≡	6226	92	58–
6071	110	36–	6110	86	54–	6140	74	55=	6170	98	41–	6198	68	51=	6226	98	46–
6071	114	34–	6110	102	37–	6140	76	39≡	6171	52	66≡	6198	112	34–	6228	54	73=
6072	50	71≡	6111	64	56≡	6141	86	50–	6171	88	42=	6200	58	62≡	6228	60	79=
6072	66	61=	6112	68	51=	6142	44	73≡	6172	80	35≡	6200	72	56=	6228	64	49≡
6073	62	56≡	6112	72	49≡	6142	60	64=	6172	90	58–	6200	78	67–	6230	88	59–
6073	70	72–	6112	100	41–	6143	102	41–	6173	66	74–	6200	122	31	6230	96	45–
6073	72	69–	6113	68	49≡	6143	106	36–	6173	84	76–	6201	76	48=	6231	58	73=
6074	70	61=	6113	80	55=	6144	80	78–	6174	96	27	6202	90	35=	6231	74	56=
6075	92	58–	6114	58	79=	6145	50	66≡	6174	104	41–	6203	96	53–	6231	78	78–
6076	50	68≡	6114	82	35≡	6145	104	37–	6175	62	79=	6204	58	70=	6231	94	46–
6078	98	45–	6114	90	76–	6146	112	34–	6176	90	54–	6204	62	62≡	6232	102	37–
6079	68	74–	6115	78	78–	6147	46	71≡	6177	88	54–	6205	68	72–	6233	70	60=
6079	78	55=	6116	76	78–	6147	82	43=	6177	94	35=	6205	98	41–	6233	116	17
6080	82	47=	6116	84	43=	6148	60	62≡	6177	106	37–	6206	60	79=	6234	58	70=
6080	86	58–	6117	68	72–	6149	78	63–	6177	114	19	6206	72	51=	6234	88	42=
6081	66	74–	6118	70	49≡	6149	90	58–	6178	72	69–	6206	88	76–	6235	60	62≡
6082	90	50–	6118	88	76–	6150	66	51=	6178	110	34–	6206	98	53–	6235	84	67–
6082	114	20	6118	94	46–	6150	86	76–	6179	74	60=	6206	108	37–	6236	56	70=
6082	128	14	6119	80	67–	6151	72	48=	6179	78	47=	6207	80	67–	6236	64	68=
6083	48	71≡	6120	89	28	6152	62	57≡	6179	92	54–	6209	60	70=	6237	62	52≡
6083	60	79=	6121	82	43=	6152	74	44≡	6180	64	64=	6210	82	67–	6238	68	49≡
6083	88	58–	6122	52	75=	6152	80	47=	6180	74	48=	6211	72	44≡	6238	70	51=
6084	86	50–	6122	76	78–	6153	56	62≡	6181	58	65=	6212	118	21	6239	66	49≡
6086	66	62≡	6123	58	79=	6153	96	45–	6181	66	68=	6213	78	48=	6239	82	39≡
6086	78	63–	6123	90	54–	6154	84	42=	6181	70	61=	6213	90	28	6240	80	78–
6087	106	36–	6124	88	59–	6154	88	50–	6181	108	36–	6214	76	78–	6240	84	59–
6088	104	23	6125	96	45–	6154	108	34–	6181	110	36–	6215	80	47=	6240	90	54–
6089	82	76–	6125	98	35=	6155	94	53–	6182	58	52≡	6215	110	34–	6240	94	53–
6090	50	66≡	6126	74	55=	6156	68	56≡	6183	44	71≡	6216	60	52≡	6242	72	55=
6090	56	70=	6126	124	15	6156	92	37=	6183	78	43=	6216	78	78–	6242	74	51=
6092	72	69–	6127	78	43=	6157	72	60=	6184	48	66≡	6216	104	36–	6242	76	63–
6092	100	45–	6127	106	34–	6158	58	57≡	6185	72	39≡	6217	68	61=	6242	100	41–
6093	62	64=	6128	80	43=	6159	56	79=	6185	98	45–	6217	100	41–	6242	124	18
6094	54	62≡	6129	54	75=	6160	54	65≡	6185	114	34–	6217	110	36–	6243	62	57≡
6095	58	70=	6129	70	69–	6160	70	56=	6186	52	68≡	6218	72	72–	6243	108	36–
6095	64	68=	6130	70	77=	6162	76	55=	6186	56	68≡	6218	74	60=	6244	52	66≡
6095	90	53–	6131	68	61=	6162	92	42=	6187	76	43=	6218	76	60=	6244	56	52≡
6097	80	63–	6131	84	59–	6163	82	47=	6190	78	55=	6218	80	48=	6244	82	47=
6097	104	34–	6132	48	71≡	6163	88	59–	6190	90	50–	6219	78	35≡	6245	68	64=
6097	122	18	6132	72	72–	6164	86	37=	6191	76	55=	6220	42	75≡	6245	86	42=
6098	84	47=	6132	108	25	6164	96	41–	6192	66	74–	6220	44	75≡	6246	64	52≡
6101	64	77=	6133	74	69–	6165	66	77=	6192	100	45–	6220	90	50–	6248	84	42=
6101	78	39≡	6133	92	54–	6165	90	37–	6193	46	75≡	6220	116	34–	6248	90	58–
6101	104	36–	6134	46	73≡	6165	106	24	6193	80	63–	6221	74	69–	6249	70	72–
6103	56	73=	6134	82	67–	6166	46	71≡	6193	92	35=	6221	88	50–	6249	94	53–
6103	108	32	6134	96	53–	6166	72	69–	6193	106	36–	6222	68	77=	6250	80	63–
6105	110	34–	6135	56	52=	6167	78	60=	6194	62	65=	6222	98	26	6251	78	63–
6106	54	68≡	6135	116	16	6167	92	58–	6194	70	64=	6223	130	14	6253	50	71≡
6106	88	54–	6136	54	66≡	6168	68	74–	6194	94	54–	6224	72	61=	6253	74	77=

— bedeutet Träger mit einer Gurtplatte, = mit zwei, ≡ mit drei Gurtplatten.

von 6253 bis 6438.

Widerstandsmoment cm³	Stehblechhöhe cm	Seite des Buches
6253	86	76—
6254	76	56=
6255	102	45—
6255	106	23
6256	62	62≡
6256	68	74—
6256	70	61=
6257	60	65≡
6258	52	75=
6258	74	61=
6258	112	34—
6259	64	79≡
6259	66	64=
6259	92	58—
6259	106	36—
6260	68	68=
6260	72	69—
6260	102	41—
6261	92	50—
6262	88	43=
6262	90	58—
6263	56	65≡
6264	110	32
6265	58	79=
6265	60	65=
6266	66	74—
6266	84	47=
6267	64	57≡
6268	88	50—
6269	72	51=
6269	76	51=
6270	54	75=
6270	56	57=
6270	70	77=
6270	92	53—
6270	104	37—
6271	126	15
6272	48	71≡
6272	64	65=
6273	78	63—
6273	80	55=
6274	76	60=
6274	84	76—
6275	76	47=
6276	102	41—
6277	58	52≡
6277	88	59—
6280	66	57≡
6282	86	47=
6284	90	54—
6284	108	34—
6285	54	68=
6285	118	16
6286	50	66≡
6287	72	61=

Widerstandsmoment cm³	Stehblechhöhe cm	Seite des Buches
6287	92	76—
6289	74	55=
6289	80	63—
6289	96	46—
6289	100	35=
6290	62	79≡
6290	110	25
6291	68	44≡
6291	72	60=
6291	88	54—
6292	74	51—
6292	100	45—
6293	80	39≡
6293	98	45—
6294	68	61—
6294	90	76—
6296	66	49≡
6296	82	63—
6297	60	52≡
6297	72	72—
6298	90	50—
6299	84	35≡
6299	86	43=
6299	92	54—
6299	104	41—
6299	114	34—
6300	108	36—
6301	46	73≡
6302	44	73≡
6302	62	52≡
6303	64	56≡
6304	82	55=
6304	98	53—
6305	72	72—
6305	80	67—
6305	90	59—
6305	104	41—
6305	106	37—
6306	48	71≡
6306	78	47=
6307	94	54—
6308	84	43=
6308	96	53—
6309	68	62≡
6309	82	67—
6310	60	70=
6310	74	69—
6310	110	34—
6311	66	44≡
6312	70	74—
6313	76	78—
6314	80	78—
6315	62	70=
6315	82	67—
6317	68	49≡

Widerstandsmoment cm³	Stehblechhöhe cm	Seite des Buches
6318	58	57≡
6318	78	78—
6318	86	59—
6318	110	22
6320	80	43=
6321	98	45—
6323	78	60=
6324	62	79=
6324	66	77=
6326	50	66≡
6326	96	53—
6327	84	67—
6327	88	50—
6327	92	58—
6328	46	71≡
6328	70	49≡
6328	72	49≡
6328	80	47=
6328	94	37=
6329	88	76—
6330	116	19
6331	70	51=
6331	108	24
6332	54	66≡
6332	112	34—
6333	98	41—
6334	64	64=
6334	84	43=
6335	88	59—
6335	106	41—
6336	78	39≡
6336	80	78—
6336	96	45—
6336	116	34—
6337	66	56≡
6337	90	50—
6337	100	41—
6338	86	42=
6338	110	36—
6339	72	77=
6340	82	78—
6340	92	37=
6341	66	61=
6342	74	60=
6343	76	55=
6343	94	53—
6343	98	46—
6344	88	37=
6344	90	59—
6345	68	74—
6345	90	37=
6346	92	42=
6346	96	35=
6346	124	31
6347	70	72—

Widerstandsmoment cm³	Stehblechhöhe cm	Seite des Buches
6347	88	42=
6348	76	69—
6350	70	61—
6350	90	42=
6351	92	58—
6351	108	36—
6351	114	34—
6352	78	63—
6352	84	47=
6353	60	57≡
6353	74	72—
6353	98	27
6353	100	45—
6354	72	69—
6354	76	44≡
6354	80	63—
6354	94	54—
6355	58	70=
6356	56	62≡
6356	62	65=
6356	86	76—
6357	90	54—
6357	102	45—
6358	52	68≡
6358	66	74—
6358	74	48=
6360	82	43=
6361	68	56≡
6361	78	55=
6362	60	79=
6363	110	37—
6363	120	21
6365	80	60=
6365	94	35=
6367	74	60=
6367	96	54—
6368	76	39≡
6368	94	76—
6370	58	73=
6370	112	34—
6371	118	34—
6372	48	66=
6372	56	68=
6372	60	79=
6372	92	50—
6372	100	41—
6373	72	56=
6373	98	53—
6373	112	36—
6374	58	70=
6374	70	56≡
6374	100	53—
6375	52	66≡
6375	80	47=
6376	62	57≡

Widerstandsmoment cm³	Stehblechhöhe cm	Seite des Buches
6376	68	51=
6376	106	36—
6377	64	68=
6377	80	43—
6377	92	59—
6378	114	36—
6379	72	51=
6381	68	64=
6382	56	70=
6382	102	41—
6383	50	71≡
6383	76	48=
6383	88	50—
6384	90	76—
6385	68	77—
6385	80	63—
6386	64	57=
6386	78	43—
6386	118	20
6387	74	69—
6388	118	17
6390	62	62≡
6390	74	39≡
6390	126	18
6391	58	52≡
6391	72	72—
6391	88	59—
6392	78	55=
6392	100	45—
6394	44	75≡
6394	68	61—
6394	92	42=
6395	82	63—
6395	104	37—
6397	72	61=
6399	74	69—
6399	100	26
6401	80	67—
6401	98	45—
6401	110	36—
6402	92	28
6403	70	74—
6403	90	76—
6404	94	58—
6404	96	46—
6405	60	57=
6405	82	67—
6405	84	67—
6406	90	50—
6407	56	66≡
6407	88	35≡
6408	64	77=
6408	102	41—
6409	56	75=
6409	74	56=

Widerstandsmoment cm³	Stehblechhöhe cm	Seite des Buches
6410	58	62≡
6410	70	77=
6410	80	48=
6410	102	45—
6411	54	75=
6411	82	48=
6412	76	69—
6412	80	35≡
6413	64	79=
6413	90	59—
6413	114	34—
6414	68	74—
6414	96	53—
6414	108	34—
6415	90	42=
6416	58	79=
6417	72	64=
6417	128	15
6418	66	64=
6418	80	78—
6419	74	44≡
6419	78	78—
6419	92	54—
6419	94	54—
6420	84	67—
6420	104	45—
6421	60	65=
6421	70	51=
6422	78	60=
6422	96	53—
6423	108	23
6424	104	41—
6425	96	58—
6426	76	60=
6427	84	39≡
6427	86	67—
6427	112	32
6428	88	42=
6428	92	58—
6430	86	59—
6431	56	65≡
6432	80	78—
6432	106	37—
6433	52	66≡
6433	60	52≡
6433	68	74—
6433	84	42=
6434	50	71≡
6434	86	42=
6435	88	76—
6436	74	61=
6436	120	16
6437	76	56=
6438	60	65≡
6438	70	72—

— bedeutet Träger mit einer Gurtplatte, = mit zwei, ≡ mit drei Gurtplatten.

Widerstandsmomente cm³

von 6438 bis 6620.

Widerstandsmoment cm³	Stehblech-Höhe cm	Seite des Buches	Widerstandsmoment cm³	Stehblech-Höhe cm	Seite des Buches	Widerstandsmoment cm³	Stehblech-Höhe cm	Seite des Buches	Widerstandsmoment cm³	Stehblech-Höhe cm	Seite des Buches	Widerstandsmoment cm³	Stehblech-Höhe cm	Seite des Buches	Widerstandsmoment cm³	Stehblech-Höhe cm	Seite des Buches
6438	82	78—	6471	72	44≡	6500	98	53—	6524	120	34—	6553	94	35=	6590	106	41—
6438	94	58—	6471	92	76—	6501	74	61=	6525	80	60=	6554	46	75≡	6590	114	32
6439	64	65=	6472	66	68=	6501	96	37=	6525	90	37=	6554	122	45—	6591	94	28
6439	76	69—	6472	78	69—	6502	100	41—	6525	126	31	6555	56	75=	6592	82	63—
6440	72	49≡	6473	62	79=	6503	76	51=	6526	76	49≡	6556	94	76—	6592	92	50—
6440	104	41—	6473	88	43=	6504	102	41—	6527	54	66≡	6558	70	74—	6593	72	56≡
6441	74	72—	6474	70	64=	6505	58	52≡	6527	92	59—	6559	106	37—	6593	80	55=
6441	88	59—	6474	90	54—	6505	74	60=	6527	114	34—	6560	68	68=	6593	110	23
6442	64	62≡	6474	100	53—	6505	80	47=	6528	58	57≡	6560	82	63—	6594	78	60=
6442	94	50—	6475	78	51=	6505	82	67—	6528	80	78—	6560	112	36—	6595	108	37—
6442	110	34—	6477	94	54—	6506	84	67—	6530	58	65≡	6561	72	64=	6596	92	42=
6443	90	43≡	6478	64	52≡	6506	88	59—	6530	74	72—	6561	102	45—	6597	74	51=
6443	92	58—	6478	72	72—	6506	116	34—	6530	90	42=	6562	80	63—	6597	76	39≡
6446	90	58—	6478	112	22	6507	56	73=	6530	92	42=	6563	92	76—	6597	96	54—
6447	94	53—	6479	78	60=	6507	68	57≡	6530	114	36—	6564	130	15	6598	92	59—
6448	48	73≡	6480	48	71≡	6507	94	58—	6531	64	79=	6565	68	56≡	6598	98	53—
6448	58	68≡	6480	62	62≡	6509	46	71≡	6531	76	69—	6565	78	69—	6599	84	63—
6448	62	57≡	6480	98	37=	6509	84	43=	6531	96	54—	6566	76	48=	6599	94	54—
6448	112	36—	6481	66	52≡	6509	98	45—	6532	60	52≡	6567	44	75≡	6600	62	57≡
6450	72	60=	6481	80	63—	6510	58	73≡	6532	94	58—	6567	64	79=	6601	86	67—
6451	54	66≡	6481	98	53—	6510	62	65≡	6533	78	55=	6568	116	34—	6601	112	34—
6451	76	51=	6482	50	66≡	6510	70	44≡	6533	80	39≡	6569	62	70=	6602	80	48=
6452	60	62≡	6482	92	50—	6510	96	42=	6534	70	62≡	6570	60	57≡	6602	84	47=
6452	74	55≡	6482	96	54—	6511	76	69—	6534	100	27	6570	72	61=	6602	98	58—
6452	116	34—	6483	66	62≡	6511	90	76—	6534	116	36—	6570	78	39≡	6603	70	51=
6453	78	35≡	6483	72	77=	6511	110	36—	6536	66	56≡	6571	68	61=	6604	68	74—
6454	82	63—	6483	74	69—	6512	84	67—	6536	68	44≡	6571	90	50—	6604	82	67—
6454	86	47=	6484	86	35≡	6513	66	65=	6537	82	78—	6572	82	47=	6606	64	65=
6454	90	50—	6484	88	43=	6513	68	62≡	6537	84	47=	6572	94	42=	6606	84	48=
6454	102	35=	6484	118	19	6514	48	75≡	6538	92	54—	6573	100	45—	6606	114	36—
6456	76	77≡	6486	70	68=	6514	82	78—	6538	96	35=	6574	82	43=	6607	82	35≡
6457	66	49≡	6486	82	39≡	6514	90	50—	6538	108	36—	6574	110	34—	6607	106	41—
6457	70	49≡	6487	92	59—	6514	100	46—	6538	128	18	6575	76	72—	6607	118	34—
6457	72	51=	6488	64	64=	6515	82	43=	6539	120	20	6576	104	41—	6608	76	77=
6458	80	63—	6488	114	34—	6515	122	21	6541	58	75=	6577	66	64=	6608	82	48=
6459	102	45—	6489	100	35=	6516	94	37—	6541	74	49≡	6577	102	26	6609	56	66≡
6459	110	36—	6489	118	34—	6517	98	35—	6541	88	76—	6578	72	72—	6610	76	69—
6460	48	71≡	6492	100	45—	6518	62	65=	6541	98	54—	6578	90	59—	6610	114	25
6460	70	74—	6493	82	63—	6518	70	61=	6541	102	41—	6578	104	45—	6611	94	58—
6461	62	52≡	6494	66	79=	6519	60	79≡	6542	86	47=	6579	50	71≡	6613	62	79=
6461	98	46—	6494	70	74—	6519	96	53—	6542	96	76—	6579	74	69—	6613	90	42=
6462	94	76—	6495	60	73—	6520	96	46—	6544	64	52≡	6580	110	36—	6614	70	64=
6462	106	41—	6495	68	64=	6521	78	78—	6545	62	52≡	6582	50	73=	6614	74	61=
6463	68	49≡	6495	110	37—	6521	86	67—	6545	72	49≡	6583	92	76—	6615	50	71≡
6463	100	45—	6496	64	56≡	6521	90	59—	6545	100	53—	6583	96	58—	6616	86	67—
6464	54	68≡	6496	76	55=	6521	112	37—	6545	120	17	6584	70	56≡	6617	64	57≡
6464	56	52≡	6496	86	43=	6522	68	49≡	6546	72	56=	6585	82	55=	6617	66	68=
6464	92	54—	6496	112	36—	6522	74	72—	6548	78	55=	6586	74	56=	6617	96	58—
6465	108	37—	6497	60	70=	6522	80	78—	6549	68	77=	6586	80	43=	6618	60	65≡
6466	60	70=	6497	84	55=	6522	92	50—	6549	74	77=	6587	94	50—	6619	74	72—
6467	46	73≡	6497	88	50—	6522	102	45—	6549	104	41—	6587	106	45—	6619	76	56=
6467	76	61=	6497	108	41—	6523	86	43=	6550	52	71≡	6588	78	48=	6619	90	76—
6467	112	34—	6498	84	63—	6524	82	47=	6551	84	35=	6589	98	53—	6619	112	36—
6468	82	55=	6499	66	57≡	6524	88	42=	6552	72	51=	6589	122	16	6620	58	62=
6469	106	41—	6499	110	24	6524	104	45—	6553	76	60=	6590	90	35≡	6620	88	67—

— bedeutet Träger mit einer Gurtplatte, = mit zwei, ≡ mit drei Gurtplatten.

von 6621 bis 6812.

Widerstands-moment cm³	Steh-blech-Höhe cm	Seite des Buches	Widerstands-moment cm³	Steh-blech-Höhe cm	Seite des Buches	Widerstands-moment cm³	Steh-blech-Höhe cm	Seite des Buches	Widerstands-moment cm³	Steh-blech-Höhe cm	Seite des Buches	Widerstands-moment cm³	Steh-blech-Höhe cm	Seite des Buches	Widerstands-moment cm³	Steh-blech-Höhe cm	Seite des Buches
6621	48	73≡	6649	58	73=	6679	58	66≡	6709	64	52≡	6743	72	61=	6783	60	73=
6621	52	66≡	6650	60	52≡	6679	62	65=	6709	98	54—	6743	108	35=	6784	52	66≡
6621	66	57≡	6650	76	61≡	6680	84	39≡	6710	68	68=	6744	94	76—	6784	80	69—
6621	70	61=	6650	94	76—	6681	66	62=	6710	90	42=	6744	106	41—	6784	84	55≡
6621	82	78—	6650	116	36—	6681	80	47—	6711	60	68≡	6744	124	16	6785	116	34—
6621	104	35=	6652	100	37=	6681	114	37—	6711	104	41—	6746	102	45—	6787	82	43=
6622	76	69—	6653	62	57≡	6683	100	45—	6712	94	59—	6747	86	43=	6788	62	52=
6622	88	42=	6653	66	79=	6684	116	34—	6712	96	54—	6748	102	53—	6788	66	52=
6623	60	70=	6653	80	35≡	6685	52	71≡	6713	88	43=	6749	70	49≡	6789	58	73=
6623	86	42=	6653	90	47=	6685	88	43=	6713	98	35—	6750	76	72—	6789	74	64=
6624	96	50—	6654	54	71≡	6686	62	52≡	6714	72	68=	6752	96	42=	6789	106	35=
6625	114	34—	6655	74	49≡	6686	74	44≡	6714	92	42=	6753	78	69—	6790	112	37—
6626	80	78—	6655	100	53—	6687	98	42=	6715	74	72—	6753	80	55=	6791	78	60=
6626	92	43=	6655	114	36—	6687	102	46—	6716	78	51=	6754	100	46—	6792	74	61=
6626	94	58—	6656	70	74—	6688	68	49≡	6716	84	78—	6754	108	45—	6793	110	41—
6627	72	77=	6656	72	77≡	6688	96	58—	6716	102	27	6756	68	65=	6794	70	68=
6627	108	41—	6656	96	54—	6688	130	18	6717	68	52=	6756	116	32	6794	96	58—
6627	110	37—	6656	112	37—	6689	70	49≡	6717	76	61=	6757	104	26	6795	48	73≡
6628	76	44≡	6657	58	70=	6689	90	50—	6717	100	54—	6759	110	37—	6795	64	52≡
6628	104	45—	6658	68	64=	6689	100	35=	6717	106	41—	6760	72	62≡	6795	80	48=
6629	90	59—	6658	92	54—	6690	82	63—	6718	98	76—	6761	62	73=	6796	50	71≡
6631	78	69—	6658	102	35=	6691	64	57≡	6719	66	52=	6762	92	50—	6797	82	55=
6631	92	58—	6659	78	69—	6691	86	55=	6720	114	36—	6762	114	34—	6797	122	19
6632	82	55=	6659	84	63—	6691	118	36—	6721	64	79=	6763	62	70=	6798	86	47=
6634	46	73≡	6659	90	43=	6692	58	75=	6721	94	54—	6763	74	49≡	6798	88	67—
6634	64	62≡	6659	98	54—	6692	104	45—	6722	54	66≡	6763	98	58—	6799	60	65≡
6634	76	51=	6660	80	56=	6693	92	76—	6724	108	37—	6764	50	73=	6799	72	74—
6634	100	46—	6661	110	41—	6693	96	37=	6725	118	34—	6764	94	76—	6799	92	42=
6634	102	45—	6662	72	61=	6693	106	45—	6727	82	78—	6764	120	34—	6799	98	58—
6634	108	41—	6662	118	34—	6694	74	61≡	6727	90	76—	6765	64	65≡	6799	106	45—
6635	78	60=	6663	54	66≡	6694	122	20	6729	82	60=	6765	82	55=	6800	84	63—
6635	82	78—	6663	78	51=	6695	90	59—	6730	62	70=	6765	100	53—	6800	110	41—
6638	96	76—	6663	102	45—	6696	98	46—	6730	80	78—	6765	112	23	6802	76	56=
6639	60	73=	6664	76	55=	6697	62	65≡	6730	96	35=	6766	84	60=	6802	116	22
6639	72	74—	6665	84	55=	6697	74	77=	6731	70	64=	6766	116	36—	6803	70	61=
6639	114	22	6666	80	63—	6697	98	53—	6731	72	44≡	6767	60	52≡	6803	80	60=
6640	58	68=	6667	82	63—	6698	64	79=	6731	86	47=	6767	92	59—	6804	86	63—
6640	70	68=	6668	60	62≡	6698	72	74—	6732	58	52≡	6768	84	63—	6804	92	76—
6640	120	19	6668	74	60=	6700	84	63—	6732	78	69—	6770	68	56≡	6804	118	34—
6641	66	77=	6668	94	50—	6701	56	75=	6732	104	45—	6772	64	65=	6805	78	39≡
6641	74	64=	6668	112	24	6701	76	51=	6733	56	66≡	6772	96	50—	6805	82	48=
6642	60	70=	6668	124	21	6701	86	63—	6733	88	47=	6773	92	35≡	6805	98	53—
6642	64	64=	6670	90	43=	6701	110	36—	6734	66	56≡	6774	82	63—	6807	76	69—
6642	92	50—	6671	88	35≡	6702	48	75=	6734	82	78—	6774	100	53—	6807	104	45—
6643	54	68≡	6671	94	59—	6703	92	50—	6735	46	75≡	6774	108	41—	6808	84	48=
6643	88	47=	6672	72	72—	6703	122	17	6735	78	49≡	6775	66	79=	6808	88	39≡
6644	72	51=	6674	100	53—	6704	58	65=	6736	112	34—	6775	70	77=	6808	98	50—
6644	78	56=	6674	104	41—	6704	94	37=	6737	86	78—	6775	74	51=	6809	72	56=
6644	120	34—	6675	60	79=	6704	128	31	6738	66	62≡	6776	50	71≡	6809	96	58—
6645	94	54—	6676	66	49≡	6705	72	64=	6739	52	71≡	6776	78	48=	6809	102	46—
6645	116	34—	6676	70	74—	6705	78	55=	6739	80	55=	6776	98	54—	6810	94	43=
6646	88	76—	6676	98	37=	6705	82	47=	6739	84	78—	6779	60	70=	6811	74	72—
6646	102	53—	6677	74	51=	6707	84	67—	6740	96	59—	6780	94	50—	6811	90	42=
6647	92	59—	6678	78	61=	6708	74	72—	6742	112	36—	6781	96	54—	6812	56	66≡
6649	48	71≡	6679	50	66≡	6708	92	37=	6743	56	68=	6781	114	36—	6812	66	79—

— bedeutet Träger mit einer Gurtplatte, = mit zwei, ≡ mit drei Gurtplatten.

Widerstandsmomente cm³

von 6812 bis 6997.

Widerstandsmoment cm³	Stehblechhöhe cm	Seite des Buches	Widerstandsmoment cm³	Stehblechhöhe cm	Seite des Buches	Widerstandsmoment cm³	Stehblechhöhe cm	Seite des Buches	Widerstandsmoment cm³	Stehblechhöhe cm	Seite des Buches	Widerstandsmoment cm³	Stehblechhöhe cm	Seite des Buches	Widerstandsmoment cm³	Stehblechhöhe cm	Seite des Buches
6812	90	59—	6846	78	69—	6880	82	63—	6907	82	69—	6940	76	72—	6970	74	61=
6813	74	56≡	6846	104	41—	6881	92	50—	6908	86	63—	6941	82	78—	6970	86	47=
6813	88	67—	6847	56	75=	6881	100	58—	6909	98	35=	6941	84	78—	6970	96	50—
6814	90	67—	6847	92	43=	6882	106	41—	6910	60	68≡	6942	74	68=	6970	108	45—
6816	88	42=	6848	64	57=	6882	116	36—	6910	62	52≡	6942	88	43=	6971	86	43—
6816	98	76—	6848	76	72—	6883	62	65≡	6910	86	67—	6943	70	77=	6971	96	59—
6816	116	36—	6848	118	36—	6883	98	42=	6910	88	67—	6943	86	78—	6972	50	71≡
6817	76	51=	6849	72	61=	6884	120	34—	6912	62	70=	6943	102	53—	6973	78	77≡
6817	78	77—	6849	120	36—	6884	130	31	6913	68	49≡	6943	110	41—	6974	68	56≡
6817	94	58—	6850	54	71≡	6885	60	62=	6913	76	77=	6943	116	36—	6974	74	74—
6818	92	59—	6850	78	51=	6885	96	37=	6913	90	67—	6945	50	73≡	6976	62	68≡
6818	114	37—	6850	102	53—	6886	74	61=	6914	92	76—	6945	80	49≡	6976	66	62≡
6819	88	47=	6850	124	20	6886	82	47=	6914	98	76—	6945	100	58—	6976	72	62≡
6820	60	75—	6852	70	74—	6886	88	55=	6914	108	41—	6946	82	55=	6976	80	69—
6820	104	53—	6852	80	69—	6886	92	59—	6915	80	55=	6946	118	34—	6976	98	28
6820	120	34—	6852	100	37=	6886	108	41—	6916	46	75≡	6947	66	79=	6978	72	49≡
6821	68	64=	6854	82	35=	6888	76	60=	6916	72	49≡	6947	76	72—	6978	82	39≡
6822	66	70=	6855	96	50—	6888	100	54—	6918	54	66≡	6947	96	76—	6978	86	63—
6823	126	21	6856	96	59—	6889	58	66≡	6918	108	45—	6949	56	71=	6978	118	36—
6824	62	57=	6857	66	65=	6889	80	61=	6919	78	51=	6949	70	68=	6979	60	65≡
6825	84	78—	6857	68	57=	6890	52	71≡	6920	70	49≡	6952	102	53—	6979	80	60=
6825	102	37=	6858	92	43=	6891	48	75≡	6920	86	78—	6953	60	66≡	6979	98	58—
6826	112	41—	6859	66	57=	6891	110	37—	6921	104	45—	6953	74	44≡	6980	128	21
6828	96	54—	6859	102	45—	6892	62	70=	6922	68	62≡	6953	94	50—	6981	66	70=
6829	72	77=	6860	90	35=	6892	94	37=	6923	110	45—	6954	70	62≡	6981	68	62≡
6829	104	35=	6860	104	46—	6893	78	72—	6923	118	32	6955	70	52≡	6981	100	58—
6830	64	70=	6862	108	45—	6893	82	51=	6924	98	59—	6955	114	37—	6981	106	45—
6831	78	56=	6863	86	55=	6894	66	64=	6924	116	34—	6955	124	19	6982	116	37—
6831	94	50—	6863	124	17	6894	68	79=	6925	110	41—	6956	80	69—	6983	76	49≡
6831	102	53—	6864	100	42=	6894	98	54—	6925	112	37—	6956	94	59—	6984	76	56=
6832	58	68=	6864	106	45—	6894	102	54—	6926	90	47=	6957	68	57≡	6985	68	64=
6832	72	51=	6865	64	79=	6894	104	53—	6927	52	71≡	6957	100	54—	6985	74	49≡
6833	76	61=	6865	78	61=	6895	96	42=	6927	60	73=	6958	64	65≡	6985	86	55=
6833	84	55=	6865	82	56=	6895	100	76—	6927	88	47=	6958	66	52≡	6985	100	53—
6834	78	69—	6866	86	63—	6896	88	43=	6927	96	76—	6959	98	50—	6985	104	46—
6834	82	78—	6866	112	36—	6896	94	59—	6928	62	62≡	6959	108	35=	6986	78	72—
6834	114	36—	6868	76	64=	6897	98	58—	6929	56	68≡	6960	112	41—	6986	94	42=
6835	90	76—	6868	80	77=	6898	92	42=	6930	80	51=	6961	82	55=	6987	74	62≡
6836	98	54—	6870	74	51=	6899	76	51=	6931	102	46—	6961	102	58—	6987	80	48=
6836	104	45—	6871	98	58—	6899	114	34—	6932	84	39≡	6963	68	52≡	6987	84	63—
6837	50	75≡	6872	72	68=	6899	126	16	6933	68	65=	6964	72	57≡	6988	52	66≡
6837	100	54—	6872	98	37=	6900	70	64=	6934	78	61=	6964	96	42=	6990	54	71≡
6838	48	71≡	6874	100	46—	6900	72	74—	6934	84	60=	6964	98	54—	6990	84	43=
6839	78	44≡	6875	54	66=	6900	74	49≡	6934	98	42=	6964	120	34—	6990	94	76—
6840	84	78—	6875	64	79=	6900	96	58—	6935	60	70=	6965	118	22	6991	72	44≡
6840	86	78—	6875	86	39=	6901	80	39=	6935	78	69—	6966	70	57≡	6992	114	41—
6840	114	24	6876	68	77=	6901	84	63—	6935	84	78—	6967	112	41—	6993	72	64=
6841	92	47=	6876	74	77=	6903	64	57=	6936	62	79=	6968	86	60=	6993	100	50—
6842	116	37—	6876	80	51=	6903	76	44=	6936	66	57≡	6969	48	73≡	6994	58	75=
6843	58	75=	6876	90	43=	6904	88	67—	6936	88	35≡	6969	78	49≡	6994	106	53—
6843	94	54—	6877	78	55=	6904	90	43=	6936	118	25	6969	82	44≡	6995	88	47=
6844	106	41—	6877	94	76—	6905	96	54—	6937	74	64=	6969	84	55=	6995	96	43=
6844	118	34—	6878	74	74—	6905	106	45—	6938	106	26	6969	120	36—	6995	98	58—
6845	74	77=	6878	84	63—	6906	114	36—	6938	114	23	6970	66	79=	6997	64	70=
6845	80	60=	6880	66	62≡	6907	74	72—	6939	64	65=	6970	72	64=	6997	90	67—

— bedeutet Träger mit einer Gurtplatte, = mit zwei, ≡ mit drei Gurtplatten.

von 6998 bis 7194.

Widerstandsmoment cm³	Stehblech-Höhe cm	Seite des Buches
6998	116	36—
6999	76	51=
7000	104	37=
7001	70	65=
7001	72	74—
7001	86	35≡
7001	92	42=
7002	60	52≡
7002	72	77=
7002	82	48=
7002	106	35=
7004	120	34—
7005	70	56≡
7005	80	60=
7005	96	58—
7005	118	37—
7006	92	59—
7007	88	67—
7008	104	53—
7008	126	20
7009	86	48=
7009	90	42≡
7009	94	59—
7009	120	36—
7010	84	48=
7011	86	63—
7011	92	67—
7011	98	54—
7011	106	45—
7012	88	63—
7012	98	76—
7012	116	24
7013	90	67—
7014	56	66≡
7014	80	39≡
7014	86	67—
7014	90	47=
7015	76	61=
7016	102	54—
7016	108	41—
7017	58	66≡
7018	100	54—
7019	76	74—
7019	78	56=
7020	68	79=
7020	76	64=
7020	106	41—
7022	66	65≡
7023	96	59—
7024	58	68≡
7024	92	76—
7024	126	17
7025	80	72—
7025	92	47=
7026	72	56≡

Widerstandsmoment cm³	Stehblech-Höhe cm	Seite des Buches
7028	80	77=
7028	104	53—
7029	66	65≡
7029	102	37≡
7030	64	70=
7030	96	54—
7031	62	52≡
7031	72	68=
7031	94	47=
7031	114	36—
7032	64	79=
7032	86	78—
7033	110	45—
7034	50	75≡
7034	68	52≡
7035	76	56≡
7035	86	55=
7035	94	43=
7035	106	46—
7036	74	56≡
7036	104	45—
7037	72	61=
7037	78	69—
7037	104	35=
7041	84	60=
7042	74	74—
7042	98	59—
7043	88	78—
7043	102	42=
7044	84	78—
7045	54	71≡
7045	80	56=
7045	118	36—
7046	64	52≡
7046	76	72—
7047	66	52≡
7047	86	78—
7047	94	43=
7048	62	57≡
7050	92	35≡
7051	80	44≡
7052	100	37≡
7053	74	77=
7053	78	61=
7054	62	70=
7054	102	46—
7055	100	58—
7055	108	41—
7056	84	35≡
7056	102	53—
7056	128	16
7057	82	60=
7057	110	41—
7058	68	79=
7059	62	73=

Widerstandsmoment cm³	Stehblech-Höhe cm	Seite des Buches
7060	80	69—
7062	74	51=
7062	82	56≡
7062	96	76—
7062	108	53—
7063	102	58—
7063	116	34—
7064	100	42=
7065	76	77=
7067	102	35=
7068	70	64=
7068	80	51=
7068	92	43=
7068	102	54—
7070	62	65≡
7070	106	53—
7071	116	36—
7072	60	73=
7072	80	69—
7072	88	39≡
7072	104	54—
7073	102	76—
7074	82	69—
7075	82	77=
7075	88	63—
7076	94	50—
7077	96	37=
7077	100	54—
7078	108	45—
7079	64	57≡
7079	74	61=
7079	94	59—
7079	98	42=
7080	48	75≡
7080	78	72—
7081	100	58—
7082	52	73≡
7082	80	61=
7082	108	46—
7083	90	55—
7085	96	50—
7085	98	59—
7086	74	64=
7086	110	41—
7087	54	66≡
7087	96	42=
7087	118	34—
7088	94	42=
7089	100	35≡
7090	78	49≡
7090	82	51=
7090	86	63—
7090	110	45—
7090	120	36—
7091	80	55—

Widerstandsmoment cm³	Stehblech-Höhe cm	Seite des Buches
7091	98	54—
7092	84	47=
7092	90	43=
7092	114	37—
7092	120	32
7093	66	70≡
7094	52	71≡
7094	112	45—
7095	100	76—
7096	70	57≡
7096	76	77≡
7096	84	63—
7097	92	43=
7097	106	45—
7098	66	57≡
7099	58	66≡
7100	106	53—
7101	62	75=
7101	120	25
7102	72	74—
7103	68	57≡
7103	82	61=
7103	94	76—
7104	84	51=
7105	74	68=
7105	90	67—
7108	88	43=
7108	118	36—
7108	120	34—
7109	60	68≡
7109	78	60=
7109	100	59—
7110	68	65=
7110	86	47=
7110	98	76—
7110	104	46—
7111	70	77=
7112	76	61=
7112	90	67—
7112	92	67—
7113	100	50—
7113	112	41—
7114	86	63—
7115	52	71≡
7115	88	67—
7115	126	19
7117	100	42=
7118	76	74—
7119	66	79=
7120	92	47=
7121	78	44≡
7121	80	72—
7121	88	47=
7121	108	26
7121	116	37—

Widerstandsmoment cm³	Stehblech-Höhe cm	Seite des Buches
7122	78	51=
7123	76	49≡
7123	104	53—
7124	90	47—
7125	88	78—
7126	50	73≡
7126	82	55=
7127	68	62≡
7127	84	69—
7128	102	58—
7129	66	79=
7130	78	77=
7130	90	35≡
7130	120	22
7131	98	76—
7132	60	75=
7132	104	53—
7134	86	39≡
7136	114	41—
7137	70	79=
7137	78	61=
7137	130	21
7138	80	51=
7138	102	54—
7139	90	43=
7140	66	70=
7140	90	78—
7141	86	60=
7142	104	58—
7143	72	64=
7143	110	45—
7145	58	75=
7145	74	49≡
7145	96	35≡
7146	82	51=
7147	96	50—
7147	100	50—
7148	68	64=
7148	100	54—
7149	88	78—
7150	64	65≡
7150	86	78—
7150	98	42=
7151	56	71≡
7152	70	49≡
7152	80	61=
7153	62	62≡
7153	84	78—
7154	66	57≡
7154	72	49≡
7156	80	60=
7156	108	45—
7157	82	49≡
7159	98	59—
7160	116	41—

Widerstandsmoment cm³	Stehblech-Höhe cm	Seite des Buches
7161	98	50—
7162	106	46—
7163	64	70—
7163	118	36—
7164	52	75=
7164	80	69—
7165	70	62≡
7165	100	58—
7166	74	74—
7167	128	20
7168	102	53—
7169	50	71≡
7169	84	55=
7169	120	37—
7170	60	66≡
7170	108	53—
7171	64	52≡
7171	100	28
7172	56	66≡
7172	76	64=
7172	88	60=
7173	76	68=
7174	78	72—
7175	72	77=
7175	96	42=
7175	108	35≡
7176	106	37=
7177	76	44≡
7177	84	44≡
7178	96	76—
7180	76	74—
7180	102	50—
7181	62	68=
7181	78	72—
7181	98	43=
7181	100	58—
7182	68	57=
7183	64	70—
7183	70	65=
7185	84	39≡
7186	80	49≡
7186	108	45—
7187	106	53—
7187	118	24
7187	128	17
7188	80	77=
7188	88	55=
7189	72	68=
7189	110	41—
7190	64	62≡
7193	72	62≡
7193	94	42=
7194	86	43=
7194	90	47=
7194	92	39≡

— bedeutet Träger mit einer Gurtplatte, = mit zwei, ≡ mit drei Gurtplatten.

von **7195** bis **7399**.

Widerstandsmoment cm³	StehblechHöhe cm	Seite des Buches	Widerstandsmoment cm³	StehblechHöhe cm	Seite des Buches	Widerstandsmoment cm³	StehblechHöhe cm	Seite des Buches	Widerstandsmoment cm³	StehblechHöhe cm	Seite des Buches	Widerstandsmoment cm³	StehblechHöhe cm	Seite des Buches	Widerstandsmoment cm³	StehblechHöhe cm	Seite des Buches
7195	72	52≡	7220	74	44≡	7258	74	56≡	7287	76	74—	7322	104	54—	7361	80	61≡
7195	82	60=	7221	68	79=	7258	78	56=	7287	82	51=	7323	92	47=	7362	120	24
7195	100	76—	7221	82	60=	7259	82	56=	7288	118	37—	7324	76	64=	7364	84	51=
7196	66	52≡	7221	90	63—	7259	112	41—	7289	60	75=	7325	78	51=	7364	112	41—
7197	68	79=	7221	96	47=	7260	80	51=	7289	92	43=	7325	80	64=	7365	70	65=
7197	104	54—	7223	88	63—	7260	86	35≡	7290	106	46—	7325	106	58—	7365	98	42=
7198	64	79=	7223	104	42=	7260	116	37—	7291	66	79=	7326	92	35≡	7366	108	53—
7198	70	57≡	7225	70	62≡	7261	94	43=	7291	94	43=	7327	130	20	7367	86	78—
7198	76	61=	7225	78	51=	7261	102	54—	7293	96	76—	7328	84	69—	7367	118	36—
7199	82	48=	7225	82	39≡	7262	122	32	7294	76	51=	7328	88	63—	7368	52	75≡
7199	90	48=	7226	68	62≡	7263	62	75=	7295	100	76—	7329	90	63—	7368	104	50—
7199	116	36—	7226	84	60=	7263	90	55=	7296	64	52≡	7329	118	41—	7369	100	43=
7200	88	35≡	7227	84	69—	7264	76	56≡	7296	102	59—	7330	64	70=	7369	102	58—
7201	66	65=	7229	100	59—	7264	100	42=	7297	56	71≡	7330	120	36—	7371	84	49≡
7201	94	59—	7229	110	41—	7264	112	45—	7297	122	22	7332	80	60=	7372	82	61=
7201	102	54—	7229	114	37—	7265	66	70=	7298	52	71≡	7332	110	45—	7372	110	41—
7202	54	71≡	7229	118	34—	7265	82	44≡	7298	66	70=	7333	98	35≡	7373	90	43=
7202	72	57≡	7230	50	75=	7266	114	45—	7298	84	69—	7334	102	54—	7374	68	79=
7202	82	69—	7230	62	66≡	7267	70	79=	7299	54	66≡	7335	72	57≡	7375	70	62≡
7202	86	63—	7231	74	77—	7267	102	58—	7299	86	47=	7336	64	73=	7375	76	49≡
7204	78	49≡	7233	100	50—	7267	122	25	7300	68	52≡	7336	66	57≡	7375	82	60=
7204	92	42=	7234	102	37=	7268	48	75≡	7300	82	61=	7337	70	70=	7378	90	60=
7206	106	53—	7235	104	46—	7268	74	68=	7301	102	42=	7337	88	39≡	7379	86	55=
7206	112	45—	7236	70	64=	7268	80	69—	7302	112	35=	7337	100	42=	7379	106	54—
7207	54	73≡	7237	80	56=	7270	52	73≡	7303	60	66≡	7339	84	55=	7380	114	45—
7207	86	55=	7237	96	43=	7270	84	60=	7303	106	53—	7340	76	68=	7381	88	55=
7208	62	73≡	7237	118	36—	7271	90	39≡	7304	88	63—	7340	80	44≡	7382	72	79=
7208	70	52≡	7238	110	53—	7271	96	50—	7305	66	52≡	7341	98	50—	7383	102	54—
7208	104	37—	7239	82	77—	7271	102	35=	7306	70	79=	7341	108	46—	7384	64	75=
7209	72	79=	7239	88	78—	7272	74	61=	7306	84	51=	7343	64	65≡	7384	78	72—
7209	80	72—	7240	78	61=	7272	96	59—	7306	116	41—	7345	92	78—	7385	68	79=
7210	74	64=	7241	54	71≡	7273	108	27	7307	50	73≡	7347	80	51=	7385	100	58—
7210	92	47=	7241	94	35=	7273	120	36—	7307	60	68≡	7348	72	77=	7386	86	44≡
7210	120	36—	7242	68	70=	7274	62	52≡	7307	82	55=	7348	78	49≡	7386	96	42=
7211	76	49≡	7242	72	56=	7274	80	61=	7308	58	66≡	7348	110	53—	7386	108	53—
7211	110	45—	7243	64	68≡	7274	84	56=	7308	90	43=	7349	70	57≡	7387	60	66≡
7212	84	48=	7245	58	71≡	7275	98	42=	7308	92	67—	7349	88	60=	7387	62	68≡
7212	108	46—	7246	104	35=	7275	100	58—	7310	76	61=	7349	100	59—	7387	112	45—
7213	90	67—	7247	72	65≡	7275	108	45—	7310	80	49≡	7350	104	58—	7388	74	64=
7213	92	67—	7247	102	42=	7276	128	19	7311	64	57≡	7350	110	35=	7388	106	37=
7214	98	50—	7247	108	53—	7277	98	59—	7311	94	67—	7351	82	72—	7389	94	39≡
7214	106	35≡	7248	90	78—	7277	102	76—	7312	106	53—	7351	104	53—	7389	110	46—
7214	130	16	7249	74	74—	7278	98	50—	7313	86	60=	7351	130	17	7391	108	35=
7215	62	70=	7249	98	76—	7278	100	54—	7313	120	37—	7353	74	74—	7392	56	66≡
7215	66	62≡	7250	104	54—	7278	108	53—	7314	92	67—	7353	100	50—	7392	72	49≡
7216	58	68≡	7251	86	60=	7279	76	77=	7315	88	47=	7354	56	71≡	7392	86	39≡
7216	70	56≡	7252	78	64=	7279	96	42=	7316	72	64=	7354	88	78—	7392	90	55=
7216	86	48=	7252	100	37=	7280	68	65≡	7316	76	74—	7354	108	37=	7393	108	45—
7216	94	76—	7252	120	34—	7280	86	56=	7316	94	47=	7356	90	78—	7394	82	69—
7217	56	66≡	7253	82	72—	7281	92	55=	7317	86	51=	7357	62	73=	7394	92	47=
7217	76	74—	7253	110	45—	7283	78	72—	7317	100	76—	7357	104	76—	7395	98	59—
7217	80	72—	7255	86	78—	7284	84	77=	7318	78	77—	7358	68	70=	7396	120	34—
7218	98	54—	7255	88	78—	7284	114	41—	7318	112	45—	7360	78	74—	7397	96	59—
7219	94	47=	7256	62	65≡	7286	90	63—	7321	92	63—	7360	82	51=	7399	94	67—
7220	66	65≡	7257	110	46—	7287	68	65=	7322	90	47=	7360	88	78—	7399	116	37—

— bedeutet Träger mit einer Gurtplatte, = mit zwei, ≡ mit drei Gurtplatten.

von 7400 bis 7602.

Widerstandsmoment cm³	Stehblech-Höhe cm	Seite des Buches	Widerstandsmoment cm³	Stehblech-Höhe cm	Seite des Buches	Widerstandsmoment cm³	Stehblech-Höhe cm	Seite des Buches	Widerstandsmoment cm³	Stehblech-Höhe cm	Seite des Buches	Widerstandsmoment cm³	Stehblech-Höhe cm	Seite des Buches	Widerstandsmoment cm³	Stehblech-Höhe cm	Seite des Buches
7400	88	43≡	7430	112	45—	7457	120	37—	7489	88	56=	7530	84	69—	7566	68	52≡
7400	94	42≡	7430	118	37—	7458	52	73≡	7490	64	73=	7531	82	49≡	7566	74	64=
7401	90	35≡	7431	74	68=	7458	110	53—	7492	54	75=	7531	94	63—	7566	90	78—
7402	78	44≡	7431	92	63—	7459	72	56=	7492	76	56=	7533	86	61—	7568	82	77=
7403	54	73≡	7432	74	62≡	7461	70	52≡	7492	112	26	7533	88	63—	7568	112	46—
7403	90	63—	7432	104	42=	7461	78	74—	7493	78	56≡	7533	110	37=	7569	80	61=
7403	114	41—	7433	106	54—	7461	104	76—	7493	104	50—	7534	78	74—	7570	68	73=
7404	70	64=	7433	114	41—	7461	110	27	7494	108	53—	7534	100	59—	7570	110	35=
7404	82	77=	7434	96	35≡	7462	76	77=	7494	114	45—	7535	64	65=	7571	104	54—
7404	100	59—	7434	124	32	7462	88	60=	7495	74	65=	7535	68	70=	7571	118	37—
7404	112	41—	7435	66	52≡	7463	66	79—	7495	86	77=	7536	94	43=	7572	52	75≡
7405	78	68=	7435	72	65=	7464	90	78—	7497	64	70=	7536	106	53—	7572	90	78—
7405	106	42=	7435	124	25	7464	102	59—	7497	82	61=	7537	100	50—	7573	82	51=
7405	120	36—	7436	54	71≡	7465	68	65=	7498	92	63—	7537	120	36—	7574	110	45—
7406	68	70=	7436	74	52≡	7465	88	35≡	7499	106	58—	7538	60	66=	7575	66	57=
7407	94	47=	7437	66	70=	7465	100	42=	7499	120	41—	7539	114	41—	7575	88	55=
7408	78	64=	7437	84	39≡	7465	124	22	7500	76	74—	7540	92	78—	7576	78	68=
7408	84	69—	7437	100	76—	7466	80	61=	7500	80	74—	7540	106	76—	7577	74	57=
7408	100	54—	7438	78	49≡	7466	102	54—	7501	82	69—	7540	122	24	7577	102	58—
7409	72	62≡	7438	84	60=	7467	98	59—	7502	52	71≡	7541	70	65=	7578	92	47=
7409	74	77=	7438	116	41—	7467	120	23	7504	102	76—	7541	90	39≡	7581	98	42=
7409	80	72—	7438	130	19	7468	88	78—	7505	70	70=	7541	102	59—	7581	114	41—
7411	84	60=	7439	74	57≡	7469	98	50—	7506	60	68≡	7542	80	77=	7582	84	51=
7413	96	47=	7439	114	45—	7469	100	59—	7506	78	77=	7542	104	58—	7583	88	78—
7413	98	47=	7440	72	57≡	7470	92	39≡	7506	106	54—	7542	112	45—	7585	86	49≡
7414	54	71≡	7440	76	49=	7470	102	50—	7508	64	66≡	7543	78	61=	7585	92	60=
7414	76	74—	7440	86	60=	7470	118	41—	7508	80	77=	7544	60	71=	7586	62	75=
7414	112	53—	7442	82	72—	7471	98	42=	7508	108	58—	7545	90	63—	7586	82	61=
7415	88	55=	7443	90	55=	7471	108	46—	7510	92	43=	7547	64	52≡	7586	96	39≡
7415	94	67—	7445	60	75=	7472	58	66≡	7510	112	45—	7547	102	50—	7587	74	77—
7416	104	37=	7445	76	62≡	7472	68	62≡	7511	66	68≡	7547	110	53—	7588	108	42=
7417	80	72—	7446	104	54—	7472	72	62≡	7512	94	67—	7548	70	65=	7590	90	55=
7417	98	43=	7447	78	62≡	7473	100	50—	7513	96	47=	7548	82	72—	7590	100	59—
7417	106	46—	7449	70	79=	7474	70	79=	7516	56	71≡	7550	94	78—	7591	88	55=
7418	88	63—	7449	90	78—	7476	76	64=	7516	72	79=	7550	112	41—	7592	62	68=
7418	92	67—	7450	82	72—	7476	84	56=	7517	84	69—	7551	64	75=	7593	114	53—
7418	102	59—	7451	74	79=	7476	114	35=	7518	58	66≡	7552	68	79=	7594	68	57=
7419	66	65≡	7451	76	44=	7478	70	62≡	7518	94	67—	7553	86	55=	7595	72	57=
7420	106	53—	7451	86	69—	7478	118	41—	7519	84	61=	7555	70	52≡	7595	94	47=
7421	64	62≡	7451	102	42=	7480	84	44≡	7520	90	47=	7555	80	51=	7595	98	59—
7422	86	48≡	7452	80	51=	7481	74	56≡	7521	80	72—	7555	116	45—	7596	84	60=
7423	88	48≡	7452	100	37=	7481	94	55=	7521	104	54—	7556	82	60=	7596	102	59—
7424	62	75≡	7453	66	62≡	7481	102	76—	7521	110	46—	7557	56	71≡	7597	72	70=
7424	78	74—	7453	84	77=	7482	84	72—	7522	100	35≡	7557	82	64=	7597	88	44=
7425	102	50—	7453	110	45—	7483	80	56≡	7523	56	73≡	7557	100	42=	7597	92	55=
7426	80	49≡	7454	62	66≡	7484	82	51=	7523	86	51=	7558	90	60=	7598	54	73≡
7426	106	35≡	7454	68	52≡	7484	98	76—	7523	94	35≡	7558	106	50—	7598	96	42=
7426	110	53—	7454	104	35≡	7485	68	65≡	7524	84	55=	7559	102	43=	7599	102	54—
7427	50	75≡	7455	58	71≡	7485	80	64=	7525	88	60=	7561	82	44≡	7600	106	37=
7427	78	61≡	7455	72	52≡	7485	108	53—	7525	102	42=	7562	108	54—	7600	108	46—
7427	104	58≡	7455	92	78—	7486	104	42=	7526	112	35≡	7563	78	74—	7601	70	57≡
7429	70	57≡	7456	82	56=	7487	86	56=	7528	78	51=	7564	66	52≡	7601	94	48≡
7429	80	56≡	7456	96	43=	7487	94	43=	7529	92	67—	7564	114	45—	7602	92	35≡
7429	90	67—	7457	66	70=	7487	96	43=	7529	104	50—	7565	92	78—	7602	98	76—
7429	98	43≡	7457	116	41—	7489	72	64=	7530	72	52≡	7565	104	76—	7602	102	50—

— bedeutet Träger mit einer Gurtplatte, = mit zwei, ≡ mit drei Gurtplatten.   16

von 7603 bis 7816.

Widerstandsmoment cm³	Stehblech-Höhe cm	Seite des Buches	Widerstandsmoment cm³	Stehblech-Höhe cm	Seite des Buches	Widerstandsmoment cm³	Stehblech-Höhe cm	Seite des Buches	Widerstandsmoment cm³	Stehblech-Höhe cm	Seite des Buches	Widerstandsmoment cm³	Stehblech-Höhe cm	Seite des Buches	Widerstandsmoment cm³	Stehblech-Höhe cm	Seite des Buches
7603	126	25	7635	76	64=	7670	80	74—	7712	94	63—	7745	76	65=	7786	82	51=
7604	60	66=	7636	86	69—	7671	90	35≡	7713	70	52≡	7745	120	37—	7786	92	78—
7604	80	74—	7637	90	63—	7671	94	39≡	7713	112	37—	7746	78	61—	7786	108	37—
7604	108	53—	7638	80	68—	7671	122	41—	7715	72	52≡	7747	62	75—	7787	116	45—
7606	58	71≡	7638	106	35=	7673	78	49≡	7715	98	67—	7747	92	39≡	7787	120	41—
7606	76	74—	7638	112	53—	7673	106	42=	7715	104	42=	7747	110	54—	7788	66	66=
7606	96	47=	7639	92	67—	7674	70	70—	7717	96	67—	7748	86	69—	7788	90	55=
7607	90	43=	7640	104	42=	7674	90	60=	7717	116	41—	7749	104	43=	7788	114	53—
7607	100	47=	7642	70	79=	7675	76	68=	7718	64	75=	7749	106	58—	7789	84	77—
7607	112	53—	7642	102	37=	7676	84	72—	7718	68	62≡	7749	114	46—	7789	120	45—
7608	114	45—	7643	78	74—	7676	92	78—	7719	74	62≡	7750	102	42=	7790	110	35=
7608	116	41—	7643	120	41—	7677	84	56=	7719	90	47=	7750	112	35=	7791	104	54—
7608	126	32	7644	64	73=	7677	100	76—	7719	124	24	7751	70	65≡	7791	116	46—
7609	66	70=	7644	76	77=	7678	62	66≡	7720	76	56≡	7751	88	61=	7793	54	73≡
7609	100	43=	7646	80	64=	7678	76	52≡	7720	78	64=	7751	94	78—	7793	94	60=
7609	104	59—	7646	106	76—	7678	110	53—	7721	82	64=	7752	78	74—	7793	118	45—
7612	56	66≡	7647	52	73≡	7679	80	62≡	7721	106	50—	7752	106	76—	7794	100	59—
7612	114	46—	7647	82	72—	7680	114	26	7722	96	35≡	7753	110	37=	7797	62	68≡
7613	118	45—	7647	122	23	7681	78	62≡	7722	114	45—	7754	84	49≡	7797	98	42=
7615	110	54—	7650	82	49≡	7681	82	51≡	7723	108	53—	7754	118	41—	7798	96	47=
7615	116	45—	7650	86	39≡	7682	96	55=	7724	80	56≡	7756	94	63—	7799	82	61=
7616	66	73=	7650	92	55=	7683	90	78—	7724	96	47=	7757	112	45—	7799	104	50—
7616	108	58—	7651	116	35=	7684	74	57≡	7724	108	58—	7758	96	78—	7799	112	54—
7617	66	65=	7651	120	41—	7684	84	72—	7726	56	73≡	7758	108	54—	7800	90	78—
7617	92	63—	7652	92	63—	7684	98	43=	7727	78	56≡	7759	56	71≡	7800	110	76—
7617	106	42=	7652	98	43=	7685	106	50—	7728	72	79=	7759	116	41—	7801	84	51=
7618	96	67—	7652	112	27	7686	96	43=	7728	92	47=	7761	60	71≡	7801	106	59—
7618	104	50—	7653	82	56=	7686	108	58—	7729	66	68≡	7761	106	54—	7802	82	49≡
7618	108	54—	7653	110	46—	7688	74	65=	7729	102	59—	7762	92	63—	7802	88	49≡
7620	92	48=	7655	74	62≡	7689	68	65≡	7730	70	65=	7763	80	51=	7803	72	65≡
7621	84	77=	7655	82	72—	7690	114	45—	7730	86	51=	7766	74	79=	7803	94	55=
7622	94	67—	7655	88	60=	7692	66	62≡	7730	112	53—	7766	106	28	7804	90	55=
7622	100	43=	7655	102	42=	7692	108	54—	7731	70	62≡	7767	82	77=	7804	102	43=
7623	50	75≡	7656	104	54—	7693	86	56=	7731	118	45—	7769	88	55=	7804	110	54—
7623	84	49≡	7657	86	60=	7694	76	79=	7732	82	77=	7769	92	60=	7804	128	22
7624	70	70—	7658	80	61=	7694	82	61=	7732	106	58—	7770	72	70=	7805	108	58—
7624	90	55=	7660	92	78—	7694	110	58—	7733	68	70=	7771	104	58—	7806	70	70=
7624	104	37=	7661	70	57≡	7696	78	64=	7734	68	73=	7772	116	53—	7806	80	64=
7625	72	62≡	7661	78	57≡	7696	86	44≡	7734	80	77=	7774	60	66≡	7806	94	35≡
7625	80	72—	7662	72	64=	7699	58	66≡	7734	104	59—	7774	128	25	7806	98	47=
7625	94	67—	7663	94	78—	7700	68	52≡	7735	84	69—	7775	66	73=	7807	100	47=
7626	54	71≡	7663	102	59—	7700	90	56=	7735	102	50—	7776	52	75≡	7807	120	41—
7626	76	49≡	7664	78	74—	7701	88	56=	7736	56	71≡	7776	94	78—	7809	90	44≡
7626	102	76—	7664	104	50—	7703	72	79=	7737	92	63—	7777	80	61=	7810	72	65=
7627	98	35≡	7665	58	71≡	7703	74	52≡	7737	94	67—	7777	100	42=	7811	90	39≡
7629	74	79=	7665	100	42=	7703	112	46—	7737	96	43=	7780	68	68≡	7812	72	52≡
7629	80	44≡	7666	64	68=	7704	54	75≡	7738	90	60=	7780	92	78—	7812	80	74—
7630	86	60=	7667	80	49=	7704	114	35=	7739	64	66≡	7781	66	70=	7812	84	61=
7631	90	48=	7667	86	77=	7707	88	77=	7740	86	61=	7781	74	52≡	7813	106	37=
7631	118	41—	7667	100	50—	7708	80	74—	7742	88	51=	7782	80	74—	7814	70	79=
7632	70	79=	7668	110	53—	7709	82	56≡	7742	104	50—	7783	84	44≡	7814	80	68=
7633	106	54—	7669	94	55=	7709	106	54—	7743	82	74—	7783	88	69—	7815	114	45—
7634	74	49≡	7669	102	50—	7710	84	51=	7743	86	55=	7783	94	47=	7816	66	65≡
7634	88	48=	7669	104	76—	7711	98	47=	7743	116	45—	7783	128	32	7816	86	61=
7634	126	22	7670	66	75=	7712	68	70=	7744	74	64=	7785	118	41—	7816	92	43=

— bedeutet Träger mit einer Gurtplatte, = mit zwei, ≡ mit drei Gurtplatten.

von **7817** bis **8038**.

Widerstands-moment cm³	Stehblech-Höhe cm	Seite des Buches	Widerstands-moment cm³	Stehblech-Höhe cm	Seite des Buches	Widerstands-moment cm³	Stehblech-Höhe cm	Seite des Buches	Widerstands-moment cm³	Stehblech-Höhe cm	Seite des Buches	Widerstands-moment cm³	Stehblech-Höhe cm	Seite des Buches	Widerstands-moment cm³	Stehblech-Höhe cm	Seite des Buches
7817	102	43=	7858	104	59—	7894	114	37=	7930	92	47=	7966	122	45—	7998	116	45—
7817	104	76—	7859	74	70=	7895	118	41—	7930	116	46—	7967	98	78—	7999	104	43=
7817	122	41—	7859	106	50—	7896	80	57≡	7931	98	67—	7967	108	28	8000	76	64=
7818	76	64=	7860	86	69—	7897	68	73=	7931	120	41—	7967	118	45—	8001	124	41—
7819	86	60—	7861	78	74—	7897	82	49=	7932	114	35=	7968	76	62≡	8002	92	55=
7821	60	66=	7861	108	42=	7899	92	78—	7933	66	73=	7970	74	52≡	8002	94	78—
7821	114	53—	7862	102	59—	7899	108	54—	7933	112	54—	7970	90	61=	8002	96	60=
7822	66	52≡	7863	112	53—	7900	86	56=	7934	104	50—	7971	64	66≡	8003	84	72—
7822	108	54—	7864	78	49≡	7900	126	24	7935	96	47=	7971	116	53—	8004	116	53—
7823	56	75≡	7864	108	59—	7901	72	79=	7937	84	56≡	7971	120	45—	8005	68	68≡
7823	98	67—	7865	88	39≡	7902	62	66≡	7937	86	51=	7972	86	69—	8005	120	35=
7823	100	35≡	7866	88	69—	7902	76	62≡	7937	112	37=	7972	112	46—	8006	80	74—
7825	122	41—	7867	104	50—	7903	116	45—	7938	118	41—	7972	118	46—	8006	102	47=
7827	76	77≡	7868	82	72—	7905	90	69—	7939	78	79=	7973	96	63—	8007	86	44≡
7827	94	48=	7869	94	63—	7905	104	35≡	7939	98	43=	7973	110	37=	8007	100	47=
7827	118	35=	7870	116	26	7906	106	42=	7940	108	58—	7974	102	42=	8008	98	48=
7828	124	23	7871	102	76—	7907	80	49≡	7940	114	45—	7975	72	52≡	8008	108	50—
7829	70	52≡	7872	90	60=	7909	120	45—	7941	106	43=	7975	112	35=	8009	60	66≡
7829	106	42=	7873	82	68=	7910	100	47—	7941	110	50—	7976	92	63—	8009	106	76—
7832	96	67—	7873	94	78—	7910	110	53—	7942	80	64=	7978	60	71≡	8010	70	70=
7832	108	58—	7874	96	39≡	7910	116	41—	7943	72	70=	7978	86	49≡	8010	110	35≡
7833	58	71≡	7875	58	71≡	7911	84	51≡	7943	76	65=	7978	130	22	8011	96	55=
7833	68	52≡	7875	84	49≡	7912	82	62≡	7944	104	42=	7980	52	75≡	8011	126	23
7833	104	37=	7875	110	58—	7912	86	72—	7945	130	25	7981	88	69—	8012	102	67—
7834	62	66≡	7877	74	62≡	7912	92	56=	7946	88	72—	7981	90	69—	8012	104	43=
7834	92	55=	7877	76	79=	7914	88	44≡	7947	86	61=	7982	94	63—	8013	82	61=
7834	94	63—	7877	88	60=	7914	110	58—	7947	110	54—	7983	100	39≡	8013	90	69—
7837	112	46—	7878	64	68≡	7914	114	53—	7948	66	68≡	7983	104	59—	8014	66	75=
7838	54	71≡	7878	108	50—	7916	54	75≡	7948	96	67—	7984	70	62≡	8018	76	79=
7839	80	49≡	7879	84	56=	7916	108	50—	7949	76	56≡	7984	74	79=	8018	92	55=
7839	86	77≡	7879	92	35≡	7917	60	71≡	7951	108	54—	7984	122	41—	8019	72	65≡
7840	68	57≡	7879	110	54—	7917	80	44≡	7953	76	52≡	7985	80	61=	8019	102	35≡
7841	58	73≡	7880	112	58—	7917	96	43=	7953	92	60=	7985	112	76—	8020	84	51=
7841	92	48=	7881	64	66≡	7918	78	57≡	7953	118	53—	7986	74	62≡	8020	108	42=
7842	66	75=	7881	74	65=	7918	90	60=	7954	88	51=	7986	90	55=	8022	114	46—
7842	70	70=	7882	100	43=	7919	80	62≡	7954	94	39≡	7986	106	59—	8023	86	72—
7842	76	68=	7882	106	76—	7919	100	67—	7955	98	63—	7987	84	74—	8024	92	69—
7844	62	71≡	7883	88	77=	7920	78	68=	7956	56	71≡	7988	96	78—	8024	110	58—
7844	86	49≡	7883	116	35=	7920	86	72—	7956	82	56≡	7989	54	73≡	8025	86	64=
7844	124	41—	7884	78	64=	7920	90	77=	7957	68	75=	7989	70	70=	8025	90	51=
7846	88	48=	7884	98	55=	7922	74	64≡	7957	84	77=	7990	80	68=	8025	94	43=
7847	90	48=	7885	64	75=	7922	98	35≡	7958	112	42=	7990	96	47=	8025	106	37=
7848	104	42=	7885	82	64=	7922	118	45—	7959	74	79=	7991	112	54—	8027	66	66≡
7848	106	59—	7885	84	72—	7923	78	52≡	7960	130	32	7992	72	62≡	8029	100	67—
7849	82	74—	7887	92	60=	7923	84	61=	7962	70	65≡	7993	84	77=	8029	120	45—
7849	88	60=	7887	98	43=	7924	98	67—	7962	88	61=	7993	124	41—	8030	86	51=
7849	118	45—	7888	116	53—	7924	108	58—	7962	96	78—	7994	88	69—	8031	84	61=
7850	94	67—	7889	68	70=	7926	80	77=	7963	68	62≡	7994	102	59—	8032	82	74—
7850	100	43=	7889	88	69—	7926	104	59—	7963	90	51=	7994	108	59—	8032	84	49≡
7853	112	53—	7889	94	78—	7927	58	66≡	7963	120	41—	7995	94	78—	8032	88	51=
7854	70	57≡	7891	82	61=	7927	96	63—	7964	80	56=	7996	70	79=	8033	76	52≡
7855	72	57≡	7893	72	70=	7928	56	73≡	7964	92	51=	7996	110	58—	8035	96	48=
7857	82	44≡	7894	68	65≡	7928	106	59—	7965	106	58—	7997	72	65=	8037	74	70=
7857	92	63—	7894	80	74—	7929	74	57≡	7966	70	52≡	7997	100	42=	8038	98	67—
7857	94	55=	7894	84	72—	7930	76	57≡	7966	80	64=	7997	106	50—	8038	116	27

— bedeutet Träger mit einer Gurtplatte, = mit zwei, ≡ mit drei Gurtplatten.

Widerstandsmomente cm³

von 8039 bis 8299.

Widerstandsmoment cm³	StehblechHöhe cm	Seite des Buches
8039	108	54—
8040	86	61=
8041	106	42=
8042	98	67—
8043	56	75=
8043	88	60=
8045	94	55=
8048	108	76—
8049	82	64=
8049	114	53—
8051	58	73≡
8051	64	75=
8051	110	42=
8052	70	68≡
8052	118	45—
8053	82	68=
8055	106	59—
8056	104	42=
8059	76	79≡
8060	58	71≡
8061	68	73≡
8062	92	48=
8063	78	57≡
8063	96	67—
8064	90	48=
8065	112	58—
8066	88	49≡
8066	106	50—
8067	74	65≡
8068	114	58—
8069	62	71≡
8069	104	50—
8070	68	66≡
8070	116	46—
8071	78	64=
8071	118	53—
8073	98	63—
8073	110	50—
8074	82	49≡
8075	120	41—
8077	62	66≡
8078	72	79≡
8078	94	63—
8080	72	70=
8080	98	55=
8082	102	43=
8082	128	24
8084	58	71≡
8085	118	45—
8086	84	44≡
8087	96	78—
8088	100	55=
8088	122	45—
8090	64	68≡
8090	92	60=
8092	78	68=
8094	76	57≡
8095	88	69—
8097	84	74—
8097	112	76—
8098	68	65≡
8098	90	69—
8098	106	35≡
8099	108	42=
8099	116	53—
8100	90	77=
8100	112	53—
8102	86	49≡
8102	94	60=
8103	70	52≡
8103	120	45—
8104	80	49≡
8106	86	56=
8107	70	57≡
8109	84	68=
8110	122	41—
8111	74	57≡
8111	102	47=
8112	110	50—
8113	84	72—
8114	118	46—
8115	72	57≡
8116	72	70=
8117	94	78—
8118	80	74—
8119	120	41—
8120	116	53—
8121	90	69—
8121	114	54—
8122	78	49≡
8123	76	70=
8123	98	43=
8123	100	35≡
8124	88	56=
8124	102	67—
8125	84	61=
8126	62	66≡
8126	86	72—
8128	54	75≡
8130	76	62≡
8130	110	76—
8131	56	73≡
8131	100	47=
8132	64	66≡
8132	82	57≡
8133	90	44≡
8133	92	56=
8134	68	75≡
8134	80	64=
8135	108	43=
8135	120	53—
8136	106	76—
8136	112	50—
8137	92	60—
8138	132	32
8139	100	67—
8140	106	42=
8141	76	65=
8142	98	47=
8142	122	41—
8143	86	51=
8143	94	47=
8143	110	54—
8144	98	63—
8145	114	42=
8145	124	45—
8147	64	71≡
8147	84	62=
8147	96	47=
8149	88	72—
8149	120	45—
8150	78	62≡
8151	74	79≡
8152	60	71≡
8152	122	45—
8153	82	44≡
8154	120	46—
8156	58	75≡
8156	118	53—
8157	88	72—
8159	98	67—
8159	114	46—
8160	80	62≡
8161	108	58—
8161	112	37=
8162	96	39≡
8162	124	41—
8163	74	70=
8165	88	51=
8166	66	68≡
8166	86	56=
8167	84	74—
8169	94	60=
8169	126	41—
8170	100	63—
8170	110	28
8171	70	70=
8171	116	54—
8172	70	65=
8173	104	42=
8174	74	57≡
8174	88	61=
8175	56	71≡
8176	78	57≡
8176	98	78—
8177	96	63—
8178	126	41—
8179	90	51=
8180	108	54—
8180	114	54—
8181	76	57≡
8182	106	59—
8182	112	42=
8183	86	77=
8183	102	39≡
8184	90	55=
8185	66	75=
8185	92	51=
8186	80	79≡
8188	110	59—
8189	82	64=
8189	84	56≡
8189	118	53—
8190	92	61=
8191	98	63—
8191	104	76—
8193	110	37=
8194	96	60=
8194	128	41—
8195	60	71≡
8195	106	47=
8196	78	56≡
8196	104	59—
8197	86	64=
8197	108	50—
8198	98	47=
8199	102	42=
8199	112	35=
8200	78	65=
8201	94	63—
8202	64	66≡
8202	82	56≡
8203	88	49≡
8203	96	63—
8204	80	56≡
8204	92	55=
8205	110	50—
8206	84	74—
8207	100	47=
8209	112	76—
8209	116	46—
8210	102	47=
8210	106	43=
8210	122	45—
8212	96	78—
8213	98	60=
8214	100	48=
8215	74	70=
8215	90	69—
8216	76	79=
8216	104	67—
8217	94	55=
8218	108	37=
8219	78	62≡
8219	102	67—
8221	86	77=
8221	98	55=
8223	96	55=
8224	68	73≡
8226	82	61=
8227	76	52≡
8227	116	53—
8229	90	69—
8230	62	71≡
8232	88	44≡
8233	94	55=
8233	110	54—
8233	118	27
8234	82	68=
8234	86	74—
8235	72	52≡
8235	120	45—
8236	102	67—
8236	108	42=
8236	116	53—
8237	70	62≡
8237	74	52≡
8237	96	43=
8238	84	51=
8238	92	49≡
8240	94	78—
8240	110	76—
8242	76	79=
8242	112	42=
8243	76	62≡
8244	60	66≡
8244	98	48=
8245	120	35=
8246	70	75=
8247	86	72—
8249	100	67—
8249	104	43=
8250	80	65=
8250	84	61=
8252	72	62≡
8252	100	67—
8253	108	59—
8254	74	62≡
8254	120	26
8255	110	50—
8255	118	46—
8256	114	58—
8257	122	41—
8258	78	64—
8258	96	55=
8258	116	58—
8259	90	51=
8260	58	73≡
8261	88	51=
8261	106	59—
8262	56	75≡
8262	82	74—
8262	118	37=
8263	106	76—
8264	86	61=
8265	66	66≡
8265	96	48=
8265	110	76—
8266	74	65=
8266	130	24
8267	108	50—
8268	72	70=
8268	90	60=
8269	120	45—
8269	124	45—
8270	88	61=
8270	112	50—
8272	78	79=
8272	98	63—
8273	106	50—
8275	120	41—
8276	98	55=
8277	98	67—
8278	94	48=
8280	90	77=
8282	112	54—
8283	70	68≡
8283	92	48=
8283	104	43=
8284	84	74—
8285	114	76—
8285	118	53—
8286	122	45—
8287	78	52≡
8288	58	71≡
8288	100	55=
8289	72	70=
8289	74	65≡
8290	114	53—
8290	124	41—
8292	92	60=
8293	62	71≡
8293	102	43=
8293	110	42=
8294	84	64=
8296	114	58—
8297	100	78—
8298	120	46—
8299	96	35≡
8299	118	35=

— bedeutet Träger mit einer Gurtplatte, = mit zwei, ≡ mit drei Gurtplatten.

von **8301** bis **8541**.

Widerstands-moment cm³	Stehblech-Höhe cm	Seite des Buches	Widerstands-moment cm³	Stehblech-Höhe cm	Seite des Buches	Widerstands-moment cm³	Stehblech-Höhe cm	Seite des Buches	Widerstands-moment cm³	Stehblech-Höhe cm	Seite des Buches	Widerstands-moment cm³	Stehblech-Höhe cm	Seite des Buches	Widerstands-moment cm³	Stehblech-Höhe cm	Seite des Buches
8301	122	41—	8349	90	56=	8391	100	78—	8430	90	49≡	8468	84	61=	8505	126	41—
8302	96	63—	8351	94	77=	8392	74	70—	8430	120	27	8468	114	50—	8506	82	65=
8303	98	78—	8351	100	47=	8393	124	45—	8431	66	66≡	8469	110	50—	8506	128	45—
8305	76	70=	8352	94	56=	8394	108	47=	8431	100	55=	8470	58	73≡	8507	114	58—
8307	118	53—	8353	70	70=	8395	90	51=	8432	76	57≡	8470	124	45—	8508	114	50—
8309	80	57≡	8354	116	53—	8395	114	54—	8433	64	66≡	8471	80	62≡	8509	102	63—
8309	112	50—	8355	92	69—	8396	88	56≡	8433	110	42=	8472	126	41—	8510	98	35≡
8309	116	37≡	8356	74	70=	8397	84	77=	8434	78	57≡	8473	62	71≡	8512	72	62≡
8310	116	54—	8356	128	41—	8397	118	46—	8434	114	42=	8473	98	55=	8512	74	65≡
8311	68	75=	8357	66	75=	8398	110	50—	8435	112	58—	8473	120	53—	8513	114	76—
8312	118	45—	8358	82	77=	8399	98	63—	8436	98	55=	8474	94	51=	8514	92	49≡
8314	78	79=	8358	98	47=	8399	106	59—	8437	88	64=	8475	78	79=	8515	58	71≡
8314	104	47=	8358	118	54—	8399	114	76—	8438	84	64=	8475	116	76—	8515	70	68=
8315	84	74—	8359	86	72—	8400	80	62≡	8439	124	41—	8476	114	54—	8516	94	60=
8316	68	66≡	8359	110	58—	8402	104	42=	8441	122	53—	8478	86	51=	8516	126	45—
8317	86	44≡	8360	74	52≡	8403	78	65—	8442	120	46—	8479	84	68=	8517	62	71≡
8318	96	60—	8361	86	49≡	8403	82	57≡	8444	114	59—	8479	98	48=	8517	76	62≡
8318	134	32	8363	100	63—	8403	100	43=	8445	80	56≡	8482	56	75=	8517	106	47=
8319	92	77=	8365	94	69—	8404	112	50—	8445	94	69—	8482	88	74—	8517	124	45—
8319	122	53—	8367	120	45—	8405	82	62≡	8445	104	67—	8482	96	69—	8518	80	64=
8320	62	66≡	8368	76	57≡	8406	92	51≡	8446	78	64=	8483	62	73≡	8518	94	39≡
8320	110	59—	8368	80	49≡	8407	106	47—	8447	120	37=	8484	122	46—	8518	112	59—
8321	126	41—	8369	88	72—	8408	108	43=	8448	82	56≡	8485	106	43=	8519	84	74—
8323	108	59—	8370	84	57≡	8409	94	51=	8448	118	58—	8485	124	41—	8521	74	62≡
8323	124	41—	8371	130	41—	8409	98	60—	8449	90	69—	8486	78	52≡	8521	116	54—
8325	72	68≡	8372	100	67—	8410	100	63—	8449	116	58—	8488	68	75=	8522	124	46—
8326	80	64=	8373	106	42=	8410	114	58—	8449	122	26	8488	76	70=	8523	110	59—
8326	102	35≡	8373	114	42=	8411	88	77=	8450	88	77=	8488	92	51=	8523	118	42=
8328	114	54—	8374	116	58—	8411	92	61=	8450	96	55=	8488	100	55=	8523	128	41—
8329	110	43=	8375	72	57≡	8412	60	71≡	8450	106	43=	8488	112	42=	8524	114	58—
8330	76	52≡	8375	112	28	8412	94	61=	8451	126	45—	8489	102	39=	8525	112	43=
8330	88	49=	8376	110	54—	8413	110	37=	8452	66	71≡	8489	110	35≡	8527	80	79=
8330	100	43=	8377	70	52≡	8414	76	79=	8452	92	69—	8490	88	51=	8527	98	63—
8331	114	50—	8377	82	74—	8414	102	47=	8452	110	59—	8490	116	58—	8527	130	41—
8332	90	69—	8378	60	73≡	8414	104	47=	8453	96	44≡	8492	60	75=	8528	116	50—
8332	108	76—	8378	64	71≡	8415	82	68=	8454	100	48=	8492	100	67—	8528	122	53—
8333	56	73≡	8378	74	57≡	8415	118	53—	8454	122	45—	8493	92	61=	8529	110	76—
8334	116	42=	8380	84	49≡	8416	82	52≡	8455	68	68≡	8494	90	51=	8530	96	60=
8335	88	56≡	8382	114	58—	8417	86	74=	8455	72	70=	8495	120	53—	8530	100	63—
8336	102	47=	8382	130	23	8417	92	72=	8455	112	50—	8496	96	48=	8530	104	35≡
8337	96	78—	8383	70	65≡	8417	106	35≡	8457	80	52≡	8497	102	55=	8531	114	54—
8337	122	46—	8383	86	62≡	8420	122	45=	8458	86	74—	8498	118	37=	8535	110	42=
8339	76	65=	8383	108	59—	8421	102	48=	8458	94	49≡	8499	88	61=	8535	118	35≡
8340	54	75≡	8384	58	75≡	8422	106	67—	8459	80	65≡	8499	104	43=	8536	86	68=
8341	120	53—	8384	66	68=	8423	100	35≡	8460	90	77=	8500	78	62≡	8536	98	60=
8342	102	67—	8384	78	62≡	8424	84	74—	8460	122	41—	8500	90	64=	8537	72	75=
8342	126	41—	8385	88	61=	8424	94	55=	8461	102	67—	8500	136	32	8537	74	79=
8343	80	68=	8385	104	39=	8425	76	79=	8461	108	76—	8501	128	41—	8537	76	65=
8344	74	79=	8386	82	64=	8425	80	57=	8462	84	64=	8502	76	52=	8538	102	43=
8345	78	57≡	8387	96	60=	8425	118	53—	8462	96	78—	8503	66	66≡	8538	118	46—
8345	82	49≡	8387	102	63—	8426	96	63—	8463	108	59—	8503	92	77=	8539	94	77=
8346	86	74—	8388	90	72—	8426	98	63—	8464	102	67—	8503	124	53—	8539	106	67—
8347	116	35≡	8388	114	35≡	8428	70	75=	8465	92	69—	8504	74	52≡	8539	112	50—
8348	128	41—	8389	84	44≡	8428	104	67—	8466	68	66≡	8504	94	48=	8541	86	64=
8349	70	73≡	8390	106	76—	8428	112	54—	8466	72	73≡	8505	90	72—	8541	110	50—

— bedeutet Träger mit einer Gurtplatte, = mit zwei, ≡ mit drei Gurtplatten.

Widerstandsmomente cm³

von **8541** bis **8777**.

Widerstandsmoment cm³	Stehblechhöhe cm	Seite des Buches	Widerstandsmoment cm³	Stehblechhöhe cm	Seite des Buches	Widerstandsmoment cm³	Stehblechhöhe cm	Seite des Buches	Widerstandsmoment cm³	Stehblechhöhe cm	Seite des Buches	Widerstandsmoment cm³	Stehblechhöhe cm	Seite des Buches	Widerstandsmoment cm³	Stehblechhöhe cm	Seite des Buches
8541	116	37≡	8586	120	46—	8625	114	54—	8655	80	70=	8689	128	41—	8730	120	46—
8542	80	52≡	8587	84	49≡	8626	78	57≡	8655	94	72—	8690	66	71≡	8732	90	74—
8543	104	47=	8588	106	39≡	8627	86	44≡	8655	106	67—	8690	94	69—	8733	68	66≡
8545	64	71≡	8588	116	54—	8627	92	51≡	8655	126	45—	8690	126	53—	8733	92	61≡
8545	94	60=	8590	94	69—	8627	114	76—	8655	128	41—	8691	92	69—	8734	74	65≡
8545	118	53—	8591	108	76—	8627	124	53—	8656	114	50—	8692	78	57≡	8734	118	37=
8546	86	49≡	8592	78	52≡	8628	76	52≡	8657	72	52≡	8692	120	54—	8735	90	61≡
8548	74	70=	8593	112	76—	8628	116	42=	8657	100	78—	8694	84	56≡	8735	106	35≡
8548	120	54—	8594	110	43=	8628	122	27	8658	86	74—	8695	82	56≡	8735	112	42=
8549	88	44≡	8595	60	73≡	8629	92	72—	8658	92	49≡	8695	100	48=	8737	120	53—
8553	104	67—	8595	82	68=	8629	108	67—	8660	88	56≡	8697	104	39≡	8738	122	54—
8554	104	43=	8595	88	49≡	8630	104	48=	8661	110	76—	8701	96	51=	8739	92	64=
8555	82	77≡	8597	88	74—	8630	112	42=	8663	100	43=	8701	102	55=	8739	96	39≡
8556	82	57≡	8597	96	69—	8630	122	46—	8663	122	53—	8701	128	45—	8740	102	78—
8557	98	56=	8598	80	57≡	8631	94	55=	8664	84	68=	8702	56	75≡	8741	62	71≡
8558	112	58—	8599	74	68≡	8631	102	63—	8665	68	75=	8703	94	69—	8741	74	70=
8560	90	49≡	8599	84	77=	8632	92	61≡	8666	98	39≡	8703	126	45—	8741	94	49≡
8560	102	47=	8600	78	65≡	8632	114	59—	8666	102	48=	8704	116	58—	8742	66	66≡
8561	68	66≡	8600	112	50—	8633	64	66≡	8666	118	76—	8705	106	43=	8742	114	50—
8561	76	65≡	8601	114	42=	8633	76	70=	8667	80	65=	8705	130	41—	8746	80	52≡
8561	118	54—	8604	104	78—	8634	86	77=	8668	116	50—	8707	62	73≡	8746	112	50—
8563	62	66≡	8604	108	59—	8634	96	51≡	8669	72	65≡	8707	116	76—	8747	70	68≡
8563	72	68≡	8605	98	60=	8634	128	45—	8669	126	41—	8708	104	55=	8748	104	43=
8563	122	53—	8605	120	53—	8635	94	51≡	8670	76	70=	8708	126	46—	8748	108	67—
8565	90	56=	8606	106	42=	8635	96	61≡	8671	98	44≡	8709	78	70=	8749	92	72—
8566	116	42=	8606	116	58—	8637	84	74—	8671	124	46—	8709	102	67—	8751	106	47=
8566	118	58—	8606	124	45—	8638	92	72—	8672	116	54—	8711	80	64=	8751	124	53—
8567	94	69—	8607	70	66≡	8638	106	67—	8673	112	50—	8711	88	74—	8752	74	73≡
8568	96	77=	8607	88	72—	8639	72	66≡	8674	104	67—	8712	82	52≡	8752	98	60=
8569	86	74—	8607	102	78—	8639	102	60=	8675	82	57≡	8712	86	61≡	8753	100	63—
8570	74	70=	8608	110	43=	8640	80	62≡	8675	118	53—	8713	96	69—	8754	102	63—
8570	80	79≡	8609	112	37=	8640	116	59—	8676	76	73≡	8714	98	69—	8754	120	54—
8571	92	69—	8610	64	71≡	8640	120	58—	8678	78	79≡	8715	62	71≡	8755	100	60=
8571	100	47=	8610	86	57≡	8641	124	45—	8678	104	67—	8715	118	54—	8757	102	78—
8572	96	56=	8610	108	47=	8642	76	57≡	8679	96	69—	8715	120	42=	8758	68	71≡
8574	98	47=	8611	58	75≡	8642	86	62≡	8680	58	73≡	8716	102	63—	8758	114	58—
8574	108	42=	8611	70	75=	8642	118	54—	8680	90	77=	8717	124	53—	8760	80	62≡
8574	112	54—	8612	76	79=	8643	72	70=	8680	96	49≡	8718	114	59—	8760	96	77=
8575	74	73≡	8612	90	51=	8643	102	55=	8681	68	68≡	8719	94	51=	8760	118	42=
8575	78	70=	8613	102	43=	8645	74	57≡	8681	86	74—	8722	116	58—	8761	106	43=
8575	92	56=	8614	88	64=	8645	96	55=	8683	130	41—	8723	94	60=	8762	70	66≡
8576	94	44≡	8615	120	53—	8645	124	26	8683	138	32	8724	82	62≡	8762	84	65=
8577	116	58—	8616	82	49≡	8646	124	41—	8684	84	79=	8724	100	35≡	8762	128	45—
8577	126	45—	8617	108	35≡	8648	84	57≡	8684	110	50—	8725	72	75=	8763	78	70=
8578	94	56=	8618	90	61=	8649	74	52≡	8684	118	58—	8725	86	68=	8765	106	67—
8579	96	60=	8618	102	47=	8650	100	63—	8685	114	42=	8725	112	59—	8767	78	52≡
8579	114	37=	8619	86	49≡	8651	82	62≡	8685	122	53—	8725	120	35≡	8768	94	72—
8580	112	59—	8619	106	47=	8651	100	55=	8686	92	44≡	8726	96	48=	8771	96	60=
8581	114	59—	8621	88	62≡	8652	84	62≡	8687	112	35≡	8727	60	75≡	8772	104	47=
8582	114	28	8622	60	71≡	8652	98	55=	8687	120	37=	8727	94	77=	8772	118	35≡
8583	82	64=	8622	90	72—	8653	108	43=	8688	100	55=	8727	118	50—	8773	114	54—
8583	100	39≡	8622	104	47=	8653	110	42=	8688	130	45—	8728	88	61≡	8774	116	37=
8583	102	63—	8623	100	63—	8653	112	59—	8689	78	79=	8728	90	49≡	8775	100	56≡
8584	110	59—	8623	126	41—	8653	114	76—	8689	80	57≡	8728	92	51=	8776	76	52≡
8586	88	68=	8625	98	51=	8654	98	63—	8689	108	43=	8729	104	63—	8777	110	42=

— bedeutet Träger mit einer Gurtplatte, = mit zwei, ≡ mit drei Gurtplatten.

von 8777 bis 8999.

Widerstandsmoment cm³	Stehblech-Höhe cm	Seite des Buches	Widerstandsmoment cm³	Stehblech-Höhe cm	Seite des Buches	Widerstandsmoment cm³	Stehblech-Höhe cm	Seite des Buches	Widerstandsmoment cm³	Stehblech-Höhe cm	Seite des Buches	Widerstandsmoment cm³	Stehblech-Höhe cm	Seite des Buches	Widerstandsmoment cm³	Stehblech-Höhe cm	Seite des Buches
8777	122	46—	8818	130	45—	8855	80	52≡	8889	106	67—	8929	110	47≡	8965	120	35=
8779	86	74—	8819	106	78—	8855	112	42=	8890	128	45—	8930	74	73≡	8966	88	64=
8780	82	64—	8820	124	46—	8855	114	59—	8891	112	50—	8930	94	60=	8966	90	74—
8780	88	68=	8822	116	54—	8855	128	41—	8893	106	67—	8930	122	76	8966	94	61=
8780	116	59—	8823	116	76—	8857	60	71≡	8894	86	57≡	8930	124	54—	8967	92	51=
8781	100	78—	8823	118	42=	8857	90	72—	8894	96	72—	8931	62	73≡	8968	84	52≡
8781	114	59—	8824	104	43=	8857	96	55=	8894	110	43=	8931	122	53—	8968	96	49≡
8782	78	62≡	8824	106	63—	8858	110	43=	8895	86	64=	8932	82	65=	8968	98	60=
8783	90	44≡	8825	88	74—	8858	120	76—	8896	128	46—	8934	74	70—	8969	124	46—
8783	118	54—	8826	90	68—	8859	70	66≡	8897	78	52≡	8934	94	69—	8970	90	61=
8784	82	79—	8826	100	60=	8859	76	73≡	8897	90	77≡	8935	100	48≡	8970	108	43=
8785	88	49≡	8826	108	47=	8859	116	50—	8898	82	62≡	8936	86	79≡	8970	118	37=
8785	102	47=	8828	82	79≡	8859	126	46—	8899	72	66≡	8936	114	42=	8971	120	58—
8787	98	77≡	8828	96	69—	8860	90	64=	8900	86	62≡	8938	102	35≡	8972	92	61=
8787	112	59—	8828	124	27	8860	94	51=	8902	118	76—	8939	74	52≡	8973	88	68=
8788	74	62≡	8829	62	75≡	8860	98	51=	8903	98	49≡	8940	88	74—	8973	116	54—
8789	76	65≡	8829	126	45—	8861	92	56≡	8903	118	58—	8941	86	56≡	8975	70	75=
8790	88	64=	8830	74	75=	8862	66	71≡	8904	84	62≡	8941	88	64=	8975	100	60=
8790	116	28	8830	104	47=	8862	112	76—	8905	102	55=	8941	104	63—	8976	102	60=
8791	92	49≡	8831	76	70=	8863	94	61≡	8906	126	53—	8942	108	35≡	8977	82	64=
8791	100	47=	8831	86	49≡	8864	96	51=	8907	106	39≡	8942	126	53—	8978	70	68=
8793	70	75≡	8831	106	47=	8865	84	49≡	8907	122	42=	8943	96	69—	8978	104	78—
8793	108	39≡	8832	98	69—	8867	88	44≡	8908	78	57≡	8944	80	79=	8978	120	76—
8793	110	76—	8832	116	59—	8867	108	67—	8910	120	54—	8946	82	57≡	8979	84	62=
8794	112	43=	8833	126	41—	8867	140	32	8911	100	78—	8946	84	56≡	8979	104	63—
8794	126	45—	8834	78	65≡	8868	102	55≡	8911	102	48=	8946	106	78—	8979	108	67—
8795	64	71≡	8834	122	58—	8868	118	54—	8912	72	75=	8946	116	50—	8980	118	59—
8796	92	56≡	8835	90	61≡	8869	80	65≡	8912	92	77=	8947	100	69—	8980	120	54—
8796	102	39≡	8836	120	54—	8869	120	53—	8913	108	43=	8948	66	66≡	8981	84	65=
8797	122	53—	8838	110	67—	8871	92	77=	8915	86	68=	8948	122	54—	8981	94	64=
8798	116	42=	8838	118	59—	8871	112	59—	8915	94	44≡	8948	130	45—	8981	102	63—
8799	82	52=	8839	58	75≡	8872	94	72—	8915	98	69—	8949	98	69—	8981	112	42=
8799	96	44≡	8839	130	41—	8872	100	55=	8916	104	55	8950	98	48=	8982	128	45—
8800	84	77≡	8840	106	48=	8873	88	77=	8916	108	55=	8951	96	61=	8983	98	77=
8801	72	68≡	8841	64	71≡	8873	102	78—	8917	76	57≡	8952	96	77=	8983	116	59—
8802	98	60=	8841	86	77≡	8874	130	41—	8917	88	74—	8952	106	63—	8984	80	70=
8802	118	58—	8841	128	45—	8875	76	68≡	8919	106	55=	8952	114	50—	8984	92	74—
8803	94	56=	8842	104	35≡	8875	124	53—	8919	116	59—	8954	80	57≡	8984	106	47=
8803	104	67—	8843	102	60=	8876	102	63—	8920	118	58—	8955	80	79=	8986	108	67—
8804	84	57≡	8843	126	26	8877	128	53—	8922	116	43=	8955	120	42=	8988	92	72—
8804	114	50—	8844	74	68≡	8878	114	50—	8923	122	46—	8956	74	65≡	8989	116	76—
8806	104	63—	8847	80	70=	8879	124	45—	8924	82	70=	8956	122	58—	8990	124	53—
8807	68	66≡	8848	92	51=	8880	104	48=	8924	90	74—	8957	78	73=	8992	114	59—
8807	116	50—	8848	100	51=	8880	120	58—	8924	92	64=	8957	88	61=	8993	94	72—
8807	122	53—	8849	84	68=	8881	78	79=	8925	76	52≡	8958	62	71≡	8994	94	72—
8808	128	41—	8849	90	74—	8883	100	63—	8925	88	56≡	8959	110	67—	8994	102	56=
8809	78	65≡	8849	102	63—	8883	116	42=	8925	118	54—	8960	106	43=	8995	130	41—
8809	110	59—	8849	108	67—	8884	64	66≡	8926	84	57≡	8960	108	47=	8996	112	76—
8809	112	43=	8850	88	57≡	8885	88	62≡	8927	74	66≡	8960	116	58—	8996	118	42=
8810	76	79≡	8850	116	76—	8885	122	54—	8927	104	67—	8961	98	39≡	8997	114	43=
8812	60	73≡	8852	82	57≡	8886	80	57≡	8927	114	76—	8961	104	78—	8998	82	79≡
8812	72	73≡	8853	76	70≡	8886	84	79≡	8927	120	50—	8962	60	75≡	8998	98	60=
8812	108	42≡	8853	104	78—	8886	130	45—	8928	66	71≡	8962	90	51≡	8999	68	66≡
8814	110	47≡	8853	124	53—	8888	94	49≡	8929	96	69≡	8962	92	49≡	8999	110	39≡
8816	126	53—	8854	104	63—	8888	100	55=	8929	98	51≡	8963	94	51≡	8999	114	47≡

— bedeutet Träger mit einer Gurtplatte, = mit zwei, ≡ mit drei Gurtplatten.

Widerstandsmomente cm³

von 8999 bis 9254.

Widerstandsmoment cm³	Stehblech-Höhe cm	Seite des Buches	Widerstandsmoment cm³	Stehblech-Höhe cm	Seite des Buches	Widerstandsmoment cm³	Stehblech-Höhe cm	Seite des Buches	Widerstandsmoment cm³	Stehblech-Höhe cm	Seite des Buches	Widerstandsmoment cm³	Stehblech-Höhe cm	Seite des Buches	Widerstandsmoment cm³	Stehblech-Höhe cm	Seite des Buches
8999	118	28	9043	130	41—	9086	116	35≡	9127	110	55=	9172	108	43=	9212	130	41—
8999	124	53—	9045	126	53—	9088	84	79≡	9128	116	76—	9172	130	45—	9215	74	75=
9000	120	58—	9046	64	71≡	9089	74	68≡	9129	122	50—	9174	122	76—	9215	120	50—
9001	104	47=	9046	108	63—	9089	100	51=	9130	90	62≡	9175	80	57≡	9216	76	66≡
9004	68	71≡	9047	86	77=	9092	100	55=	9130	104	48=	9175	100	48=	9216	116	43=
9005	102	78—	9047	118	76—	9092	102	55=	9131	106	55=	9175	118	54—	9217	82	57≡
9005	128	53—	9048	80	62≡	9093	90	57≡	9133	66	73≡	9176	90	74—	9217	106	47=
9006	116	37=	9048	112	67—	9095	96	51=	9133	108	55=	9177	122	54—	9217	118	50—
9007	100	77=	9049	78	52≡	9095	106	48=	9134	116	59—	9178	86	57≡	9218	120	76—
9008	82	52≡	9049	128	46—	9096	94	56≡	9136	98	72—	9179	96	69—	9220	90	64=
9010	104	39≡	9050	90	74—	9096	104	78—	9137	92	56≡	9179	98	77=	9222	76	52≡
9010	118	50—	9051	108	48=	9097	128	53—	9137	112	47=	9180	92	74—	9222	82	79=
9011	126	46—	9052	122	76—	9098	120	76—	9138	78	70—	9181	68	71≡	9222	120	54—
9012	114	43=	9053	68	66≡	9100	72	75=	9138	116	42=	9181	120	59—	9223	90	68=
9015	100	56=	9053	106	35≡	9100	92	62≡	9140	82	65≡	9182	102	69—	9223	92	74—
9017	112	59—	9054	86	57≡	9101	90	49≡	9141	88	57≡	9183	98	60=	9224	76	73=
9018	76	65≡	9054	96	69—	9101	124	42=	9142	86	79=	9183	106	78—	9224	96	64=
9018	128	45—	9057	84	52≡	9102	86	64=	9143	124	54—	9184	98	51=	9225	106	39≡
9019	110	42=	9058	114	42=	9102	102	39≡	9144	78	73=	9184	100	39≡	9225	126	58—
9019	120	42=	9058	116	59—	9103	94	77=	9144	96	77=	9186	118	59—	9226	76	70—
9020	82	62≡	9059	72	66≡	9103	120	58—	9145	94	77=	9187	100	69—	9226	100	60=
9020	112	47=	9062	104	60=	9104	86	68=	9146	96	44≡	9187	114	42=	9227	114	47=
9021	86	65=	9062	110	67—	9104	104	63—	9147	106	67—	9189	88	56=	9228	102	77=
9022	118	54—	9063	78	62≡	9106	94	72—	9148	82	57≡	9189	118	76—	9228	124	54—
9022	128	41—	9063	118	50—	9107	84	57≡	9150	88	62≡	9190	78	57≡	9229	104	47=
9023	74	75=	9064	114	76—	9107	122	54—	9150	110	35≡	9193	80	70—	9231	104	78—
9023	112	35≡	9065	122	53—	9108	74	73≡	9151	122	42=	9194	74	66≡	9232	80	70=
9024	98	44≡	9066	58	75=	9109	80	65≡	9152	78	68=	9194	126	53—	9232	118	42=
9025	82	79=	9066	130	53—	9109	108	67—	9152	80	79=	9195	84	70—	9234	124	58—
9025	90	49≡	9067	92	49=	9110	102	44≡	9153	100	69—	9195	120	42=	9234	128	27
9026	100	60=	9067	100	69—	9112	70	66≡	9153	124	58—	9196	130	53—	9235	120	58—
9028	98	56=	9068	92	68=	9113	90	77=	9154	104	35≡	9197	98	49=	9236	86	62≡
9029	60	73≡	9068	126	53—	9113	120	50—	9155	62	73≡	9197	116	59—	9237	94	74—
9029	76	70=	9069	78	65≡	9114	102	63—	9156	102	48=	9198	94	49=	9237	122	59—
9029	106	63—	9071	106	60=	9115	78	70—	9157	84	62≡	9199	86	56=	9238	108	67—
9029	130	45—	9071	126	45—	9115	86	49≡	9158	86	62=	9200	90	74—	9238	128	53—
9030	116	42=	9072	62	75≡	9116	96	72—	9159	72	66≡	9200	102	60=	9239	94	72—
9030	126	27	9072	106	55=	9117	94	72—	9159	100	51=	9200	122	58—	9239	102	56=
9031	122	54—	9073	102	51≡	9117	108	39≡	9161	116	50—	9201	62	71≡	9240	80	73—
9033	96	56=	9074	92	61=	9119	82	52≡	9162	118	58—	9201	96	61=	9240	96	72—
9033	118	58—	9076	88	49≡	9119	96	49≡	9162	126	46—	9201	114	76—	9240	130	46—
9034	110	47=	9076	104	63—	9120	66	71≡	9163	88	74—	9202	78	52≡	9241	96	72—
9035	80	52≡	9077	114	59—	9121	82	70—	9164	96	60=	9203	84	57≡	9243	130	26
9035	122	58—	9078	122	58—	9121	120	58—	9166	108	78—	9203	90	61=	9244	112	47=
9036	70	66≡	9078	130	45—	9122	110	43=	9167	66	71≡	9203	128	46—	9245	84	64=
9036	108	78—	9079	106	63—	9122	118	43=	9167	106	63—	9206	106	63—	9245	86	65≡
9037	106	43=	9079	124	54—	9123	124	76—	9167	120	37=	9206	118	37=	9246	76	65≡
9037	120	59—	9080	110	67—	9123	128	45—	9168	80	52≡	9207	66	66≡	9246	120	76—
9038	64	73≡	9082	118	42=	9124	104	55—	9168	88	52≡	9207	100	77=	9247	124	76—
9039	72	68≡	9083	80	65—	9124	120	54—	9169	64	75≡	9208	94	51=	9249	68	71≡
9040	88	74—	9083	90	74—	9125	76	75=	9169	94	64=	9208	130	45—	9250	100	44=
9041	76	73≡	9084	88	77=	9125	96	72—	9170	98	69—	9211	82	79=	9251	108	43=
9042	108	47=	9084	130	46—	9126	76	68≡	9170	122	58—	9211	104	63—	9252	102	60=
9042	128	26	9085	100	61=	9126	124	53—	9171	110	47=	9211	120	28	9253	98	72—
9043	84	64=	9086	94	51=	9127	100	49≡	9171	112	67—	9212	92	61=	9254	94	44=

— bedeutet Träger mit einer Gurtplatte, = mit zwei, ≡ mit drei Gurtplatten.

von **9254** bis **9515**.

Widerstands-moment cm³	Steh-blech-Höhe cm	Seite des Buches	Widerstands-moment cm³	Steh-blech-Höhe cm	Seite des Buches	Widerstands-moment cm³	Steh-blech-Höhe cm	Seite des Buches	Widerstands-moment cm³	Steh-blech-Höhe cm	Seite des Buches	Widerstands-moment cm³	Steh-blech-Höhe cm	Seite des Buches	Widerstands-moment cm³	Steh-blech-Höhe cm	Seite des Buches
9254	110	47=	9305	106	55=	9339	112	55=	9380	96	77=	9421	122	50—	9469	86	65=
9255	100	56=	9305	124	54—	9340	118	59—	9383	112	47=	9422	128	58—	9469	98	64—
9255	108	63—	9306	88	57≡	9340	126	54—	9383	122	59—	9424	80	70=	9469	120	59—
9257	96	49≡	9307	100	69—	9341	72	66≡	9384	114	67—	9425	82	79=	9472	116	67—
9258	108	47=	9308	86	64=	9342	94	62≡	9386	82	65—	9425	120	50—	9472	128	54—
9259	114	67—	9309	92	74—	9342	118	42=	9386	84	52≡	9426	104	60—	9474	92	68=
9261	128	53—	9309	114	43=	9343	92	49=	9386	110	43=	9426	126	54—	9475	82	70=
9262	82	70—	9310	70	66≡	9345	78	62≡	9387	110	78—	9427	102	69—	9475	112	78—
9262	124	53—	9311	108	48=	9346	104	63—	9389	128	53—	9428	86	65≡	9476	92	64=
9263	96	56—	9311	116	50—	9346	114	47=	9390	90	57≡	9428	100	49≡	9477	122	50—
9263	118	59—	9312	94	68=	9347	110	55—	9390	102	51=	9429	90	74—	9477	126	58—
9264	110	48=	9312	102	61=	9349	86	79=	9390	120	76—	9431	80	68≡	9478	102	44=
9264	128	45—	9313	106	43=	9349	106	48=	9391	120	59—	9432	60	75≡	9478	112	48=
9265	68	66≡	9313	126	46—	9349	124	42=	9392	112	43=	9432	102	77≡	9479	104	60=
9265	122	54—	9315	62	75≡	9350	80	65≡	9393	102	69—	9433	126	58—	9479	116	43=
9266	92	49≡	9315	94	61=	9350	92	44≡	9394	116	42=	9433	130	53—	9480	84	79=
9266	108	35≡	9315	130	45—	9351	98	49=	9395	108	63—	9434	116	35≡	9480	110	35≡
9267	116	76—	9316	82	62≡	9351	126	58—	9395	122	42=	9435	108	63—	9480	124	50—
9269	110	63—	9317	86	52≡	9353	102	49=	9396	130	46—	9435	120	42=	9481	80	52≡
9269	120	50—	9317	102	55=	9354	92	77=	9397	84	70=	9436	96	49≡	9481	84	57≡
9270	64	73≡	9317	126	76—	9355	96	72—	9399	98	60=	9436	108	47=	9482	110	63—
9270	114	43=	9318	78	70—	9356	128	46—	9400	88	79=	9438	92	74—	9484	102	56=
9271	84	52≡	9318	102	51=	9357	94	64=	9401	80	70=	9438	114	42=	9485	88	52≡
9271	92	68≡	9318	128	54—	9358	74	66≡	9401	90	62=	9439	90	56≡	9485	122	42=
9271	104	60=	9319	70	71≡	9359	82	65=	9401	110	63—	9439	122	59—	9488	98	72—
9275	122	50—	9321	106	78—	9359	112	35≡	9404	118	59—	9439	130	27	9490	76	66=
9275	126	54—	9322	104	39≡	9359	120	50—	9405	66	71≡	9440	82	52≡	9490	110	78—
9276	112	67—	9322	110	67—	9360	80	79—	9405	118	43=	9442	108	39≡	9490	120	35≡
9277	72	68≡	9322	126	53—	9361	88	68=	9406	76	73=	9443	126	76—	9491	84	79=
9277	124	58—	9323	76	75=	9361	94	72—	9407	100	77—	9444	82	57≡	9492	96	44=
9281	88	65=	9323	90	49≡	9362	98	72—	9407	116	76—	9444	90	79=	9492	114	67—
9282	84	62≡	9323	120	43=	9364	88	64=	9408	74	75=	9445	132	26	9493	118	59—
9283	100	69—	9324	80	52≡	9365	70	66≡	9408	102	39≡	9447	68	71≡	9493	128	42=
9283	106	60=	9324	122	54—	9365	86	57=	9408	120	37=	9447	122	76—	9494	88	62=
9283	120	42=	9325	100	61=	9366	96	72—	9409	118	47=	9450	96	51=	9495	68	71≡
9284	116	59—	9325	120	59—	9367	88	49≡	9410	78	68=	9451	92	61=	9495	106	60=
9287	72	75=	9326	96	51=	9367	104	78—	9411	112	67—	9451	106	47=	9495	124	76—
9287	118	35≡	9326	110	67—	9367	120	58—	9412	84	65≡	9453	94	51=	9496	100	56=
9288	108	55=	9326	130	53—	9368	108	67—	9413	100	69—	9454	88	56≡	9499	100	72—
9289	84	79=	9327	96	61=	9370	118	50—	9413	110	47=	9455	114	47=	9501	64	73≡
9290	130	53—	9328	106	78—	9370	124	58—	9414	88	62≡	9456	102	60=	9501	70	71≡
9292	92	64=	9329	90	77=	9371	66	73≡	9415	100	61=	9456	130	53—	9503	120	50—
9293	118	50—	9329	100	51=	9371	94	77=	9415	114	39≡	9458	110	67—	9504	126	54—
9294	112	67—	9329	110	39≡	9371	124	76—	9416	96	64=	9459	106	78—	9505	108	60=
9295	108	78—	9330	98	61=	9372	106	35=	9416	124	42=	9461	68	73—	9505	110	55=
9296	88	77=	9331	98	51=	9375	98	77=	9417	86	62≡	9461	74	66≡	9506	124	58—
9296	122	76—	9331	118	76—	9377	72	71≡	9417	112	67—	9461	126	53—	9507	78	52≡
9297	64	71≡	9332	78	73=	9377	92	62≡	9418	84	65=	9462	92	74—	9508	110	60=
9298	98	69—	9332	104	44≡	9377	124	54—	9418	122	76—	9463	86	57≡	9509	94	49=
9300	104	51=	9332	112	43=	9378	76	68≡	9419	72	66≡	9464	80	57≡	9510	88	65=
9302	90	74—	9333	74	68≡	9378	98	44≡	9419	100	51=	9464	104	56=	9510	128	46—
9303	78	65≡	9333	106	63—	9378	120	54—	9419	104	69—	9466	124	54—	9511	66	75=
9304	82	52≡	9336	92	57≡	9379	62	73≡	9420	64	75≡	9467	110	43=	9513	128	76—
9304	122	58—	9336	96	77=	9379	100	72—	9421	78	75≡	9468	112	47=	9514	130	54—
9305	94	49≡	9337	80	62≡	9379	128	53—	9421	90	68≡	9468	118	42=	9515	82	70—

— bedeutet Träger mit einer Gurtplatte, = mit zwei, ≡ mit drei Gurtplatten.   17

von 9515 bis 9786.

Widerstandsmoment cm³	Stehblechhöhe cm	Seite des Buches	Widerstandsmoment cm³	Stehblechhöhe cm	Seite des Buches	Widerstandsmoment cm³	Stehblechhöhe cm	Seite des Buches	Widerstandsmoment cm³	Stehblechhöhe cm	Seite des Buches	Widerstandsmoment cm³	Stehblechhöhe cm	Seite des Buches	Widerstandsmoment cm³	Stehblechhöhe cm	Seite des Buches
9515	86	64=	9558	90	57≡	9610	66	73≡	9649	116	42=	9692	112	47=	9740	122	76—
9518	116	43=	9563	102	51=	9610	112	78—	9650	134	26	9693	114	48=	9741	68	71≡
9519	78	73=	9563	112	55=	9611	96	77=	9651	110	78—	9694	98	51=	9741	88	70=
9519	94	68=	9564	108	63—	9611	100	44≡	9653	92	62≡	9695	126	76—	9742	96	74—
9519	110	78—	9565	88	79=	9612	82	62≡	9654	86	52≡	9696	80	68≡	9742	128	50—
9520	128	53—	9565	100	61=	9612	88	79=	9654	106	60=	9696	112	35≡	9744	112	78—
9521	76	75=	9567	92	74—	9613	120	59—	9655	102	51=	9697	114	78—	9745	98	72—
9524	82	73=	9567	110	55—	9614	118	76—	9658	102	69—	9698	96	74—	9746	90	52≡
9524	124	50—	9568	122	50—	9616	96	72—	9658	106	69—	9699	84	79≡	9746	102	72—
9525	102	69—	9569	98	56≡	9616	120	47=	9659	76	66≡	9700	92	79=	9747	86	57≡
9525	124	58—	9569	126	76—	9617	96	74—	9659	104	77=	9700	96	51=	9747	112	48=
9526	108	55=	9570	92	49=	9617	98	72—	9660	90	79=	9701	94	74—	9748	110	55=
9526	122	43=	9570	108	48=	9619	90	68=	9660	94	56≡	9703	120	59—	9749	98	74—
9527	86	79=	9570	114	35≡	9619	100	72—	9660	110	39≡	9705	128	54—	9749	128	42=
9528	106	51=	9571	98	77=	9619	124	76—	9661	128	53—	9707	78	73=	9751	86	79=
9528	110	48=	9572	70	71≡	9620	90	49≡	9665	84	65≡	9707	104	44≡	9751	130	58—
9530	122	59—	9572	126	58—	9620	96	56≡	9665	98	64=	9708	94	64=	9753	90	62≡
9531	68	66≡	9574	84	52≡	9621	130	58—	9665	110	63—	9708	130	46—	9753	110	43=
9532	108	43=	9575	88	64=	9622	104	51=	9667	116	47=	9709	90	56≡	9754	122	42=
9533	110	63—	9575	92	77=	9623	72	66≡	9668	78	68≡	9709	116	67—	9756	122	59—
9534	120	76—	9576	130	53—	9623	88	57≡	9668	126	54—	9710	112	63—	9757	108	51=
9535	108	63—	9577	126	54—	9623	102	72—	9669	104	69—	9710	130	76—	9757	114	39≡
9536	86	52≡	9578	74	68≡	9624	80	73=	9670	64	75≡	9712	82	68≡	9759	84	70=
9536	126	50—	9579	88	52≡	9625	78	75=	9670	130	54—	9713	68	71≡	9761	82	52≡
9537	78	65≡	9580	104	49≡	9625	94	62≡	9671	90	62≡	9714	84	52≡	9761	114	67—
9538	106	55=	9581	94	57≡	9625	116	39≡	9672	92	64=	9714	104	56=	9762	86	79=
9538	128	54—	9581	120	50—	9626	80	62≡	9672	102	69—	9714	122	50—	9762	112	63—
9541	84	70=	9583	122	54—	9627	90	64=	9673	100	69—	9715	112	78—	9763	108	55=
9541	104	61=	9584	70	66≡	9628	112	63—	9673	108	47=	9716	100	64=	9765	76	66≡
9541	112	67—	9585	100	49≡	9628	120	43=	9674	86	70=	9719	76	75=	9765	114	67—
9542	102	55=	9586	84	62≡	9629	76	68≡	9675	98	49≡	9719	130	53—	9766	108	39≡
9543	90	65=	9586	130	53—	9629	104	48=	9675	106	77=	9720	80	75=	9767	116	55=
9543	100	69—	9587	124	59—	9629	124	50—	9675	120	42=	9720	114	63—	9768	96	68=
9543	112	39≡	9588	94	49≡	9630	112	47=	9676	92	68=	9721	82	73=	9768	110	63—
9544	104	55=	9590	80	65≡	9633	82	65≡	9676	122	59—	9721	108	60=	9768	118	47=
9544	114	43=	9590	108	35≡	9633	110	78—	9677	92	52≡	9723	88	57≡	9769	66	75≡
9545	96	49≡	9593	94	44≡	9634	104	39≡	9678	88	62≡	9724	112	55=	9769	128	76—
9545	112	67—	9593	122	76—	9634	128	58—	9678	128	58—	9726	94	68=	9771	106	61=
9546	86	62≡	9597	94	77—	9635	114	67—	9679	72	66≡	9727	102	72—	9772	106	55=
9547	64	71≡	9597	114	47=	9635	122	50—	9679	100	51=	9727	116	67—	9773	104	55≡
9547	120	42=	9597	124	42=	9636	102	77=	9680	112	67—	9728	74	66≡	9775	70	71≡
9548	108	78—	9598	84	70—	9637	66	71≡	9683	114	47=	9728	110	60=	9775	128	58—
9548	126	42=	9599	116	67—	9637	84	65=	9684	112	43=	9728	118	43=	9776	110	78—
9549	104	51=	9600	82	52—	9638	82	79=	9685	124	50—	9729	102	56=	9777	90	65=
9550	102	69—	9601	74	75=	9638	124	28	9686	118	67—	9729	126	58—	9778	124	50—
9550	128	58—	9601	112	43=	9640	92	57≡	9687	86	65≡	9730	124	43=	9779	108	44≡
9552	114	55=	9602	118	42=	9641	118	35≡	9687	104	60=	9731	98	44≡	9779	128	54—
9552	130	46—	9603	126	58—	9641	128	76—	9688	90	57≡	9732	64	73≡	9780	114	55=
9555	86	79=	9604	94	74—	9643	124	58—	9688	108	78—	9733	94	64=	9781	108	55=
9555	106	44≡	9604	106	48=	9644	124	59—	9689	74	71≡	9736	100	56=	9782	106	51=
9556	106	55=	9605	114	43=	9645	108	60=	9689	118	43=	9736	124	59—	9782	116	35≡
9556	116	47=	9606	98	72—	9645	132	27	9690	92	56≡	9737	120	50—	9783	110	78—
9557	96	68=	9607	100	77=	9646	118	59—	9690	130	42=	9738	130	54—	9785	106	69—
9557	102	61=	9608	96	64=	9648	74	66≡	9691	106	56=	9739	88	65=	9786	88	64=
9558	62	75≡	9609	80	70=	9649	102	60=	9692	86	65=	9740	82	57≡	9786	98	49=

— bedeutet Träger mit einer Gurtplatte, = mit zwei, ≡ mit drei Gurtplatten.

von 9787 bis 10084.

Widerstands-moment cm³	Stehblech-Höhe cm	Seite des Buches	Widerstands-moment cm³	Stehblech-Höhe cm	Seite des Buches	Widerstands-moment cm³	Stehblech-Höhe cm	Seite des Buches	Widerstands-moment cm³	Stehblech-Höhe cm	Seite des Buches	Widerstands-moment cm³	Stehblech-Höhe cm	Seite des Buches	Widerstands-moment cm³	Stehblech-Höhe cm	Seite des Buches
9787	112	55≡	9829	90	79≡	9874	96	62≡	9932	128	54—	9996	118	35≡	10038	128	54—
9788	78	66≡	9829	108	48≡	9874	102	60≡	9933	94	68≡	9999	98	49≡	10039	76	66≡
9788	124	54—	9830	98	62≡	9875	92	49≡	9934	128	58—	10000	100	72—	10039	104	69—
9790	102	69—	9831	80	65≡	9876	90	79≡	9936	126	43≡	10001	108	55≡	10039	108	49≡
9791	70	73≡	9832	96	74—	9876	106	69—	9937	74	66≡	10001	112	63—	10039	114	67—
9791	104	61≡	9832	126	54—	9878	84	52≡	9937	108	60≡	10002	84	70≡	10040	104	61≡
9792	110	48≡	9833	94	74—	9879	82	65≡	9939	100	51≡	10002	108	61≡	10043	84	52≡
9793	80	52≡	9833	96	49≡	9879	92	68≡	9940	88	57≡	10003	76	71≡	10044	70	73≡
9793	126	59—	9834	114	78—	9879	112	39≡	9941	90	62≡	10003	126	76—	10044	102	77≡
9794	88	79≡	9836	118	39≡	9880	76	68≡	9941	128	50—	10004	98	74—	10045	86	70≡
9794	122	50—	9836	122	43≡	9880	86	70≡	9943	94	56≡	10005	106	55≡	10046	92	65≡
9796	92	77≡	9836	130	58—	9881	118	47≡	9944	92	57≡	10005	110	44≡	10046	100	61≡
9797	110	63—	9838	96	44≡	9881	130	58—	9945	86	65≡	10005	128	42≡	10046	124	43≡
9797	124	76—	9839	126	50—	9883	90	57≡	9945	118	67—	10006	112	78—	10047	102	61≡
9799	104	51≡	9840	102	77≡	9883	108	60≡	9946	106	56≡	10007	100	74—	10048	102	56≡
9800	80	66≡	9840	130	76—	9884	104	60≡	9948	110	60≡	10007	110	55≡	10049	70	71≡
9800	126	42≡	9841	96	77≡	9884	110	56≡	9949	98	51≡	10008	114	55≡	10049	94	77≡
9801	62	75≡	9842	90	52≡	9885	124	59—	9950	114	60≡	10008	124	50—	10049	120	39≡
9801	96	64≡	9843	90	64≡	9886	122	76—	9951	96	61≡	10009	80	73≡	10049	128	50—
9801	98	61≡	9845	124	42≡	9887	106	60≡	9951	130	42≡	10009	92	52≡	10050	100	68≡
9802	102	61≡	9846	102	44≡	9889	84	62≡	9952	68	73≡	10011	112	55≡	10051	130	59—
9803	88	52≡	9846	128	59—	9892	94	57≡	9953	88	70≡	10011	130	58—	10052	126	42≡
9805	124	59—	9847	86	52≡	9893	92	64≡	9956	76	66≡	10012	84	73≡	10053	102	51≡
9806	100	61≡	9848	66	73≡	9893	104	49≡	9959	94	79≡	10012	90	65≡	10054	110	63—
9806	128	58—	9848	114	47≡	9893	126	42≡	9960	80	68≡	10013	112	78—	10056	104	49≡
9807	92	65≡	9849	126	58—	9895	66	71≡	9961	124	42≡	10014	88	57≡	10056	128	76—
9808	100	56≡	9850	120	35≡	9896	126	50—	9962	78	66≡	10014	92	62≡	10057	98	64≡
9808	102	51≡	9851	98	77≡	9896	128	50—	9963	88	65≡	10014	106	69—	10058	128	59—
9809	106	49≡	9852	126	76—	9897	72	71≡	9964	104	56≡	10014	126	59—	10060	90	64≡
9810	84	73≡	9853	100	77≡	9897	110	47≡	9965	94	74—	10016	108	51≡	10060	116	78—
9810	110	35≡	9854	116	67—	9897	112	63—	9966	92	56≡	10016	112	48≡	10062	110	78—
9811	88	62≡	9854	134	27	9898	108	69—	9967	114	48≡	10017	84	57≡	10063	138	26
9811	120	42≡	9855	68	75≡	9899	116	47≡	9968	88	65≡	10017	90	70≡	10064	136	27
9812	92	57≡	9855	136	26	9900	108	77≡	9970	130	76—	10019	98	68≡	10067	116	47≡
9812	116	47≡	9856	86	62≡	9901	120	67—	9971	100	44≡	10020	82	75≡	10068	94	57≡
9814	112	67—	9856	112	63—	9902	82	70≡	9972	118	43≡	10021	130	42≡	10068	118	67—
9815	118	67—	9857	106	51≡	9904	104	69—	9973	116	39≡	10022	122	42≡	10068	122	47≡
9816	80	73≡	9857	114	63—	9905	72	66≡	9974	102	56≡	10023	88	79≡	10070	78	66≡
9816	108	63—	9858	70	66≡	9907	94	62≡	9975	86	79≡	10025	106	61≡	10071	90	52≡
9817	80	70≡	9859	100	72—	9908	96	56≡	9978	84	70≡	10025	128	76—	10071	96	49≡
9818	114	43≡	9859	120	59—	9910	116	48≡	9979	68	71≡	10027	108	69—	10072	94	65≡
9818	128	42≡	9860	102	72—	9911	110	63—	9979	96	68≡	10028	66	75≡	10072	128	28
9819	122	43≡	9861	98	64≡	9912	114	35≡	9981	120	47≡	10028	100	49≡	10073	122	59—
9820	94	49≡	9861	112	78—	9914	122	59—	9982	116	67—	10028	118	47≡	10075	104	77≡
9820	116	43≡	9861	118	42≡	9915	100	49≡	9983	82	68≡	10028	124	43≡	10075	118	67—
9821	126	76—	9862	106	39≡	9916	86	65≡	9985	90	57≡	10031	78	75≡	10075	120	42≡
9822	86	70≡	9862	130	53—	9917	84	65≡	9987	116	67—	10031	112	63—	10076	98	57≡
9823	88	79≡	9863	98	56≡	9918	82	73≡	9988	126	58—	10032	112	35≡	10076	100	62≡
9823	122	59—	9867	96	74—	9919	108	56≡	9990	86	52≡	10032	122	76—	10076	130	54—
9824	72	71≡	9868	102	72—	9921	64	75≡	9990	110	39≡	10033	120	67—	10077	90	62≡
9824	122	47≡	9869	104	72—	9923	88	52≡	9991	96	74—	10034	124	59—	10078	70	71≡
9825	70	71≡	9870	100	72—	9926	78	68≡	9992	102	72—	10035	88	79≡	10079	104	68≡
9826	130	54—	9871	110	60≡	9927	124	50—	9993	114	63—	10035	118	43≡	10080	98	49≡
9828	78	75≡	9871	128	54—	9928	80	75≡	9994	84	68≡	10036	116	43≡	10082	104	44≡
9828	96	57≡	9872	98	72—	9930	92	62≡	9995	74	66≡	10037	106	51≡	10084	98	44≡

— bedeutet Träger mit einer Gurtplatte, = mit zwei, ≡ mit drei Gurtplatten.

von 10087 bis 10375.

Widerstandsmoment cm³	Stehblech-Höhe cm	Seite des Buches	Widerstandsmoment cm³	Stehblech-Höhe cm	Seite des Buches	Widerstandsmoment cm³	Stehblech-Höhe cm	Seite des Buches	Widerstandsmoment cm³	Stehblech-Höhe cm	Seite des Buches	Widerstandsmoment cm³	Stehblech-Höhe cm	Seite des Buches	Widerstandsmoment cm³	Stehblech-Höhe cm	Seite des Buches
10087	66	73≡	10127	110	77=	10180	102	61=	10232	110	55=	10275	138	27	10325	100	57≡
10087	86	70=	10127	124	59—	10184	78	68=	10233	90	70=	10276	108	51=	10326	86	52≡
10087	116	63—	10128	118	48=	10184	94	79=	10233	98	74—	10277	76	71≡	10326	124	43=
10088	80	66≡	10129	88	62≡	10186	72	66≡	10234	78	75=	10277	86	68=	10327	114	60=
10089	108	48=	10130	100	72—	10186	102	51=	10234	82	75=	10280	106	61=	10330	110	51≡
10089	114	63—	10130	114	63—	10188	120	43=	10234	124	42=	10282	124	47=	10332	100	44≡
10090	108	39≡	10131	98	74—	10189	94	62≡	10235	96	74—	10283	90	57≡	10332	104	77=
10090	114	78—	10131	116	47=	10189	116	48=	10235	110	61=	10283	104	77=	10333	88	70=
10092	90	79=	10132	106	51=	10191	96	68=	10235	112	55=	10285	112	48=	10333	108	77=
10092	102	77=	10136	80	75=	10191	118	39≡	10236	114	55=	10286	66	75≡	10334	92	79=
10093	100	77=	10137	100	74—	10192	84	62≡	10237	114	63—	10286	92	65=	10335	92	64=
10093	124	42=	10138	130	54—	10194	90	52≡	10238	114	78—	10287	108	69—	10336	120	47=
10094	82	66≡	10140	94	68=	10196	100	61=	10239	108	55=	10288	118	47=	10336	124	67—
10094	92	79=	10140	110	69—	10196	114	55=	10239	126	43=	10288	124	59—	10337	102	77=
10095	126	59—	10141	126	50—	10196	122	47=	10240	90	65≡	10289	104	56≡	10337	114	56=
10096	98	74—	10141	130	58—	10197	88	65=	10241	114	48=	10290	106	69—	10339	96	65=
10096	120	47=	10142	92	79=	10197	128	58—	10244	104	72—	10290	120	67—	10339	116	78—
10098	86	73=	10143	128	43=	10198	68	73≡	10244	124	76—	10291	122	42=	10341	126	59—
10099	106	77=	10144	92	57≡	10198	96	64=	10245	106	72—	10292	102	61=	10342	118	43=
10099	112	60=	10145	96	57=	10199	86	79=	10245	130	54—	10292	130	28	10345	80	75=
10099	128	42=	10146	118	78—	10199	100	51=	10246	68	71≡	10293	112	63—	10345	92	62≡
10100	114	39≡	10146	120	67—	10199	116	78—	10246	100	49≡	10294	86	70=	10345	112	60=
10100	130	76—	10147	112	63—	10200	70	75≡	10246	120	47=	10294	106	49≡	10347	110	77=
10101	96	74—	10148	110	56=	10200	106	56=	10246	126	59—	10295	92	70=	10348	120	48=
10104	88	70=	10149	74	71≡	10200	120	55=	10249	92	57≡	10297	70	73≡	10350	114	47=
10106	72	71≡	10152	106	69—	10203	94	57≡	10252	88	79=	10297	90	79≡	10350	118	35≡
10106	130	50—	10152	130	50—	10203	98	61=	10252	110	51=	10297	120	67—	10351	78	66≡
10107	92	52≡	10153	108	60=	10204	128	54—	10252	122	67—	10298	112	78—	10351	130	43=
10108	100	56≡	10154	126	76—	10205	104	49≡	10254	76	66≡	10299	102	68=	10352	118	67—
10108	128	50—	10155	104	61=	10205	118	67—	10254	82	68=	10299	104	51≡	10353	118	47=
10110	112	56=	10157	72	71≡	10206	92	62≡	10254	98	64=	10302	96	77≡	10354	102	56≡
10111	104	72—	10157	86	52≡	10207	90	57≡	10255	114	35≡	10304	126	42=	10354	106	60=
10112	122	43=	10157	102	49=	10207	130	59—	10255	118	43=	10305	86	73=	10355	110	60=
10113	102	72—	10158	98	56≡	10210	120	35≡	10256	126	43=	10307	128	59—	10355	112	77=
10113	110	60=	10160	94	64=	10210	128	76—	10257	102	72—	10307	130	42≡	10357	128	50—
10114	92	64=	10162	96	62≡	10211	130	42=	10258	88	57≡	10309	90	79=	10358	108	60=
10115	82	73≡	10164	88	70=	10213	102	44=	10259	98	74—	10311	106	77=	10359	108	61=
10116	100	64=	10165	120	67—	10214	84	73≡	10261	108	69—	10312	82	73=	10361	94	79=
10116	108	77=	10166	116	55=	10214	104	56=	10261	128	42=	10312	122	47=	10362	100	74—
10117	106	72—	10167	86	62≡	10215	112	39≡	10262	130	76—	10313	76	66≡	10363	92	79=
10117	118	47=	10167	106	69—	10217	112	55=	10265	116	67—	10316	100	64=	10363	106	72—
10118	122	67—	10168	102	64=	10218	96	79=	10266	80	66=	10317	94	65=	10363	130	59—
10119	104	72—	10168	110	60=	10219	118	55=	10267	78	66≡	10318	78	71≡	10365	116	63—
10120	88	52≡	10169	108	44≡	10220	112	51=	10267	88	52=	10319	106	44≡	10367	108	72—
10121	68	75≡	10169	124	50—	10222	100	74—	10267	100	74—	10319	118	63—	10367	110	69—
10121	106	61=	10170	84	65=	10223	74	71≡	10267	102	74—	10320	110	39≡	10367	122	67—
10121	108	69—	10171	126	42=	10223	126	50—	10267	114	63—	10320	116	78—	10368	124	43=
10121	116	43=	10172	64	75=	10224	128	59—	10269	86	70—	10321	130	50—	10369	104	72—
10122	130	58—	10172	116	63—	10225	80	68≡	10270	110	49=	10322	84	75≡	10371	84	52≡
10123	72	73≡	10173	116	60=	10225	94	56≡	10271	84	68=	10322	98	77=	10371	98	74—
10123	112	47=	10174	104	69—	10226	116	63—	10271	100	68=	10322	116	39≡	10372	102	64=
10125	82	65≡	10176	112	60=	10227	88	65≡	10272	102	49=	10323	70	71≡	10372	106	72—
10125	98	62≡	10177	118	63—	10228	98	64=	10272	140	26	10323	98	49=	10373	94	52≡
10125	102	72—	10178	114	60=	10230	130	76—	10273	94	52≡	10324	102	62≡	10373	120	78—
10126	116	67—	10178	126	59—	10231	116	55=	10274	128	50—	10325	96	57≡	10375	88	70=

— bedeutet Träger mit einer Gurtplatte, = mit zwei, ≡ mit drei Gurtplatten.

von **10377** bis **10728**.

Widerstandsmoment cm³	Stehblech-Höhe cm	Seite des Buches	Widerstandsmoment cm³	Stehblech-Höhe cm	Seite des Buches	Widerstandsmoment cm³	Stehblech-Höhe cm	Seite des Buches	Widerstandsmoment cm³	Stehblech-Höhe cm	Seite des Buches	Widerstandsmoment cm³	Stehblech-Höhe cm	Seite des Buches	Widerstandsmoment cm³	Stehblech-Höhe cm	Seite des Buches
10377	80	66≡	10426	104	61=	10476	120	43=	10536	110	69−	10590	124	67−	10659	130	50−
10377	100	62≡	10428	96	64=	10477	86	62≡	10538	96	52≡	10592	112	60=	10660	102	56≡
10379	112	56=	10428	106	69−	10478	116	78−	10539	96	62≡	10593	130	42=	10661	82	75=
10381	104	72−	10429	118	78−	10479	116	35≡	10540	104	61≡	10596	108	60−	10662	86	52≡
10381	128	42≡	10429	120	67−	10480	90	65=	10541	84	75=	10597	70	71≡	10663	122	55=
10383	72	73≡	10434	104	51=	10480	98	79=	10541	126	43=	10598	110	60=	10663	128	42=
10383	112	69−	10434	120	67−	10481	88	79=	10542	108	69−	10599	110	61=	10664	104	74−
10385	94	64≡	10436	130	59−	10485	96	56=	10545	66	75=	10600	78	71≡	10665	102	74−
10385	114	63−	10438	74	71≡	10486	102	74−	10545	118	39≡	10600	88	73=	10666	80	66≡
10386	122	67−	10438	88	52≡	10488	140	27	10546	106	51=	10601	104	56≡	10666	90	70=
10387	68	75≡	10438	108	56=	10489	80	68=	10547	118	47=	10601	122	78−	10668	110	69−
10387	126	50−	10440	120	55−	10489	112	51=	10548	72	75=	10602	118	63−	10669	72	71≡
10388	72	71≡	10440	128	50−	10490	74	71≡	10549	70	73≡	10605	130	59−	10670	116	39≡
10388	88	73=	10442	114	39≡	10490	100	64=	10549	108	77=	10606	94	79=	10671	130	47=
10388	90	70=	10444	68	73≡	10490	130	50−	10550	104	68=	10607	128	50−	10672	92	52≡
10388	96	49≡	10445	102	61=	10491	88	65=	10551	76	66≡	10608	98	65=	10673	106	61=
10388	110	60=	10446	106	49≡	10493	86	70=	10552	112	39≡	10609	124	67−	10674	92	70=
10389	118	55=	10447	82	75=	10493	118	67−	10552	120	63−	10611	114	56=	10675	130	59−
10390	82	66≡	10448	126	42=	10494	102	49=	10553	80	75=	10612	94	52≡	10677	100	62≡
10390	84	66≡	10449	90	70=	10497	108	72−	10553	92	57≡	10614	112	69−	10677	116	55=
10390	102	72−	10449	96	79=	10497	126	47=	10554	112	48=	10614	120	55=	10680	120	55=
10396	90	52≡	10450	98	68=	10499	106	72−	10555	126	67−	10615	94	62≡	10681	130	43=
10397	100	74−	10450	128	43=	10499	110	61=	10556	122	47=	10616	110	51=	10682	108	69−
10397	106	61=	10451	102	51=	10501	106	72−	10557	98	77=	10618	84	73=	10684	106	51=
10398	118	60=	10452	98	52≡	10502	100	74−	10557	116	60=	10622	116	78−	10685	124	47=
10399	98	57≡	10454	114	51=	10503	112	49≡	10557	128	59−	10623	90	70=	10686	82	66≡
10400	102	74−	10455	106	56=	10505	116	63−	10558	108	44≡	10624	124	43=	10688	86	66≡
10400	104	49≡	10455	118	55=	10507	124	42=	10559	118	63−	10625	112	60=	10689	116	51=
10401	108	69−	10456	100	61=	10508	98	74−	10561	86	68≡	10626	86	75=	10691	118	55=
10401	112	60=	10456	126	76−	10510	120	47=	10561	94	65=	10626	106	72−	10693	84	66≡
10402	96	68=	10457	74	73≡	10511	90	65≡	10562	88	70=	10629	102	74−	10694	126	67−
10402	110	44≡	10457	104	44≡	10512	86	73=	10565	120	43=	10629	126	47=	10695	116	55=
10404	110	69−	10457	128	47=	10513	94	57≡	10566	116	56=	10630	96	79=	10696	104	61=
10405	122	43≡	10460	118	63−	10513	132	28	10567	110	77=	10630	104	64=	10697	114	55=
10406	114	60=	10461	114	44≡	10514	122	67−	10568	112	51=	10633	78	66≡	10698	122	43=
10406	116	60=	10462	86	65≡	10515	114	48=	10571	118	78−	10634	114	60=	10699	98	64=
10407	94	57≡	10462	96	57≡	10516	74	66≡	10572	78	66≡	10636	80	71≡	10701	106	44≡
10408	100	56≡	10463	98	64=	10516	92	70=	10572	82	66≡	10636	120	48=	10704	118	35≡
10408	120	63−	10463	116	55=	10516	104	72−	10573	104	62≡	10638	116	60=	10705	104	51=
10408	130	58−	10464	112	55=	10517	120	78−	10573	106	77=	10639	106	72−	10706	118	78−
10410	94	79=	10464	114	55=	10517	128	42=	10574	100	77=	10640	108	61−	10709	100	56≡
10410	120	39≡	10465	106	64=	10519	130	59−	10574	130	76−	10641	122	63−	10710	112	55=
10411	118	48=	10466	92	52≡	10520	122	67−	10575	88	57≡	10642	100	74−	10711	102	61=
10412	124	47=	10467	116	48=	10521	108	61=	10575	102	57≡	10643	72	73≡	10713	98	62≡
10414	130	54−	10468	128	43=	10523	106	77=	10576	120	47=	10645	106	49≡	10713	128	47=
10415	84	70=	10469	112	61=	10524	102	68=	10578	114	60=	10647	98	49≡	10715	98	79=
10416	108	69−	10471	122	43=	10525	82	68≡	10579	80	66≡	10648	112	56=	10717	86	70=
10417	72	71≡	10471	130	42=	10527	100	74−	10581	102	44≡	10649	118	43=	10718	108	64=
10418	130	76−	10472	94	62=	10529	104	74−	10582	102	77=	10651	104	72−	10720	90	52≡
10419	98	62≡	10472	124	67−	10530	124	47=	10583	98	57≡	10652	112	69−	10722	120	67−
10419	122	55=	10474	70	75≡	10532	90	57≡	10584	92	79=	10653	68	75≡	10723	128	59−
10422	84	65≡	10474	110	55=	10533	114	63−	10584	126	43=	10653	110	69−	10724	74	73≡
10422	104	64=	10474	116	63−	10534	108	49≡	10585	114	77=	10654	108	51=	10725	126	42=
10422	116	55=	10475	76	71≡	10534	114	78−	10587	88	70=	10655	100	57≡	10727	90	62≡
10423	116	43=	10476	92	57≡	10535	106	61=	10589	96	65=	10659	96	64=	10728	114	51=

— bedeutet Träger mit einer Gurtplatte, = mit zwei, ≡ mit drei Gurtplatten.

von 10730 bis 11096.

Widerstandsmoment cm³	Stehblechhöhe cm	Seite des Buches	Widerstandsmoment cm³	Stehblechhöhe cm	Seite des Buches	Widerstandsmoment cm³	Stehblechhöhe cm	Seite des Buches	Widerstandsmoment cm³	Stehblechhöhe cm	Seite des Buches	Widerstandsmoment cm³	Stehblechhöhe cm	Seite des Buches	Widerstandsmoment cm³	Stehblechhöhe cm	Seite des Buches
10730	100	64=	10793	106	74—	10844	126	43=	10915	106	72—	10996	84	66≡	11041	114	77=
10730	130	76—	10794	108	51=	10845	116	56=	10917	128	67—	10998	86	66≡	11041	122	78—
10731	130	42≡	10796	82	68≡	10846	86	68≡	10919	68	75≡	10999	102	64=	11044	110	51≡
10733	122	47=	10796	92	65≡	10848	76	66≡	10920	120	55≡	11001	114	51≡	11046	104	64≡
10735	134	28	10797	120	63—	10848	128	47=	10921	108	61≡	11001	126	47≡	11047	98	57≡
10737	92	70=	10798	102	74—	10850	106	56≡	10921	112	69—	11002	122	47≡	11048	118	60≡
10738	112	61=	10798	110	44≡	10851	122	60=	10921	124	43=	11004	92	52≡	11048	118	77≡
10738	124	67—	10800	94	70=	10853	88	68≡	10924	120	48=	11006	112	72—	11050	116	51≡
10739	96	62≡	10800	104	74—	10855	96	70=	10925	80	71≡	11007	112	61≡	11051	90	62≡
10740	94	52≡	10800	122	47=	10857	90	57≡	10925	86	73≡	11008	98	62≡	11051	94	65=
10743	100	79=	10801	94	65≡	10859	118	78—	10926	118	51≡	11008	102	79=	11051	112	69—
10744	104	49≡	10802	70	73≡	10860	126	55=	10927	118	55≡	11008	104	68=	11052	90	65≡
10744	118	63—	10802	106	68=	10861	122	48=	10930	106	74—	11008	110	77=	11052	92	79≡
10745	124	67—	10803	78	71≡	10862	94	79=	10931	100	68=	11009	92	62≡	11058	102	74—
10746	94	57≡	10804	98	62≡	10863	98	65≡	10931	130	47≡	11009	100	56≡	11058	108	74—
10746	98	56≡	10804	112	77=	10864	120	60=	10932	88	75=	11012	108	49≡	11058	128	67—
10746	116	48=	10805	98	52≡	10866	118	63—	10932	116	55=	11012	114	69—	11060	110	77=
10748	70	75≡	10805	120	78—	10870	116	60=	10934	122	63—	11013	118	78—	11063	126	78—
10748	102	68=	10806	94	65=	10871	112	72—	10935	108	51=	11013	124	43=	11065	128	43=
10749	126	47=	10807	118	47=	10872	114	44≡	10936	98	57≡	11014	110	72—	11066	124	55=
10750	110	72—	10807	122	67—	10874	82	75=	10937	102	62≡	11014	116	69—	11067	76	73≡
10753	104	74—	10808	92	57≡	10875	116	69—	10939	110	69—	11014	126	43=	11068	106	74—
10754	102	64=	10809	114	51=	10876	124	63—	10941	116	61=	11016	96	52≡	11068	116	60=
10756	108	72—	10811	88	73=	10877	78	66≡	10942	120	78—	11016	112	49≡	11068	130	47=
10757	74	71≡	10812	92	79=	10878	100	65=	10943	130	59—	11017	74	71≡	11070	76	71≡
10758	128	43=	10813	114	77=	10879	130	42=	10944	128	42=	11017	96	57≡	11070	100	62≡
10760	84	75=	10813	116	60=	10880	84	66≡	10947	108	44=	11017	110	72—	11070	104	74—
10760	112	69—	10813	126	67—	10881	78	71≡	10948	114	55≡	11018	116	39≡	11072	102	77=
10763	88	62≡	10814	100	77=	10882	110	72—	10949	120	78—	11020	88	65≡	11073	92	65≡
10764	92	65=	10816	108	77=	10882	124	67—	10951	98	79=	11020	88	70=	11074	86	75=
10764	106	49≡	10816	116	77=	10884	96	52≡	10953	120	63—	11020	104	64=	11074	100	52≡
10765	114	69—	10823	106	62≡	10885	110	61=	10954	94	62≡	11020	106	74—	11075	108	62≡
10766	90	79=	10824	94	57≡	10886	108	72—	10955	88	52≡	11020	118	63—	11075	108	77=
10770	120	39≡	10826	76	71≡	10887	124	67—	10958	92	70=	11020	130	43=	11079	114	49≡
10772	76	71≡	10826	92	52≡	10889	106	64=	10960	136	28	11021	120	60=	11080	114	60=
10772	102	74—	10827	84	68=	10890	108	49≡	10962	94	70=	11022	70	75≡	11080	122	63—
10773	116	78—	10827	102	77=	10892	80	66≡	10965	126	67—	11022	88	73=	11080	124	60=
10774	110	49≡	10827	104	57≡	10893	82	66≡	10967	102	56≡	11022	110	56≡	11081	104	77=
10774	130	59—	10828	106	77=	10894	122	78—	10968	116	51≡	11022	122	78—	11081	106	57≡
10776	128	67—	10828	130	50—	10896	90	73≡	10969	128	47=	11024	116	48=	11082	106	49≡
10777	106	72—	10829	114	60=	10897	90	52≡	10971	100	64=	11024	124	63—	11082	106	77=
10778	124	47=	10830	72	75≡	10898	74	75≡	10972	116	49≡	11025	94	70=	11082	114	61=
10780	96	57≡	10830	104	49≡	10898	104	74—	10973	102	68=	11026	124	47=	11083	94	65≡
10780	108	61=	10831	102	49≡	10899	118	39≡	10975	130	43=	11027	110	61≡	11083	106	44≡
10781	90	65≡	10831	124	78—	10900	98	79=	10976	102	52≡	11027	120	56≡	11083	128	55=
10782	100	74—	10832	104	44≡	10902	110	51≡	10977	100	62≡	11028	112	77=	11084	96	65≡
10784	114	39≡	10833	126	67—	10903	72	73≡	10978	118	48=	11035	106	68=	11085	94	57≡
10786	112	69—	10838	104	64=	10905	112	69—	10980	124	78—	11036	122	63—	11085	96	70=
10787	110	77=	10838	112	60=	10906	126	47=	10982	82	66≡	11036	124	67—	11085	112	60=
10788	122	43=	10839	96	65≡	10907	100	49≡	10983	100	79=	11038	114	69—	11087	104	49≡
10789	106	61=	10839	112	49≡	10907	122	55=	10984	120	63—	11038	120	47=	11088	96	65=
10789	118	60—	10839	122	55=	10909	118	55=	10986	100	57≡	11038	128	67—	11088	124	48=
10790	124	48=	10840	110	60=	10910	96	79=	10988	88	66≡	11039	108	72—	11091	90	70=
10791	88	70=	10840	112	61=	10912	102	57≡	10991	74	73≡	11040	108	61≡	11095	94	79=
10792	76	73≡	10843	100	57≡	10914	92	70=	10995	106	49≡	11040	112	44≡	11096	122	60=

— bedeutet Träger mit einer Gurtplatte, = mit zwei, ≡ mit drei Gurtplatten.

von **11097** bis **11421**.

Widerstandsmoment cm³	Stehblech-Höhe cm	Seite des Buches	Widerstandsmoment cm³	Stehblech-Höhe cm	Seite des Buches	Widerstandsmoment cm³	Stehblech-Höhe cm	Seite des Buches	Widerstandsmoment cm³	Stehblech-Höhe cm	Seite des Buches	Widerstandsmoment cm³	Stehblech-Höhe cm	Seite des Buches	Widerstandsmoment cm³	Stehblech-Höhe cm	Seite des Buches
11097	96	57≡	11151	108	64=	11197	112	69−	11261	118	48=	11308	118	60=	11356	126	63−
11097	124	78−	11151	112	51=	11198	102	68=	11263	114	72−	11309	86	66≡	11358	130	43=
11098	120	78−	11151	122	55=	11198	108	74−	11263	126	63−	11309	110	68=	11363	96	57≡
11100	76	71≡	11153	92	70−	11199	128	67−	11265	116	69−	11310	126	60=	11363	118	56=
11101	108	56≡	11153	116	69=	11202	108	61=	11265	118	69=	11314	106	64=	11364	126	55=
11102	106	64≡	11154	122	48=	11203	100	57≡	11265	120	63−	11316	96	70=	11365	126	78−
11102	116	60=	11155	98	79=	11205	80	66≡	11265	130	67=	11316	100	57≡	11366	94	65≡
11104	84	68≡	11155	120	44=	11206	106	74−	11267	126	67−	11316	120	56−	11366	104	57≡
11104	102	57≡	11157	98	62=	11207	94	70=	11268	94	73=	11316	126	48=	11367	76	71≡
11104	120	60=	11159	98	52−	11209	84	66≡	11268	106	68=	11317	106	74−	11367	108	64=
11105	114	51=	11159	114	56=	11209	118	49≡	11269	112	56≡	11321	116	49≡	11367	118	69−
11106	118	60=	11160	110	72−	11211	100	64=	11269	114	77=	11322	90	65≡	11368	98	65=
11106	122	43=	11160	114	69−	11212	120	48=	11270	104	64=	11322	124	63−	11371	98	57≡
11108	94	52≡	11160	120	55=	11213	80	71≡	11270	122	47=	11323	116	60=	11372	96	65≡
11108	122	55=	11161	88	75=	11214	82	66≡	11273	102	56≡	11324	110	77=	11372	128	43=
11109	78	71≡	11163	72	73≡	11214	126	78−	11274	104	79=	11325	90	70=	11373	98	65=
11109	116	44≡	11163	78	71≡	11216	108	51=	11274	112	72−	11325	110	74−	11373	98	70=
11109	120	63−	11165	130	42=	11220	116	61=	11275	114	51=	11326	116	61=	11373	120	69−
11110	126	67−	11168	102	49≡	11223	100	79=	11276	84	71≡	11328	90	73=	11376	122	55=
11112	72	75≡	11168	118	55=	11225	106	61=	11276	112	61=	11328	110	62≡	11379	96	79=
11112	90	73=	11169	98	64=	11225	128	47=	11277	112	72−	11328	124	60=	11379	114	61=
11112	126	55=	11169	106	56=	11226	104	56=	11277	124	63−	11331	104	77=	11382	116	72−
11112	126	63−	11169	106	74−	11227	122	63−	11278	82	66≡	11331	114	60=	11383	124	55=
11114	116	69−	11171	104	57=	11230	112	64=	11278	100	62≡	11333	126	78−	11386	112	49≡
11116	124	63−	11171	110	61=	11231	96	52≡	11278	124	78−	11334	108	77=	11386	124	48=
11116	126	67−	11172	100	79=	11231	124	47=	11280	116	77=	11335	104	74≡	11388	122	44≡
11118	98	65=	11173	124	63−	11232	96	62=	11281	120	77=	11335	108	57≡	11390	88	75=
11123	116	56=	11175	112	49=	11234	88	73=	11283	114	44=	11336	108	49≡	11391	96	52≡
11123	118	69−	11175	114	69−	11237	104	68=	11284	118	77=	11336	124	43=	11391	114	72−
11126	114	72−	11179	92	70=	11239	90	75=	11284	130	67−	11337	106	77=	11393	72	75≡
11129	96	79=	11179	108	72−	11239	128	48=	11286	120	60=	11337	108	44≡	11393	92	70=
11129	124	78−	11179	118	61=	11240	104	52≡	11287	106	64=	11338	96	65=	11395	122	55=
11129	128	47=	11180	122	78−	11240	126	43=	11288	130	43=	11338	102	62≡	11398	100	65=
11130	78	73≡	11181	100	52≡	11243	102	62≡	11289	90	66≡	11339	108	74−	11399	108	62≡
11130	86	68≡	11182	78	66≡	11244	102	64=	11290	94	52≡	11339	122	78−	11399	114	72−
11130	120	39≡	11184	126	47=	11246	116	51=	11290	98	57≡	11339	124	55=	11402	114	51=
11131	112	61=	11185	124	67−	11247	108	49≡	11290	108	74−	11339	128	55=	11402	116	56=
11131	112	72−	11185	138	28	11249	76	75=	11292	110	61=	11339	128	67−	11406	118	69−
11134	80	71≡	11186	92	52≡	11249	90	52≡	11292	116	69−	11340	94	79=	11406	120	55=
11134	128	43=	11186	98	79=	11249	102	57≡	11293	94	62≡	11340	122	60=	11409	112	72−
11135	124	55=	11186	112	56=	11251	82	71≡	11293	98	52≡	11341	76	73≡	11410	98	79=
11136	92	68≡	11187	74	75≡	11251	94	70=	11293	108	68=	11341	92	62≡	11411	78	73≡
11137	98	70=	11187	122	78−	11251	96	70=	11293	118	51=	11342	118	60=	11411	128	47=
11138	110	49≡	11188	110	51=	11252	112	77=	11295	126	55=	11344	102	52≡	11413	110	64=
11140	92	57≡	11188	116	55=	11252	114	61=	11296	70	75≡	11344	106	74−	11413	140	28
11140	112	72−	11189	104	74−	11253	102	79=	11296	112	51=	11344	120	60=	11414	78	71≡
11141	96	79=	11190	86	66≡	11253	126	47=	11296	128	78−	11345	106	49≡	11414	86	68≡
11141	106	62≡	11191	130	47=	11254	118	39≡	11298	86	75=	11346	128	67−	11414	126	63−
11141	130	67−	11192	128	67−	11254	120	78−	11299	84	66≡	11347	118	44≡	11415	92	73=
11142	120	55=	11193	110	64=	11256	122	60=	11303	110	72−	11349	92	65=	11415	102	65=
11144	88	68≡	11194	92	73≡	11258	74	73≡	11305	88	66≡	11349	128	63−	11416	116	69−
11145	90	68≡	11195	110	44≡	11259	114	49≡	11305	112	77=	11352	110	56=	11418	126	67−
11146	110	72−	11195	122	63−	11259	124	78−	11307	74	71≡	11352	116	51=	11419	120	61−
11146	126	43=	11197	84	75=	11260	122	56=	11307	130	55=	11354	122	63−	11420	124	78−
11150	102	65=	11197	104	62≡	11261	110	49≡	11308	114	69−	11354	130	47=	11421	114	49≡

— bedeutet Träger mit einer Gurtplatte. = mit zwei, ≡ mit drei Gurtplatten.

Widerstandsmomente cm³

von **11421** bis **11757**.

Widerstandsmoment cm³	Stehblech-Höhe cm	Seite des Buches cm	Widerstandsmoment cm³	Stehblech-Höhe cm	Seite des Buches cm	Widerstandsmoment cm³	Stehblech-Höhe cm	Seite des Buches cm	Widerstandsmoment cm³	Stehblech-Höhe cm	Seite des Buches cm	Widerstandsmoment cm³	Stehblech-Höhe cm	Seite des Buches cm	Widerstandsmoment cm³	Stehblech-Höhe cm	Seite des Buches cm
11421	130	67—	11475	94	52≡	11526	114	61=	11582	112	62≡	11640	118	72—	11706	102	62≡
11422	100	70=	11477	74	75≡	11527	116	44≡	11583	108	64=	11640	130	47=	11707	90	75=
11423	104	65≡	11477	94	70≡	11530	108	68≡	11584	120	60=	11643	98	57≡	11707	120	61=
11423	112	61=	11479	108	74—	11531	130	78—	11584	122	60=	11645	122	55=	11709	96	57≡
11423	112	72—	11481	128	47=	11534	82	66≡	11586	102	57≡	11646	118	56=	11711	102	79=
11424	94	57≡	11483	108	61=	11536	114	72—	11587	120	44≡	11647	100	57≡	11711	130	47=
11425	94	68≡	11487	106	56≡	11537	84	66≡	11588	110	77=	11648	94	65≡	11712	102	52≡
11425	108	56≡	11488	114	64=	11538	104	56≡	11589	130	63—	11652	116	72—	11714	112	61=
11427	124	78—	11489	102	64=	11538	120	51=	11591	106	77=	11653	128	67—	11714	112	72—
11427	130	67—	11490	120	39≡	11539	114	72—	11591	110	44≡	11654	100	65≡	11715	96	68≡
11428	118	55=	11491	124	60=	11542	98	70=	11591	110	49≡	11654	116	51=	11715	110	74—
11431	100	62≡	11493	94	73=	11542	106	64=	11591	110	57≡	11657	121	63—	11716	114	64=
11431	104	49≡	11493	118	51=	11542	106	79=	11592	92	66≡	11658	110	62≡	11717	126	63—
11431	106	57≡	11494	124	56=	11542	128	60=	11592	108	74—	11659	100	65=	11718	116	69—
11432	100	79≡	11497	114	77=	11544	90	73=	11593	112	74—	11660	96	65≡	11719	78	71≡
11432	114	56=	11497	122	78—	11545	92	52≡	11594	108	77=	11660	116	72—	11719	94	73=
11432	116	69—	11497	126	78—	11545	112	61=	11595	121	55=	11660	122	61=	11720	104	79=
11434	88	68≡	11498	102	79=	11546	128	48=	11598	128	63—	11661	120	69—	11723	108	62≡
11434	100	52≡	11498	116	61=	11547	76	75≡	11599	86	71≡	11661	126	78—	11725	88	68≡
11439	124	63—	11499	128	67—	11547	82	71≡	11600	118	51=	11662	98	65≡	11727	104	52≡
11440	92	68≡	11500	120	48=	11547	96	70=	11600	124	63—	11662	100	70=	11728	126	60=
11441	108	74—	11501	96	70=	11548	92	75=	11600	130	43=	11664	118	56≡	11729	124	69—
11443	90	68≡	11501	110	49≡	11548	118	69—	11602	84	66≡	11665	76	71≡	11730	126	56=
11443	112	44≡	11502	80	71≡	11549	102	62≡	11603	78	75≡	11665	98	79=	11731	114	57≡
11443	112	51=	11502	88	66=	11549	114	51=	11604	108	49≡	11668	126	78—	11733	130	67—
11444	78	71≡	11502	106	68=	11550	120	60=	11604	120	56=	11669	116	49≡	11734	102	64=
11445	102	79≡	11503	128	63—	11551	110	68=	11604	128	78—	11670	120	55=	11734	112	51=
11446	80	71≡	11504	116	49≡	11552	114	77=	11605	112	56≡	11673	114	72—	11735	106	68≡
11446	110	72—	11504	124	47=	11553	122	56=	11607	104	62≡	11674	118	69—	11736	94	68≡
11447	120	49≡	11506	106	52=	11556	108	64=	11608	98	70=	11675	72	75≡	11738	126	47=
11447	122	48=	11510	104	62≡	11561	110	74—	11611	110	74—	11675	114	61=	11738	128	78—
11450	128	78—	11511	98	62=	11562	126	60=	11612	124	55=	11676	98	52≡	11739	112	74—
11451	94	70=	11512	98	52≡	11563	118	49≡	11614	90	66≡	11678	112	64=	11740	90	68≡
11451	100	64=	11512	112	49≡	11564	96	73=	11614	106	74—	11680	116	56=	11740	122	48=
11451	130	47=	11512	116	77=	11564	100	57≡	11615	76	73≡	11681	102	65=	11741	104	57≡
11453	102	52≡	11512	122	63—	11565	112	68=	11615	104	52≡	11682	110	56≡	11741	120	51=
11453	120	51=	11515	104	57≡	11565	126	63—	11616	126	55=	11684	124	48=	11742	124	78—
11454	112	64=	11516	122	77=	11567	116	69—	11619	86	66≡	11684	126	63—	11743	102	79≡
11456	114	69—	11517	114	56≡	11567	126	43=	11619	88	75=	11684	128	60=	11744	92	68≡
11458	110	61=	11517	120	69—	11567	130	55=	11619	126	48=	11687	114	72—	11744	108	74—
11460	106	62≡	11517	126	78—	11568	112	72—	11621	120	69—	11687	122	49≡	11744	110	61=
11461	126	47≡	11518	80	66=	11568	118	60=	11623	88	66≡	11687	130	78—	11744	116	77=
11463	118	61=	11519	104	64=	11570	130	67—	11624	122	69—	11689	118	69—	11745	130	63—
11464	100	79≡	11520	118	69—	11571	118	61=	11624	124	44≡	11692	100	79=	11746	118	61=
11465	82	71≡	11520	118	77=	11571	128	78—	11625	92	65≡	11692	108	57≡	11747	116	64=
11465	130	48=	11520	126	63—	11572	100	52≡	11627	116	61=	11693	78	73≡	11747	122	61=
11466	104	68=	11521	86	75≡	11572	126	55=	11628	98	65=	11693	128	47=	11749	108	56≡
11466	106	74—	11521	116	72—	11574	112	77=	11629	96	79=	11694	104	65=	11750	118	49≡
11467	128	43≡	11522	120	77=	11576	124	60=	11630	106	57≡	11695	106	49≡	11751	96	70=
11468	110	74—	11524	104	79≡	11577	96	52≡	11631	124	55=	11696	94	70=	11753	124	77=
11469	80	73≡	11524	122	60=	11577	130	67—	11632	92	70=	11696	130	43=	11754	110	74—
11471	102	57≡	11525	74	73≡	11578	96	62≡	11632	94	62≡	11697	122	51=	11756	112	49≡
11471	124	63—	11525	116	51=	11579	84	71≡	11633	110	64=	11698	114	51=	11756	118	77=
11473	90	75≡	11525	128	55≡	11579	116	60=	11636	92	73=	11699	106	65=	11756	130	55=
11474	110	51=	11526	86	66≡	11581	124	78—	11636	114	49≡	11704	100	79=	11757	128	78—

— bedeutet Träger mit einer Gurtplatte, = mit zwei, ≡ mit drei Gurtplatten.

von 11758 bis 12163.

Widerstandsmoment cm³	Stehblech-Höhe cm	Seite des Buches	Widerstandsmoment cm³	Stehblech-Höhe cm	Seite des Buches	Widerstandsmoment cm³	Stehblech-Höhe cm	Seite des Buches	Widerstandsmoment cm³	Stehblech-Höhe cm	Seite des Buches	Widerstandsmoment cm³	Stehblech-Höhe cm	Seite des Buches	Widerstandsmoment cm³	Stehblech-Höhe cm	Seite des Buches
11758	80	73≡	11812	112	68=	11866	84	66≡	11939	116	72—	11998	120	49≡	12072	80	71≡
11759	80	71≡	11814	120	60=	11868	126	55=	11940	88	66≡	11999	118	62≡	12073	108	56≡
11760	122	77=	11814	126	60=	11869	110	74—	11941	94	70=	11999	130	78—	12074	114	68=
11761	124	63—	11815	90	66≡	11877	122	69—	11941	112	56≡	12001	96	70=	12075	108	64=
11762	120	77=	11816	108	64=	11878	106	62≡	11942	90	75=	12002	120	77=	12078	120	60=
11764	114	49≡	11817	120	61=	11878	118	61=	11942	102	65≡	12003	106	52≡	12079	98	70=
11764	124	60=	11822	104	62≡	11878	124	69—	11943	124	51=	12005	122	77=	12079	102	52≡
11764	128	63—	11823	114	68=	11883	84	71≡	11944	114	64=	12006	134	78—	12081	116	68=
11765	110	57≡	11824	124	60=	11884	112	74—	11945	94	73≡	12007	82	71≡	12083	110	79=
11766	74	75≡	11825	126	78—	11885	124	55=	11945	116	44≡	12009	118	64=	12084	132	78—
11766	96	52≡	11826	114	77=	11887	116	49≡	11946	102	65=	12010	130	63—	12087	130	55=
11767	116	56≡	11827	110	64=	11889	106	52≡	11949	96	65≡	12011	114	74—	12088	128	55=
11768	108	68=	11827	118	69—	11889	130	67—	11949	120	69—	12012	126	63—	12089	120	69—
11768	132	78—	11827	130	55=	11890	76	73≡	11952	100	79=	12013	110	56≡	12090	124	56=
11769	104	64=	11828	118	60=	11892	120	56=	11953	102	70=	12017	116	49≡	12091	110	64=
11771	122	69—	11828	122	44≡	11895	108	57≡	11953	116	72—	12018	118	56≡	12095	100	70=
11774	104	79=	11834	112	74—	11895	108	74—	11953	122	61=	12019	120	44≡	12096	106	62≡
11774	108	52≡	11835	100	70=	11897	94	66≡	11955	100	65≡	12023	110	74—	12097	128	63—
11774	130	60=	11835	114	72—	11897	110	74—	11955	110	57≡	12024	78	71≡	12098	98	73=
11776	118	51=	11838	114	62≡	11899	120	72—	11956	116	51=	12024	104	79=	12099	112	64=
11777	96	70=	11839	102	57≡	11901	130	63—	11957	98	65≡	12025	96	73=	12102	122	51=
11777	116	61=	11841	130	63—	11902	100	70=	11958	80	75≡	12027	92	75=	12104	116	72—
11777	120	69—	11843	82	71≡	11902	112	64=	11961	108	49≡	12029	120	51=	12106	82	73≡
11777	130	48=	11843	112	77=	11902	124	61=	11962	100	52≡	12030	112	74—	12107	128	55=
11778	106	62≡	11843	126	61=	11904	128	78—	11964	128	63—	12032	126	56=	12108	114	57≡
11781	106	57≡	11843	130	78—	11907	118	51=	11965	104	65=	12033	96	68≡	12109	114	74—
11781	118	72—	11844	76	75≡	11908	78	75≡	11966	128	60=	12034	130	60=	12112	112	77=
11784	122	51=	11844	98	70=	11909	86	71≡	11974	78	73≡	12035	130	43=	12115	116	56≡
11786	82	71≡	11846	88	66≡	11910	120	56≡	11975	106	65=	12036	122	69—	12116	104	57≡
11787	92	75=	11846	122	56=	11911	128	78—	11975	128	47=	12037	124	60=	12126	112	49≡
11791	80	71≡	11847	112	44≡	11912	114	61=	11976	102	79=	12038	90	68≡	12127	126	55=
11791	100	62≡	11848	88	75=	11913	122	55=	11976	108	65=	12042	130	55=	12128	84	71≡
11792	124	56=	11848	112	49≡	11914	118	72—	11979	116	64=	12043	110	52≡	12129	120	61=
11793	122	60=	11848	126	63—	11917	122	69—	11979	130	78—	12046	80	73≡	12130	102	70=
11794	110	68=	11849	112	57≡	11918	112	62≡	11981	118	69—	12046	94	68≡	12131	106	57≡
11795	96	73=	11849	126	55=	11918	118	49≡	11981	124	48=	12048	108	62≡	12133	128	51=
11795	100	52≡	11850	120	51=	11919	100	65=	11981	126	69—	12049	108	57≡	12134	104	52≡
11796	106	64=	11851	128	55=	11920	98	79=	11982	104	62≡	12050	118	77=	12135	86	71≡
11797	98	70=	11852	102	52≡	11920	130	60=	11984	114	72—	12051	106	79=	12135	124	69—
11797	106	79=	11852	110	77=	11922	126	48=	11985	116	57≡	12051	132	78—	12139	122	56=
11798	128	60=	11853	108	77=	11923	118	72—	11988	102	79=	12053	122	49≡	12140	118	49≡
11799	84	71≡	11853	128	48=	11924	88	71≡	11988	110	62≡	12054	128	60=	12141	76	75≡
11800	114	61=	11854	110	64=	11924	96	62≡	11989	126	78—	12056	74	75≡	12141	96	52≡
11800	116	77=	11855	82	66≡	11924	100	57≡	11990	104	52≡	12056	116	61=	12142	100	70=
11800	128	43=	11857	92	73=	11924	102	57≡	11990	122	51=	12057	130	63—	12146	126	61=
11803	116	72—	11858	104	57≡	11926	130	47=	11990	126	77=	12058	112	68=	12148	130	78—
11804	116	51=	11859	94	75=	11926	132	78—	11991	104	79=	12059	98	52≡	12149	108	62≡
11805	106	56≡	11859	114	56≡	11927	124	49≡	11991	112	74—	12060	118	51=	12152	100	62≡
11805	120	69—	11860	126	44≡	11929	86	66≡	11991	124	61=	12061	122	60=	12153	84	73≡
11806	128	55=	11863	86	66≡	11929	116	61=	11992	118	77=	12064	122	69—	12155	100	52≡
11807	120	49≡	11863	98	73=	11929	118	56=	11995	104	70=	12065	118	72—	12158	124	55=
11810	82	73≡	11863	114	74—	11930	94	65≡	11995	114	51=	12066	126	60=	12160	114	74—
11810	128	63—	11864	98	62≡	11931	128	63—	11995	120	61=	12068	118	72—	12161	128	48=
11810	130	78—	11864	110	49≡	11933	120	69—	11996	98	57≡	12070	128	78—	12162	110	57≡
11812	108	79=	11865	98	52≡	11938	90	66≡	11997	106	79=	12071	124	44≡	12163	108	52≡

— bedeutet Träger mit einer Gurtplatte, = mit zwei, ≡ mit drei Gurtplatten.

von **12166** bis **12691**.

Widerstandsmoment cm³	Stehblechhöhe cm	Seite des Buches	Widerstandsmoment cm³	Stehblechhöhe cm	Seite des Buches	Widerstandsmoment cm³	Stehblechhöhe cm	Seite des Buches	Widerstandsmoment cm³	Stehblechhöhe cm	Seite des Buches	Widerstandsmoment cm³	Stehblechhöhe cm	Seite des Buches	Widerstandsmoment cm³	Stehblechhöhe cm	Seite des Buches
12166	90	66 ≡	12256	78	73 ≡	12352	92	68 =	12448	126	61 =	12532	128	51 =	12594	108	64 =
12167	134	78 —	12257	108	65 =	12353	100	52 ≡	12452	120	44 ≡	12533	116	61 =	12596	102	68 =
12168	120	49 ≡	12258	88	66 ≡	12355	124	51 =	12453	122	72 —	12534	88	66 ≡	12600	122	72 —
12170	126	49 ≡	12260	106	62 ≡	12356	112	79 =	12456	84	73 ≡	12535	86	66 ≡	12601	118	68 =
12171	94	73 =	12262	104	79 =	12357	104	62 ≡	12456	114	74 —	12535	112	65 =	12603	120	68 =
12172	114	64 =	12263	90	66 ≡	12363	116	44 ≡	12457	124	69 —	12536	122	64 =	12609	126	51 =
12175	124	69 —	12264	128	63 —	12365	104	52 ≡	12461	112	74 —	12538	108	65 =	12612	110	79 =
12176	112	74 —	12266	92	75 ≡	12368	112	64 =	12463	116	56 ≡	12538	136	78 —	12613	120	62 ≡
12177	110	74 —	12268	114	74 —	12370	128	55 =	12464	102	73 =	12539	124	51 =	12614	112	56 ≡
12179	130	63 —	12270	120	56 ≡	12372	108	62 ≡	12468	128	48 =	12540	104	52 ≡	12614	130	55 =
12180	120	56 ≡	12271	80	75 ≡	12373	114	77 —	12468	134	78 —	12540	110	65 =	12616	100	70 =
12185	118	61 =	12272	118	49 ≡	12375	118	72 —	12469	130	77 =	12543	128	69 —	12618	124	69 —
12186	84	71 ≡	12273	106	79 =	12379	130	51 =	12471	86	71 ≡	12544	114	56 ≡	12619	110	64 =
12187	120	72 —	12274	128	56 =	12381	112	77 =	12472	88	71 ≡	12545	98	65 ≡	12623	118	44 ≡
12190	88	66 ≡	12276	108	79 =	12382	122	61 =	12473	124	69 —	12547	116	74 —	12624	80	73 ≡
12191	126	51 =	12278	112	56 ≡	12385	80	71 ≡	12475	120	51 =	12548	126	49 ≡	12625	112	79 =
12194	122	69 —	12280	108	52 ≡	12385	116	74 —	12481	118	64 =	12549	106	79 =	12626	118	49 ≡
12198	102	70 =	12281	126	51 =	12387	124	56 =	12482	106	57 ≡	12550	96	66 ≡	12630	118	57 ≡
12199	86	66 ≡	12283	122	51 =	12389	114	49 ≡	12484	114	57 ≡	12551	112	68 =	12631	114	79 =
12200	124	61 =	12284	126	69 —	12389	128	69 —	12485	128	77 —	12553	108	52 ≡	12631	120	56 ≡
12202	104	57 ≡	12285	100	57 ≡	12391	128	61 =	12486	98	75 =	12553	122	77 =	12636	82	75 ≡
12203	96	66 ≡	12286	116	74 —	12394	106	57 ≡	12486	130	78 —	12555	100	65 ≡	12636	116	77 =
12205	130	56 =	12294	134	78 —	12394	120	49 ≡	12487	96	73 =	12555	102	65 ≡	12637	126	56 =
12206	118	72 —	12295	130	60 =	12395	102	70 =	12487	138	78 —	12555	130	60 =	12637	130	61 =
12207	102	57 ≡	12296	124	69 —	12400	114	64 =	12488	134	78 —	12556	110	79 =	12642	106	62 ≡
12210	122	69 —	12300	120	77 =	12401	130	48 =	12489	84	71 ≡	12557	126	69 —	12642	134	78 —
12212	116	64 =	12301	100	68 =	12401	132	78 —	12489	92	66 ≡	12558	110	52 ≡	12643	100	73 =
12213	78	75 ≡	12305	112	74 —	12402	82	73 ≡	12491	104	57 ≡	12559	88	71 ≡	12647	114	77 =
12213	100	79 =	12306	106	79 =	12403	100	73 =	12491	120	72 —	12560	128	44 ≡	12647	120	72 —
12214	118	51 =	12307	122	72 —	12404	126	55 =	12492	118	61 =	12561	106	79 =	12648	82	71 ≡
12218	98	62 ≡	12308	98	70 =	12406	108	57 ≡	12493	122	77 =	12562	118	74 —	12649	102	52 ≡
12219	112	57 ≡	12308	114	74 —	12408	118	74 —	12494	126	77 =	12563	98	70 =	12649	110	62 ≡
12220	86	71 ≡	12310	128	60 =	12409	136	78 —	12495	104	70 =	12564	126	61 =	12649	122	49 ≡
12221	118	72 —	12313	118	61 =	12413	128	49 ≡	12496	112	49 ≡	12566	132	78 —	12651	128	55 =
12223	132	78 —	12314	124	61 =	12417	106	52 ≡	12497	124	77 =	12569	98	73 =	12652	138	78 —
12224	126	48 =	12315	82	75 ≡	12419	122	51 =	12498	86	73 ≡	12572	120	61 =	12653	106	52 ≡
12228	110	49 ≡	12317	130	78 —	12423	110	62 ≡	12506	92	75 =	12572	136	78 —	12654	116	49 ≡
12229	128	77 =	12318	110	57 ≡	12423	124	72 —	12506	104	65 =	12575	90	71 ≡	12655	98	68 ≡
12231	116	61 =	12319	110	62 ≡	12426	104	70 =	12507	102	79 =	12575	94	66 ≡	12658	130	49 ≡
12235	104	65 =	12319	126	60 =	12428	114	74 —	12511	98	66 ≡	12576	108	70 =	12661	102	70 =
12236	94	66 ≡	12324	114	68 =	12430	112	57 ≡	12512	120	64 =	12576	122	51 =	12663	118	74 —
12237	96	65 ≡	12327	134	78 —	12432	122	56 =	12512	122	69 —	12578	92	71 ≡	12667	96	68 ≡
12241	88	71 ≡	12328	130	55 =	12435	126	69 —	12513	100	62 ≡	12581	128	56 =	12668	94	68 ≡
12242	120	77 =	12330	122	60 =	12437	116	74 —	12517	130	56 =	12583	124	60 =	12671	96	75 =
12243	132	78 —	12331	108	79 =	12439	76	75 ≡	12518	78	75 ≡	12584	80	75 ≡	12672	124	49 ≡
12245	136	78 —	12333	98	73 =	12439	110	52 ≡	12518	90	66 ≡	12585	114	52 ≡	12674	84	75 ≡
12246	122	49 ≡	12334	108	64 =	12440	128	51 =	12521	118	51 =	12586	126	69 —	12674	108	57 ≡
12248	102	65 ≡	12335	80	73 ≡	12441	102	62 ≡	12522	114	62 ≡	12587	116	74 —	12676	116	64 =
12249	124	77 =	12337	116	68 =	12441	120	61 =	12523	106	65 ≡	12588	90	66 ≡	12677	124	51 =
12250	90	71 ≡	12338	130	44 ≡	12442	98	52 ≡	12524	122	56 ≡	12589	112	57 ≡	12682	110	57 ≡
12250	106	65 =	12341	118	68 =	12443	116	62 ≡	12526	106	65 =	12589	120	77 =	12684	120	74 —
12251	98	65 ≡	12343	110	56 ≡	12444	116	64 =	12528	120	49 ≡	12590	108	79 =	12685	124	56 =
12254	110	65 =	12347	130	55 =	12445	122	72 —	12530	86	71 ≡	12591	112	62 ≡	12688	102	70 =
12255	100	65 ≡	12348	94	75 =	12446	94	66 ≡	12530	128	60 =	12592	116	68 =	12688	126	72 —
12255	112	62 ≡	12350	96	68 =	12447	102	52 ≡	12532	104	79 =	12593	94	75 =	12691	130	51 =

— bedeutet Träger mit einer Gurtplatte, = mit zwei, ≡ mit drei Gurtplatten.

von **12696** bis **13220**.

Widerstandsmoment cm³	Stehblech-Höhe cm	Seite des Buches	Widerstandsmoment cm³	Stehblech-Höhe cm	Seite des Buches	Widerstandsmoment cm³	Stehblech-Höhe cm	Seite des Buches	Widerstandsmoment cm³	Stehblech-Höhe cm	Seite des Buches	Widerstandsmoment cm³	Stehblech-Höhe cm	Seite des Buches	Widerstandsmoment cm³	Stehblech-Höhe cm	Seite des Buches
12696	104	70=	12796	126	51=	12885	126	69—	12997	128	77=	13083	120	57≡	13147	122	44≡
12697	112	62≡	12797	128	49≡	12886	114	56≡	12999	106	70=	13084	98	66≡	13149	128	61=
12698	82	73≡	12798	118	61=	12888	128	56=	12999	126	77=	13084	128	64=	13149	138	78—
12698	128	61=	12802	100	75=	12890	122	56≡	13001	128	49≡	13086	130	69—	13151	124	56≡
12699	114	57≡	12803	104	79=	12891	136	78—	13003	84	75=	13093	124	61=	13152	92	71≡
12699	122	61=	12804	98	73=	12892	104	68≡	13003	130	51=	13093	128	60=	13152	120	74—
12702	108	52≡	12806	130	44≡	12893	120	57≡	13004	128	69—	13094	108	70=	13152	122	49≡
12708	118	62≡	12807	86	71≡	12894	112	79=	13006	128	61=	13099	126	51=	13154	128	69—
12709	102	73≡	12808	86	73≡	12896	96	66≡	13007	134	69—	13100	106	79=	13157	122	57≡
12710	116	74—	12809	102	62≡	12897	80	75≡	13009	132	69—	13100	108	65=	13159	106	57≡
12712	124	72—	12811	90	71≡	12898	140	78—	13013	124	57≡	13100	116	65=	13159	106	65≡
12714	130	48=	12812	116	56=	12900	130	55=	13017	104	73=	13101	112	62≡	13159	118	74—
12715	136	78—	12813	94	66≡	12904	114	79=	13017	122	61=	13103	116	68=	13160	88	71≡
12717	112	52≡	12815	108	65≡	12906	124	49≡	13019	118	57≡	13104	118	62≡	13160	116	56≡
12721	126	69—	12816	88	71≡	12907	132	69—	13019	124	72—	13104	124	77=	13161	88	73≡
12724	106	70=	12818	138	78—	12908	94	71≡	13021	128	44≡	13107	104	62≡	13163	90	71≡
12726	118	56≡	12819	110	62≡	12910	92	71≡	13022	118	74—	13107	128	72—	13163	112	70=
12730	130	77=	12821	128	69—	12914	116	77=	13023	108	70=	13110	110	65≡	13163	112	79=
12730	140	78—	12823	78	75≡	12917	130	69—	13023	126	62≡	13110	114	57=	13163	130	56=
12732	104	62≡	12825	106	79=	12919	92	66≡	13024	106	62=	13110	120	74—	13164	126	49=
12735	136	78—	12826	114	68=	12920	118	49≡	13025	122	64=	13113	84	71≡	13165	120	77=
12737	126	69—	12827	110	65=	12921	114	64=	13031	140	78—	13113	110	65=	13167	102	65≡
12738	116	74—	12828	118	74—	12926	102	70=	13035	86	75≡	13113	114	65=	13168	104	65≡
12738	132	78—	12829	130	56=	12927	112	62≡	13035	106	52≡	13115	130	69—	13168	134	69—
12740	104	52=	12831	106	52≡	12928	108	62≡	13035	116	74—	13117	112	65=	13171	96	75=
12741	98	75=	12833	112	57≡	12933	102	68≡	13035	124	72—	13118	86	73≡	13175	112	64=
12741	128	77=	12835	108	70=	12937	126	51=	13036	126	56≡	13119	102	75=	13178	114	79=
12744	100	52≡	12836	110	52≡	12940	126	56=	13037	116	49≡	13119	108	79=	13181	94	66≡
12745	124	77=	12837	124	51=	12942	120	74—	13044	124	49≡	13119	122	74—	13181	132	69—
12746	122	72—	12838	112	52≡	12946	104	52≡	13045	110	57≡	13120	114	52≡	13182	100	66≡
12747	114	74—	12839	126	72—	12953	118	64=	13047	102	52=	13121	112	52≡	13182	128	49≡
12748	126	49≡	12840	120	74—	12954	128	72—	13048	106	70=	13121	118	68=	13183	118	77=
12751	116	57≡	12841	106	65≡	12955	110	57≡	13048	130	49≡	13122	130	51=	13185	116	79=
12751	126	61=	12842	110	79=	12957	82	75≡	13049	126	69—	13123	100	73=	13185	118	79=
12752	120	64=	12844	88	73≡	12959	130	69—	13051	124	64=	13123	108	52≡	13187	120	49≡
12753	120	61=	12845	122	77=	12960	122	74—	13052	122	49≡	13128	110	79=	13190	106	68≡
12759	84	73≡	12847	116	68=	12962	100	68≡	13053	126	61=	13129	112	79=	13191	102	70=
12762	122	72—	12849	92	66≡	12963	138	78—	13054	122	51=	13130	124	68=	13192	90	73=
12763	108	57≡	12850	128	69—	12964	124	44≡	13055	128	51=	13131	120	68=	13192	122	64=
12764	96	66≡	12856	100	65≡	12967	104	70=	13061	126	77=	13133	102	66=	13194	88	71≡
12766	114	49≡	12859	116	52≡	12970	116	57≡	13062	84	73≡	13133	110	70=	13194	114	64—
12768	104	73=	12861	102	65≡	12973	114	62≡	13062	100	75=	13134	116	57≡	13196	124	72—
12769	126	44≡	12865	98	66≡	12974	120	62≡	13062	118	62≡	13134	118	52≡	13196	128	56≡
12776	106	57≡	12866	104	57≡	12979	98	68≡	13063	108	57≡	13134	122	68=	13198	128	51=
12778	130	60=	12867	120	68=	12981	126	72—	13064	130	60=	13137	124	62≡	13199	102	73=
12779	124	69—	12869	118	74—	12984	138	78—	13065	132	69—	13138	122	77=	13205	120	64=
12780	122	64=	12870	90	66≡	12985	96	68≡	13066	120	61=	13140	96	66≡	13206	116	64=
12783	138	78—	12872	116	74—	12987	128	69—	13066	140	78—	13140	108	65≡	13207	114	62≡
12784	84	71≡	12873	124	72—	12988	110	52≡	13068	136	78—	13140	110	79=	13208	92	66=
12785	122	49≡	12874	122	62≡	12990	130	77=	13069	130	61=	13140	116	62≡	13209	118	64=
12787	120	51=	12876	88	71≡	12991	134	78—	13070	126	64=	13141	126	72—	13210	80	75≡
12790	120	49≡	12877	120	77=	12992	120	64=	13071	104	66≡	13141	130	56=	13213	140	78=
12791	116	62≡	12878	88	66≡	12993	118	74—	13073	106	73=	13142	138	78—	13216	110	62≡
12794	106	70=	12883	100	73=	12994	82	73≡	13079	122	72—	13143	86	71≡	13218	98	66≡
12795	124	61=	12884	110	64=	12996	98	75=	13081	118	56=	13145	126	72—	13220	126	61=

— bedeutet Träger mit einer Gurtplatte, = mit zwei, ≡ mit drei Gurtplatten.

Widerstandsmomente cm³

von 13222 bis 13714.

Widerstandsmoment cm³	Stehblechhöhe cm	Seite des Buches	Widerstandsmoment cm³	Stehblechhöhe cm	Seite des Buches	Widerstandsmoment cm³	Stehblechhöhe cm	Seite des Buches	Widerstandsmoment cm³	Stehblechhöhe cm	Seite des Buches	Widerstandsmoment cm³	Stehblechhöhe cm	Seite des Buches	Widerstandsmoment cm³	Stehblechhöhe cm	Seite des Buches
13222	90	66≡	13303	98	68≡	13397	110	70=	13464	108	65≡	13543	130	62≡	13627	130	51=
13222	130	72–	13303	106	70=	13398	88	75≡	13464	116	79=	13545	108	52≡	13629	110	52≡
13223	126	44≡	13304	108	70=	13399	110	65≡	13464	120	79=	13547	124	64=	13637	126	72–
13224	90	71≡	13304	126	49≡	13400	108	79=	13467	98	66≡	13547	126	61=	13639	108	73=
13224	122	74–	13308	120	74–	13400	124	74–	13468	114	64=	13548	94	66≡	13641	112	57≡
13224	132	69–	13309	118	49≡	13401	126	62≡	13468	118	79=	13549	90	71≡	13649	132	72–
13232	110	52≡	13309	126	72=	13402	116	65≡	13470	124	64=	13551	106	70=	13650	102	75=
13232	120	64≡	13313	128	61=	13402	124	77=	13473	126	72–	13553	130	56≡	13651	134	69–
13234	140	78–	13315	130	51=	13402	140	78–	13478	106	65≡	13559	118	52≡	13652	122	62≡
13236	104	68≡	13316	124	49≡	13403	116	52≡	13479	88	73≡	13560	122	57≡	13659	106	52≡
13237	112	57≡	13317	108	62≡	13403	122	68=	13480	86	71≡	13561	124	74–	13659	120	68=
13238	104	70=	13317	128	77=	13403	124	68=	13481	104	65≡	13565	114	52≡	13660	84	75≡
13238	114	57≡	13320	128	69–	13405	116	79=	13482	128	44≡	13565	122	74–	13661	110	70=
13239	124	74–	13322	100	75=	13406	100	66≡	13482	128	61=	13566	128	49≡	13662	128	68=
13240	96	71≡	13322	124	51=	13406	106	62≡	13484	116	64=	13568	92	66≡	13666	126	77=
13241	122	62≡	13322	138	78–	13406	112	65≡	13485	122	64=	13568	128	72–	13666	128	62≡
13242	92	71≡	13323	126	64=	13407	114	52≡	13488	116	62≡	13572	98	66≡	13667	118	57≡
13242	96	66≡	13324	110	70=	13407	130	61=	13489	108	68≡	13573	98	71≡	13669	116	62≡
13242	118	57≡	13324	118	74–	13409	112	65≡	13490	134	69–	13574	92	71≡	13671	122	68=
13245	106	52≡	13327	106	73=	13409	118	57≡	13491	132	72–	13574	130	61=	13672	120	65=
13245	136	78–	13329	112	57≡	13410	114	65=	13493	118	64=	13575	126	64=	13673	126	68=
13247	94	71≡	13329	134	69–	13410	120	52≡	13493	120	64=	13575	130	77=	13676	124	68=
13250	130	77=	13331	84	75=	13411	124	44≡	13501	102	66≡	13577	140	78–	13677	126	44≡
13251	98	75=	13331	108	52≡	13414	110	79=	13501	138	78–	13579	104	68≡	13678	128	56≡
13251	116	62≡	13334	120	62≡	13414	126	56≡	13504	88	71=	13580	126	49≡	13680	124	74–
13252	128	72–	13334	122	61=	13415	128	72–	13505	112	62≡	13582	100	75=	13683	126	49≡
13253	94	66≡	13340	128	64=	13416	118	62≡	13506	98	75=	13582	106	73=	13683	126	74–
13254	128	77=	13350	122	57≡	13416	124	49≡	13506	124	74–	13583	120	74–	13685	120	57≡
13255	130	49≡	13350	130	60=	13417	110	52≡	13508	104	70=	13585	108	70=	13687	118	52≡
13255	130	69–	13351	110	57≡	13417	114	79=	13509	124	62≡	13585	128	62≡	13688	108	66≡
13257	122	56≡	13351	120	56≡	13419	128	72–	13510	130	77=	13586	94	77=	13688	110	73=
13261	128	72–	13351	130	64=	13420	112	79=	13511	92	71≡	13586	96	71≡	13688	122	52≡
13261	130	61=	13352	104	52≡	13422	124	57≡	13513	122	64=	13588	96	64=	13690	130	72–
13265	126	51=	13352	132	69–	13424	128	49≡	13514	90	71≡	13592	126	71≡	13692	118	65=
13267	104	73=	13354	108	70=	13424	130	69–	13515	96	66≡	13593	130	66≡	13692	118	79=
13268	136	69–	13356	126	61=	13428	86	73≡	13515	120	57≡	13595	122	57≡	13694	120	62≡
13269	122	64=	13357	124	72–	13431	122	77=	13517	90	73=	13595	136	73≡	13694	130	72–
13270	102	68≡	13362	128	51=	13431	136	69–	13517	104	73=	13596	128	73=	13695	116	52≡
13271	130	69–	13363	126	77=	13432	112	70=	13518	116	57≡	13598	82	57≡	13696	132	69–
13272	134	69–	13365	84	73≡	13432	112	79=	13519	126	74–	13604	124	74–	13696	138	69–
13273	126	57≡	13372	86	75=	13435	118	56≡	13521	114	57≡	13607	102	57≡	13699	124	77=
13275	106	70=	13377	120	62≡	13436	122	74–	13524	112	52≡	13607	122	52≡	13700	110	79=
13275	130	44≡	13378	130	72–	13438	130	49≡	13524	124	56≡	13610	110	56≡	13700	112	65=
13276	112	52≡	13379	106	66≡	13439	104	75=	13524	132	69–	13611	130	69–	13701	112	70=
13277	82	75≡	13379	108	73=	13440	110	65≡	13525	130	72–	13612	110	72–	13704	114	65≡
13277	116	52≡	13380	118	68=	13444	102	73=	13530	118	62≡	13613	108	62≡	13704	116	65=
13278	120	74–	13382	132	69–	13446	104	66≡	13530	138	69–	13614	114	69–	13706	114	65=
13278	122	74–	13384	114	62≡	13446	134	69–	13531	128	51=	13615	120	51=	13707	108	62≡
13281	124	61=	13385	102	75=	13452	114	79=	13534	130	72–	13619	124	72–	13707	116	79=
13282	128	62≡	13385	118	65=	13453	108	57≡	13535	128	57≡	13620	128	57≡	13708	86	75≡
13289	120	57≡	13388	116	57≡	13453	120	77=	13537	136	69–	13621	134	69–	13709	104	75=
13292	100	68≡	13394	122	74–	13453	130	56≡	13540	106	68≡	13623	100	68≡	13711	112	79=
13293	126	72–	13395	120	68=	13455	122	49≡	13541	132	69–	13623	122	69–	13711	120	56≡
13294	128	56≡	13395	126	68=	13459	114	70=	13542	92	73=	13624	128	73≡	13713	112	52≡
13299	124	64=	13395	140	78–	13460	130	51=	13542	100	66≡	13627	112	66≡	13714	114	79=

— bedeutet Träger mit einer Gurtplatte, = mit zwei, ≡ mit drei Gurtplatten.

von 13714 bis 14391.

Widerstandsmoment cm³	Stehblech-Höhe cm	Seite des Buches	Widerstandsmoment cm³	Stehblech-Höhe cm	Seite des Buches	Widerstandsmoment cm³	Stehblech-Höhe cm	Seite des Buches	Widerstandsmoment cm³	Stehblech-Höhe cm	Seite des Buches	Widerstandsmoment cm³	Stehblech-Höhe cm	Seite des Buches	Widerstandsmoment cm³	Stehblech-Höhe cm	Seite des Buches
13714	136	69–	13808	132	72–	13916	94	66≡	13999	110	66≡	14144	126	74–	14265	96	66≡
13722	124	74–	13810	120	62≡	13916	102	75=	13999	118	65=	14147	108	70=	14267	112	73=
13724	122	77=	13812	134	69–	13918	112	70=	13999	118	79=	14148	118	52≡	14268	124	56≡
13725	124	49≡	13815	128	61=	13918	128	72–	14003	112	79–	14150	112	52≡	14269	128	49≡
13726	114	79=	13818	114	52≡	13921	136	69–	14005	116	65=	14153	110	68≡	14270	122	79=
13729	102	66≡	13821	104	66≡	13923	104	68≡	14006	114	70=	14158	126	62≡	14271	126	77=
13732	114	70=	13827	106	70=	13923	134	72–	14009	110	62≡	14162	138	69–	14275	120	52≡
13736	122	74–	13827	126	64=	13925	94	71≡	14010	126	74–	14166	90	73≡	14277	110	52≡
13739	86	73≡	13829	130	49≡	13925	98	66≡	14021	116	79=	14171	126	56≡	14278	96	71≡
13742	88	75≡	13832	124	57≡	13925	110	70=	14027	138	69–	14174	126	74–	14280	98	71≡
13742	112	65≡	13836	106	73=	13926	98	71≡	14028	124	79=	14181	102	75=	14280	114	70=
13742	116	79=	13838	96	71≡	13927	124	62≡	14032	130	72–	14183	110	70=	14292	120	79=
13743	130	44≡	13841	90	73≡	13928	112	52≡	14034	136	72–	14184	98	71≡	14296	120	65=
13745	122	79=	13843	100	75=	13931	130	68=	14035	118	79=	14187	100	66≡	14298	140	69–
13745	130	61=	13843	120	52≡	13932	96	71≡	14036	106	75=	14189	118	57≡	14300	128	74–
13748	110	57≡	13846	108	68≡	13932	114	57≡	14038	122	79=	14193	138	69–	14304	118	65≡
13749	126	64=	13846	126	74–	13932	114	70=	14040	120	79=	14196	104	66≡	14306	118	79=
13751	118	79=	13846	128	49≡	13932	128	77=	14044	86	75≡	14198	136	72–	14307	116	65≡
13751	128	72–	13846	130	72–	13933	130	62≡	14045	112	57≡	14199	130	77=	14309	138	72–
13752	120	79=	13847	110	52≡	13940	122	68=	14046	114	65=	14201	124	74–	14310	114	73=
13756	116	70=	13848	88	71≡	13943	130	56≡	14051	128	62≡	14202	108	68≡	14311	106	75=
13758	136	69–	13850	98	66≡	13944	102	68≡	14054	104	66≡	14206	92	73≡	14312	112	62≡
13759	140	78–	13852	128	64=	13944	128	44≡	14056	118	70=	14206	114	62≡	14313	116	70=
13760	106	75=	13854	124	74–	13944	128	68≡	14059	118	64=	14210	112	70=	14314	132	72–
13761	106	66≡	13856	116	52≡	13948	120	57≡	14062	128	56=	14212	130	44≡	14318	118	79=
13762	134	72–	13858	122	49≡	13949	124	68=	14065	124	64=	14213	96	71≡	14320	126	74–
13763	90	75≡	13861	94	71≡	13950	126	68=	14066	124	57≡	14216	110	73=	14323	130	62≡
13763	116	64=	13862	138	69–	13950	128	49≡	14067	136	69–	14217	130	68=	14325	124	79=
13767	104	73=	13864	128	51=	13952	110	73=	14069	120	64=	14218	90	71≡	14328	120	79=
13768	124	64=	13866	90	71≡	13955	118	62≡	14071	122	64=	14219	130	49≡	14331	122	79=
13770	110	65≡	13866	108	70=	13958	128	57≡	14074	134	72–	14222	124	68=	14333	130	56≡
13771	118	62≡	13867	132	69–	13960	122	65=	14077	108	66≡	14224	116	57≡	14337	128	64=
13776	118	64=	13868	102	66≡	13962	140	69–	14079	112	65≡	14226	128	68=	14339	118	70=
13778	122	64=	13871	92	71≡	13963	122	57≡	14082	120	57≡	14227	126	68=	14340	122	62≡
13779	126	62≡	13871	130	64=	13966	132	72–	14083	130	61=	14228	114	70=	14341	138	69–
13781	120	64=	13874	92	73≡	13967	108	52≡	14084	136	69–	14229	94	71≡	14343	114	57≡
13788	108	65≡	13875	126	61=	13967	126	74–	14086	88	75≡	14230	122	57≡	14344	126	57≡
13789	110	68≡	13882	124	62≡	13967	128	74–	14087	116	62≡	14233	98	66≡	14351	116	65≡
13790	122	57≡	13884	124	74–	13968	124	52≡	14091	106	73=	14236	102	66≡	14352	136	72–
13791	126	74–	13886	130	61=	13969	126	77=	14092	118	57≡	14238	116	70=	14354	126	64=
13792	126	56≡	13887	130	77=	13969	134	69–	14101	110	65≡	14239	112	70=	14357	120	70=
13794	140	69–	13890	96	66≡	13970	112	70=	14106	126	57≡	14240	106	68=	14358	138	69–
13795	114	62≡	13890	106	68≡	13970	132	72–	14108	128	64=	14242	120	62≡	14361	136	72–
13795	124	64=	13890	126	57≡	13973	120	52≡	14113	108	65≡	14242	124	57≡	14363	124	64=
13795	134	69–	13890	136	69–	13973	122	62≡	14114	90	75≡	14244	136	69–	14364	108	75=
13796	88	73≡	13894	94	73≡	13980	104	75=	14125	132	72–	14245	102	71≡	14365	130	74–
13796	106	65≡	13896	124	56≡	13980	120	79=	14128	102	66≡	14247	96	73≡	14366	122	57≡
13797	100	66≡	13897	110	70=	13983	138	69–	14129	92	75≡	14249	134	72–	14369	132	74–
13798	130	57≡	13898	108	73=	13984	118	52≡	14130	140	69–	14250	124	65=	14374	124	62≡
13799	118	57≡	13901	116	57≡	13984	120	65=	14131	130	64=	14251	104	75=	14380	86	75≡
13799	130	51≡	13903	100	66≡	13988	84	75≡	14133	128	74–	14253	140	69–	14380	118	62≡
13799	132	72–	13906	92	71≡	13989	122	56≡	14135	124	49≡	14254	124	62≡	14381	106	66≡
13800	128	74–	13907	122	74–	13997	124	77=	14137	130	51≡	14256	128	74–	14381	128	57≡
13803	138	69–	13908	100	71≡	13997	126	49≡	14142	132	72–	14261	122	52≡	14388	114	65≡
13806	116	57≡	13909	112	62≡	13998	112	73=	14143	134	69–	14264	100	66≡	14391	130	64=

— bedeutet Träger mit einer Gurtplatte, = mit zwei, ≡ mit drei Gurtplatten.

Widerstandsmomente cm³

von 14394 bis 15284.

Widerstandsmoment cm³	Stehblechhöhe cm	Seite des Buches	Widerstandsmoment cm³	Stehblechhöhe cm	Seite des Buches	Widerstandsmoment cm³	Stehblechhöhe cm	Seite des Buches	Widerstandsmoment cm³	Stehblechhöhe cm	Seite des Buches	Widerstandsmoment cm³	Stehblechhöhe cm	Seite des Buches	Widerstandsmoment cm³	Stehblechhöhe cm	Seite des Buches
14394	114	68≡	14547	130	74—	14661	124	64=	14857	114	73≡	14987	98	71≡	15182	126	79≡
14395	110	66≡	14549	126	56≡	14670	122	57≡	14861	124	52≡	14990	138	72—	15189	110	66≡
14405	134	72—	14550	124	52≡	14675	120	62≡	14863	106	75≡	14992	128	52≡	15189	118	70≡
14407	110	75≡	14554	114	70≡	14687	136	72—	14864	94	75≡	15004	134	74—	15197	130	79≡
14410	118	52≡	14559	108	68≡	14692	128	49≡	14867	96	75≡	15005	118	68≡	15198	126	65≡
14413	126	49≡	14561	124	79≡	14693	110	75≡	14869	92	73≡	15007	122	52≡	15201	112	68≡
14415	112	65≡	14567	98	71≡	14699	116	68≡	14870	126	65≡	15013	118	65≡	15203	128	62≡
14417	108	73≡	14568	122	52≡	14700	138	69—	14871	116	70≡	15024	132	74—	15206	124	79≡
14421	136	69—	14571	104	66≡	14703	126	52≡	14880	110	68≡	15025	112	75≡	15207	108	75≡
14422	130	74—	14572	94	73≡	14705	136	72—	14881	102	71≡	15034	124	52≡	15208	92	75≡
14423	134	72—	14573	124	65≡	14708	120	52≡	14882	136	72—	15037	114	66≡	15209	106	66≡
14430	88	75≡	14578	100	66≡	14709	108	66≡	14884	132	74—	15039	110	66≡	15209	132	74—
14431	110	65≡	14583	114	73≡	14712	132	74—	14885	130	79≡	15048	116	65≡	15212	110	71≡
14435	140	69—	14584	140	72—	14714	130	62≡	14896	124	65≡	15055	132	74—	15212	128	79≡
14436	128	74—	14587	106	75≡	14715	112	66≡	14901	114	52≡	15059	136	72—	15213	122	52≡
14442	120	52≡	14588	112	52≡	14724	130	56≡	14902	116	73≡	15061	114	75≡	15215	116	52≡
14446	128	56≡	14589	96	71≡	14729	130	74—	14903	130	57≡	15061	124	57≡	15217	124	65≡
14455	114	52≡	14590	92	71≡	14731	114	65≡	14905	128	79≡	15070	118	52≡	15218	124	65≡
14461	104	66≡	14591	130	74—	14733	112	75≡	14906	118	70≡	15073	114	65≡	15219	124	79≡
14466	140	69—	14592	116	70≡	14737	122	52≡	14907	106	66≡	15074	112	73≡	15219	126	79≡
14467	108	66≡	14594	96	73≡	14745	110	73≡	14910	120	52≡	15075	130	68≡	15221	120	70≡
14469	110	70≡	14595	122	65≡	14751	112	65≡	14911	94	73≡	15082	116	68≡	15222	118	73≡
14474	138	72—	14596	94	71≡	14752	140	72—	14913	122	65≡	15084	128	57≡	15222	122	79≡
14478	120	57≡	14597	134	72—	14760	130	74—	14914	126	62≡	15086	130	57≡	15226	128	57≡
14480	110	73≡	14598	128	79≡	14762	116	52≡	14916	108	68≡	15089	140	72—	15229	120	79≡
14485	132	72—	14602	98	73≡	14769	122	57≡	14917	120	79≡	15093	130	74—	15230	122	65≡
14488	92	75≡	14604	102	66≡	14771	134	72—	14920	140	72—	15093	140	72—	15231	118	62≡
14491	90	73≡	14607	120	65≡	14774	88	75≡	14921	124	79≡	15104	130	62≡	15231	130	62≡
14497	94	75≡	14608	120	65≡	14789	130	68≡	14922	100	71≡	15107	120	62≡	15232	94	75≡
14497	126	74—	14609	118	52≡	14792	110	66≡	14923	116	62≡	15109	122	57≡	15232	104	71≡
14501	112	70≡	14613	116	79≡	14794	128	74—	14925	102	66≡	15112	126	62≡	15233	138	74—
14503	130	68≡	14614	126	79≡	14795	106	66≡	14926	108	75≡	15114	130	56≡	15238	98	75≡
14505	116	62≡	14615	128	74—	14798	126	57≡	14933	120	70≡	15118	114	70≡	15238	136	74—
14507	128	68≡	14616	98	66≡	14799	140	69—	14936	130	64≡	15119	112	66≡	15242	96	75≡
14511	130	77≡	14617	140	69—	14803	128	57≡	14938	126	57≡	15120	136	74—	15243	110	68≡
14513	124	57≡	14622	118	70≡	14805	118	62≡	14940	96	73≡	15130	130	65≡	15245	108	66≡
14516	110	68≡	14623	116	73≡	14810	138	72—	14943	118	57≡	15131	108	66≡	15245	120	57≡
14518	118	57≡	14624	122	79=	14813	120	57≡	14944	136	74—	15131	114	73≡	15245	122	70≡
14521	104	75≡	14625	96	71≡	14815	130	52≡	14945	134	74—	15132	128	52≡	15248	130	64≡
14521	138	69—	14626	124	62≡	14818	90	75≡	14946	104	66≡	15133	134	74—	15250	94	73≡
14522	126	57≡	14629	100	71≡	14819	128	62≡	14950	98	71≡	15140	120	52≡	15252	126	57≡
14524	136	72—	14631	138	72—	14821	124	62≡	14952	122	70≡	15143	116	70≡	15255	120	73≡
14525	106	66≡	14633	98	71≡	14823	130	77≡	14956	98	73≡	15148	114	68≡	15257	140	72—
14526	102	66≡	14634	140	69—	14830	134	74—	14958	104	71≡	15149	128	79≡	15259	128	64≡
14529	136	72—	14640	138	72—	14831	112	68≡	14959	100	73≡	15156	124	70≡	15261	124	70≡
14531	122	62≡	14642	116	57≡	14835	118	52≡	14960	124	57≡	15159	118	70≡	15262	126	64≡
14532	100	71≡	14644	128	64—	14836	128	65≡	14963	94	71≡	15166	122	70≡	15265	108	71≡
14536	112	73≡	14645	120	70≡	14839	132	74—	14964	96	71≡	15167	120	70≡	15266	110	75≡
14538	92	73≡	14651	124	57≡	14840	126	52≡	14967	120	65≡	15168	128	65≡	15268	124	62≡
14539	116	70≡	14654	132	74—	14841	116	70≡	14969	100	66≡	15169	138	72—	15269	126	70≡
14540	132	74—	14655	134	74—	14848	92	75≡	14971	122	62≡	15170	90	75≡	15273	104	66≡
14542	126	65≡	14656	126	64—	14852	118	70≡	14973	130	49≡	15171	106	71≡	15276	140	72—
14543	130	49≡	14657	130	57≡	14854	126	79≡	14979	110	75≡	15174	132	79≡	15277	122	65≡
14545	118	70≡	14658	118	65≡	14855	120	70≡	14980	102	71≡	15178	134	74—	15280	102	71≡
14546	128	77≡	14659	122	70≡	14856	108	66≡	14981	140	69—	15180	116	73≡	15284	130	52≡

— bedeutet Träger mit einer Gurtplatte, = mit zwei, ≡ mit drei Gurtplatten.

von **15286** bis **16427**.

Widerstandsmoment cm³	StehblechHöhe cm	Seite des Buches	Widerstandsmoment cm³	StehblechHöhe cm	Seite des Buches	Widerstandsmoment cm³	StehblechHöhe cm	Seite des Buches	Widerstandsmoment cm³	StehblechHöhe cm	Seite des Buches	Widerstandsmoment cm³	StehblechHöhe cm	Seite des Buches	Widerstandsmoment cm³	StehblechHöhe cm	Seite des Buches
15286	96	73≡	15482	128	79=	15619	136	74—	15801	124	70=	15994	116	75=	16167	128	65=
15289	106	66≡	15483	122	70=	15621	98	75≡	15807	130	65=	15999	106	71≡	16168	130	62≡
15297	136	74—	15491	132	79=	15621	122	68≡	15808	132	79=	16000	136	74—	16174	118	68≡
15305	106	71≡	15494	130	62=	15623	106	66≡	15809	112	66≡	16002	100	75≡	16177	126	70=
15308	124	52≡	15501	121	65=	15632	96	73≡	15809	136	74—	16004	98	75≡	16191	124	73=
15309	98	73≡	15505	118	73=	15632	128	52≡	15815	128	79=	16005	110	71≡	16196	116	66≡
15313	100	71≡	15508	134	74—	15635	108	66≡	15822	130	79=	16007	128	57≡	16197	132	70=
15313	120	68≡	15509	120	70=	15638	104	71≡	15824	126	52≡	16010	122	65≡	16198	130	70=
15316	112	75≡	15509	130	79=	15640	140	72—	15827	128	79=	16011	120	66≡	16215	126	73=
15318	102	73≡	15510	126	79=	15644	122	65≡	15828	140	74—	16016	98	73≡	16218	128	65≡
15320	100	73≡	15516	130	57=	15649	128	57≡	15831	120	73=	16021	126	62≡	16220	140	74—
15321	134	74—	15517	108	71≡	15651	136	74—	15831	122	70=	16024	140	74—	16232	116	68≡
15323	102	66≡	15518	124	52≡	15654	108	71≡	15834	128	65=	16029	118	75≡	16243	126	68≡
15327	120	65≡	15520	128	79=	15654	114	75≡	15838	126	79=	16037	106	66≡	16246	112	66≡
15332	126	52≡	15522	126	79=	15663	98	73≡	15840	130	57=	16040	116	66≡	16247	114	75=
15333	98	71≡	15523	112	66≡	15678	102	71≡	15848	120	52≡	16041	100	73≡	16253	140	74—
15333	104	71≡	15524	114	68≡	15678	104	73≡	15849	116	68≡	16042	134	79=	16270	114	66≡
15339	96	71≡	15525	126	65≡	15680	104	66≡	15850	122	62≡	16044	108	71≡	16281	126	65≡
15348	102	71≡	15525	140	74—	15681	100	73≡	15853	126	65=	16045	104	71≡	16295	110	71≡
15349	138	72—	15526	126	65=	15685	118	66≡	15854	124	57=	16048	120	65≡	16296	116	75=
15350	100	71≡	15529	124	79=	15686	102	73≡	15857	124	70=	16051	138	79=	16300	114	71≡
15352	134	74—	15530	118	52≡	15688	106	71≡	15859	114	66≡	16053	104	73=	16305	138	74—
15354	126	57≡	15532	138	74—	15688	120	65≡	15866	110	71≡	16054	102	73=	16308	130	57≡
15358	114	75≡	15538	122	70=	15690	122	52≡	15866	122	73=	16055	120	75=	16316	126	52≡
15360	116	66≡	15539	122	79=	15692	116	75=	15867	128	62≡	16065	126	52≡	16328	128	62≡
15367	118	65≡	15540	120	62≡	15696	134	74—	15872	130	64=	16070	106	71≡	16330	112	66≡
15371	112	66≡	15541	124	65=	15699	130	62≡	15874	126	70=	16071	140	74—	16334	124	65=
15372	130	57≡	15543	120	73=	15704	100	71≡	15880	132	70=	16072	118	73=	16336	118	75=
15379	120	52≡	15545	128	57≡	15705	114	66≡	15884	128	70=	16077	102	71≡	16339	122	66≡
15391	116	75=	15549	122	57≡	15706	126	57≡	15886	130	70=	16083	104	71≡	16341	124	68≡
15394	132	74—	15550	112	71≡	15707	140	74—	15889	140	74—	16084	136	79=	16343	136	79=
15395	118	68≡	15552	110	75=	15708	104	71≡	15890	114	71≡	16086	132	79=	16347	140	79=
15396	116	65≡	15553	108	66≡	15709	120	68≡	15893	124	73=	16095	100	71≡	16357	112	71≡
15405	114	73=	15559	124	70=	15715	124	62≡	15899	110	66≡	16104	120	70=	16361	108	71≡
15405	128	62≡	15560	130	64=	15716	98	71≡	15899	112	75=	16105	120	68=	16363	104	75=
15407	124	57≡	15566	128	64=	15716	102	71≡	15900	122	66≡	16108	134	79=	16367	96	75≡
15410	122	62≡	15567	92	75=	15721	118	65≡	15901	114	68≡	16109	128	70=	16367	120	75=
15413	138	74—	15567	126	62≡	15722	118	75≡	15903	126	65≡	16110	118	66≡	16376	118	66≡
15426	130	52≡	15571	112	68≡	15726	138	74—	15912	126	73=	16112	138	74—	16376	128	52≡
15428	136	74—	15572	126	70=	15737	116	73≡	15915	118	66≡	16118	122	70=	16383	138	79=
15445	116	70=	15573	122	73=	15743	132	79=	15915	128	52≡	16119	120	73=	16385	102	75=
15445	130	79=	15574	130	70=	15752	130	52≡	15919	138	74—	16121	126	70=	16387	98	75=
15447	122	52≡	15577	128	70=	15755	124	52≡	15926	112	66≡	16124	124	70=	16389	122	75=
15448	114	66≡	15579	120	66≡	15757	136	79=	15932	124	68≡	16125	132	79=	16391	134	79=
15454	128	52≡	15585	106	71≡	15772	138	74—	15933	130	52≡	16132	128	52≡	16393	100	75=
15458	140	72—	15585	110	66≡	15773	118	70=	15939	108	71≡	16134	130	79=	16397	108	66≡
15459	116	73=	15586	116	66≡	15776	128	70=	15945	130	57≡	16145	130	65=	16402	110	71≡
15465	116	68≡	15589	124	65≡	15778	116	66≡	15951	114	75=	16148	128	79=	16404	108	73=
15465	134	79=	15592	138	74—	15783	130	79=	15954	112	71≡	16150	114	66≡	16407	120	73=
15466	118	70=	15599	94	75≡	15785	118	68≡	15962	124	65≡	16154	124	70=	16410	136	79=
15469	110	66≡	15607	112	75=	15787	134	79=	15966	94	75=	16159	122	73=	16413	106	71≡
15469	130	65=	15608	110	71≡	15788	118	73=	15975	108	66≡	16160	126	57=	16416	140	74—
15474	136	74—	15611	126	52≡	15791	120	70=	15982	110	66≡	16162	124	62≡	16421	102	73=
15479	120	70=	15612	100	75≡	15793	126	70=	15987	102	75≡	16165	126	79=	16422	106	73=
15479	124	70=	15617	96	75≡	15801	122	70=	15992	96	75≡	16166	122	52≡	16427	122	68≡

— bedeutet Träger mit einer Gurtplatte, = mit zwei, ≡ mit drei Gurtplatten.

Widerstandsmomente cm³

von 16427 bis 18398.

Widerstandsmoment cm³	Stehblechhöhe cm	Seite des Buches	Widerstandsmoment cm³	Stehblechhöhe cm	Seite des Buches	Widerstandsmoment cm³	Stehblechhöhe cm	Seite des Buches	Widerstandsmoment cm³	Stehblechhöhe cm	Seite des Buches	Widerstandsmoment cm³	Stehblechhöhe cm	Seite des Buches	Widerstandsmoment cm³	Stehblechhöhe cm	Seite des Buches
16427	130	70=	16706	122	75=	16950	140	79=	17233	122	68≡	17569	106	73≡	17966	108	75=
16428	104	73≡	16706	124	65—	16961	118	66≡	17241	106	71≡	17570	106	75=	17984	106	75=
16430	132	79=	16711	114	71≡	16979	128	68≡	17298	118	66≡	17572	108	73≡	17989	104	75=
16430	134	79=	16714	138	79=	16987	128	65≡	17300	130	68≡	17581	102	75=	18007	122	66≡
16433	108	71≡	16715	120	66≡	16991	120	75=	17303	120	75=	17582	104	75=	18010	124	66≡
16435	122	70=	16725	110	71≡	16999	118	71≡	17309	120	66≡	17584	110	71≡	18014	110	71≡
16441	130	52≡	16725	124	75=	17001	126	66≡	17315	140	79=	17627	108	71≡	18016	124	75=
16442	128	70=	16737	136	79=	17005	138	79=	17316	130	65≡	17652	120	66≡	18040	140	70=
16442	132	79=	16739	134	79=	17013	114	71≡	17334	128	66≡	17658	122	66≡	18043	140	79=
16444	120	66≡	16742	106	75≡	17019	140	79=	17341	122	75=	17659	122	75=	18046	126	75=
16446	124	70=	16745	122	73=	17024	122	75=	17351	120	71≡	17668	130	66≡	18059	124	71≡
16449	126	70=	16746	132	70=	17032	116	66≡	17355	140	79=	17679	140	79=	18068	128	75=
16451	104	71≡	16751	124	68≡	17038	126	65≡	17364	138	79=	17691	140	79=	18073	138	70=
16452	106	71≡	16752	134	79=	17040	114	66≡	17370	124	75=	17693	124	75=	18082	130	75=
16452	122	73=	16758	110	66≡	17045	138	79=	17371	128	65≡	17704	122	71≡	18084	128	66≡
16460	130	79=	16761	112	71≡	17048	124	75=	17374	116	71≡	17706	130	65≡	18086	132	75=
16468	128	57≡	16765	130	70=	17051	136	79=	17377	138	79=	17714	138	70=	18097	136	70=
16475	102	71≡	16769	124	70=	17055	122	66≡	17386	118	66≡	17719	126	75=	18098	122	66≡
16475	126	62≡	16770	98	75≡	17063	136	79=	17389	136	70=	17723	138	79=	18101	120	71≡
16479	126	70=	16770	104	75≡	17067	134	70=	17391	126	75=	17729	130	68≡	18112	130	73=
16481	128	79=	16773	132	79=	17075	126	68≡	17396	124	66≡	17737	118	71≡	18113	134	70=
16483	130	65=	16775	128	70=	17084	124	73=	17399	116	66≡	17739	126	66≡	18119	132	70=
16486	124	52≡	16776	126	70=	17088	134	79=	17402	128	68≡	17741	120	66≡	18120	120	66≡
16489	124	73=	16777	130	57≡	17089	132	70=	17403	128	75=	17743	136	70=	18129	140	70=
16493	116	66≡	16779	122	66≡	17091	112	71≡	17405	136	79=	17744	130	75=	18133	138	70=
16499	128	70=	16783	108	71≡	17103	130	70=	17415	134	70=	17758	136	79=	18137	130	66≡
16502	120	68≡	16784	100	75≡	17104	126	70=	17424	118	71≡	17759	118	66≡	18141	132	73=
16509	134	70=	16784	102	75≡	17105	130	62≡	17425	126	73=	17764	134	70=	18144	122	71≡
16510	130	70=	16786	124	73=	17108	128	70=	17433	132	70=	17768	128	73=	18158	130	68≡
16514	132	70=	16789	102	73≡	17116	132	79=	17437	134	·79=	17776	132	70=	18162	134	73=
16517	126	73=	16789	128	62≡	17121	112	66≡	17441	130	70=	17779	130	70=	18174	136	73=
16535	118	66≡	16793	108	73≡	17122	108	75≡	17455	126	66≡	17783	120	71≡	18179	138	73=
16535	130	65≡	16798	110	71≡	17123	126	73=	17456	140	70=	17792	140	70=	18198	118	71≡
16538	128	73=	16798	130	79=	17131	128	52≡	17458	114	71≡	17795	128	66≡	18216	120	71≡
16556	128	68≡	16803	104	73≡	17135	130	70=	17460	128	73=	17796	134	70=	18220	118.	66≡
16564	118	68≡	16805	106	73≡	17136	112	73≡	17464	132	70=	17800	130	73=	18231	126	66≡
16595	114	66≡	16806	128	70=	17139	138	70=	17470	138	70=	17802	138	70=	18247	128	68≡
16598	116	75=	16808	126	52≡	17148	132	70=	17474	134	70=	17803	136	70=	18248	118	73≡
16602	128	65≡	16820	126	73=	17150	136	70=	17476	136	70=	17824	132	73=	18256	128	66≡
16612	140	74—	16822	130	70=	17153	134	70=	17485	116	71≡	17827	116	71≡	18273	114	75=
16614	116	66≡	16823	136	70=	17155	110	71≡	17486	114	66≡	17840	134	73=	18275	118	71≡
16631	128	52≡	16827	106	71≡	17156	106	75≡	17487	130	73=	17848	136	73=	18280	116	71≡
16636	130	62≡	16830	122	68≡	17160	124	68≡	17492	126	68≡	17850	118	71≡	18294	116	73≡
16643	118	75=	16831	132	70=	17165	112	71≡	17504	110	75=	17852	116	66≡	18321	116	71≡
16646	138	79=	16831	134	70=	17166	110	73≡	17505	114	73=	17876	116	73=	18325	112	75=
16649	116	71≡	16837	118	66≡	17175	100	75≡	17507	132	73=	17880	124	66≡	18327	114	73≡
16653	112	71≡	16846	128	73=	17176	104	75≡	17518	134	73=	17888	112	75=	18348	112	73≡
16659	126	65≡	16857	104	71≡	17178	104	73≡	17528	112	71≡	17903	116	71≡	18349	114	71≡
16669	124	66≡	16863	130	73=	17182	102	75≡	17531	122	66≡	17908	126	68≡	18356	110	73≡
16679	120	75=	16870	130	68≡	17183	108	73≡	17533	114	71≡	17909	126	66≡	18363	126	66≡
16680	114	66≡	16876	120	66≡	17187	106	73≡	17540	112	73=	17916	114	73=	18364	110	75=
16683	140	79=	16898	120	68≡	17190	132	73=	17544	108	75=	17934	110	75=	18365	124	66≡
16684	112	66≡	16925	130	65≡	17195	110	71≡	17562	110	73=	17944	112	73=	18374	126	75=
16689	130	52≡	16946	116	66≡	17205	108	71≡	17563	124	66≡	17959	110	73=	18388	108	75=
16697	136	79=	16948	130	52≡	17219	122	66≡	17568	112	71≡	17961	108	73=	18398	106	75=

— bedeutet Träger mit einer Gurtplatte, = mit zwei, ≡ mit drei Gurtplatten.

von **18401** bis **25622**.

Widerstandsmoment cm³	Stehblech-Höhe cm	Seite des Buches	Widerstandsmoment cm³	Stehblech-Höhe cm	Seite des Buches	Widerstandsmoment cm³	Stehblech-Höhe cm	Seite des Buches	Widerstandsmoment cm³	Stehblech-Höhe cm	Seite des Buches	Widerstandsmoment cm³	Stehblech-Höhe cm	Seite des Buches	Widerstandsmoment cm³	Stehblech-Höhe cm	Seite des Buches
18401	128	75 =	18810	108	75 ≡	19477	134	75 =	20225	124	75 ≡	21194	124	75 ≡	22432	130	75 ≡
18403	112	71 ≡	18817	126	66 ≡	19484	136	75 =	20225	136	71 ≡	21205	136	71 ≡	22451	140	73 ≡
18404	140	70 =	18828	136	73 =	19484	138	75 =	20233	126	71 ≡	21223	134	71 ≡	22473	140	71 ≡
18407	140	79 =	18835	124	71 ≡	19487	120	73 =	20268	124	73 ≡	21261	122	75 ≡	22517	128	75 ≡
18416	126	71 ≡	18842	138	73 =	19496	140	70 =	20288	124	71 ≡	21285	134	73 ≡	22534	138	71 ≡
18420	130	75 =	18849	124	66 ≡	19497	132	71 ≡	20308	122	75 ≡	21308	134	71 ≡	22558	138	73 ≡
18430	132	75 =	18849	140	73 =	19505	138	73 =	20316	122	73 ≡	21314	120	75 ≡	22581	138	71 ≡
18431	130	66 ≡	18870	126	71 ≡	19507	120	71 ≡	20323	132	71 ≡	21354	132	71 ≡	22589	126	75 ≡
18431	134	75 =	18939	130	66 ≡	19510	118	75 ≡	20343	134	71 ≡	21375	132	73 ≡	22623	136	75 ≡
18432	138	70 =	18944	122	71 ≡	19521	140	73 =	20352	120	73 ≡	21399	132	71 ≡	22652	136	73 ≡
18451	136	70 =	18953	124	71 ≡	19524	118	73 ≡	20373	122	71 ≡	21417	130	75 ≡	22670	136	71 ≡
18457	124	66 ≡	18960	122	66 ≡	19542	130	66 ≡	20377	120	75 ≡	21452	130	73 ≡	22733	134	73 ≡
18458	132	73 =	18997	122	73 =	19548	116	73 ≡	20431	118	75 ≡	21457	138	71 ≡	22742	134	75 ≡
18461	134	70 =	19023	122	71 ≡	19566	116	75 ≡	20448	132	71 ≡	21464	140	71 ≡	22792	134	71 ≡
18464	138	70 =	19039	120	71 ≡	19576	128	71 ≡	20456	130	71 ≡	21472	130	71 ≡	22802	132	73 ≡
18465	140	70 =	19049	118	75 ≡	19580	118	71 ≡	20461	130	66 ≡	21517	128	73 ≡	22848	132	75 ≡
18467	122	71 ≡	19054	120	73 ≡	19584	128	66 ≡	20472	116	75 ≡	21518	128	75 ≡	22931	140	71 ≡
18483	134	73 =	19074	130	66 ≡	19603	130	71 ≡	20516	130	73 ≡	21569	126	73 ≡	22939	130	75 ≡
18484	122	66 ≡	19081	120	71 ≡	19609	114	75 ≡	20540	130	71 ≡	21575	128	71 ≡	22955	140	73 ≡
18501	136	73 =	19084	128	66 ≡	19638	112	75 ≡	20561	138	75 ≡	21586	138	71 ≡	22978	140	71 ≡
18506	124	71 ≡	19096	130	75 =	19697	126	71 ≡	20567	140	75 ≡	21605	126	75 ≡	23017	128	75 ≡
18511	138	73 =	19098	118	73 =	19697	128	71 ≡	20576	128	71 ≡	21608	136	71 ≡	23029	138	75 ≡
18513	140	73 =	19113	116	75 =	19707	126	66 ≡	20592	138	71 ≡	21672	136	73 ≡	23055	138	73 ≡
18570	120	71 ≡	19117	132	75 =	19753	126	73 ≡	20595	128	73 ≡	21678	124	75 ≡	23073	138	71 ≡
18584	122	71 ≡	19119	118	71 ≡	19778	126	71 ≡	20620	128	71 ≡	21695	136	71 ≡	23142	136	73 ≡
18584	128	66 ≡	19125	138	75 =	19804	124	71 ≡	20621	126	75 ≡	21737	122	75 ≡	23154	136	75 ≡
18588	130	68 ≡	19128	134	75 =	19821	124	73 ≡	20661	126	73 ≡	21746	134	71 ≡	23201	136	71 ≡
18589	120	66 ≡	19130	116	73 =	19825	134	75 =	20681	126	71 ≡	21768	134	73 ≡	23216	134	73 ≡
18605	130	66 ≡	19131	136	75 =	19838	136	75 =	20699	134	71 ≡	21791	134	71 ≡	23266	134	75 ≡
18622	120	73 =	19132	140	70 =	19838	140	75 =	20709	124	75 ≡	21817	132	75 ≡	23363	132	75 ≡
18648	120	71 ≡	19135	130	71 ≡	19843	138	75 =	20715	124	73 ≡	21838	140	71 ≡	23436	140	75 ≡
18658	118	71 ≡	19149	114	73 =	19847	124	71 ≡	20715	136	71 ≡	21851	132	73 ≡	23447	130	75 ≡
18660	116	75 =	19150	138	70 =	19857	140	73 =	20756	122	73 ≡	21869	132	71 ≡	23460	140	73 ≡
18673	118	73 =	19154	136	73 =	19860	134	71 ≡	20772	124	71 ≡	21921	130	71 ≡	23477	140	71 ≡
18700	118	71 ≡	19164	114	75 =	19876	122	73 =	20784	122	75 ≡	21924	130	75 ≡	23552	138	73 ≡
18712	116	73 =	19173	138	73 =	19897	122	71 ≡	20826	134	71 ≡	21969	140	71 ≡	23567	138	75 ≡
18717	128	66 ≡	19179	128	66 ≡	19908	120	75 =	20839	132	71 ≡	21979	128	73 ≡	23611	138	71 ≡
18718	114	75 =	19185	140	73 =	19919	120	73 =	20845	120	75 ≡	21979	130	71 ≡	23632	136	73 ≡
18723	126	66 ≡	19186	116	71 ≡	19949	118	73 =	20892	118	75 ≡	21995	138	71 ≡	23685	136	75 ≡
18733	116	71 ≡	19200	112	75 =	19949	130	71 ≡	20899	132	73 ≡	22017	128	75 ≡	23789	134	75 ≡
18734	128	75 =	19205	126	71 ≡	19954	130	66 ≡	20923	132	71 ≡	22061	138	73 ≡	23879	132	75 ≡
18738	114	73 =	19215	126	66 ≡	19971	118	75 =	20931	140	75 ≡	22083	138	71 ≡	23964	140	73 ≡
18751	112	73 =	19223	110	75 =	19972	132	71 ≡	20960	140	71 ≡	22097	126	75 ≡	23982	140	75 ≡
18758	130	75 =	19236	128	71 ≡	19976	120	71 ≡	20964	130	71 ≡	22139	136	71 ≡	24024	140	71 ≡
18763	112	75 =	19320	124	71 ≡	20019	116	75 =	20984	130	73 ≡	22162	124	75 ≡	24049	138	73 ≡
18768	140	70 =	19324	126	71 ≡	20054	114	75 =	21009	130	71 ≡	22162	136	73 ≡	24106	138	75 ≡
18773	132	75 =	19333	124	66 ≡	20072	130	71 ≡	21018	128	75 ≡	22185	136	71 ≡	24216	136	75 ≡
18775	128	71 ≡	19374	124	73 =	20076	128	71 ≡	21056	128	73 ≡	22219	134	75 ≡	24312	134	75 ≡
18777	136	75 =	19400	124	71 ≡	20084	128	66 ≡	21075	128	71 ≡	22250	134	73 ≡	24469	140	73 ≡
18779	134	75 =	19420	122	71 ≡	20133	128	73 ≡	21077	136	71 ≡	22269	134	71 ≡	24529	140	75 ≡
18791	138	70 =	19437	122	73 =	20158	128	71 ≡	21089	138	71 ≡	22326	132	73 ≡	24645	138	75 ≡
18793	110	75 =	19439	120	75 =	20189	126	71 ≡	21113	126	75 ≡	22333	132	75 ≡	24747	136	75 ≡
18794	114	71 ≡	19446	130	66 ≡	20192	136	75 =	21115	126	73 ≡	22384	140	71 ≡	25075	140	75 ≡
18801	140	70 =	19460	132	75 =	20202	138	75 =	21162	124	73 ≡	22385	132	71 ≡	25184	138	75 ≡
18805	134	73 =	19463	122	71 ≡	20202	140	75 =	21173	126	71 ≡	22389	130	73 ≡	25622	140	75 ≡
18805	136	70 =	19474	140	75 =	20207	126	73 ≡									

— bedeutet Träger mit einer Gurtplatte, = mit zwei, ≡ mit drei Gurtplatten.   19

I. Hülfstabelle.

Stehblech-Höhe cm	Widerstandsmomente der 1 cm breiten Gurtplatten bei einer Stärke derselben in cm von:													Stehblech-Höhe cm
	1,0	1,1	1,2	1,3	1,4	2,0	2,2	2,4	2,6	3,0	3,3	3,6	3,9	
20	20,1	22,1	24,1	26,1	28,2	40,4	44,6	48,7	52,9	61,4	67,8	74,3	80,8	20
22	22,1	24,3	26,5	28,7	30,9	44,4	48,9	53,5	58,1	67,3	74,3	81,3	88,5	22
24	24,1	26,5	28,9	31,3	33,7	48,4	53,3	58,2	63,2	73,2	80,8	88,4	96,1	24
26	26,0	28,7	31,3	33,9	36,5	52,4	57,7	63,0	68,4	79,1	87,3	95,5	103,7	26
28	28,0	30,9	33,7	36,5	39,3	56,3	62,0	67,8	73,5	85,1	93,8	102,6	111,4	28
30	30,0	33,1	36,1	39,1	42,1	60,3	66,4	72,5	78,7	91,0	100,3	109,7	119,1	30
32	32,0	35,3	38,5	41,7	44,9	64,3	70,8	77,3	83,8	96,9	106,8	116,8	126,8	32
34	34,0	37,4	40,9	44,3	47,7	68,3	75,2	82,1	89,0	102,9	113,4	123,9	134,5	34
36	36,0	39,6	43,3	46,9	50,5	72,3	79,6	86,9	94,2	108,9	119,9	131,0	142,2	36
38	38,0	41,8	45,7	49,5	53,3	76,3	83,9	91,6	99,3	114,8	126,5	138,2	149,9	38
40	40,0	44,0	48,1	52,1	56,1	80,2	88,3	96,4	104,5	120,8	133,0	145,3	157,7	40
42	42,0	46,2	50,5	54,7	58,9	84,2	92,7	101,2	109,7	126,8	139,6	152,5	165,4	42
44	44,0	48,4	52,9	57,3	61,7	88,2	97,1	106,0	114,9	132,7	146,1	159,6	173,1	44
46	46,0	50,6	55,2	59,9	64,5	92,2	101,5	110,8	120,1	138,7	152,7	166,8	180,9	46
48	48,0	52,8	57,6	62,5	67,3	96,2	105,9	115,5	125,2	144,7	159,3	173,9	188,6	48
50	50,0	55,0	60,0	65,1	70,1	100,2	110,3	120,3	130,4	150,6	165,8	181,1	196,4	50
52	52,0	57,2	62,4	67,7	72,9	104,2	114,7	125,1	135,6	156,6	172,4	188,3	204,1	52
54	54,0	59,4	64,8	70,3	75,7	108,2	119,0	129,9	140,8	162,6	179,0	195,4	211,9	54
56	56,0	61,6	67,2	72,9	78,5	112,2	123,4	134,7	146,0	168,6	185,6	202,6	219,6	56
58	58,0	63,8	69,6	75,4	81,3	116,2	127,8	139,5	151,2	174,6	192,1	209,8	227,4	58
60	60,0	66,0	72,0	78,0	84,1	120,2	132,2	144,3	156,4	180,5	198,7	216,9	235,2	60
62	62,0	68,2	74,4	80,6	86,9	124,2	136,6	149,1	161,5	186,5	205,3	224,1	242,9	62
64	64,0	70,4	76,8	83,2	89,7	128,2	141,0	153,9	166,7	192,5	211,9	231,3	250,7	64
66	66,0	72,6	79,2	85,8	92,5	132,2	145,4	158,7	171,9	198,5	218,5	238,4	258,5	66
68	68,0	74,8	81,6	88,4	95,3	136,1	149,8	163,5	177,1	204,5	225,0	245,6	266,2	68
70	70,0	77,0	84,0	91,0	98,1	140,1	154,2	168,2	182,3	210,5	231,6	252,8	274,0	70
72	72,0	79,2	86,4	93,6	100,8	144,1	158,6	173,0	187,5	216,5	238,2	260,0	281,8	72
74	74,0	81,4	88,8	96,2	103,6	148,1	163,0	177,8	192,7	222,5	244,8	267,2	289,6	74
76	76,0	83,6	91,2	98,8	106,4	152,1	167,4	182,6	197,9	228,4	251,4	274,3	297,3	76
78	78,0	85,8	93,6	101,4	109,2	156,1	171,8	187,4	203,1	234,4	258,0	281,5	305,1	78
80	80,0	88,0	96,0	104,0	112,0	160,1	176,2	192,2	208,3	240,4	264,6	288,7	312,9	80
82	82,0	90,2	98,4	106,6	114,8	164,1	180,6	197,0	213,5	246,4	271,1	295,9	320,7	82
84	84,0	92,4	100,8	109,2	117,6	168,1	185,0	201,8	218,7	252,4	277,7	303,1	328,5	84
86	86,0	94,6	103,2	111,8	120,4	172,1	189,4	206,6	223,9	258,4	284,3	310,3	336,2	86
88	88,0	96,8	105,6	114,4	123,2	176,1	193,8	211,4	229,1	264,4	290,9	317,5	344,0	88
90	90,0	99,0	108,0	117,0	126,0	180,1	198,2	216,2	234,2	270,4	297,5	324,6	351,8	90
92	92,0	101,2	110,4	119,6	128,8	184,1	202,5	221,0	239,4	276,4	304,1	331,8	359,6	92
94	94,0	103,4	112,8	122,2	131,6	188,1	206,9	225,8	244,6	282,4	310,7	339,0	367,4	94
96	96,0	105,6	115,2	124,8	134,4	192,1	211,3	230,6	249,8	288,4	317,3	346,2	375,2	96
98	98,0	107,8	117,6	127,4	137,2	196,1	215,7	235,4	255,0	294,3	323,9	353,4	382,9	98
100	100,0	110,0	120,0	130,0	140,0	200,1	220,1	240,2	260,2	300,3	330,4	360,6	390,7	100
102	102,0	112,2	122,4	132,6	142,8	204,1	224,5	245,0	265,4	306,3	337,0	367,8	398,5	102
104	104,0	114,4	124,8	135,2	145,6	208,1	228,9	249,8	270,6	312,3	343,6	375,0	406,3	104
106	106,0	116,6	127,2	137,8	148,4	212,1	233,3	254,6	275,8	318,3	350,2	382,1	414,1	106
108	108,0	118,8	129,6	140,4	151,2	216,1	237,7	259,4	281,0	324,3	356,8	389,3	421,9	108
110	110,0	121,0	132,0	143,0	154,0	220,1	242,1	264,2	286,2	330,3	363,4	396,5	429,7	110
112	112,0	123,2	134,4	145,6	156,8	224,1	246,5	269,0	291,4	336,3	370,0	403,7	437,5	112
114	114,0	125,4	136,8	148,2	159,6	228,1	250,9	273,8	296,6	342,3	376,6	410,9	445,2	114
116	116,0	127,6	139,2	150,8	162,4	232,1	255,3	278,6	301,8	348,3	383,2	418,1	453,0	116
118	118,0	129,8	141,6	153,4	165,2	236,1	259,7	283,4	307,0	354,3	389,8	425,3	460,8	118
120	120,0	132,0	144,0	156,0	168,0	240,1	264,1	288,1	312,2	360,3	396,4	432,5	468,6	120
122	122,0	134,2	146,4	158,6	170,8	244,1	268,5	292,9	317,4	366,3	403,0	439,7	476,4	122
124	124,0	136,4	148,8	161,2	173,6	248,1	272,9	297,7	322,6	372,3	409,6	446,9	484,2	124
126	126,0	138,6	151,2	163,8	176,4	252,1	277,3	302,5	327,8	378,3	416,2	454,1	492,0	126
128	128,0	140,8	153,6	166,4	179,2	256,1	281,7	307,3	333,0	384,3	422,8	461,3	499,8	128
130	130,0	143,0	156,0	169,0	182,0	260,1	286,1	312,1	338,2	390,3	429,4	468,5	507,6	130
132	132,0	145,2	158,4	171,6	184,8	264,1	290,5	316,9	343,4	396,3	435,9	475,6	515,4	132
134	134,0	147,4	160,8	174,2	187,6	268,1	294,9	321,7	348,6	402,3	442,5	482,8	523,2	134
136	136,0	149,6	163,2	176,8	190,4	272,1	299,3	326,5	353,8	408,3	449,1	490,0	531,0	136
138	138,0	151,8	165,6	179,4	193,2	276,1	303,7	331,3	359,0	414,2	455,7	497,2	538,7	138
140	140,0	154,0	168,0	182,0	196,0	280,1	308,1	336,1	364,2	420,2	462,3	504,4	546,5	140

II. Hülfstabelle.

Stehblech-Höhe cm	Widerstandsmomente des 0,1 cm starken Stehblechs für Gurtplattendicken in cm von:													Stehblech-Höhe cm
	1,0	1,1	1,2	1,3	1,4	2,0	2,2	2,4	2,6	3,0	3,3	3,6	3,9	
20	6,1	6,0	6,0	5,9	5,8	5,5	5,5	5,4	5,3	5,1	5,0	4,9	4,8	20
22	7,4	7,3	7,3	7,2	7,2	6,8	6,7	6,6	6,5	6,3	6,2	6,1	6,0	22
24	8,9	8,8	8,7	8,7	8,6	8,2	8,1	8,0	7,9	7,7	7,5	7,4	7,2	24
26	10,5	10,4	10,3	10,2	10,2	9,8	9,6	9,5	9,4	9,2	9,0	8,8	8,7	26
28	12,2	12,1	12,0	12,0	11,9	11,4	11,3	11,2	11,0	10,8	10,6	10,4	10,2	28
30	14,1	14,0	13,9	13,8	13,7	13,2	13,1	12,9	12,8	12,5	12,3	12,1	11,9	30
32	16,1	16,0	15,9	15,8	15,7	15,2	15,0	14,8	14,7	14,4	14,1	13,9	13,7	32
34	18,2	18,1	18,0	17,9	17,8	17,2	17,1	16,9	16,7	16,4	16,1	15,9	15,7	34
36	20,5	20,4	20,3	20,1	20,0	19,4	19,2	19,1	18,9	18,5	18,3	18,0	17,8	36
38	22,9	22,7	22,6	22,5	22,4	21,8	21,6	21,4	21,2	20,8	20,5	20,2	20,0	38
40	25,4	25,3	25,2	25,0	24,9	24,2	24,0	23,8	23,6	23,2	22,9	22,6	22,3	40
42	28,1	27,9	27,8	27,7	27,6	26,8	26,6	26,4	26,2	25,7	25,4	25,1	24,8	42
44	30,9	30,7	30,6	30,5	30,3	29,6	29,3	29,1	28,9	28,4	28,1	27,7	27,4	44
46	33,8	33,7	33,5	33,4	33,2	32,4	32,2	31,9	31,7	31,2	30,8	30,5	30,2	46
48	36,9	36,7	36,6	36,4	36,3	35,4	35,2	34,9	34,6	34,1	33,8	33,4	33,0	48
50	40,1	39,9	39,8	39,6	39,5	38,6	38,3	38,0	37,7	37,2	36,8	36,4	36,0	50
52	43,4	43,2	43,1	42,9	42,8	41,8	41,6	41,3	41,0	40,4	40,0	39,6	39,2	52
54	46,9	46,7	46,5	46,4	46,2	45,2	44,9	44,6	44,3	43,7	43,3	42,9	42,5	54
56	50,5	50,3	50,1	49,9	49,8	48,8	48,5	48,1	47,8	47,2	46,8	46,3	45,9	56
58	54,2	54,0	53,8	53,7	53,5	52,4	52,1	51,8	51,5	50,8	50,3	49,9	49,4	58
60	58,1	57,9	57,7	57,5	57,3	56,3	55,9	55,6	55,2	54,5	54,1	53,6	53,1	60
62	62,1	61,9	61,7	61,5	61,3	60,2	59,8	59,5	59,1	58,4	57,9	57,4	56,9	62
64	66,2	66,0	65,8	65,6	65,4	64,3	63,9	63,5	63,1	62,4	61,9	61,4	60,9	64
66	70,5	70,3	70,1	69,8	69,6	68,5	68,1	67,7	67,3	66,6	66,0	65,5	64,9	66
68	74,9	74,6	74,4	74,2	74,0	72,8	72,4	72,0	71,6	70,8	70,2	69,7	69,1	68
70	79,4	79,2	79,0	78,7	78,5	77,3	76,8	76,4	76,0	75,2	74,6	74,1	73,5	70
72	84,1	83,8	83,6	83,4	83,2	81,9	81,4	81,0	80,6	79,8	79,1	78,5	78,0	72
74	88,9	88,6	88,4	88,2	87,9	86,6	86,1	85,7	85,3	84,4	83,8	83,2	82,6	74
76	93,8	93,6	93,3	93,1	92,8	91,5	91,0	90,5	90,1	89,2	88,6	87,9	87,3	76
78	98,9	98,6	98,4	98,1	97,9	96,5	96,0	95,5	95,1	94,2	93,5	92,8	92,2	78
80	104,1	103,8	103,6	103,3	103,1	101,6	101,1	100,6	100,2	99,2	98,5	97,9	97,2	80
82	109,4	109,1	108,9	108,6	108,4	106,9	106,4	105,9	105,4	104,4	103,7	103,0	102,3	82
84	114,9	114,6	114,3	114,1	113,8	112,3	111,7	111,2	110,7	109,8	109,0	108,3	107,6	84
86	120,5	120,2	119,9	119,6	119,4	117,8	117,3	116,8	116,2	115,2	114,5	113,7	113,0	86
88	126,2	125,9	125,6	125,4	125,1	123,5	122,9	122,4	121,9	120,8	120,1	119,3	118,6	88
90	132,1	131,8	131,5	131,2	130,9	129,3	128,7	128,2	127,6	126,6	125,8	125,0	124,2	90
92	138,1	137,8	137,5	137,2	136,9	135,2	134,6	134,1	133,5	132,4	131,6	130,8	130,0	92
94	144,2	143,9	143,6	143,3	143,0	141,3	140,7	140,1	139,5	138,4	137,6	136,8	136,0	94
96	150,5	150,2	149,9	149,6	149,2	147,5	146,9	146,3	145,7	144,6	143,7	142,9	142,1	96
98	156,9	156,6	156,2	155,9	155,6	153,8	153,2	152,6	152,0	150,8	150,0	149,1	148,3	98
100	163,4	163,1	162,8	162,4	162,1	160,3	159,6	159,0	158,4	157,2	156,4	155,5	154,6	100
102	170,1	169,7	169,4	169,1	168,8	166,9	166,2	165,6	165,0	163,8	162,9	162,0	161,1	102
104	176,9	176,5	176,2	175,9	175,5	173,6	173,0	172,3	171,7	170,4	169,5	168,6	167,7	104
106	183,8	183,5	183,1	182,8	182,4	180,5	179,8	179,2	178,5	177,2	176,3	175,4	174,4	106
108	190,9	190,5	190,2	189,8	189,5	187,4	186,8	186,1	185,5	184,2	183,2	182,3	181,3	108
110	198,1	197,7	197,4	197,0	196,7	194,6	193,9	193,2	192,6	191,2	190,3	189,3	188,3	110
112	205,4	205,0	204,7	204,3	204,0	201,9	201,2	200,5	199,8	198,4	197,4	196,4	195,5	112
114	212,9	212,5	212,1	211,8	211,4	209,3	208,5	207,8	207,2	205,8	204,8	203,7	202,7	114
116	220,5	220,1	219,7	219,4	219,0	216,8	216,1	215,4	214,6	213,2	212,2	211,2	210,1	116
118	228,2	227,8	227,4	227,1	226,7	224,5	223,7	223,0	222,3	220,8	219,8	218,7	217,7	118
120	236,1	235,7	235,3	234,9	234,5	232,3	231,5	230,8	230,0	228,6	227,5	226,4	225,4	120
122	244,1	243,7	243,3	242,9	242,5	240,2	239,4	238,7	237,9	236,4	235,3	234,2	233,2	122
124	252,2	251,8	251,4	251,0	250,6	248,3	247,5	246,7	246,0	244,4	243,3	242,2	241,1	124
126	260,5	260,1	259,7	259,3	258,8	256,5	255,7	254,9	254,1	252,6	251,4	250,3	249,2	126
128	268,9	268,5	268,0	267,6	267,2	264,8	264,0	263,2	262,4	260,8	259,7	258,5	257,4	128
130	277,4	277,0	276,6	276,1	275,7	273,3	272,4	271,6	270,8	269,2	268,1	266,9	265,7	130
132	286,1	285,6	285,2	284,8	284,4	281,9	281,0	280,2	279,4	277,8	276,6	275,4	274,2	132
134	294,9	294,4	294,0	293,6	293,1	290,6	289,8	288,9	288,1	286,4	285,2	284,0	282,8	134
136	303,8	303,4	302,9	302,5	302,0	299,5	298,6	297,8	296,9	295,2	294,0	292,8	291,5	136
138	312,9	312,4	312,0	311,5	311,1	308,5	307,6	306,7	305,9	304,2	302,9	301,7	300,4	138
140	322,1	321,6	321,2	320,7	320,3	317,6	316,7	315,8	315,0	313,2	312,0	310,7	309,4	140